INTELLIGENT DOCUMENT PROCESSING IN ACTION

智能文本处理实战

达观数据 ◎ 著

人民邮电出版社

北　京

图书在版编目（CIP）数据

智能文本处理实战 / 达观数据著. -- 北京 : 人民
邮电出版社，2024.1
（图灵原创）
ISBN 978-7-115-63018-6

Ⅰ．①智… Ⅱ．①达… Ⅲ．①文本编辑 Ⅳ.
①TP311.11

中国国家版本馆CIP数据核字（2023）第202419号

内 容 提 要

让计算机自动处理文字一直以来都是我们工作中的重要诉求，而文字的表现形式是多样的，目前，单纯使用自然语言处理技术已无法满足复杂的实际工作场景的需求。本书详细介绍了达观数据多年来在智能文本处理领域的实战经验，从核心技术、相关产品、行业场景案例等多角度出发，帮助读者全面理解智能文本处理技术的意义和价值。全书分为三大部分：第一部分介绍智能文本处理的基础知识、意义和相关核心技术；第二部分介绍智能文本处理项目实施经验以及在不同场景和产品中的应用；第三部分总结达观智能文本处理技术与不同行业场景的结合，供各行业有智能文本处理需求的读者参考。

本书面向人工智能行业从业者、企业信息化负责人等。

- ◆ 著　　　　　达观数据
　　责任编辑　王军花
　　责任印制　胡　南
- ◆ 人民邮电出版社出版发行　　北京市丰台区成寿寺路11号
　　邮编　100164　电子邮件　315@ptpress.com.cn
　　网址　https://www.ptpress.com.cn
　　北京市艺辉印刷有限公司印刷
- ◆ 开本：720×960　1/16
　　印张：28.5　　　　　　　　2024年1月第1版
　　字数：590千字　　　　　　2024年1月北京第1次印刷

定价：99.80元

读者服务热线：(010)84084456-6009　印装质量热线：(010)81055316
反盗版热线：(010)81055315
广告经营许可证：京东市监广登字 20170147 号

前　　言

让计算机自动处理文字一直以来都是我们工作中的重要诉求，但语义本身的复杂性，导致长期以来计算机自动分析、处理文字内容的效果不够理想，应用场景有限。随着人工智能技术的发展，使用计算机自动处理文字的技术及产品也在不断成熟，并逐渐应用于多个行业和各种场景。针对文字的自动处理，从传统意义上来看，底层最核心的技术是自然语言处理技术，相关研究也较为深入，但对很多实际场景来说，单纯使用自然语言处理技术效果不好或无法解决问题。

文字的表现形式是多样的，除了语义信息，还包括格式、排版等其他类型信息，我们需要考虑这些不同文字表现形式对于语义理解的影响。因此，在实际工作中，为了更好地分析并处理各种类型的文字信息，除了应用自然语言处理，还需要研究其他相关技术。与此同时，在不同行业、不同场景中，文字背后所代表的业务知识同样重要。可以将这些业务知识理解为在这个场景中处理相关文字的规则，只有结合这些规则，才能更智能、更合规地处理文本信息并在真实场景中落地，进而创造实际价值。

有别于传统的自然语言处理，智能文本处理需要在自然语言处理技术的基础上整合计算机视觉、文档处理解析、软硬件系统适配、行业知识规则等多项技术，再根据不同场景需求组合多种技术模块，才能满足实际场景需求。因此，智能文本处理系统通常较为复杂。

笔者及团队从事自然语言处理技术相关研发工作多年，在场景落地方面有着丰富的经验。我们在工作中发现，在一些场景中仅依靠自然语言处理技术无法很好地解决问题。为了更好地落地智能文本处理相关场景，还需要研发、整合不同类型的产品和技术。为了让读者全面理解智能文本处理概念、相关技术、使用场景以及相关行业特点，让智能文本处理技术更好地应用于实际生产，本书详细介绍了达观数据多年来在智能文本处理领域的实战经验，从核心技术、相关产品、行业场景案例等多角度出发，帮助读者全面理解智能文本处理技术的意义和价值。

针对以上目标，本书内容主要分为三大部分。第一部分（第 1 章～第 3 章），介绍智能文本处理的基础知识、意义和相关核心技术，包括机器学习和深度学习的基本概念、自然语言处理重点技术、文档信息处理方法等。第二部分（第 4 章～第 11 章），介绍智能文本处理项目实施经验以及在不同场景和产品中的应用，包括聊天机器人场景、智能文档处理场景、知识图谱场景、用户体验管理场景、搜索推荐场景、办公机器人场景、AIGC 与智能写作场景中的结合和应用。第三部分（第 12 章～第 18 章），总结达观智能文本处理技术与不同行业场景的结合，介绍相关行业具体项目的实际案例和经验，包括银行、证券、保险、智能制造、建筑工程、互联网及传媒等行业，通过分析场景痛点、产品技术形态、业务效果对比等内容，供各行业有智能文本处理需求的读者参考。

　　本书在编写过程中得到了公司各个产品、技术和解决方案的专家的全力支持，大家积极配合，利用业余时间，结合自身多年的工作经验进行内容创作，多次进行内容修改及优化。本书编写人员如下：高翔、章逸骋、胡嘉杰、李宽、岳小龙、张健、王子豪、李瀚清、钱亦欣、曾丹梦、黄登、李巍豪、文辉、刘婧、张芸、高长宽、周明星、刘文海、邵万俊、徐雪帆、岳嫣然、卞乐明、袁勇、刘陈、周莹。高翔负责全书统稿。在此非常感谢以上所有人员的工作！此外，也要感谢王上、纪传俊、杨慧宇和王文广在本书创作过程中给予的帮助和支持，谢谢大家！

　　希望读者能够从本书介绍的技术、产品和行业经验中获得大量有价值的信息，希望本书能够对大家今后的工作起到指引和帮助作用，从而让智能文本处理技术更好地落地，产生更大的价值，而这也是我们写作本书的重要目标。

目　　录

第二部分　项目覆盖场景

基础知识

第 1 章

智能文本处理概览

不同于自然语言处理技术，智能文本处理技术涉及面更广、应用场景更多，同时技术上也更复杂。为了让读者更好地理解智能文本处理，了解自然语言处理与智能文本处理的差异，本章将详细介绍智能文本处理的概念及使用场景、自然语言处理技术的定义、机器学习及深度学习与智能文本处理技术的联系等内容。希望通过以上内容，读者首先能够对智能文本处理这一新兴技术有一定的宏观概念，然后通过后面章节对具体技术、场景和行业应用的详细介绍，能够从微观上更加深入地理解智能文本处理技术的细节和应用，进而在各自行业场景中，能够全面、准确地应用智能文本处理技术，使其发挥更大的价值。

1.1　什么是智能文本处理

智能文本处理指的是借助计算机技术，让机器理解文字内容并自动进行处理分析的工作。对智能文本处理的研究历史悠久，近些年随着深度学习、自然语言处理、多模态信息处理等技术的发展，智能文本处理技术更加成熟，在很多场景中已成功落地。

1.1.1　智能文本处理概念

智能文本处理也是一种文字处理工作，和人工文字处理的工作目标没有本质区别。文字已出现几千年，作为人类重要的信息传递介质，处理文字的历史也是现代人类文明的发展史。

1. 文字处理历史

文字是一种图形符号，用于记录、表达特定信息，一般分为以中文为代表的表意文字和以拉丁文为代表的表音文字。文字是人类文明诞生的标志，在文字出现之前，知识只能依靠遗传基因传递给下一代，而文字的出现大幅加快了人类文明进化的速度。文字能够沉淀记录大量的知识和信息，直到今天，人类几乎所有的日常工作和信息交流都离不开对文字的使用。

文字历史源远流长。历史最悠久的文字是两河流域苏美尔人发明的楔形文字，距今已有 5500 年历史，而库辛石板（公元前 3200 年）记录了人类最早的生产、生活活动。除此之外，圣书文、玛雅文和甲骨文也是古老的文字。图 1-1 展示了上述 4 类古代文字，这些文字都属于表意文字，能够形象展示文字背后的语义。

楔形文字　　　　圣书文　　　　玛雅文　　　　甲骨文
两河流域　　　　埃及　　　　　中美洲　　　　中国

图 1-1　古文明文字系统

最早的文字处理技术是凯撒加密法，即通过将明文进行固定长度的字符偏移而形成密文用于保护信息。由于字符在文本中出现的频率是能够被统计出来的，因此通过统计密文中字符出现的频率就能得到明文和密文的映射进而完成破解。图 1-2 举例说明了凯撒加密法的具体效果，明文为"I WILL BE BACK"，将每个字母用偏移量为 2 的字母代替后就得到了密文"K YKNN DG DCEM"，拿到密文及偏移量后反向操作就能得到明文结果。

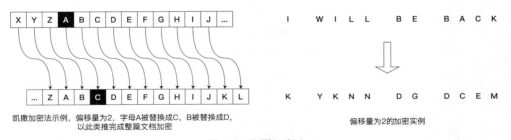

凯撒加密法示例，偏移量为2，字母A被替换成C，B被替换成D，以此类推完成整篇文档加密

偏移量为2的加密实例

图 1-2　凯撒加密法

2. 智能文本处理定义

广义上，对各种类型文字的使用、加工等操作都可以叫文本处理，比如文字的阅读、

撰写、修改等都属于文本处理。文本处理的工具既可以是传统的纸和笔，也可以是计算机等电子设备。一般来讲，文本处理主要指使用计算机等相关电子设备，对文字进行加工处理，可以是人工操作，也可以是自动化处理。

对基于计算机的文本处理概念，大部分读者的认知是使用文字处理软件进行文字处理。常见的文字处理软件包括微软 Office 系列、Adobe Acrobat Reader、金山 WPS 等，这类软件具有强大的文字编辑、渲染功能，用户可以使用它们进行文字创作、修改、审核、批注等工作。虽然随着软件更新发展，也相继出现了语法检测、自动排版等功能，但这类文字处理仍属于基于人工的文字处理工作，文本处理的主体还是人，区别只是生产力工具的升级。

随着业务数据量的增大及业务复杂性的提高，依赖纯人工方式进行文字处理工作愈发困难，因此利用计算机软件自动处理文本愈发重要。由于文本处理的复杂性，传统软件技术往往不能很好地解决相关问题，而以自然语言处理技术为代表的人工智能技术能够在一定程度上解决文本处理问题。这种以人工智能及相关软件作为主要技术的文本自动化处理被称为智能文本处理。智能文本处理和传统文本处理的最大区别是主体不同。

3. 智能文本处理场景

智能文本处理的主体是人工智能软件，但使用场景和传统文本处理场景相似，且大部分由传统文本处理场景改造升级而来，比如法务合同审核、招标信息录入、付款信息确认、公告信息审核等。智能文本处理技术相对人来说最大优势之一是处理速度快。图 1-3 展示了基于智能文本处理技术的审核过程，与传统流程相比，增加智能文本自动处理的流程，可以大大提升整个处理流程的效率。

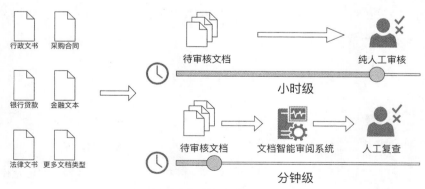

图 1-3　基于机器辅助审核提升效率

下面以财务共享服务中心为例具体说明。财务共享服务中心是目前大型企业的一种新型财务管理模式，在金融、服务、通信等行业得到了广泛应用，其中涉及大量文本处理工作。以报销场景为例，报销场景往往涉及大量文档信息录入和信息审核工作。文档信息录入需要人工从各种类型的发票、行程单、合同等文档中找到关键信息录入系统，并检查各个信息点的完备性和一致性等信息。此场景需要处理的文档数量和类型较多，在一定业务复杂性情况下，由于人阅读文字速度的限制，单人处理单据能力有限，如果业务量扩大，则需要增加人力。而基于智能文本处理技术能自动提取票据的关键信息完成信息录入工作，并结合业务的一致性、完备性完成审核工作。

1.1.2　智能文本处理技术

智能文本处理技术要处理的文字对象有多种形式，从纯文本到富文本，从电子文件到纸质文件，依靠单一技术无法解决，需要将多种技术组合在一起才能得到更好的处理结果。图 1-4 展示了不同文字展现形式，可以看到从纯文本到富媒体文档，文字展现形式越来越复杂。常用于智能文本处理的技术以自然语言处理技术、计算机视觉技术及其他辅助技术为主，并将这些技术进行整合，形成一个相对独立的领域——智能文档处理（intelligence document processing，IDP）技术。为了更好地理解 IDP 的概念，接下来我们会对上述 IDP 主要技术进行概览。

纯文本　　　　　　　　带格式文档　　　　　　　富媒体文档

图 1-4　文字展现形式多样

1. 自然语言处理技术

自然语言处理（natural language processing，NLP）技术指的是通过各种算法对语料数据进行学习，以对语义进行表示、计算，让计算机自动理解人类语言的一大类技术。

常见的如中文分词、命名实体识别（named entity recognition, NER）、机器翻译等都属于 NLP 技术。

NLP 技术是智能文本处理中最重要的技术，不管什么类型的文档，其中信息量最大的还是文字信息，这些文字信息的建模、分析和处理都需要 NLP 技术。后面的章节还会对 NLP 技术进行更详细的介绍和分析。

2. 计算机视觉技术

计算机视觉（computer vision，CV）技术是指让计算机或系统能够从图像、视频等图像数据中获取信息，并进行相关处理和分析的一种技术。简单来说，计算机视觉技术就是让计算机拥有"看"的能力，能够从图像中分析特征并得到图像所表示的意义。

计算机视觉技术对于智能文本处理同样重要，主要是因为除了基础的文字信息，基于图像的各种信息表达在文档中很常见，比如图像中的文字识别问题需要借助光学字符识别（optical character recognition，OCR）技术提取文字后才能进行语义分析。另外，文字格式信息表达了除文字内容外更多的信息，比如字号更大或加粗的文字表达了重要性。再比如文字文档中的表格，利用空间位置的对齐，对不同单元格中的文字赋予了更多单元格外的信息。而表格形式丰富多样，只有利用计算机视觉技术才能更加准确地解析表格的这种空间位置信息，提升表格中具体单元格文字信息的准确程度。

关于计算机视觉技术在智能文本中的具体应用，后续章节会详细介绍。

3. 其他相关辅助技术

由于需要处理的文本数据包括各种类型的文档，而文档不能直接输入 AI 模型，需要经过各种预处理后才能使用，因此需要借助多种辅助技术进行处理。

文档格式转换是常用技术之一。常见文档类型包括 Word、Excel、PowerPoint、PDF，以及国产 WPS、OFD 等格式。由于不同文档格式协议不同，因此为了统一文档处理流程，需要将不同格式文档进行格式转化。因为在转化的过程中需要保证文档内容的正确性和准确性，所以不仅要调研各种文档协议及相关软件，还要进行大量技术尝试。

除了格式转换，文档协议解析技术也很重要。一般来讲，文档由各种元素对象组成，不同文档格式对描述、组织和存储这些元素有各自的协议。为得到 AI 模型能够直接处理的纯文本或图像信息，需要了解不同的文档协议，开发相关解析软件才能准确获取要处理的信息。对于 PDF、OFD 等开源的文档协议，相关解析软件库较多，而商用格式文档往往需要使用付费软件或其他方式进行处理。

1.1.3 智能文本处理的价值

智能文本处理技术对于企业和个人有着巨大价值。对企业来说，其最为关注降本增效价值、风险防控价值和信息挖掘价值，并且在不同业务场景中，企业对于不同维度价值的关注力度也不同。

1. 降本增效价值

通常情况下，计算机对数据的处理速度比人快得多，并且可以通过增加硬件资源提升处理速度。随着技术的发展，计算机对于文本处理效果逐渐提升，很多场景中的文字处理工作已经可以由计算机辅助或代替。对于一些人力密集型的文字处理场景，智能文本处理技术能够大大提升效率，降低成本。

以某报关公司票据录入审核场景为例，完成货物报关需要大量人员对各种类型单据进行信息提取，确认每个信息点的完备性和正确性。单个员工的平均处理能力有上限，随着业务增长需要雇用更多人力。通过流程改造，使用智能文本处理技术自动提取各种报关文件中的信息，校验后录入系统，人在机器处理结果上进行结果复核补充。在保证准确率的基础上，单份报关文件的处理时间大大缩短，已有人员规模能够支撑更大的业务量。

2. 风险防控价值

由于环境、注意力、疲劳等因素影响，人对于文字处理往往做得不够细致。虽然我们会花费大量时间进行文字内容检查，但无法避免所有错误。这种错误在某些场景中影响很大，如果财务报销、合同签订、公开信息披露等出现错误，那么将会面对财务甚至法律风险。机器则不存在上述问题，不仅不会漏过任何一条文字信息，而且能够发现很多细微错误。

以证券行业债券募集说明书审核场景为例，由于监管机构的要求，为保证募集说明书信息的合规性，券商内部的质量控制部门会对募集说明书草稿进行审核，审核通过后才能对外公开发布，但人工审核往往不能检查出所有错误。使用智能文本处理系统对公开发行的大量募集说明书进行语义及财务审核后发现，几乎所有募集说明书仍然存在问题，比如叠字、标点错误、财务数据前后不一致等。由于募集说明书篇幅较长，人工逐字逐句进行信息点审核需要花费大量精力，且脑力限制无法记住较远上下文的信息点，因此纯人工情况下这些错误很难完全避免。而智能文本处理技术能够大大降低相关风险。图1-5展示了某真实案例，债券募集说明书声明章节中丢失"不"字，导致整个语义反转。正确表述应该是"本募集说明书不存在虚假记载"，而这个错误可能会为发债企业和项目带来各类风险。

图 1-5　某债券募集说明书出现明显语义错误

3. 信息挖掘价值

数据挖掘技术已被广泛使用，各种系统源源不断地产生各种数据，对这些数据进行处理分析能够找到很多潜在价值。计算机擅长处理类似表格形式的结构化信息，而文本数据作为一种非结构化数据很难直接被计算机处理分析。现实场景中大量有价值的信息往往以文字的形式保存，但由于缺乏分析手段，导致这些信息只是被保存而没有被挖掘利用。

以汽车论坛为例，用户每天会发表或回复大量帖子进行信息交流，其中包括不同车型的驾驶体验、质量问题、建议反馈等信息。由于帖子数量巨大，并且文字表述方式多样，因此很难以人工的方式对这些信息进行整理。而使用智能文本处理系统能够按照指定信息维度分析海量文本信息，统计不同维度信息的数量和分布，挖掘出大量对车企和车型有参考价值的量化信息，更好地指导企业对产品进行迭代改进。

1.2　NLP 技术简介

NLP 技术是智能文本处理技术最重要的一部分，涉及从不同层面、不同粒度对文字语义进行理解和分析，是很多读者最早了解的关于智能文本处理的技术。NLP 技术非常复杂，本节将介绍基本原理的整体概念，第 2 章将详细说明其中一些关键技术。

1.2.1　基本概念

人工智能技术经过长久发展已经在多个领域得到成功应用，图 1-6 展示了根据处理的数据的不同，人工智能技术一般分为图像、语音和文本 3 个方向，而智能文本处理是人工智能技术中的重点和难点。图像和语音 AI 属于感知层面的技术；文本 AI 则属于认知层面的技术，需要模拟人类智慧分析过程，难度较大，因此也被称为人工智能皇冠上的明珠。人类之间沟通的语言叫作自然语言，针对文字智能处理的 AI 技术一般叫作 NLP 技术。

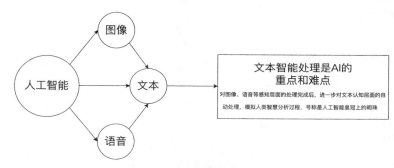

图 1-6　智能文本处理的重要性

1. NLP 的定义

我们希望通过一系列算法和技术使得计算机理解文字背后的语义，并自动对文字进行阅读、处理及生成，而这样的一系列算法和技术统称为 NLP。NLP 是人工智能领域重要的研发方向，目标是让计算机像人类一样处理语言，从而实现更高级的语言交流和理解能力。NLP 已广泛应用于如智能客服、机器翻译、文本分类、文本摘要、标签提取、情感分析等场景中。

2. 技术发展历史

NLP 技术历史久远，自 20 世纪计算机技术发明以后，NLP 就开始相关研究了，到目前为止共经历了 4 个阶段。

(1) 基于符号主义（自 20 世纪 50 年代起）。符号主义的基本思想是依靠查词典和写模板的规则来匹配语义。此技术使用受限、效果不好，因为规则往往比较死板，无法举一反三，并且无法真正理解不同上下文的意思变化。

(2) 基于语法规则（自 20 世纪 70 年代起）。语法规则的基本思想是希望通过语言学家所写的大量基于语法的规则来处理文本。相比符号主义，语法规则有一定进步，但是其数量庞大，难以穷举所有情况，容易造成规则冲突，管理和维护极其困难，效果也不好。

(3) 基于统计学习（自 20 世纪 90 年代起）。统计学习的基本思想是不再人为制定规则，而是通过从大量文字语料中统计上下文分布规律来进行语义分析。由于是基于海量语言数据统计的结果，因此效果和适用范围相较之前的技术有很大进步，尤其是字词级别的处理效果大幅提升，但是对于篇章级别的文本数据仍有欠缺。

(4) 基于深度学习（自 21 世纪 10 年代起）。深度学习在 21 世纪得到了长足发展，在图像、语音等场景中取得了非常好的效果。通过深度神经网络技术，不仅能更准确地对语义进行建模，而且能对篇章内容进行整体性的表示学习，因此在篇章文字阅读理解效果上有大幅提升，并在一些评测数据集上开始接近甚至超越人类。基于深度学习的 NLP 技术也是当今研究的重点。

3. 问题及难点

NLP 的难点在于人类进行阅读理解是一个复杂过程，需要解决的问题主要是歧义消解和未知知识问题，而解决上述问题也是 NLP 需要解决的核心问题。解决这些问题难度很大，对于中文更是如此。下面举例说明了相关问题。

(1) 中文词汇边界问题。由于中文词汇之间不像英文等文字那样有空格，因此准确划分中文词汇边界有些困难。图 1-7 展示了对图书书名《无线电法国别研究》的歧义切分结果。根据常用词汇划分，容易造成如下错误划分：无线电 / 法国 / 别 / 研究。虽然上述划分从语义来讲没有任何问题，但从常识来说无法讲通，而正确的划分应为：无线电 / 法 / 国别 / 研究。

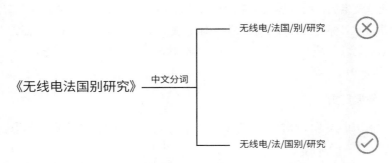

图 1-7 图书书名《无线电法国别研究》中文分词歧义性问题

根据语境判断歧义句的问题。例如以下两个句子。

① "小米手机才 500 元，没钱买小米手机呀！"

② "小米手机比苹果手机还要贵，没钱买小米手机呀！"

同样是"没钱"两字，根据语境，第①句中的"没钱"表示可以购买小米手机，而第②句中的"没钱"表示不能购买。

(2) 模糊概念问题。例句：G7 的时间。根据上下文和常识，比如一些字母、数字词汇的组合，可以推断 G7 指的是高铁车次。但在国际政治场景中，G7 还是"七国集团组织"的缩写。

(3) 未知知识问题。随着网络的普及，更多更新的词汇开始出现，并成为常用语。但如果系统缺乏相关词汇或数据，则会导致系统失效。例如"J20""走你""喜大普奔"等新产生的词语以及"楼主""潜水"等已有词汇的全新含义。此外还有很多专业词汇，如果使用通用场景技术处理，则会造成一定困难，比如"白藜芦醇""羟基聚亚甲基"等生物医学词汇的处理。

1.2.2　文本自动处理层次划分

通常我们使用的文本是不同长度的文字片段组合，可以划分为字词、句法和篇章 3 个级别。信息量与文字的长度高度相关。为了更准确地理解文本内容，通过技术分析理解不同长度文字片段非常有必要。因此，不同层级文字处理需要使用不同的 NLP 技术。图 1-8 展示了不同文本处理技术名称及层次划分。

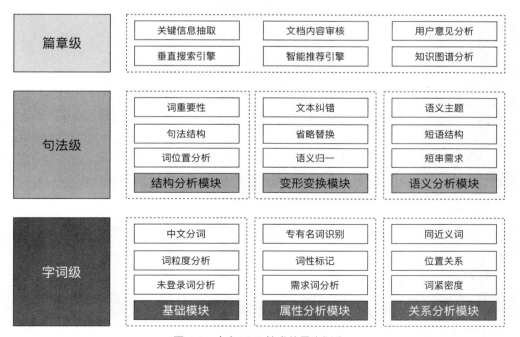

图 1-8　中文 NLP 技术的层次划分

1. 字词级处理

字词通常是语言中最小粒度的元素。针对字词级别的 NLP 技术一般称为"词法分析",包含分词、词性标注(part-of-speech tagging,POS Tagging)、NER 等。图 1-9 展示了真实新闻的分词及词性标注结果,对于常见或通用语料的词法分析准确率已经很高。

图 1-9　中文分词及词性标注技术

分词技术在以中文为代表的一些语言中非常关键。由于这类语言没有英文中的空格作为分隔符,而且词与词之间的边界比较模糊,因此需要利用分词技术将连续文本拆成多个词的组合才能进行下一步分析。词性是指以词的特点对其进行的类别划分,常见的词性有名词、动词、形容词、数词等。对于汉语,大部分词是单一词性,但也有多词性的词,比如"教授"一词既是名词也是动词。词性标注就是给出某个词在某语境下的词性,只有词性判断正确,才不会影响下游任务。NER 任务指找出文本中特定意义的实体,一般包括人名、地名、组织机构名、时间等。这些实体代表具体的含义,往往是关注的重点,并且实体的类型可以根据不同场景进行扩充。接下来的章节中会对以上技术进行详细介绍。

除了上述相对通用的技术,新词发现、同近义词分析、词粒度分析、需求词分析、停用词分析等都属于字词级别分析的 NLP 技术,可以应用在不同领域。

2. 句法级处理

相对于字词,句子表述了更多的信息,因此针对句法级处理有不同的技术,同时上文提到的字词级处理结果对其提供了重要支撑。句法级处理最常见的技术是句法分析。

句法是一种定义句子结构的规则，指定了词、短语、主句、从句等句子成分该如何排列。句法结构有不同的表述方式，通常分为句法结构分析（syntactic structure parsing）和依存关系分析（dependency syntactic parsing）两大类。

句法结构分析研究的是句子如何构成。由于语法的复杂性和多样性，仅依靠词性分析不能准确得到句子的语义，因此需要使用句法结构分析技术。通常，句法结构分析分为基于规则和基于统计学习两种方式。不管采用哪种方式，将一句文本输入句法分析系统时，都会输出其句法结构。句法结构有多种表示方法，其中以短语结构树的方法较为常见。

句子结构的复杂性导致相关句法分析技术的性能不佳，因此相对简单的依存关系分析成为研究重点。依存分析简化了"整个句子如何构成"这样的问题，只关心句子中词语之间的联系。依存分析的输出是依存关系，通常使用有方向的词汇间连线或者树状结构来表示。依存分析的研究较多，以基于图和转移的算法最为常见。图 1-10 展示了具体一句话的依存句法分析结果，从该结果能直观看出依存句法分析技术的复杂性。

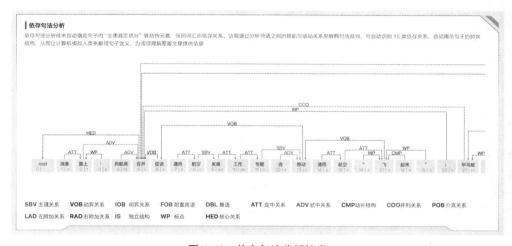

图 1-10　依存句法分析技术

除了句法分析，词位置分析、短串分析、文本纠错、词权重分析等也是句法级别的研究对象，比如文本纠错、短串分析等技术在搜索 Query 分析得到大量使用，对提升搜索质量有很大帮助。

3. 篇章级处理

现实中，大段篇章级别的文本使用较多，因此对于篇章级别文本处理方向也很多，常见的如文本分类、内容审核、关键信息提取结构化、用户意见分析、文档检索等。篇章级别的处理不能只依赖一种技术，往往需要由底至上多种技术组合在一起才能完成。

文本分类是一种相对简单的篇章级处理。以常见的新闻自动分类技术为例。当获取一篇新闻时，往往需要先过滤新闻中的非文本信息得到纯文本，然后使用词法分析技术得到分词、词性等结果，接下来再基于这些结果构造分类特征，将特征输入机器学习的分类器得到结果，最终给出新闻分类。图 1-11 展示了具体新闻的分类结果，在常见新闻分类体系下，普通资讯文本分类已较为准确，模型置信度高。

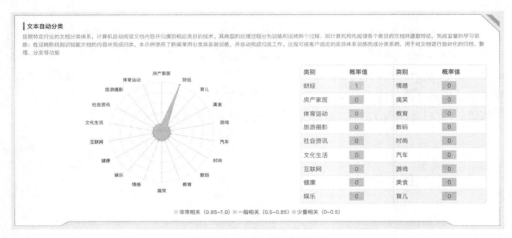

图 1-11　文本自动分类技术

文档审核则是相对复杂的篇章级处理。以合同智能审核为例。合同智能审核需要使用文档解析技术从文档中获取纯文本信息，并根据版面还原技术重排文字以让语义更合理，然后通过词法分析和句法分析得到文本片段，并结合上下文判断和提取其中的关键信息，接下来还要结合业务知识进行信息的完备性、准确性校验，最终给出审核结果。上述每个步骤都需要一种或几种文本处理技术，而且因为是串行执行，所以对不同技术的效果要求很高，整体技术难度大。图 1-12 展示了文档智能审核在合同自动审核上的效果。

除此之外，篇章级的文本处理技术结合一些领域技术（如搜索引擎、推荐系统、知识图谱等），能够在更大的领域范围中得到使用，而且往往面向终端用户，价值体现更明显。

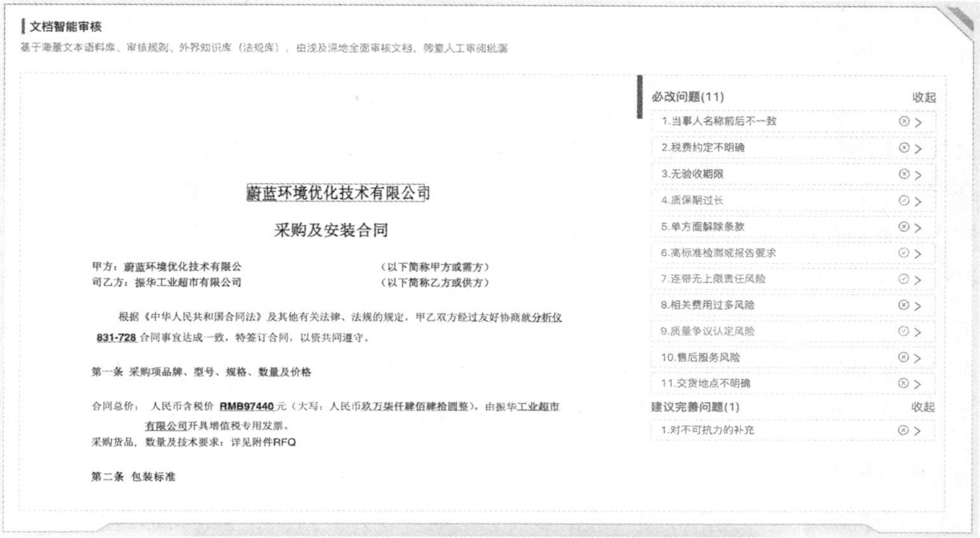

图 1-12　文档智能审核技术

1.2.3　研究现状及主要方法

虽然 NLP 技术已发展多年，但整体研究方向仍分为基础技术研究和应用创新研究两大类。最近几年基于深度学习的研究成为主流，在各个方向上都有突破且取得了不错的成绩，但这并不意味着传统方法已被淘汰。在工业界，除了考虑效果，研发效率、运行性能、硬件成本等都是需要关注的问题，因此基于规则的方法仍能得到大量的研究和使用。在实际使用中，基于规则和机器学习的方法往往都会使用，二者相辅相成。简单来讲，基于规则的方法更多依赖人力，基于机器学习的方法则更多依赖数据和模型。

1. 基于规则的方法

基于规则的文本处理方法有个假设前提，即文本是按照一定规律或要求进行表述的，尤其是特定场景中的表述方式是一个有限集。基于上述假设，基于规则的方法最主要的工作是针对任务进行规则梳理。当规则梳理完毕后，针对任务目标开发代码实现相关处理规则。

文字匹配是基于规则文字处理中的关键技术，最简单的方式是通过词典进行匹配。除了词典，正则表达式是更常用的文本匹配技术，能够通过特殊的语法匹配字符串中的特殊部分。与词典相比，正则表达式匹配适用性更广。目前，大部分基于规则的文本处理方法依赖正则表达式。

基于规则的文本处理方法的优点是简单快速，并且在一些场景中效果能够得到保证。以制式合同为例，制式合同的大段篇幅和条款是固定的，在一些指定位置留出空白填写合同关键信息。对于这类合同，只需拿到合同模板后比较差异点，再根据差异点的排列顺序及简单上下文就可以准确提取相关信息。当有新类型的合同时，只需更新模板信息就可以快速处理。

由于语言的灵活性和场景的多样性，在一些场景中无法穷尽所有规则，导致基于规则的系统泛化性较差，加上规则积累较多之后相互冲突，系统的维护成本也较高，因此基于规则的方法在使用场景和使用方式上有所限制，场景间的通用性较差。

2. 基于机器学习的方法

基于机器学习的文本处理方法是目前的主流，该方法的核心思想是通过数据驱动，使用不同的机器学习模型，在不断迭代模型参数的情况下，自动寻找数据的规律和特征，以完成不同的文本处理任务。

由于机器的处理能力远超过人类，能够在指定时间内处理更多的文本数据，类似见多识广的道理，因此基于机器学习的文本处理往往能够取得更好的效果。而限制机器学习方法的因素主要是算法因素和数据因素。

前文介绍过多种文本处理技术，每种技术的任务目标差别较大，如果使用机器学习的方法，就需要将任务准确映射到不同的机器学习任务上，并选择合适的算法完成相关任务。以视频弹幕审核为例，视频弹幕审核需要过滤含有不良信息的弹幕信息。如果使用基于规则的方式，就需要人工查看大量弹幕总结特征——最常见的是总结关键词，然后通过关键词匹配进行过滤。而使用机器学习的方法可以把审核变成一个二分类问题，通过对一定量的数据进行正负样本标注，让分类模型自动学习不良弹幕的特征，并根据模型的分类结果进行弹幕过滤。因此，在使用基于机器学习的方法时，问题建模和算法选择至关重要。

在使用机器学习文本处理方法时，数据是另外一个需要考虑的因素，在很多场景中其决定着最后的效果。由于语言的复杂性及算法的限制，在很多任务中往往需要标注大量的文本数据才能取得较好的效果。语料数据的数量和质量决定了算法模型的好坏，进而决定了最终的文本处理效果。但在实际应用场景中，除了一些基础技术研究有相对高质量的语料数据外，由于隐私问题、数据数量等导致可供算法模型训练的数据较少，加上文本模态的多元化问题，限制了机器学习方法的使用。

近些年，基于深度学习，以 BERT 为代表的一些预训练语言模型的出现，大大降低了数据数量的要求，在小样本的情况下，很多场景使用机器学习的文本处理也能取得较好的效果，大大促进了 NLP 技术的进步和使用。

1.3　书面文本处理和短文本处理

根据长度类型和使用场景，文字可分为书面文本和短文本，对二者进行文字处理既有共性也有差异，而传统文本处理对于书面文本和短文本的差异性关注不够。除此之外，文本处理类型还有其他维度划分。本节将详细介绍书面文本和短文本的差异点，并对书面文本处理进行详细的场景使用介绍。

1.3.1　不同处理类型

按照不同维度，文本处理类型有不同的划分方式。按处理智能程度可分为机械化与智能化；按文字使用方式可分为语言理解与语言生成；按照文本长短和其他特点可分为书面文本与短文本。下面将逐一介绍不同划分方式的特点。

1. 机械化与智能化

并不是所有的文本处理技术都要求智能化，很多场景只需对文本进行简单的处理就能满足需求。例如网页表单填写场景中，通常由于后端系统要求导致一些表单项的文本长度也有限制。因此，不管填写多少内容，只要超过限制长度，文本就会被程序自动截断。另外，还有一些安全性的限制，需要程序对填写内容中的特殊字符或者单词进行过滤。这就是一些机械化的文字处理方式，不考虑语义的连贯性或正确性，以系统性能或安全性为主，因此往往很少使用 NLP 技术。

相反，以语义分析处理为主要目标，大量使用 NLP 及相关技术的自动文本处理属于智能化应用。本书后续章节会大量介绍各种智能化文本处理系统和场景。

2. 语言理解与语言生成

NLP 任务可以分为两大类：自然语言理解（NLU）和自然语言生成（NLG）。也可以通俗地将"自然语言理解"理解为"自动阅读技术"，将"自然语言生成"理解为"自动写作技术"。图 1-13 展示了 NLP 类型划分及常见的应用场景。

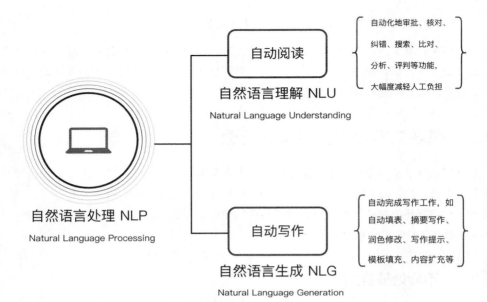

图 1-13 NLP 类型划分及常见的应用场景

语言理解技术解决的是计算机"读"的问题，指的是能够从指定的文字内容中理解语义，分析信息并进行智能处理，以得到相关的处理结果。一般来讲，语言理解技术给出的结果内容远远少于输入的文本信息，其所涉及的是一个提炼浓缩的过程。常见的语言理解会应用在智能审核、智能纠错、标签提取、内容比对等场景中，应用面较广。

语言生成技术则是解决"写"的问题，通过指定输入信息和任务类型，让计算机自动"撰写"文字内容供人类阅读。语言生成技术随着任务目标不同难易有别。简单的如自动单据生成，在模板文件指定位置填空就可以，准确率和效率都很高。而复杂的如文章自由写作，需要输入指定信息，通过系统模型自身对于输入信息的理解和分析，生成相关信息的详细表述文本，对系统、数据都有较高的需求。常见的语言生成应用包括自动翻译、摘要写作、内容扩充等，而且大部分基于 seq2seq 模型。

由于使用面和技术难度的不同，通常情况下语言理解技术适用范围更广、更成熟，而语言生成技术也正逐渐成熟，比如机器翻译在大部分场景中已经达到可用的状态。

3. 书面文本与短文本

通常我们接触到的文本可以根据长度和使用场景分为两大类：书面文本与短文本。在工作中，我们接触到的文本大部分是书面文本，这种文本通过书写和阅读来传达信息，常以文档资料的形式出现，尤其对办公室白领来说，会有大量文档阅读和撰写工作。在生活中，我们遇见的文本大部分是短文本，比如聊天记录、短信等，而像新闻这种文本的长度也越来越短，比如以短文本资讯形式出现的微博越来越流行。

虽然书面文本和短文本有一些共同点，但整体而言，由于处理技术和使用场景有较大的区别，实际中将两种文本处理技术分开研究是较为常见的做法。接下来我们将详细讲解两者的特点和区别。

1.3.2 书面文本应用举例

我们几乎每天都要面对书面文本，因此对书面文本的使用并不陌生。除了行文用词较为正式，书面文本的内容还包含较多的业务知识。本节将通过一些代表性的应用场景，展示书面文本处理的应用方法和价值，希望读者能够挖掘出身边更多的使用场景。

1. 关键信息提取

办公文档通常以书面文本方式撰写，用于在正式场合准确传递大量信息，由于规范性要求，办公文档往往内容较长。关键信息提取也叫结构化信息提取。以合同信息录入为例，通常需要将甲方、乙方、银行账号、总金额、时间、标的物、数量等多条信息录入系统，如果合同量较大，则会花费较高的人工成本。图 1-14 展示了借款合同关键信息提取效果，根据业务复杂度要求，字段数可以从十几个到几十个不等。

图 1-14　合同关键信息提取

除了合同，法律文书、上市公司公告、招股说明书、债券募集行政公文、业务单据、招标文件等各种各样的文档都需要进行关键信息提取。在数据爆炸的时代下，关键信息提取能够提高用户获取信息的能力，为市场监管和企业研究提供数据支持，并不断推进企业内部业务流程的自动化改造，提升运转效率。图 1-15 展示了债券募集说明书中财务数据提取情况，而财务数据是分析企业经营情况的重要信息，可以为后续业务流程智能处理打下数据基础。

图 1-15　债券募集说明书信息提取

2. 文档智能审核

文档智能审核是通过机器阅读文档内容，查找文档中相关信息的风险点。不管文档是否公开发布，都要进行严格的审核。常见的文档审核场景包括合同审核、公告审核、企业审计审核等。图 1-16 展示了债券募集说明书质量控制审核结果，我们不仅要关心常见的文字错误，还要注意各类财务信息全文纰漏的一致性，财务信息不一致会有作假嫌疑，从而导致监管审核失败。

对审核来说，仅拥有业务知识还不够，因为有些审核工作量巨大，纯靠人工审核具有一定风险，只有技术发展辅助审核才能保证工作质量。以 IPO 项目中银行流水审核为例，该审核需要项目组对待上市公司董事、监事和高级管理人员三年一期的所有流水记录进行审核，找出其中的异常流水记录，分析相关合规风险。此场景难点在于流水记录多以纸质形式提供，并且数量巨大，通常有几万甚至几十万条，如果通过人工处理，则效率较低并可能遗漏风险。而使用智能文本处理技术，机器能够自动解析流水数据，通过业务知识找到并分析其中的异常记录，供项目组成员进行复核。

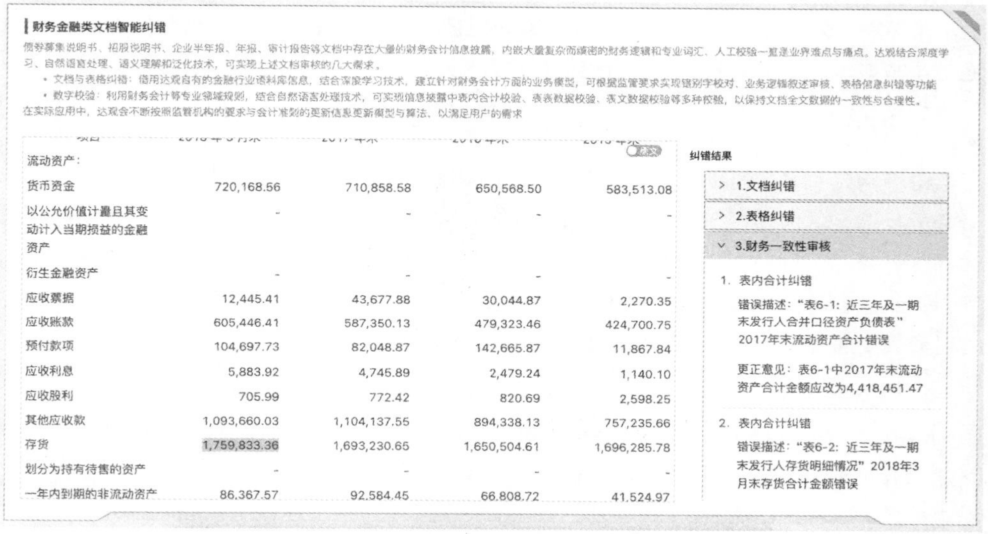

图 1-16 债券募集说明书质量审核

通过文档智能审核技术和产品，能大大降低相关风险，协助机构治理违反金融法律、监管规则和内部规章的行为，有效防控监管套利、空转套利、关联套利等风险，持续提升机构监管数据质量。

3. 文档智能写作

前文提到，由于技术限制，自由文本生成技术的效果在正式场合中还无法达到可用状态。而书面文本由于业务的限制和规范性要求，在一些场景中能够起到很好的效果。以银行尽调报告自动生成为例，银行客户经理需要对其所负责的多家大型企业进行跟进，定期基于年报、季报、月报等披露报告进行财务报表的采集、分析、评级指标定性分析、股权结构图绘制等工作，不仅工作量巨大，而且财务信息较多，往往存在漏更、错更的情况。因为尽调报告存在固定格式的要求，所以往往只需将变动部分更新即可。基于对财报信息的准确解析和提取，通过比对以往的财务数据，机器可以自动更新相关内容，更加快速、准确地生成相应的尽调报告。

此外，企业内部各种日报、月报、流程审单等文档都可以使用文档智能写作技术解决，不仅快速、高效，同时也更加准确。

1.3.3 短文本应用举例

相对于书面文本，短文本更多被应用在生活中，但文本长度短并不意味着处理难度低。本节将展示生活中常见的一些短文本如何被智能化处理，能够看出，无论是长文本还是短文本，都有很高的信息分析挖掘价值。

1. 用户评论分析

电商网站和各类点评网站都存在着大量的用户评论，用户评论是对商家产品和服务最好的反馈。一般情况下，用户评论的特点是单条评论较短，内容较集中，往往针对具体的一件商品。同时，对于热门品牌或产品，评论数非常多，仅靠人工筛选评论的情感倾向、观点、物品等效率很低，并且往往要集中到如差评等某类评论的处理上，导致缺乏对商品全面客观的分析。

用户评论分析是希望运用 NLP 能力，对用户评论进行分类、聚类、情感分析、实体识别、观点识别等处理，从中找出快速出现的网络用语、舆情风险词，实现风险预警等功能，并根据不同的业务逻辑进行统计处理分析，为品牌方提供更全面的参考，对产品和服务的提升提供更大的帮助。

用户评论数据不仅存在很多口语化表达（比如"看到了吧"等评论缺乏有意义的特征），还具有字少但信息量大的特点（比如"鲨鱼鳍天线"需要领域知识才能理解处理）。此外，实现语义归一化也很重要，比如"发动机缸气压不够"和"气压不足"等相似语义需要做归一化处理。图 1-17 展示了汽车相关用户评论分析的完整处理流程，通过收集各类信息，进行清理分析，能够得到高价值的用户意见，指导车企相关生产和售后工作。

2. 智能聊天机器人

智能聊天机器人是短智能文本处理技术常用的场景之一，通过对用户输入的口语化短语文本进行分析，识别用户的意图和关键信息，针对性地动态生成回答，来模拟人类和用户聊天的过程。智能聊天机器人的任务类型有很多，一般分为闲聊、任务对话和问答 3 种形式，很多聊天机器人能够满足以上任务。

闲聊机器人以情感表达和客观话题为聊天内容，主要满足用户的一般性沟通需求，比如微软的小冰可以模拟人类以非常生动的口语方式进行回答或者提问，而苹果的 Siri 通常的回答以客观表述为主，不会有太多主观情感因素。图 1-18 分别展示了小冰和 Siri 的闲聊结果，可以看到不同产品形态的情感丰富度差异很大。

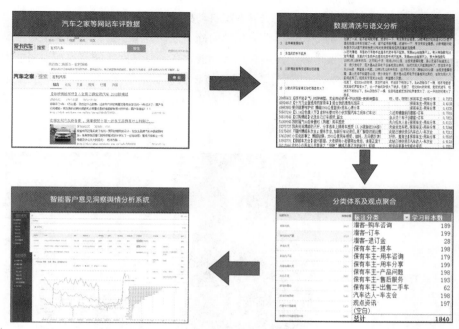

图 1-17　用户评论分析场景

图 1-18　闲聊机器人场景

　　任务对话型机器人以口语的方式告诉系统自动执行某种任务为目标,能够支持多种任务类型,并且由于任务的特征或者划分比较明确,往往效果不错。例如家中各种品牌的智能音箱,能够执行开关电器、点播音乐等功能;各种语音助手能够实现地图搜索导航、行程安排等,在很多场景中通过语音控制方便快捷且准确率高。图 1-19 展示了使用 Siri 进行导航、日程预订任务的具体效果,可以看出,Siri 能够准确理解语义并正确执行。

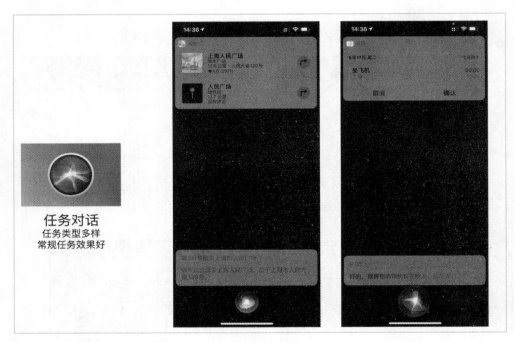

图 1-19　任务对话场景

　　问答型机器人则以智能客服机器人的形式被广泛应用,几乎所有的电商平台都有各自的智能客服机器人。通常,大部分智能客服机器人以事实型回答为主,常见的情感表达比较死板和重复,体验还有待提升,但能够在一定程度上为用户解决一些简单、常见且高频的问题和需求,进而大大节省人工客服资源并降低成本。图 1-20 展示了京东、阿里购物平台官方机器人的回答效果,对于高频问题,无论是答案丰富程度还是交互都做了优化,用户体验较好。

图 1-20 智能客服场景

3. 文本智能纠错

文字使用错误是常见的问题，只要是人参与的文字创作工作，文字使用错误的问题就在所难免。文字错误一般分为两大类：同音字问题和形近字问题。不管是同音字错误，还是形近字错误，往往只需要很短的上下文就能判断出来。因此，文本纠错也是短文本常见的智能处理之一。

对于汉字，大部分用户使用拼音输入法，因此基于同音字的错误比较多。对于同音字纠错，可以通过词语上下文搭配的概率来判断出错点，并找到多个相同拼音的候选词，计算不同候选词的搭配概率，取概率最大的通常就有较好的效果。对于形近字，则需要整理形近字字典，同样按照上下文词汇搭配概率来进行纠错。

文本纠错目前已在搜索引擎、文本编辑工具和输入法中大量使用，为文字输入的准确性提供了很大帮助。图 1-21 展示了搜索引擎查询语句的纠错结果，对于常见错误，主流搜索引擎通常都能进行准确纠错。图 1-22 展示了腾讯文档的纠错效果，通过分析上下文，纠错程序判断"成都"为错误词并给出提示，有些纠错工具甚至还能给出正确候选结果。

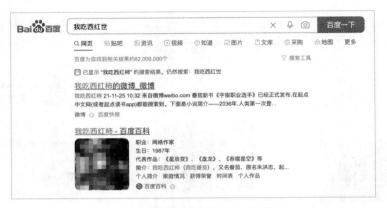

图 1-21 搜索引擎中的文本纠错技术

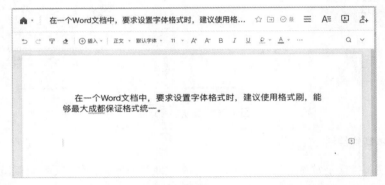

图 1-22 腾讯文档中的纠错技术

1.3.4 处理差异比较

从前面的示例能够看出，书面文本和短文本都有很高的智能处理分析价值，但两种类型的文本差异仍然较大。本节将从场景、技术和价值这 3 个维度具体对比分析书面文本和短文本，让读者更好地理解和掌握二者差异，以便在处理使用不同类型的文本时更好地选择制定技术方案。

1. 场景差异比较

书面文本和短文本最直观的区别是文本长度不同。书面文本一般字数较多，长度从几页到几百页不等，有的甚至高达上万页，而短文本从几个字到几十个字不等。因此，书面文本包含的信息量远远大于短文本，这也对书面文本的处理造成了困难。

　　书面文本和短文本的另外一个区别是，与短文本相比，书面文本行文格式更加规范。书面文本通常应用在正式场合，不同场景对于行文格式有指定要求，表达比较固定且严谨，信息传达准确。与之相反，短文本通常以口语化形式存在，文字表述简洁灵活，存在大量省略主语以代词代替等情况，信息传递效率高。

　　此外，书面文本有格式的要求，常以文档形式出现。文档中文本信息会以文字大小、颜色、字体、加粗、斜体等表示不同的含义，还有表格、图形等多模态形式，因此书面文本的撰写也相对严格，比如党政机关公文格式就有相关国标 GB/T 9704-2012。相比之下，短文本多以纯文本的形式存储，一般没有格式要求。

2. 技术差异比较

　　从共性来看，书面文本和短文本都是文字的展现形式，在不考虑格式的情况下，技术上都能使用自然语言技术进行处理。一般书面文本会拆分成文本片段进行处理，而短文本可以直接处理，很多诸如中文分词、NER、句法分析、文本分类之类的基础 NLP 模块可以直接使用。

　　从上述特点来看，实际中处理两者的技术差异较大。首先是文本长度影响。书面文本一般较长，上下文语义内容丰富，因此要有长上下文建模能力，以便在有限计算资源内更好地表示所有语义。例如经典的向量空间模型，以词为维度，通过不同词的权值来表示文本语义，能够将长文本的语义压缩到指定大小，进行不同文本之间的相似度计算。短文本由于词汇少，在用于空间向量模型时表示较为稀疏，因此效果较差。其次是语料模型的差异。NLP 技术需要语料的支撑，不同语料产生的模型不同，效果也不一样。一般来说，公开的语料数据，尤其是熟语料大部分是短文本，比如 1998 人民日报语料，每条标注数据长度为一句到几句不等。语料内容以新闻报道为主，缺乏专业词汇，因此以人民日报语料生成的模型对于一些专业书面文档处理效果会差一些。最后是格式带来的差异。书面文本因为格式排版要求，在进行语义分析时，需要采用较多的技术进行版面内容分析，依据版面和人类阅读习惯取出正确的文本序列后才能进行语义处理分析，而短文本一般不需要这个步骤。

3. 价值差异比较

　　书面文本处理和短文本处理都有很高的价值。从场景上来说，书面文本处理在工作领域的价值更高，一般面向 2B 服务；短文本处理在生活领域的价值更高，2C 场景更多。2B 产品和 2C 产品本身的区别也导致了智能文本处理价值的差异。表 1-1 展示了 2B 产品和 2C 产品不同维度的具体差异。

表 1-1　2B 产品和 2C 产品的差异对比

	2B 产品	2C 产品
对象	客户	用户
价值	对事解决刚需	对人满足需求
功能	场景决定	用户决定
特点	功能全、决策慢	流程短、决策快
周期	周期长	周期短
其他	注重服务	注重体验

从表 1-1 可以看出，2B 领域中场景价值比较明确，能够相对准确地估算出系统价值。以书面材料审核为例，假设纯人工审核每人每天能够完成 10 单，而通过机器辅助材料审核后，在保证相同审核质量的情况下，每人每天能够完成 20 单，这样系统创造的价值相当于纯人工审核时 50% 的员工薪资，投入和产出比较容易量化。而且 2B 领域中具体每个场景的任务明确。因此，智能文本处理技术往往能够成为核心技术，系统都以其为核心而展开。

而在 2C 场景中，用户体验是第一位的。智能文本处理技术用于提升用户体验的场景包括快递地址填写、联系人查找、搜索自动纠错等。但用户体验是整个系统和应用的综合性表现，这种情况下文本技术创造的价值不容易评估。其实 2C 场景中也有提升效率相对容易评估价值的文本处理技术（如智能客服或聊天机器人），虽然技术本身和服务质量有待提高，但已落地多个场景并创造了较高的价值。

1.4　机器学习与 NLP

顾名思义，机器学习是一门关于使机器（常为计算机程序，更宽泛地讲，可以是一个算法）拥有学习能力，即可以从数据和过往的经验中获得处理某一任务时性能提升的学科。本节将简单介绍机器学习的基本概念并探讨常见的机器学习问题与 NLP 的关系。与此同时，我们会更多地关注浅层学习。在 1.5 节中，我们将一同探索有关深度学习的种种奥秘。

1.4.1　机器学习的基本概念与历史

机器学习的历史可以追溯到 20 世纪初期，时至今日，我们仍在续写其美妙的篇章。让我们先回到 1959 年，一瞥机器学习第一个官方定义的故事。

1. 定义机器学习：从西洋跳棋程序到 AlphaGo

机器学习的第一个定义来自计算机游戏和人工智能领域的美国先驱 Arthur Samuel。在 1959 年，Arthur Samuel 基于他的西洋跳棋（checkers，一种常见的棋类游戏，参见

图 1-23）程序，对机器学习做出了如下定义：

"使计算机无须进行明确编程即可拥有学习能力的研究领域。"

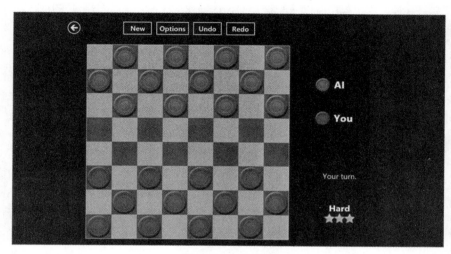

图 1-23 西洋跳棋

Arthur Samuel 只教给他的西洋跳棋程序这种棋类游戏的基本规则，使机器学习大量的职业对局，并让程序与自身对局在另一个层面进行学习。该程序主要基于 Alpha-beta 剪枝算法，本质上是使用更少的资源为每一步找到最优方案。Arthur Samuel 的西洋跳棋程序在自主学习后可以达到人类水平，在整个人工智能的历史上是一个重要的里程碑。

棋类游戏因其相对简单的规则、可观的复杂度与普及度，在人工智能发展史上拥有着重要的地位。如图 1-23 所示，西洋跳棋只有一种棋子（类似的棋类游戏如国际象棋、中国象棋和将棋都拥有多种棋子，每种棋子有独特的行进方式），但其复杂度依旧可观。表 1-2 中展示了几种常见棋类游戏的复杂度。

表 1-2 常见棋类游戏的复杂度

游 戏	棋盘大小 （格数）	状态空间复杂度 （以 10 为底数的指数部分）	博弈树复杂度 （以 10 为底数的指数部分）
井字棋	9	3	5
西洋跳棋	32	20 或 18	40
国际象棋	64	47	123
中国象棋	90	40	150
将棋	81	71	226
围棋（19×19）	361	171	360

学者们对机器学习还有其他的定义，例如在人工智能领域享有盛名的美国计算机科学家 Tom Mitchell 在 1997 年对机器学习做出了如下定义：

"如果某种计算机程序可以从经验 E（Experience）上学习某类任务 T（Task）和性能度量 P（Performance），则其于该任务 T 上的性能度量 P 随着经验 E 而改进。"

以上述西洋跳棋为例，经验 E 为输入和程序自己对局的棋局以及从中判断出的局势优劣，任务 T 为在西洋跳棋中决定每一步的策略，性能度量 P 为程序赢得西洋跳棋棋局的概率。作为近年来最知名的机器学习任务之一，为解决表 1-2 中最复杂的围棋问题，2014 年由 Google DeepMind 开发的人工智能围棋棋手 AlphaGo 也符合该定义。

2. 机器学习的历史与早期发展

虽然机器学习目前公认的第一个官方定义是在 1959 年提出的，但机器学习的历史可以向前追溯到 20 世纪初期，其中提及的算法在本书后续的章节中会展开讨论。Arthur Samuel 的西洋跳棋程序的设计始于 1952 年，上文提及的 Alpha-beta 剪枝算法是一种极小化极大（Minimax）算法的扩展，同时期贝叶斯分类器（Bayesian classifier）也有所发展。在 1936 年，Fisher 发明了线性判别分析（linear discriminant analysis，LDA），目的是通过线性变换将向量投影到低维空间中，其既可以直接作为分类器使用，也可以为后续的任务做降维工作。早在 1901 年，Karl Pearson 就发明了主成分分析（principal components analysis，PCA），时至今日，这种无监督的学习方式还常常被用作数据降维。

从 1952 年 Arthur Samuel 研发出一款可以自主学习的西洋跳棋程序开始，机器学习的发展如同画卷一般展开，在各个维度都有一段动人的历史。下面参考图 1-24，我们沿着机器学习方法的方向，一同回顾传统机器学习方法在这 70 年间的里程碑事件。

(1) 1952 年，Arthur Samuel 研发出了一款可以自主学习的西洋跳棋程序。

(2) 1957 年，Frank Rosenblatt 提出了模拟人脑运作方式的感知机（perceptron）的概念。作为单层的人工神经网络模型，感知机可用作一种线性分类器。跨越半个世纪后，感知机的继承者——多层神经网络近年来大放异彩。

(3) 1959 年，机器学习首次被公开定义。

(4) 1967 年，k 近邻（k-nearest neighbor，KNN）算法令计算机进行模式识别成为可能。k 近邻算法也是最易于理解的用于分类的机器学习算法之一，其核心思想是对待分类样本在特征空间找到最相邻的 k 个样本，令其属于这些最相邻的样本中最多数的类别。简而言之，该算法遵循"近朱者赤，近墨者黑"和"少数服从多数"原则。

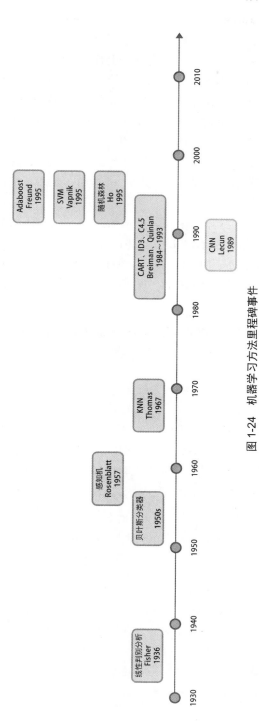

图 1-24　机器学习方法里程碑事件

(5) 20 世纪 80 年代，在经历了较长时间由于社会信心和资金来源削减等原因造成的低谷后，机器学习在决策树（decision tree）算法上有了重要突破，先后出现了分类和回归树（CART）、ID3 算法以及 C4.5 算法。决策树可用于模拟决策并生成对应结果。1995 年，集成学习（ensemble learning）以决策树算法为基础创建了随机森林（random forest）算法。

(6) 1990 年，Robert E. Schapire 构造了著名的提升方法（boosting）的雏形，并在后续时间里逐步改进，用于实现将一组弱学习器组合成一个强学习器。例如 1995 年诞生的自适应增强学习方法（adaptive boosting，常被称作 AdaBoost），其自适应之处在于：前一个弱学习器预测错误的样本会被用来（或更有可能用来）训练下一个弱学习器，以聚焦于难度更大的样本。

(7) 20 世纪 90 年代，支持向量机（support vector machine，SVM）算法在其于六十年代便被提出的雏形上有了突破性发展，作为监督学习常被用作线性分类器，利用其核技巧可以将低维数据映射到高维的特征空间中实现非线性分类。SVM 算法有着重要的历史意义，SVM 及其衍生算法支撑着机器学习界十余年的研究与应用，直至深度学习崭露头角。

深度学习在 21 世纪发展迅速，逐渐在各个领域（计算机视觉、语音识别和 NLP）取得巨大的进展，我们会在 1.5 节中一起回顾深度学习的历史。

3. 机器学习的今日与未来

21 世纪以来，传统机器学习的发展逐渐放缓，取而代之的是深度学习的高速发展。不断发展的学习框架、日益强大的算力和对应增长的参数数量都使得深度学习模型在更多的场景中不断刷新效果，在一些领域已经可以达到或超越人类水平。但相较于深度学习，传统的机器学习方法在占用资源和可解释性上更占优势，在众多实际应用场景中仍占统治地位，甚至在某些需要合理解释性以及被法律与伦理所约束的场景中，深度学习空有一身功夫却无用武之处。

因此，机器学习的今日和未来都不仅在于深度学习。工业落地的人工智能场景常常使用传统机器学习算法，深度学习方法在复杂的现实场景中也往往会结合传统的机器学习一同使用。

自动机器学习（automated machine learning，AutoML）是近年来机器学习的热点之一，是一种利用高度自动化过程，让非专业人士有效使用机器学习方法和模型的技术。自动学习可以运用在大多数机器学习场景中，能够有效降低机器学习的门槛，降低特征工程、模型选择和算法参数调整的成本。如何更有效地进行上述自动工作，以及如何探索未知并有效利用特征、模型和参数的每次探寻结果是该领域发展的指路明灯。

人们对机器学习永远会有更多的展望，比如更通用、更容易落地、对社会发展有价值、成为构建人工智能生态系统的一部分、实现量子计算机上的机器学习等，希望我们可以一直看到最好的机器学习。

1.4.2　常见的机器学习任务与方法

前面提到了一些术语，比如无监督学习（与之相对的是监督学习、半监督学习等）、分类、数据降维等，下面我们将梳理这些基本概念，以帮助大家更好地理解常见的机器学习问题与 NLP 的关系。

1. 常见的机器学习任务

根据 Tom Mitchell 所定义的机器学习，T 任务是机器学习的核心之一。我们可以将机器学习任务分为几类，其中最为常见的是分类任务、回归任务、聚类任务和机器翻译任务，具体如下。

(1) 分类任务。分类是最为常见的机器学习任务之一。目标程序会将输入归入事先指定的 k 类中的一类或多类，或者给出这些类别的概率分布。例如用于预测某只股票明天的走势（涨或跌），或者根据电子邮件内容判别其是否为垃圾邮件。

(2) 回归任务。相较于分类任务，回归任务预测的变量是连续而非离散的。例如使用特定的输入预测某只股票明天的涨跌幅，或用于预测一小时后的气温等。

(3) 聚类任务。相较于分类任务，聚类任务并不知道其事先制定的 k 类，会试图将数据集中的样本划分为若干通常不相交的簇，以揭示数据内在的共性。例如商业上根据习惯和其他特征将顾客划分成不同的组，或用于将一批未标注类别的新闻按照主题相似程度分为不同的簇。

(4) 机器翻译任务。机器翻译与 NLP 具有直接联系，目的是将一种语言的符号序列转化成另一种语言的符号序列。从 2015 年起，基于神经网络的机器翻译逐步取代了统计机器翻译，在中英文翻译任务中逐年都有较大的提升。然而，机器翻译仍然面临着如可解释性、数据稀疏（如中文和可用数据较少的其他语言的互译）等问题。

除了上述几类最为常见的任务，机器学习任务还包括结构化输出（如语法分析）、异常检测等其他应用，这里就不展开叙述了，在后续的章节中我们会逐渐接触到机器学习任务不同的应用场景。

2. 常见的机器学习方法

除了按任务类型区分，通常我们还根据经验类型（Tom Mitchell 定义中的 E）将机器学习分为监督学习、无监督学习、半监督学习、主动学习和强化学习，具体如下。

(1) 监督学习（supervised learning）。监督学习又称有监督学习，其训练资料拥有标签。例如上述分类问题中判别电子邮件是否为垃圾邮件，训练资料中需要包含一批标记为垃圾邮件与非垃圾邮件的电子邮件，这样机器学习算法才能从中学习到这两类的特征。

(2) 无监督学习（unsupervised learning）。相较于监督学习，无监督学习的训练资料没有标签。最为常见的，比如上述任务中描述的聚类任务样例皆为无监督学习。另外，降维也常常使用无监督算法，比如上文提及的 PCA。

(3) 半监督学习（semi-supervised learning）。半监督学习的训练资料一部分拥有标签，另一部分则没有标签，通常来说，没有标签的部分占比较大，因为对应的实际问题为数据成本不高但打标签成本高昂。以上述任务中的新闻聚类为例，获取大量的新闻数据的成本较低，但人工为每篇新闻分类的成本高昂。半监督学习算法允许在这批新闻中为一小部分数据打上标签，从而从聚类问题转换为分类问题。

(4) 主动学习（active learning）。与半监督学习类似，主动学习也是由有标签和无标签的训练资料构成。区别在于，主动学习的算法在学习有标签的训练资料后，会选择一些其认为重要的无标签的训练资料反馈给专家，专家在将这些数据打上标签后会继续学习步骤。这也是一种降低标注成本的途径。

(5) 强化学习（reinforcement learning）。强化学习并不使用固定的数据集，而是会制定一个目标或回报函数，在与环境的交互过程中通过学习优化策略来实现特定目标或达成回报最大化。以让机器学习如何玩扫雷游戏为例，机器会自行探索和利用已有经验，在预先设计的奖励函数下（在此例中，触发到地雷方块导致游戏失败会得到一个负回报，翻开非地雷的方块拥有正回报，通关游戏则会有更大的正回报），为了使回报最大化，一个好的强化学习算法可以让机器学会如何完成一局扫雷游戏。而在更复杂的情景下，AlphaGo Zero 也利用强化学习的思想获得了比之前版本更强大的棋力。

由于篇幅所限，我们在此只是粗略描述了机器学习的任务类型与学习方式。上述任务类型与学习方式皆可独当一面。然而在现实场景中，我们往往会遇到囊括多种任务类型的复杂任务，这时就需要灵活结合与运用机器学习方法来解决这些任务。在 1.4.3 节中，我们会看到常见的 NLP 问题（如数据挖掘、文本到数据库自动生成、机器翻译、语音识别等）和解决方案与上述机器学习任务和方法的联系。

1.4.3　常见机器学习问题与 NLP

如前所述，常见的机器学习问题从任务类型来看包括分类、回归、聚类和机器翻译，本节会将分类、回归、聚类、机器翻译等任务与传统的 NLP 任务联系起来，详细展开两类机器学习问题与这两类问题对应的 NLP 场景，并简单探讨其他常见的自然语言问题与机器学习的关系。

1. 浅层模型与文本分类问题

文本分类是机器学习的分类任务在 NLP 领域的应用，是 NLP 领域中最基础、最常见且最经典的问题之一。文本分类问题的常见应用场景包括垃圾邮件检测、情感分析等。智能文档处理流程中也囊括了不同种类的文本分类问题：不同类别的文档自动分类以对接下游智能处理流程、对文档的各类元素（如章节、表格和段落）等使用文本分类算法进行元素级别的信息提取等。图 1-25 展示了一个常见的智能文档处理流程，对文档进行分类后自动接以文档抽取、文字识别、表格解析等后续处理流程。

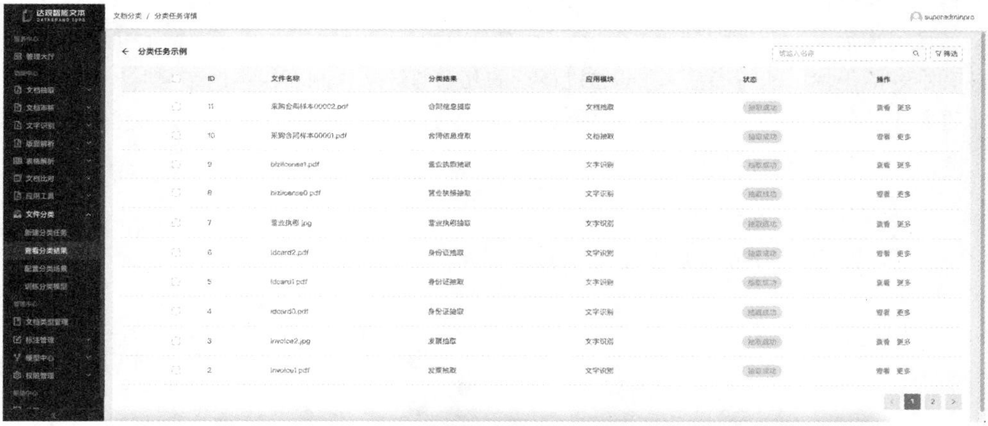

图 1-25　智能文档处理流程

从 1.4.1 节的机器学习方法里程碑事件中不难发现，机器学习的发展史与分类问题息息相关，其中大多数算法（如感知机、k 近邻、决策树、随机森林和 SVM）可以用于解决分类任务。近年来崛起的深度学习算法也针对分类问题有着多种视角与解决方案。

这里我们主要关注浅层模型（相较于深层学习）。如图 1-26 所示，浅层学习与深层学习流程的核心区别在于特征的获取：浅层模型往往需要人工方法与先验知识来获得样本特征，然后再使用经典的机器学习算法根据提取的特征进行下游训练／预测。与之相对，深层模型可以直接接受预处理后的数据，将特征工程集成到模型拟合当中。

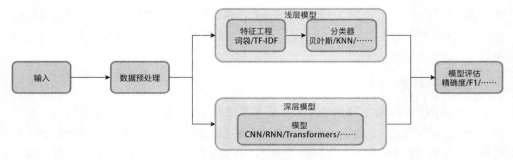

图 1-26　深层模型与浅层模型

k 近邻算法与决策树是易于理解的浅层模型。以 k 近邻算法为例，如图 1-27 所示，对于 k 近邻算法，圆形的样本是我们的训练集，不同的颜色代表不同种类的样本，在我们构建的特征向量空间中，可以观察到同一类（相同颜色）样本的距离相对较近。当模型构建完成后，对于一个待分类样本，比如图中的三角形样本 A，它在特征向量空间中拥有唯一的坐标。从超参数 k，即通过最近的几个邻居来预测新样本的结果（$k = 5$），不难推断出我们预测该待分类样本类别为黑色样本所持有的类别。每个算法必然都有其优势和劣势，其中主要优势如下：

❑ 理论成熟，易于理解；
❑ 既可以用于分类，也可以用于回归；

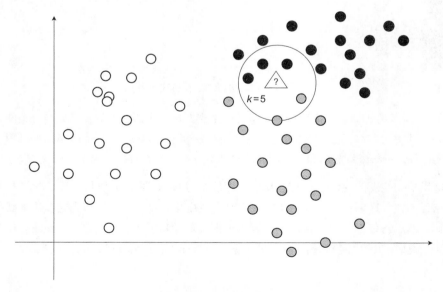

图 1-27　k 近邻算法图解

❑ 可以用于非线性分类；

❑ 训练复杂度较低；

❑ 对数据没有假设，而且对异常点不敏感。

主要劣势如下：

❑ 在特征和样本均较多时计算量较大，预测时间长；

❑ 在样本不均衡的场景中，对较为稀有的样本类别预测准确率低。

接下来我们将介绍如何使用浅层模型解决一个经典的文本分类问题——垃圾邮件检测。

2. 结构化预测：以序列标注问题为例

结构化预测（structured prediction）有别于分类和回归问题，输出结果并不是一个离散值或标量，而是一个结构，比如序列、树、图等。NLP中常见的结构化预测问题包括序列分割、序列标注、依存句法分析、机器翻译、语音识别等。如图 1-28 所示，机器翻译和语音识别可以将其任务表示为从一个语言序列到另一个语言序列，或是从语音输入到识别的文字序列的结构化预测形式。

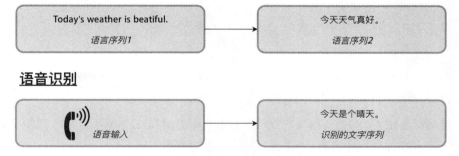

图 1-28　常见的结构化预测场景：机器翻译与语音识别

结构化预测在定义上难度要高于分类与回归问题：在分类任务中，预测的结果是固定的；在回归任务中，回归结果的空间是给定的；而在结构化预测中，每一个结果都可能是不同的类别，即输出空间相对较大。

我们在此以序列标注问题为例，以更好地理解结构化预测问题。在 NLP 中，序列标注常常用于词性标注任务和 NER 任务。

词性标注，即给定句子中的每个单词从预先定义的标签组中赋予一个词性标签。假如我们定义了一个简单的标签组（实际的标签组要复杂得多，常见的标签集包含 30 余类标签），其包含如下标签：

- □ n 名词
- □ v 动词
- □ a 形容词
- □ d 副词
- □ r 代词
- □ p 介词
- □ w 标点符号
- □ o 其他词性

对一个在该标签集上已经训练完成的序列标注模型而言，输入一个已分词的句子：我 / 爱 / 北京 / 天安门，其对应的序列输出应为：我 /r 爱 /v 北京 /n 天安门 /n。/w

类似地，最常见的 NER 任务定义了人名、地名、机构名和时间作为实体，标签如下所示：

- □ PER 人名
- □ LOC 地名
- □ ORG 机构名
- □ TIME 时间
- □ O 其他实体

再输入上面那个例句：我 / 爱 / 北京 / 天安门 /，其对应的序列输出应为：我 /O 爱 /O 北京 /LOC 天安门 /LOC。/O

序列标注任务在智能文档处理的多种场景（如信息提取任务）中具有重要意义，2.3 节对 NLP 中的序列标注问题进行了更详细的描述和举例。

3. 浅谈其他 NLP 问题

一些常见的 NLP 场景包括机器翻译、语音识别、情感分析、问答系统、聊天机器人、自动文本摘要、自动语法检查等。这些技术不仅可以帮助人们在工作和生活中得到更多的便利，在许多交叉领域也有着重要影响，具体内容如下。

(1) 机器翻译（machine translation）。翻译语言比简单的单词到单词替换方法更复杂。由于每种语言都有独特的语法规则，因此翻译文本的挑战是在不改变原含义的情况下进行翻译，进一步的挑战是要求翻译模型保留原文本的风味。由于计算机不理解语法，因此它们需要一个过程来解构一个句子，然后用另一种语言以一种有意义的方式进行重构。

更进一步讲，无监督的机器学习算法可以在缺少平行文本的情况下进行学习，甚至可以帮助人们理解一些已经难以被解释的语言和文献。

(2) 语音识别（speech recognition）。语音识别是合理采样，机器识别并解释口语中的单词与短语，自动纠正可能出现的谬误，将其转换为机器可读格式的能力。更复杂的场景允许计算机模拟人类交互，并使用机器学习以模仿人类反应的方式做出响应。

(3) 情感分析（sentiment analysis）。情感分析使用 NLP 技术来解释和分析主观数据（如定时获取的新闻与推文）中的情绪。情感分析可以识别正面、负面和中立的意见，根据不同的数据途径来确定客户对品牌、产品或服务的看法或是对事件的情绪。情感分析可以用于舆情分析，或是了解客户对某平台、产品的观点以寻求改进。情感分析的另一个运用场景是金融领域，投资者会受到情绪的影响从而导致行情波动。量化投资领域可以将情感分析的结果作为其分析因子之一。

(4) 问答系统（question/answer system）。问答系统是基于使用者的查询提供对应答案的智能系统。问答系统拥有大量的知识和良好的语言理解能力，往往基于知识图谱构建。它们可以回答诸如"中国的首都是哪里？""世界上人口最多的国家的首都是哪里？"等问题。

(5) 聊天机器人（chatbot）。聊天机器人起初是为常见且较为固定的客户查询提供自动答案的程序。它们拥有启发式响应的模式识别系统，用于与人类使用者进行对话，以减轻呼叫中心的工作量并提供快速的客户支持服务。随着相关技术的发展，人工智能驱动的聊天机器人旨在处理更复杂的请求，使对话体验越来越人性化，常用于智能客服、娱乐、教育、个人助理和智能问答系统中。

(6) 自动文本摘要（automatic text summarization）。摘要是指将一段文本压缩为较短版本的任务，缩小初始文本的大小，同时保留关键信息元素与内容。由于手动文本摘要是一项耗时且通常比较费力的任务，因此任务的自动化越来越受欢迎。文本摘要在各种 NLP 相关任务中都有重要的应用，比如文本分类、问答、法律文本摘要、新闻摘要和标题生成。

(7) 自动语法检查（automatic grammar checking）。通过规则来进行语法检查需要极高的专业程度，并且需要投入高成本来维护庞大的规则。采用深度学习技术后，非专家人士也能输入大量原始数据，神经网络可以自动发现重要的模式，并通过修正与反馈，获得日益提升的效果。

1.4.4　实战：如何使用机器学习方法检测垃圾邮件

本节将从零开始处理一个经典且相对简单的问题：如何使用机器学习方法检测垃圾邮件。

1. 垃圾邮件检测：背景与数据

电子邮件是网络沟通的重要途径之一。随着互联网的普及，电子邮件在工作和生活中所扮演的角色越来越重要了。然而，电子邮件的形式特征也使得别有用心的团队或个人为了商业利益、政治因素等而制造了各种形式的诸如商业广告、政治言论、欺诈邮件之类的垃圾邮件。因此，有效的垃圾邮件检测机制可以大大减少由此产生的损失。

垃圾邮件不仅拥有多种形式，而且其检测可以是多个层面的，既可以从网络安全层面过滤，也可以采用关键词规则过滤。可以将垃圾邮件检测的任务视为一个文本分类任务，即将一封邮件分类为垃圾邮件或非垃圾邮件，如前所述，可以使用浅层模型在机器学习算法层面实现这个目标。

数据与数据准备是大多数机器学习问题的基础，在此实战中，我们首先要做的便是收集与准备数据。

TREC 2006 Spam Track Public Corpora 是一个公开的垃圾邮件语料库，由国际文本检索会议提供，其中包含中文数据集（trec06c）和英文数据集（trec06p），我们使用英文数据集 trec06c，图 1-29 为一个原始数据的示例。

```
Received: from 21cn.com ([219.134.25.222])
        by spam-gw.ccert.edu.cn (MIMEDefang) with ESMTP id j7DGQvFW004327
        for <you@ccert.edu.cn>; Sun, 14 Aug 2005 19:34:28 +0800 (CST)
Message-ID: <200508140026.j7DGQvFW004327@spam-gw.ccert.edu.cn>
From: "pu" <pu@21cn.com>
Subject: =?gb2312?B?y7DO8beixrHStc7x?=
To: you@ccert.edu.cn
Content-Type: text/plain;charset="GB2312"
Reply-To: pu@21cn.com
Date: Sun, 14 Aug 2005 19:48:12 +0800
X-Priority: 4
X-Mailer: Microsoft Outlook Express 5.00.2919.6700


贵公司负责人(经理/财务)您好:

    我公司是深圳市东讯实业有限公司，我公司实力雄厚，有着良好的社会关系。
因进项较多现完成不了每月销售额度，每月有一部分普通商品销售发票(国税)、
1.5%、普通发票（地税)(1.5%),优惠代开与合作，
还可以根据贵公司要求代开的数量额度来商讨代开优惠的点数,本公司郑重承诺
以上所用绝对是真票。

    如贵公司在发票的真伪方面有任何疑虑或担心可上网查证（先用票后付款)


            详情请电:13686411777
            联 系 人:梁先生
```

图 1-29　原始的垃圾邮件检测数据样例

这是其中一封垃圾邮件的样例。可以看到，除了文本，该邮件还包含很多其他信息，比如发件人、收件人、时间等对使用 NLP 解决垃圾邮件检测问题意义不大的信息（但在一些其他的检测方案中可能有重要意义）。同时我们也要注意到邮件主题需要通过进一步的处理才能获取，此样例需要转码 gb2321 得到"税务发票业务"。

通常，获得原始数据后，需要对数据进行一系列的处理。下面这些处理并不都是必需的，但每一步在特定的场景都有其独特的意义。使用机器学习时需要谨记一点："垃圾进，垃圾出"，即所谓的"种瓜得瓜，种豆得豆"。只有准备得当的数据才能训练出有意义的模型。具体来讲，需要注意以下几点。

(1) 数据提取。通常是从已收集的非结构化数据中检索并提取数据，比如将网页、PDF 文档、电子邮件等原始数据转化为结构化或半结构化数据以便后续流程的处理。

(2) 数据探索与分析。通过统计学工具分析被提取的数据，包括了解数据均衡性以及寻找异常、不一致、缺失或不正确的信息。

(3) 数据清洗。根据数据探索与分析的结果，结合对数据集的理解，对不均衡的数据进行调整，对异常、不一致、缺失或不正确的信息进行修正、补充或删除，确保清洗后的数据是全面、完整且准确的。

(4) 数据格式化与匿名化。当聚合不同来源的数据或者数据内部差异较大时，按照场景可以选择对数据进行格式化，比如将 100 元与 ¥100 进行标准化。同理，出于隐私保护等原因，我们需要对部分数据进行匿名化。

(5) 数据采样与增强。当遇到数据不均衡、数据量过多或数据量过少的情况，需要对数据进行采样或增强，使得后续模型更有效率地训练出有意义、有泛化性的模型。

采用上述数据处理流程，我们对原始数据进行了处理，包括去除停用词、删除无效数据、分词、数据格式化等。经过处理的数据如图 1-30 所示。

税务 发票 业务 贵 公司 负责人 经理 财务 您好 公司 深圳市 东讯 实业 有限公司 公司 实力雄厚 社会关系 进项 较多现 每月 销售额 度 每月 一部分 商品销售 发票 国税 $n\%$ 普 通发票 地税 $n\%$ 优惠 代开 合作 贵 公司 代开 数量 额度 商讨 代开 优惠 点数 公司 郑 重 承诺 所用 真票 如贵 公司 发票 真伪 疑虑 担心 上网 查证 先 用票 付款 详情请 电 n 联 系 梁先生

图 1-30 经过处理的垃圾邮件检测数据样例

2. 特征提取

浅层学习方法（区别于一般的深度学习方法）往往需要特征提取，在这个 NLP 相关领域的场景中，模型需要基于有语义意义的特征进行训练与预测。因此，我们需要对预处理好的数据进行特征提取。

　　为了减少模型复杂度，可以通过数据构建词表减少单词量。后续分类模型可以基于词袋，或者 TF-IDF（term frequency-inverse document frequency，词频 - 逆文档频率）值进行训练。

　　词集和词袋模型考虑的是单词是否出现在文本中来生成特征。相较于词集，词袋模型会考虑词出现的频次，但如其名，该模型将所有的词装入一个袋子中，忽略了上下文的特征。

　　TF-IDF 值的含义是反映单词在文本中的重要程度：一个单词的重要性与该词在文件中出现的次数成正比增加，但同时会随着它在语料库中出现的频率成反比下降。TF-IDF 值常与词袋模型结合使用。

　　举一个简单的例子，我们拥有一批经过分词的文本，为了更好地理解语义，没有去除常见的停用词。

- ❑ 我 / 喜欢 / 自然语言 / 处理 / 也 / 喜欢 / 读书
- ❑ 我 / 喜欢 / 读书 / 旅游 / 和 / 音乐
- ❑ 我 / 喜欢 / 读书 / 也 / 热爱 / 电影
- ❑ 我 / 热爱 / 音乐 / 和 / 舞蹈
- ❑ ……

　　在这一批文本中，如果仅看第一句话"我 / 喜欢 / 自然语言 / 处理 / 也 / 喜欢 / 读书"，那么 6 个词中除了"喜欢"出现两次外，其他词出现的次数是相等的。但是如果基于这批文本，则它们的重要性并不相等，"我"和"喜欢"这两个词在其他文本中也出现了，大大减少了它们在该语料中的重要性。按 TF-IDF 的思想分析，"自然语言"和"处理"对这句话更加重要。在本实践中，我们可以利用该特征提取的方式，获得每封邮件中最重要的信息。

3. 线性分类

　　在处理完数据集并提取特征后，我们将使用这些特征来训练一个线性分类模型：朴素贝叶斯分类器（naive Bayes classifier）在 20 世纪 50 年代就已经被广泛研究，这是一个基于概率模型的分类算法，易于理解且实现简单，基于一个朴素的假设，即特征条件之间相互独立，从而下列贝叶斯公式得以使用和推广。

$$P(Y \mid X) = \frac{P(X \mid Y)P(Y)}{P(X)}$$

$$P(Spam \mid {}'W_1/W_2/W_3{}') = \frac{P({}'W_1/W_2/W_3{}' \mid Spam)P(Spam)}{P({}'W_1/W_2/W_3{}')}$$

$$= \frac{P(W_1 \mid Spam)P(W_2 \mid Spam)P(W_3 \mid Spam)P(Spam)}{P({}'W_1/W_2/W_3{}')}$$

为了便于理解，我们假设从每个文本中提取 3 个特征词。在下列公式中，W 代表词，$Spam$ 为垃圾邮件，即 $P(Spam \mid {}'W_1/W_2/W_3{}')$ 代表已知出现 W_1、W_2 和 W_3 3 个特征词，该文本为垃圾邮件的概率。

$$P(Spam \mid {}'W_1/W_2/W_3{}') = \frac{P({}'W_1/W_2/W_3{}' \mid Spam)P(Spam)}{P({}'W_1/W_2/W_3{}')}$$

$$= \frac{P(W_1 \mid Spam)P(W_2 \mid Spam)P(W_3 \mid Spam)P(Spam)}{P({}'W_1/W_2/W_3{}')}$$

例如对于待判别文本，3 个特征词分别为"发票""免费""优惠"。并且，在语料中：

- ❑ 垃圾邮件的概率为 0.6，$P(Spam) = 0.6$
- ❑ 非垃圾邮件的概率为 0.4，$P(Ham) = 0.4$
- ❑ $P(发票 \mid Spam) = 0.3$；$P(发票 \mid Ham) = 0.2$
- ❑ $P(免费 \mid Spam) = 0.4$；$P(免费 \mid Ham) = 0.05$
- ❑ $P(优惠 \mid Spam) = 0.2$；$P(优惠 \mid Ham) = 0.1$
- ❑ $P(发票 \mid Spam) = 0.3$；$P(发票 \mid Ham) = 0.2$
- ❑ $P(优惠 \mid Spam) = 0.2$；$P(优惠 \mid Ham) = 0.1$

按照上文公式，由

$$P(发票 \mid Spam) \times P(免费 \mid Spam) \times P(优惠 \mid Spam) \times P(Spam)$$

$$> P(发票 \mid Ham) \times P(免费 \mid Ham) \times P(优惠 \mid Ham) \times P(Ham)$$

推得

$$P(Spam \mid {}'发票/免费/优惠{}') > P(Ham \mid {}'发票/免费/优惠{}')$$

在朴素贝叶斯方法的实际运用上也有为适合实际场景而应用的技巧，比如为了避免某个特征概率为 0 并被加入乘积导致整体的概率为 0，常常会使用拉普拉斯平滑（Laplace smoothing），本质上为未出现的特征分配了很小的概率。

　　了解了数据准备与清洗、特征提取和线性分类模型之后，我们已经可以使用传统学习方法针对垃圾邮件检测任务进行训练与预测。让我们带着这个简单的任务进入 1.5 节，思考在深度学习的世界中，解决问题的思路有何不同。

1.5　深度学习与 NLP

　　本节将介绍机器学习的另一部分——深度学习（deep learning）。前面我们已经了解了传统的机器学习，本节将更关注对多层神经网络的应用。这些方法复杂难懂，对计算资源的要求非常高，但是打开了一扇新的大门，把人们对机器学习的关注带到了前所未有的高度。从围棋高手 AlphaGo 到智能客服微软小冰，从出口成"画"的 Stable Diffusion（稳定扩散）到能解决推理难题的 ChatGPT。一个又一个深度学习成果屡屡"出圈"，也在改变着很多顽固的传统行业和它们的生产模式。下面就让我们来一探深度学习的"面目"。

1.5.1　深度学习和传统机器学习的差别

　　前面我们已经介绍了机器学习，那么深度学习和机器学习究竟有何不同，为什么要把深度学习单独拿出来研究和讨论？

　　接下来，我们会先对深度学习进行简单的介绍，然后会从应用和场景两个角度分析深度学习和机器学习的区别。其间，我们还会专门用一个小节介绍深度学习中的一个非常重要的概念——迁移学习。

1. 深度学习简介

　　在讨论深度学习和机器学习的区别之前，我们先大致了解一下什么是深度学习。深度学习是基于人工神经网络（artificial neural network）和特征学习（feature learning）的一种机器学习方法。深度学习模型可以使用多层复杂的线性计算和非线性变换把数据抽象成高维信息。在对大量数据进行拟合之后，模型可以学习到人类在得出问题结论的过程中所依据的背后的逻辑。深度学习可以分为监督学习、半监督学习和无监督学习。深度神经网络、深度信念网络、深度强化学习、卷积神经网络（convolutional neural network，CNN））、往复式神经网络等是深度学习的几种常见的结构。目前深度学习在计算机视觉、语音识别、NLP、机械自动化等领域应用广泛。

从学术分类上看，根据 Yoshua Bengio 的定义，深度学习是表示学习（representation learning）的一个分支，而表示学习是机器学习的一个分支。深度学习往往比机器学习在方法设计和计算上更加复杂。相比上一代机器学习方法，深度学习在效果上有着巨大飞跃，近年来引起了特别的关注。"深度学习"作为这一类方法的名称，被单独拿出来作为一个重要的研究分支进行研究、学习，以和传统的机器学习方法进行区分。图 1-31 说明了几个学习方法的分类关系，可以看到，深度学习是机器学习的细分领域——表示学习中的一个特殊的分类。

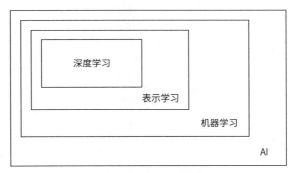

图 1-31　几个深度学习相关概念的关系

2. 迁移学习

迁移学习（transfer learning）是一种把一个领域的知识应用到另一个领域当中的知识迁移方法。知识来源的领域叫作源域（source domain），迁移的知识被应用的新领域叫作目标域（target domain）。从数学上来说，迁移学习通过领域 S 的数据和领域 S 的标签分布，学习出一个函数 f，这个函数可以帮助领域 T 的数据更好地拟合领域 T 的标签分布。知识蒸馏、零次学习（zero shot learning）、多任务学习等概念都和迁移学习相关。

迁移学习分为以下几种。

(1) 基于实例的迁移学习。这类迁移学习常常通过调整各类别的权重来平衡源域和目标域之间边缘分布的差异。源域的数据通过权值的调整可以直接放入目标域中。一般来说，在两个域的条件分布一致的情况下可以应用这种方法。

(2) 基于特征的迁移学习。这类迁移学习有两种方法：通过特征的权重调整来和目标域的特征靠近；学习源域特征和目标域共同的潜在特征。

(3) 基于模型的迁移学习。例如通过模型共享参数进行学习，在深度学习中应用比较多。

(4) 基于人为定义的源域和目标域的关系的迁移学习。

在深度学习中，迁移学习常常是把隐藏知识从一个一般域往特定的任务域迁移。这是因为自然的语言数据众多，但是对于特定任务的标注数据非常少。我们可以利用深度学习参数众多、信息存储能力强的特性，只通过上下文信息，用一个复杂模型自己学到NLP 数据集中的语法和语义信息（比如通过"预测缺失文本段"这个训练任务），让这个复杂的模型给自然语言中的字词生成对应的高维矢量表达，后续再使用相对轻量的模型进行不同任务的处理。在这个过程中，对于不同的任务，可以对原来的复杂模型进行部分（甚至是全量）参数的微调，让这个大模型更加适合这个任务。这样下游任务所需要的数据不仅可以变少，还能保证对语言的特征有一个非常强的基础拟合能力。图 1-32 描述了迁移学习的过程，可以看到，从一般域学习的知识可以应用到特定的任务域中，并完成特定的任务。

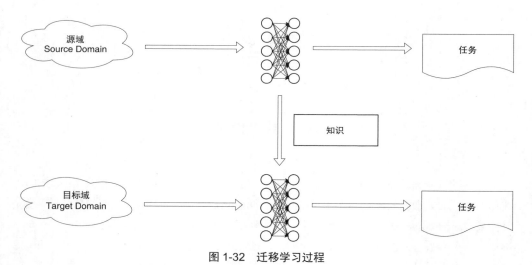

图 1-32　迁移学习过程

3. 深度学习与机器学习的应用区别

深度学习与人工神经网络高度相关。人工神经网络是一种模仿生物神经网络的结构和运作方式的数学模型。相比其他基于人工神经网络的机器学习方法，深度学习的人工神经网络在层级上具有非常高的拓展性。图 1-33 展示了深度神经网络的一般结构，可以看到，不同层级的各个神经元相互连接，可以互相传递前传信息和反馈信息，从而实现任务的适应。根据任务复杂度的不同，隐藏层的复杂度和维度都可以进行针对性设计。利用不同层级之间的堆叠和组合，设计者可以让网络学习到不同复杂程度的知识和不同的内容，从而提高对数据的利用程度。与此同时，深度神经网络的内部参数也会特别多，这个特性让深度学习的人工神经网络在应用上不同于传统机器学习。

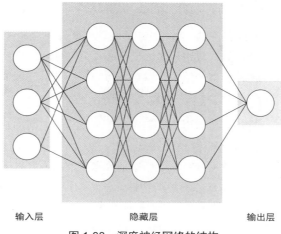

输入层　　　　　　　隐藏层　　　　　　　输出层

图 1-33　深度神经网络的结构

　　深度学习模型可以在低人工干预的情况下学习到数据中隐藏的规律，它的训练比普通的机器学习要求更大的数据量。因此，神经网络的应用对网络设计有更高的要求，也要求更大的数据量，而对表征设计的专业可解释性要求比较低。但是反过来，实际上在深度学习的方法被引入之后，对算法选型，特征工程的使用选择的工作相对于机器学习要求更低，大部分时间是敏捷地实现不同的算法，根据模型训练和测试过程的表现快速迭代细节上的开发和参数选择。一定程度上这也解释了 Python 在这个圈子的优势：简单且易实现。在 PyTorch 等框架的支持下（图 1-34 展示了目前常见的几个深度学习框架：TensorFlow、PyTorch、Keras 和 PaddlePaddle），各种训练策略和小调优技巧的添加也会十分方便。即使对性能有更高的要求，也可以把设计迁移到其他的代码框架中。

图 1-34　常见的深度学习框架（TensorFlow、PyTorch、Keras 和 PaddlePaddle）

　　由于神经网络内部参数更多（随着问题变复杂和网络变复杂，内部参数数量会成倍增加），因此它在训练和预测过程中要求机器的计算能力也更高。近年来深度学习的巨大发展得益于两个前提，即云计算基础设施和高性能 GPU 的发展。相比于机器学习快速训练的特性，在迁移学习的支持下，深度学习常常需要（或者说可以）区分线上和线下两个环境。深度学习可以利用计算速度快、存储能力强的硬件环境在线下训练出能力强但参数量大的模型，然后再直接迁移或者用蒸馏等方式获取一个轻量级的模型，把模型的能力放到一个对硬件要求比较低（如边缘设备）的环境下进行测试。

除了线上和线下的条件有差异，不同的组织在硬件条件和学术水平上也有很大差异。迁移学习缩小了对高性能模型的应用鸿沟，让普通模型设计者的模型能以一种低成本的方式直接继承不同领域优秀模型的效果，以对不同的复杂场景进行拟合。像蒸馏这类方法也能让普通应用者在性能和计算成本上做更加灵活的取舍。

迁移学习还带来了深度学习和人工神经网络的一个新的应用。自然世界的数据越多，多样性就越大，它总体是符合幂律分布的。也就是说，当我们为了让模型更好地拟合一些不常见的数据类型而增加数据量时，虽然这个数据类型的内容得到了扩充，但是又会出现另外的不常见数据。利用迁移学习的特性，学者们提出了像零次学习这样的方法，在训练中不常出现的标签也能被更加充分地描述，进而被模型学习。一个典型的例子是，在图像识别中，可以通过学习"老虎""熊猫""马"的特征，来让模型具备识别"斑马"的能力（像老虎那样的条纹，像熊猫那样的黑白色，像马一样的外形）。通过这种方式，数据分布的长尾性带来的拟合不足的问题可以被缓解。

4. 深度学习与机器学习的场景差异

深度学习与机器学习的应用场景由两种模型的不同特征衍生出了很多差异，这些差异在表 1-3 中进行了简单的总结。

(1) 深度学习和传统机器学习对算力要求不同。

(2) 深度学习在训练时耗费的时间更长，传统机器学习不但要求数据少，而且训练时间短。但是深度学习在测试时耗时短，相对来说机器学习在测试时耗时长。当然，也有测试时间短的机器学习模型。

(3) 机器学习对特征工程的依赖更强，往往需要专家对特征进行选取、设计和搭建。尽管特征工程也会给深度学习提供非常大的帮助，但相比之下，深度学习对特征工程的依赖较弱。在大数据时代，人们甚至发现深度学习还可以不经过任何人为干预（如打标签），仅从人类在互联网中留下的语言数据自己通过前后文相连的词句进行学习，并能有效学习到其中的语法和语义规律。

表 1-3　传统机器学习和深度学习的对比

	传统机器学习	深度学习
算力要求	相对较低	比较高
训练时间	大多数较短	比较长
测试时间	比较长	比较短
对特征工程的依赖性	非常依赖特征工程，特征的选取和应用对结果影响很大	好的特征选取对模型有很大的正面影响，但是相对来说依赖性比较弱

虽然在比较两者时应该尽量列举双方各自的优势和劣势，但是不得不说，在硬件性能的推进下（让两者在时间、存储和计算成本上逐渐趋紧），深度学习对高维特征的包容性和对人工干预的低要求（当然，在集成工具日渐成熟的趋势下，对开发模型的从业者的要求其实也降低了），当然了，最重要的是在各个场景中都呈现出了"屠榜"的趋势。表 1-4 展现了 NLP 问题领域里面的几个主要问题在一些数据集上的最优解决方案（截至本书撰写时）全部都是近年发布的深度学习算法。同时，也可以看出，我们实际上已经能够用深度学习方法去适配绝大多数的场景。

表 1-4　几个 NLP 任务的最佳模型表现

任　　务	数　据　集	模型名称	效　　果	发布时间
Text Classification	IMDb	ERNIE-Doc-Large	Accuracy(2 classes) 97.1	2020 年
Question Answering	SQuAD2.0	IE-Net(ensemble)	EM 90.939	2021 年
Machine Translation	WMT2014 English-German	Transformer Cycle(Rev)	BLEU Score 35.14	2021 年
Semantic Analysis	IMDb	XLNet	Accuracy 96.21	2019 年
Text Generation	DART	Control Prefixes (T5-large)	METEOR 0.411	2021 年

不可否认，深度学习优势很多，但是近年来传统机器学习也有不少了不起的成就，比较典型的如 XGBoost（extreme gradient boost，极端梯度提升），它正给学界和工业生产带来非常大的影响。事实上，不是所有问题都像学术论文中那么复杂，我们也会经常碰到类似半结构化数据的简单数据，在这些场景中，传统方法非常值得尝试。XGBoost 的创造人陈天奇在一个论坛上的回答就比较了两者的区别："不同的方法适合不同的任务。深度神经网络可以很好地捕获图片、语音和文字的局部性特征。但是树形模型（XGBoost 擅长的）能够很好地处理表格数据，而且还有深度学习所不具备的优势，比如可解释性、输入比例不变（invariant to input sacle）和容易调优。"图 1-35 列举了一个 XGBoost 的例子，该图很好地说明了 XGBoost 的树形结构如何利用残差对数据进行分类。

当我们聊起传统机器学习和深度学习的应用场景时，应该知道：这些区别是在帮助我们了解这两种方法，并不是把不同的任务指派给不同的方法以形成理论——在实际应用中，因为机器学习需要的数据量少、可解释性高且可以更稳定地进行效果优化（深度学习模型在运作的时候则更像一个"黑盒子"），所以在某些场景中更具有易用性。对于不同的场景，应该在遵循"简单就是好"的原则的前提下，尽量在实践中比较不同的方法，用最客观的方式选取最适合这个场景的方法论。

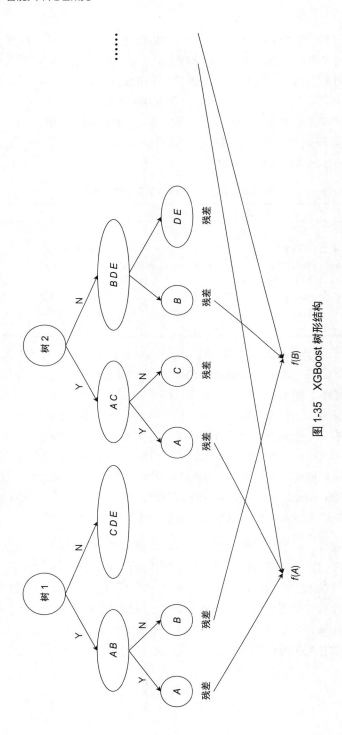

图 1-35 XGBoost 树形结构

1.5.2 深度学习对 NLP 的推进

深度学习非常强大，能应用于多个领域，对 NLP 的推进也是非常大的。对于传统的 NLP 方法论，它具有自动化程度高、拥有处理复杂语言环境等优势。深度学习也擅长解决很多自然语言领域之前无法解决的问题。

接下来我们会从深度学习在 NLP 领域的发展、深度学习的优势和能解决的问题几个方面展开介绍它是如何推进 NLP 的研究和发展的。

1. 深度学习近年来在 NLP 领域的发展

在 2000 年以前，NLP 领域以隐马尔可夫模型（hidden markov model，HMM）和基于符号与逻辑推理的符号方法这样的统计学方法为主。还有很多这两种方法的衍生方法。这些方法有的基于人的经验知识对语句进行解构，用逻辑推理建造语句解析和生成模型；有的利用统计学中的贝叶斯方法计算符号顺序关系的似然值以突出语句顺序的模糊性。在 2000 年以后，有的组织开始整理大量的文书数据，机器学习也获得了较大的进步，计算机性能大幅提升，NLP 进入了新阶段。到了 2008 年，多任务学习出现，深度学习进入 NLP 领域。随着 2013 年 word2vec 的出现和应用，深度学习在 NLP 中的应用进入了高潮，在之后近十年中取代了以前各种算法百家争鸣的局面，凭一己之力冲击着顶尖学术会议。正如斯坦福大学的 Christopher Manning 教授所说："深度学习的波浪已经在计算机语言学的岸边徘徊好几年了，但是在 2015 年，它像海啸一样全力冲击着 NLP 的各大主要会议。"

深度学习在语音识别和计算机图像学中的优异表现让它进入了 NLP 学者的视野。RNN（recurrent neural network，往复式神经网络）、LSTM（Long-short term memory，长短期记忆）、Attention（注意力模型）和 Transformer 都是与 NLP 相关的模型。后来的模型（参见图 1-36），基于前面这些基础模型进行堆叠和设计，主要从学习语句双向特征和解决长文本信息依赖的问题这两个角度进行进一步组合（比如图 1-36 中 ELMo 对双向 LSTM 的利用，以及 BERT 基于对 Attention 的堆叠和对不同子任务的学习），实现了效果的飞跃。另外还有 2018 年谷歌的 BERT 和 2019 年百度的 ERNIE，这些模型设计一次又一次地冲刷着行业的最高水平。

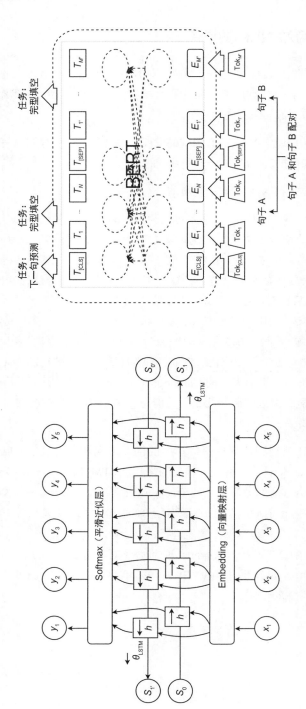

图 1-36 ELMo 和 BERT

一篇讲述谷歌语音的博文中提到，谷歌语音的转录功能以往并非十分智能，但在引入了LSTM之后，转录错误率比之前降低了49%。由于错误率的降低，智能客服在电商平台的普及率变得很高，进而提高了电商销售场景中沟通的及时性，降低了人工客服的成本。在很多垂直场景中，像合同、公告等文书类信息可以通过OCR（光学字符识别）→版面解析→实体抽取→关系抽取这条完整链路进行半结构化、结构化信息提取和后处理（基于实体抽取结果和关系抽取结果），而对更复杂的场景，甚至可以用后处理结果作为特征对前面任一阶段的数据进行分类。结合一定的客制化人机交互界面，上述流程可以取代人工处理或者大大提高人工处理这些文稿信息的效率。像这样的例子还有很多。目前，深度学习已经广泛应用于NLP的多个任务场景中，包括机器翻译、自动纠错、自动补全、智能问答、文章摘要等。

2. 深度学习的优势

传统的NLP用离散的符号表示字词（如one-hot编码），这些表示之间是没有联系的，表达成一个句子或一篇文章的时候，往往会形成巨大的稀疏矩阵，这让模型学习起来非常困难和缓慢，而人工的词语表征非常耗费人力，并且不一定准确。深度学习模型把稀疏、互相正交的词汇的向量表示变成了低维的向量表示。相比于语义的关联被离散表示分割，这些向量之间共享模型中的参数，能把语义上的联系用数学的形式体现出来。

深度学习提供了一种端到端的方法，从数据表征到目标拟合都不需要太多的人工干预，而且效果比传统方法"有过之而无不及"。图1-37简单说明了深度学习的方法论是如何把图片特征压缩成矢量并进行组合，再送入神经网络进行学习和预测的。（也可以先通过不同的神经网络，把中间隐藏层的结果用来组合。）

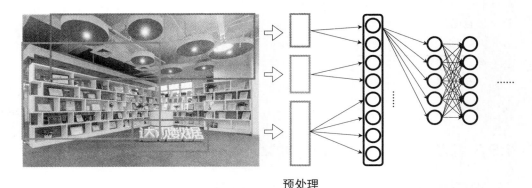

预处理

图1-37 人工提取、组合特征

多层的结构让深度学习模型有能力学习到词汇的多重表达，这符合人类语言中多义的特点，同时也让模型更加强健（适用于多个场景）。深度学习模型大量的参数也允许它处理自然语言中的一些特殊情况，比如长时间间隔的几个词之间的依赖等。

综上所述，深度学习在技术上很容易被 NLP 领域的学者接受。

3. 深度学习能解决的问题

深度学习一定程度上解决了 NLP 领域任务链路长且过于复杂的问题。与语音识别和图像识别相比，自然语言这个课题更加复杂，它由多个子任务组成，环环相扣，而且没有客观存在的正确答案，这给历史上的 NLP 研究者带来了非常大的困扰。深度学习在模型最后一层设置特定任务的损失函数，让自然语言识别任务得以被名正言顺地切分成小任务，有了明确的优化目标，并且这些小任务的效果确确实实比以前要好。这些因素给 NLP 的研究者提供了前所未有的研究环境。

深度学习不仅给学术界带来了非常大的实质性提升，同时也让工业界的从业者在一定程度上能够比较简单地验证和迁移学术界的成果，而这些都得益于前面提到的迁移学习。在 2018 年，谷歌的 Jacob Devlin 公开了一个预训练模型 BERT，大家发现只要用 BERT 来进行迁移学习，甚至只用它来进行词句的向量化，就能提升模型在任何一个任务中的效果。迁移学习能让很多研究者直接以低成本的方式把行业性能最好的技术继承到自己的任务当中。这让学术上领先的技术很好地衔接到了产业上。

深度学习让数据的可用性变高了。众所周知，机器学习需要训练数据（有时候需要大量的训练数据）。在进入大数据时代之后，数据来源和数据存储能力让潜在可用数据呈指数级扩增。但这些数据仍然是需要标注的，如果没有人工标注，则很难使用。基于深度学习参数众多、信息存储能力强的特性，学者们发现只需要通过上下文信息，就可以让模型自己学到 NLP 数据集中的语法和语义信息（比如通过预测缺失文本段这个训练任务），不需要额外的人工标注，因为文集中的词汇选择和词汇顺序本身就蕴含着很多个多分类任务的标签。例如 BERT 的两个无监督学习任务就是基于预测被遮盖文本片段和预测两个句子承接相关性来构造的。有了上述特性，训练数据就不再受标注的人力成本限制了。

1.5.3　深度学习研究在 NLP 中的局限性

尽管深度学习非常强大，非常适合 NLP 领域，但是它仍有许多局限性。在接下来的内容中，我们会细数几个深度学习的局限性：用于高层次语言处理的效果问题、硬件条件限制以及其所拥有的几种不确定性。最后，借助一篇机器学习领域半哲学性质的论文，我们会梳理一下未来需要投入研究的深度学习发展方向。

1. 在高层次语言处理问题中的效果

Christopher Manning 教授在 2015 年的一次演讲中说过：“与计算机视觉和语音识别相比，深度学习对高层次语言问题的预测错误率降低并不明显。”随着一些简单任务（如分类和序列标注）因人工智能研究的发展获得了比较可观的整体效果（比如基于 IMDb 数据的文本分类任务整体达到 96% 以上的准确率，在 R8 数据集上则达到 97% 以上），近年来研究逐渐往更高层次的语言问题上靠拢，随之而来的是数据集越来越庞大，模型参数也越来越多：2018 年年底 ELMo 参数量大约是 9400 万，BERT-Large 参数量是 3 亿 4 千万；2019 年年底 T5 参数量大约是 110 亿；2021 年年底 Megatron-Turing NLG 参数量已经达到 5300 亿。不仅端到端的模型数据量要求呈指数级上升，模型参数量也呈指数级上涨。

尽管我们看到模型为了满足越来越复杂的任务的需要在无序增长，很多问题依然难以用单一的深度学习任务定义并用端到端模型一步解决。复杂任务往往包含多个子任务，比如语言理解、语言生成、对话管理、知识库访问和推理。此时通常需要 sequential decision（序贯决策）的介入，深度学习和强化学习的结合也将是一个拥有巨大潜力的方向。

语言是符号数据，在深度学习中往往需要转换成矢量。深度学习解决的是在有限个数的不同标签分类中的概率分布问题。但是真实世界中的语言知识（语法、词法和客观知识）大部分是基于推理的，而无论我们投入多少数据，都无法实现推理（对未知集合的理解）。因此，深度学习没有自动完成编程、长期规划或者应对情况变化的强健能力。

不断引入数据集还有另外一个问题，即自然语言数据集永远不是均匀分布而是长尾的。当我们引入成倍的新数据集去弥补旧数据集中稀有数据类型的缺失时，必然会引入更多的稀有数据。正如刚刚提到的，模型对数据集分布变化也会非常不适应（就好像我们只能不断指数级扩增数据集，却永远无法告诉模型什么是“整体”以及“整体长什么样子”），更不要提这样做随之而来的模型参数增加和对硬件要求的提升了。

2. 深度学习的硬件限制

如前所述，深度学习模型的训练需要大量的、高多样性的数据去覆盖自然语言中的复杂知识空间和推理空间。如果想用矢量来表达符号，那么就要为应对一个词汇在不同语言环境中的意义和在词法依存树中的不同角色而提高数据表征的维度，但这样做也会实际增加数据存储和数据计算中的压力。学术研究比较高的投入让堆叠复杂的模型成为可能，在学术论文中对模型运行时间和运行耗费的关注度也不如对模型实际效果的关注度高。效果在各个数据集中最前沿的一批模型设计往往要求比较大的计算资源。因此，在很多边缘的场景，或是一些对反应速度要求高且交互性较高的场景，为了降低不明显的错误率而提高整个系统的反应时间，其实就比较难接受了。另外，模型的运行往往不只是在设计模型和开发模型的环境中，而是会在使用方（如客户环境）千差万别的运行条件下进行，这就让很多学术界的研究和开发方向与生产环境中的模型设计和开发方向不同。在生产中，往往简单就是最好的，而不是为了小数点后几位数的提升不计成本地增大预训练模型和对不同模型进行大量测试。例如 BERT 在 GPU 和 CPU 上的运行时间就有很大的差距，如表 1-5 所示，BERT 在 GPU 上的推理速度是 CPU 上的将近 60 倍。

表 1-5　CPU 和 GPU 运行 BERT 对比

	Dual Intel Xeon Gold 6240	NVIDIA T4(Turing)
BERT 推理，问答（句 / 秒）	2	118
Processor TDP	300W（150W × 2）	70W
能量效率（使用 TDP）	0.007 句 / 秒 /W	1.7 句 / 秒 /W
GPU 性能优势	1.0（基线）	59 ×
GPU 能量效率	1.0（基线）	240 ×

3. 深度学习的不确定性

在工业应用中，深度学习面对的状况通常很难像实验室里那么理想：在学术研究中，我们会用一个连续值作为指标去衡量模型性能，当这个得分更高的时候，就可以说模型的性能更高。一个优秀的模型在论文中往往只需和一些负责同样任务的模型在几个经典的有限数据集中比较即可。但是在工业应用中，无论模型被证明在某个指标中已经提升到什么程度，都无法保证它在现实中不出现失误，而有时候这些失误是不允许发生的，比如在自动驾驶、航天等领域。另外，这些模型通常需要在跨度很广的情景中应用，而这些应用场景不是实验室里面的一个有限数据集就可以完全代替的。

一份对深度学习的不确定性的研究提到，深度学习的不确定性来源于以下 3 个方面。

(1) 问题域内的不确定性。指模型遇到被认为分布和训练集相同的数据而无法正确预测的不确定性。这种不确定性来源于训练数据不足或模型设计的失误。可以通过提高训练集的规模和优化训练流程来解决这种不确定性。

(2) 域偏移的不确定性。指预测数据的分布和训练集之间产生了偏移。这种不确定性来源于深度学习模型无法解释这种数据样本的偏移。可以通过增加训练集的覆盖度（提高训练集多样性）来解决这种不确定性。

(3) 问题域外的不确定性。这种不确定性来源于预测任务超出了模型训练集定义的内容，也就是超出了模型解决问题的范围。

正因为深度学习有不确定性，所以近年来很多学者提出了对不确定性进行度量。这让我们在一些不容许出错的场景中也可以使用深度学习模型，比如在模型对某些数据的不确定性高时提示进行人工干预。直观上看，模型的预测输出在一定程度上就可以度量不确定性，比如分类网络的 softmax（平滑近似层）输出和回归网络的输出标准差。但是由于模型的不确定性来源于真实世界数据的分布和训练集分布的不同，用特定数据集去衡量模型不确定性好像也不合理，因此我们需要独立于数据的不确定性度量，以度量模型本身的不确定性。而这些方法又由它们的随机性和数量分为了单确定性方法、贝叶斯方法、组合方法和训练阶段增强方法。

4. 深度学习和 NLP 的未来

Yonatan Bisk 在其论文"Experience Ground Language"中把 NLP 的发展过程分为 5 个阶段：语料（corpus）、互联网（Internet）、感知（perception）、形体化（embodiment）和社交（social）。

在语料阶段，其中一个对深度学习影响非常重大的进展是在语言表示上的进展，Elman、Bengio 等人先后发现矢量可用于表示一个语言片段的语法信息和语义信息。如果针对某一个庞大语料搭建一个模型，则可以获取大量的这种信息，而这种信息可以在一定程度上完成一些语言相关的任务。

后来，人们对语言模型的需求从能够完成任务发展成为理解语言深层的含义。模型能够利用的来自互联网的语料变得非常多，NLP 进入了互联网时代。然而，虽然自然语料库非常庞大，互联网上每时每刻自然产生的自然语料也非常多，但是这些数据都是没有经过标注且杂乱无章的"原始数据"（raw data，指那些没有经过任何处理以被人更好地使用的数据）。后来人们突然发现，使用与以往相比要大几个数量级且范围极广的数据以及比以往参数量级大很多的模型，能够有效地从这些原始数据中获取丰富的语法信息和语音信息，并且是在无须人工干预的情况下。而最能体现这个成果的一项进展可能就是迁移学习了。关于迁移学习，前面已经介绍过了，这里引申出一个相关概念：零次学习，即通过学习几个任务的几个标签的特征，可以让模型更好地学习一些样本不足的标签。如图 1-38 所示，如果学习了马的形状、老虎的皮毛纹理和熊猫的颜色，那么即使斑马的数据非常少，模型也能够学习到斑马的外形特征。到了这个阶段，深度神经网络不但能够处理数据长尾末端的标签，甚至会让人觉得它真正掌握了语言当中的隐含信息，并能通过这些信息进行推理。

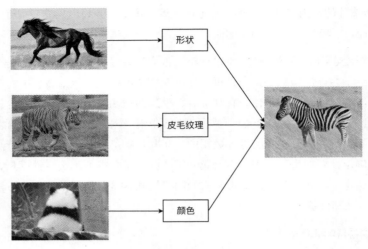

图 1-38　零次学习

NLP 和深度学习发展到现在，已经开始进入第三个阶段。简单的符号序列无法准确表示语句的含义，以互联网文本为信息源已经无法满足模型对隐含背景知识进行更深度学习的需要。包括语音和图像在内的多模态的监督，都将是丰富模型知识的重要监督来源。在这个阶段，零次学习能够从更多的特征来源学习到更高维度的世界知识，能够对小样本标签进行更加智能的学习。举个简单的例子，当我们从一张简单的表格中获取信息时，除了要对单元格内文字的内容进行分析，还需要观察表格是如何布局的：和哪些同行，和哪些同列，如何排列，表头、首行和首列的信息都分管哪些单元格的信息。

到第三个阶段为止，和我们理想中的机器人相比，语言模型还是任务驱动的。也就是说，人类希望深度学习模型学习什么任务，模型就学习什么任务。这种学习始终是被动的，无法真正地作为"机器人"和这个社会进行交互。第四个阶段的"形体化"的概念，就是让一个代理人（agent）在虚拟世界中主动寻找不同的任务进行学习，交互地从更高的层面理解这个世界。

Bisk 等人认为，NLP 的深度学习模型作为一个"机器人"已经进入到各个边缘设备，它应该朝着满足各个场景的需求去发展，而不应只是一个"指令集成器"。因此，NLP 需要进入第五个阶段——社交。这个阶段的深度学习语言模型应该掌握语言的功用。模型只有参与到实际的社交场景中（比如真正参与谈判），才能脱离传统的借助场景偏好来完成任务的框架，真正学会产生效力的语言。正如人类想要通过了解对方的想法来使用语言达到自己的目的一样，语言模型也应该学习关于他人的知识和了解他人的情感。这个观点在对话系统的研究中已经有所体现。

第 2 章

NLP 技术概览

NLP 技术涵盖范围非常广，本章将从语言模型、分词与词性标注、NER、文本分类、指代消解以及 NLG 这 6 个方面概览 NLP 原理与技术。

2.1 语言模型

顾名思义，语言模型（language model）就是与语言相关的模型，是对语句的概率分布的建模。那么，既然是模型，就应当有模型的输入与对应的输出。对于语言模型，输入为字或单词组成的序列，输出为这个序列的概率。

2.1.1 语言模型基本概念

语言模型的基本定义是，对于一个给定的语言序列 $w_1, w_2, \cdots, w_n$，语言模型用于计算序列的概率分布 $P(w_1, w_2, \cdots, w_n)$。

通俗地说，即给定一个语句，语言模型用于判断该语句是否符合人类语言。

1. 语言模型基础

解释完什么是语言模型，接下来简单介绍一下为什么语言模型是有效的。上学学习语文的时候，老师教导我们每一句话都是有组成成分的，比如"主谓宾""定状补"的句子结构等，那么基于这些结构，"我是人"通常比"我是六点半"更像是一句人类语言。另外，单词或短语自身也存在依存关系和顺序关系，比如"我们"比"们我"更像是正常人会说的词。

虽然语言模型看起来似乎很专业，但实际上它早已广泛应用于我们的生活中，最常见的如搜索引擎或输入法在我们输入一些单词后给出联想词。

图 2-1 为在谷歌搜索引擎中输入"语言"二字作为关键词之后，搜索引擎根据关键词自动联想产生的搜索条目。

图 2-1　搜索引擎关键词联想

　　另外，人的大脑中的语言系统就是一个非常强大的语言模型。例如，在理解人类语音时，从听力转到语言的过程中，人脑扮演着语言模型的角色。在听到"wo xihuan ni."这句话的时候，绝大多数人会理解为"我喜欢你。"而不是"我洗换你。"

　　事实上，语言模型起源于语音识别领域，实现的功能类似于人类语言系统识别语音。随着语言模型与深度学习的发展，语言模型的功能越来越强大，应用范围早已扩展到翻译、搜索、问答等众多领域。

2. 困惑度定义

　　语言模型首先是模型，因此我们需要一个方法或指标来评估这个模型预测语言样本的能力。前面提到，语言模型可以计算出给定序列的出现概率。概率即不确定性，统计学中常常使用交叉熵来衡量不确定性，而困惑度实际上是交叉熵的指数形式。因此，困惑度是评估一个概率模型预测样本能力的指标。

　　下面是困惑度（perplexity）的数学定义：

$$perplexity = P(w_1, w_2, \cdots, w_n)^{-\frac{1}{n}}$$

　　从上述公式可以看出，困惑度与句子的出现概率是负相关的。模型对于真实数据集中的句子预测其出现的概率越大，模型的困惑度就越小，也就是模型性能就越好。公式中的 n 次根号是为了解决句子长度对于句子概率的影响，因为句子越长其概率在连乘的情况下必然越小。

　　困惑度与语料库紧密相关，因而两个或多个语言模型只有构建在相同的语料库上才能使用困惑度进行对比。

3. 语言模型类型划分

下面我们会介绍两个较为典型的语言模型：基于统计语言模型的 N-gram 模型和基于深度学习的神经网络语言模型。

统计语言模型（statistical language model，SLM）会尝试获取自然语言中的语法规则，以建立一个可以尽可能准确估计自然语言概率分布的统计学模型。

N-gram 模型是如今使用最广泛的统计语言模型。N-gram 模型会把一个完整的句子分割为固定长度为 N 的小片段，通过计算这些片段的概率来近似计算整个句子的概率。很显然，简单分割为固定长度的方式并不总是可以正确切分句子，固定长度 N 过小会导致信息丢失，而如果 N 设置过大会导致计算量过大。

为了解决使用统计语言模型遇到的问题，人们把目光转向了神经网络（neural network，NN）。包括前馈神经网络（forward feedback neural network，FFNN）和循环神经网络（recurrent neural network，RNN）在内的神经网络都能接收更广泛的上下文作为输入，自动学习每个字符的表征和上下文关系，性能较传统的语言模型有了大幅度的提升。

2.1.2 N-gram 语言模型

N-gram（N 元语法）模型是一种基于马尔可夫假设的语言模型，简单来说，就是当前单词（中文中一般以字为最小单位）出现的可能性只与这个单词前面一个或几个单词有关，而与这几个单词之外的其他单词无关，其中 N 表示有关联的单词的个数（包括当前词本身）。

图 2-2 表示同一句话分别在 unigram（一元语法）模型、bigram（二元语法）模型和 trigram（三元语法）模型中的字符切分方式与前后依赖关系。

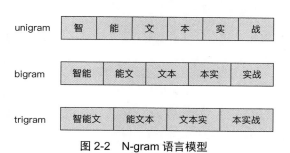

图 2-2　N-gram 语言模型

当 $N=1$，即当前单词出现的可能性不依赖其他任何单词时，称为 unigram 模型。

当 $N=2$，即当前单词出现的可能性与本身和前一个单词有关时，称为 bigram 模型。

当 $N=3$，即当前单词出现的可能性与本身和前两个单词有关时，称为 trigram 模型。

1. 模型计算

前面提到，对于一个语言序列 $w_1, w_2, \cdots, w_n$，语言模型负责计算该序列的概率 $P(w_1, w_2, \cdots, w_n)$。

对于 unigram，由于当前单词出现的可能性不依赖其他任何单词，因此公式为：

$$P(w_1, w_2, \cdots, w_n) = \prod_{i=1}^{n} P(w_i)$$

对于 bigram，由于当前单词出现的可能性只依赖当前单词的前一个单词，因此公式为：

$$P(w_1, w_2, \cdots, w_n) = \prod_{i=1}^{n} P(w_i \mid w_{i-1})$$

其中 $P(w_i \mid w_{i-1})$ 表示在 w_{i-1} 的条件下 w_i 出现的概率。

之所以 N-gram 模型属于统计语言模型，是因为在 N-gram 模型中，我们根据极大似然估计，由单词出现的频率来计算单词的概率。

以 unigram 为例，因为当前单词（或字）出现的概率与其他单词无关，只与本身出现的次数有关，所以某个单词（或字）出现的概率为：

$$P(w_i) = \frac{count(w_i)}{T}$$

其中 $count(w_i)$ 为 w_i 出现的次数，T 为语料库或单词表中所有字（词）的个数（加上结尾符号，结尾符号个数等于句子个数）。

以中文为例，直观解释就是：以一篇文章作为语料库，某个字出现在文章中的次数除以文章的总字数，就是这个字的概率。

下面举个小例子。

把"张三喜欢写代码，张三和李四喜欢听音乐。"这句话作为语料库 T，来求一下"张三喜欢音乐"这句话出现的概率。

除去标点符号，上述例句共 18 个字（包括一个结束符号）。"张""三""喜""欢"各出现 2 次，"听""音""乐"各出现 1 次。因此：

- ❑ P(张) = P(三) = P(喜) = P(欢) = 1/9，P(听) = P(音) = P(乐) = 1/18；
- ❑ P(张三喜欢听音乐) = P(张) × P(三) × P(喜) × P(欢) × P(听) × P(音) × P(乐) = 1.31×10^{-8}；
- ❑ P(张三喜欢音乐) = P(张) × P(三) × P(喜) × P(欢) × P(音) × P(乐) = 5×10^{-7}。

显然，句子的长度很大程度上会影响句子的概率，这就是之前提到的为何计算句子困惑度需要用 N 次根号去解决句子长度对于句子概率的影响。

2. 参数选择

对于 unigram，P(欢)=count(欢)/count(T)=1/9，只需要遍历一次词表就可以计算出"欢"出现的概率。

对于 bigram，需要使用条件概率才能计算出连续两个单词出现的概率，所以相比 N 为 1 时的 N-gram 模型，N 为 2 时计算复杂度高了一个量级。

N-gram 模型的参数数量与 N 的关系呈指数级，因此计算量受到 N 的影响很大。毫无疑问，增大 N 的值可以提高模型的性能，但是也会使得模型难以计算。

N-gram 模型的模型效果和计算量就像天平的两端，二者往往不可得兼。为了减少参数量，只能减小 N 的取值，但这样不可避免地会导致模型效果下降。一般来说，N-gram 模型中 N 的取值是 3~5，而即便 N 选取比较大的值，也难以充分覆盖前文信息，因此仍然无法解决长距离依赖关系问题。

2.1.3　神经网络语言模型

N-gram 语言模型接收离散向量作为输入，一般来说，这些输入是由词典中的词使用 one-hot 编码之后获得，因此也就引入了 one-hot 编码的一些弊端。

从语义相似性的角度，{"猎豹""花豹"} 要比 {"猎豹""汽车"} 的语义相似度更高。在很多句子中，"猎豹"与"花豹"是可以相互替换的，这表明从语法规则上来说，这两个词的语义也更相似。但是经过 one-hot 编码之后，词与词之间失去了语义关联，因为编码后的任意两个向量都是单位向量且彼此正交，这就导致任意两个向量之间的距离都相等，即词与词之间丢失了距离信息。这一点严重限制了 N-gram 模型的性能。

N-gram 模型无法解决长距离依赖（long dependency）问题。一般在使用 N-gram 模型时，N 的取值为 3~5，因为超过 5 之后模型性能的提升不大，但是计算复杂度大幅增加。

FFNN 语言模型通过结合词向量（word embedding）和 FFNN 来解决上面两个问题。

FFNN 语言模型接收低维稠密向量作为输入，这些低维稠密向量由 one-hot 编码之后的高维稀疏向量训练产生。在训练过程中，高维稀疏向量经过学习和压缩，不仅降低了维度，而且学习到了词汇之间的语义关系。

语言模型本质上是计算 $P(w_1, w_2, \cdots, w_n)$（给定句子的概率分布），而神经网络强大的非线性拟合能力很适合拟合概率分布。同时，神经网络模型可以获取当前词汇下文的信息，这一点是 N-gram 语言模型所不具备的。另外，神经网络模型能够用到的上下文词汇长度要比 N-gram 模型长得多，即看到的信息也要更多且更广。

1. FFNN 模型

神经网络语言模型中最简单的是 FFNN 模型。FFNN 将 w_t 的前 $n-1$ 个词的向量进行拼接作为网络输入，经过一次非线性变换，最后输出字典中每个词的概率作为预测结果，其中 w_t 为序列中的第 t 个词。

图 2-3 展示了 FFNN 的基本结构。

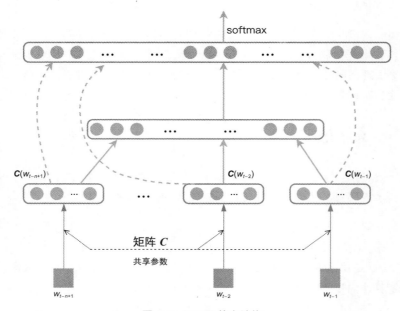

图 2-3　FFNN 基本结构

上述过程主要分为两大步骤。

先将 w_t 前的 $n-1$ 个单词从词典信息转化为特征向量，这一步通常称为特征映射或词嵌入。每个词在词典 V（V 为词典大小，即词典中词的个数）中的 index（位置顺序）通过映射矩阵 C 转换成一个维度为 m 的特征向量，然后将 $n-1$ 个单词的特征向量进行拼接，合并成一个 $(n-1) \times m$ 维的向量。

合并成的 $(n-1) \times m$ 维的向量作为输入送入神经网络，经过一个隐藏层，将输入转换为 V 维的概率分布，每一维度表示词典中每个词出现在位置 t 的概率。

可选的部分是将 $(n-1) \times m$ 维的输入向量和隐藏层结果合并预测概率分布，如图 2-3 中的虚曲线部分所示。

从图 2-3 可以看出，FFNN 的输入是当前词前后范围很广的词汇，通过当前位置前 $n-1$ 个词来预测当前位置的概率分布，这个 n 可以很大，一般取值在数十到数百之间。相比于 N-gram 模型只能接受前面 3~5 个词作为输入，从获取上下文信息的角度来看，神经网络语言模型的上限要高得多。

2.RNN 语言模型

前面介绍的 FFNN 会将一个个的输入单独送入隐藏层，对模型来说，在隐藏层，之前的输入是隔离开的，前一个输入和后一个输入所携带的信息无法互通。但语言模型的一大特点是，前面的输入和后面的输入是有关联的，这在多义词上表现尤为明显。例如，"一头牛"和"你真牛"中同一个"牛"字在不同上下文中的含义不同，甚至词性都不一样。由于同一个字在词典中仅出现一次，只有一个 index，因此在 FFNN 中经过特征映射之后只会有一个特征向量。也就是说，同一个字在不同的上下文中虽然有不同的含义，但只会有一个固定的特征向量表示。这显然是不合理的。所以很自然地，我们引入了 RNN 语言模型。

RNN 语言模型的特殊之处在于每一个 RNN 神经元不仅接收原始的输入，还会保留上一时刻的隐藏状态，在二者共同作用下生成一个新的输出。

图 2-4 展示了单个 RNN 神经元按照时间线展开之后神经元之间的交互关系和数据变化情况。

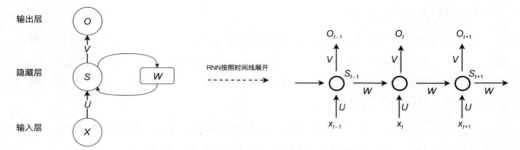

图 2-4　简化版 RNN 神经元与 RNN 按时间线展开

X 为输入向量，S 表示隐藏层的值（这一层可以是多个节点），O 表示输出层的值。

对于图 2-4 左侧的 RNN 神经元，如果把右侧 W 去掉，那么它就变成了全连接神经网络中的一个神经元。RNN 的隐藏层的值 S 不仅取决于当前这次的输入 X，还取决于上一次隐藏层的值 S。隐藏层上一次的值经过权重矩阵 W 之后作为这一次输入的一部分。

从图 2-4 右侧可以看出，t 时刻网络接收到输入 X_t 之后，生成了输出层结果 O_t，而 O_t 不仅与输入 X_t 有关，也与前一时刻的隐藏层结果 S_{t-1} 有关。在 S_{t-1} 和 X_t 的共同作用下，计算出输出结果 O_t，同时生成 S_t 用于下一次计算。通过这种类似接力的方式，每一时刻可以保留一部分之前时刻的信息。

本质上，不同模型的区别在于对原始数据的利用方式，而这种利用方式的区别，部分原因在于在某一个节点模型对于数据的感知范围。

图 2-5 展示了 unigram、bigram、FFNN 和单向 RNN 这 4 个模型预测"本"字在当前位置出现的概率，其中用粗线方框圈出的部分为模型可以感受到的字的范围。

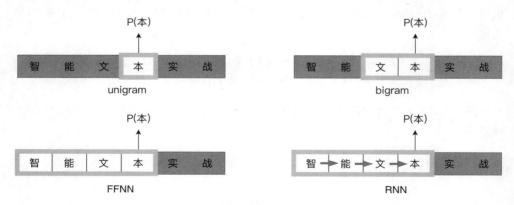

图 2-5　N-gram 模型与神经网络模型上文信息

通过图 2-5 可以明显看出在模型训练过程中模型可以感受到的文档信息。当我们预测"智能文本实战"这个序列中"本"字的概率时，N-gram 模型只能接收到有限范围的信息，比如 unigram 只包含当前时刻，即"本"一个字的信息，而 bigram 除了当前字之外，还可以获取前一个字，即"文本"二字的信息。

相比而言，神经网络模型的感受范围就要广得多，FFNN 可以获取前面数十个字的信息，而 RNN 更进一步，每个字都融合了之前的字的信息。

3. 基于 Transformer 网络模型

无论是 RNN 抑或 LSTM，当前时刻隐藏层状态的计算都依赖于上一个时刻的输出。由于信息在传递过程中存在衰减和丢失，因此序列越长，有效信息就越难保留和提取。研究表明，字词级别的 LSTM 语言模型大概只能用到最近的 50 个 token，更长的 context 只适用于理论计算。

可以说，RNN 系列网络结构的优点在于序列可以按顺序传递信息，克服了 FFNN 信息孤立的问题，但缺点是信息只能按顺序传递。

想象这样一个场景：有一个上百人的长队，你站在队首，想把消息传递给队尾的人，只能通过接力的方式，口口相传，一个接一个地把消息传递过去，这种方式不仅慢，而且很容易发生信息扭曲的问题。能不能给每个人都配备一台对讲机，让他们相互之间可以直接传递信息呢？ Transformer 想要实现的正是这样的功能。

图 2-6 是单向 Transformer Attention 模型对于数据的感受范围，浅灰色部分为模型可以感受到的字的范围。

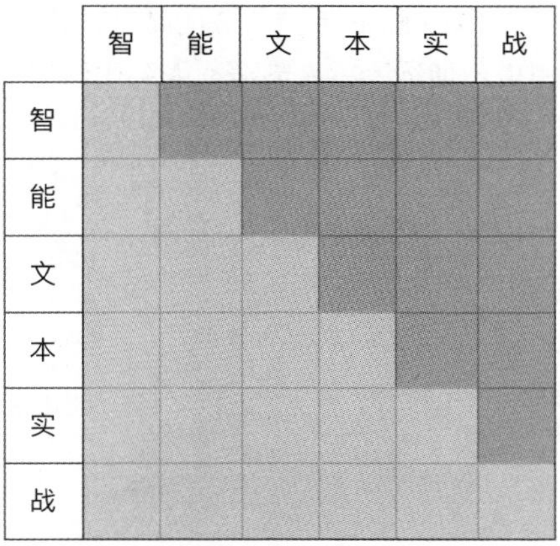

图 2-6　单向 Transformer Attention Mask

Attention 矩阵的每一列代表一个输入，每一行代表一个输出（忽略起始标记）。深灰色部分表示不连通，在矩阵中可以用数字 0 表示；浅灰色部分表示可以连通。例如，第 4 行的输出为"本"字的概率，而第 4 行可以和第 1 列、第 2 列、第 3 列和第 4 列连通，表明"本"字可以直接获取"智""能""文""本"这 4 个字的信息。在 RNN 中，"智"字的信息需要通过"能""文"二字逐字传递到"本"字，而在 Transformer 中，这两个字是直接相连的，并且浅灰色的连通部分是通过模型学习到的权重值，代表输出与输入的关联程度和对输入信息的保留程度。

和 RNN 模型相比，Transformer 更容易实现并行化。在 RNN 网络中，当前词依赖于上一个词的结果，因此只能串行计算，而 Transformer 不受此约束，因为在 Transformer 看来，所有词都在自己的直接连通范围内。但是，这也带来一个问题，在 Transformer 中，因为所有词直接连接，没有距离和位置的概念，所以"狼吃羊"和"羊吃狼"在双向的 Transformer 看来是一样的。因此，通常在 Transformer 中都会搭配位置信息一同计算，即引入位置编码（positional encoding）。

2.1.4 大规模预训练语言模型

语言统计领域有这样一个简单的假设：语言的统计特征隐含了语义信息，比如词频（某个词出现在文档中的次数）、词位置、词上下文等包含了语义信息。由此假设又衍生出另一个假设，即分布假设（distributional hypothesis），分布假设认为上下文语境相似的两个词有相似的概率分布。

大规模预训练语言模型正是基于分布假设，利用大规模的模型结构和大批量的训练数据学习出来的，可以适用于多种 NLP 下游任务的基础性模型，包括阅读理解、信息抽取、内容写作等。关于大规模预训练语言模型在智能写作场景中的应用，详见第 11 章。

1. word2vec

严格来说，word2vec 并不算是大规模预训练语言模型，word2vec 算法背后其实是一个简单的浅层神经网络，但是 word2vec 首次提出了词嵌入（word embedding）的概念，从而奠定了词表示学习（word representation learning）的基础。

2.1.3 节介绍过，神经网络语言模型的过程主要分为两大步骤，第一步便是词嵌入，即通过映射矩阵 C 将一个词在词典中的 index 转换为一个高维词向量，以作为模型的输入。

最早的词向量采用 one-hot 编码，每个词向量的维度大小为整个词汇表的大小，因此

one-hot 向量是一种非常高维和稀疏的向量，会带来维度灾难——模型训练过程因为维度过高或过于稀疏而导致无法训练或者模型无法收敛。

最初人们尝试用 one-hot 向量训练神经网络语言模型，但是发现训练实在太困难了，不仅参数调整非常困难，而且耗时良久，可能要花费数周甚至更长时间才能看到模型的一些变化。

这时人们想到，可以把神经网络语言模型的训练过程拆开，此方法类似于贪心算法：先设计一个简单模型，训练好词向量，再用训练好的词向量训练出后续的神经网络模型。

图 2-7 展示了 word2vec 的两种模型，即 CBOW 模型和 Skip-gram 模型。

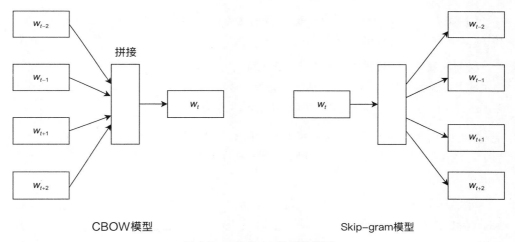

图 2-7 word2vec 的两种模型

第一种是 CBOW 模型（continuous bag-of-words model），一般称为词袋模型，即在上下文的词向量拼接汇总后，预测当前词的概率分布，简单来说就是通过上下文去预测当前词。

第二种是 Skip-gram 模型，即输入为当前词，输出为上下文数个词的概率分布，简单来说就是用当前词去预测上下文。

2. BERT

BERT 的全称是 Bidirectional Encoder Representation from Transformers，顾名思义，这是基于双向 Transformer 实现的编码器。和之前介绍的单向 Transformer 不同，类似于双向 LSTM，双向 Transformer 可以接收上下游任意位置的词信息。

BERT 模型同样是谷歌公司 AI 团队发布的，并且是用无监督的方式利用大量无标注文本训练出的语言模型。BERT 模型的设计目的是统一解决下游的 NLP 任务。以往为了应对 NLP 下游不同的任务（如分类、抽取和问答），人们会设计出不同的模型，因此，人们开始思考，能不能找到一个统一的通用架构，同时完美适用于所有任务呢？ BERT 模型正是对这种思考的一个实践。

BERT 模型由两个任务组成，一个任务是 Masked Language Model，实际上这个任务与前面介绍的 word2vec 一样，是通过上下文去预测当前词，在 BERT 中是这样做的：先把句子中的一些词随机替换为 [mask]（[mask] 表示词被遮盖），或者替换为其他任意的一个词，然后模型预测这个被遮盖或被替换的词。

例如，原句为 My cat likes sleeping，随机遮盖之后变成了 My cat likes [mask]，随机替换之后变成了 My cat likes apple。

任何词都有可能被遮盖，遮盖后就无法再利用本身的信息了，而如果这些词是被替换过的（本身的信息就是错的），那么在编码的时候就不能过于依赖本身的信息，而是要考虑上下文信息，因此需要模型去学习整体的语义信息。

另一个任务是 Next Sentence Prediction，简单来说，就是通过当前句子来预测下一个句子，有点儿像阅读理解题型中的句子排序。这样可以迫使模型去学习更加广泛的上下文信息。

可以看出，BERT 任务实际上与 word2vec 类似，二者都是基于分布假设（distributional hypothesis），不过 BERT 更加极端一些。Masked Language Model 通过词的替换引入了一部分错误信息，以惩罚模型对于单一词信息的过分依赖，Next Sentence Prediction 则将上下文的含义进一步拓宽，让模型可以去学习句子级别的上下文信息。

3. XLNet

介绍 XLNet 之前不得不先介绍 AR（Autoregressive）语言模型和 AE（Autoencoding）语言模型。

AR 语言模型注重词与词之间的前后关系，比如 RNN 或双向的 RNN 会从前往后或者从后往前逐词传递信息。BERT 模型是典型的 AE 语言模型，以 Transformer 结构为基础的 BERT 模型需要上下文信息，但是上下文的词是直接相连的，丢弃了顺序信息。显然，AR 语言模型在信息的传递上效率较低，但是天然适合生成式任务，而 AE 语言模型没有长距离依赖问题，可以更高效地利用上下文数据信息，但也丢失了顺序信息的优势。XLNet 则是对 AR 语言模型和 AE 语言模型进行统一的一次尝试。

将 AR 语言模型和 AE 语言模型进行统一的步骤为：对给定的一句话，将这句话的顺序打乱重排，然后遮住重排后的新句子的末尾部分单词，再用 AR 语言模型的方式去依次预测被遮盖的末尾部分单词。

实验证明，像 XLNet 这样的设计效果确实好，尤其是在长文档任务中，效果提升比较明显。另外，XLNet 模型的训练数据量也要比 BERT 模型大得多，大约是数十 GB（吉字节）。这表明在预训练阶段扩充数据规模，并对数据进行筛选过滤以提高数据质量，也是提升模型效果的好方法。

4. GPT-3

Generative Pre-trained Transformer（GPT）系列是由 OpenAI 提出的预训练语言模型，这一系列的模型可以在非常复杂的 NLP 任务中取得十分惊艳的效果。

GPT-3 是其中的一个超级大的预训练模型，算是"大力出奇迹"的典范，它有 1700 多亿参数量，仅预训练数据量就达到了 45 TB，与其他模型的数据量完全不是一个量级，光是训练一次模型就要花费超过 1000 万美元。这里有个小故事，据说模型训练时发现了一个小问题，但是由于模型训练花费太高，开发者只能任凭问题存在而不敢停止训练模型或重新训练模型。

GPT-3 不需要监督学习进行模型微调就可以完成许多下游任务，比如撰写人类难以判别的文章，甚至编写 SQL 查询语句、进行机器翻译、Q&A，等等。

近年来，硬件的性能在飞速发展，而算法的研究似乎遇到了瓶颈，GPT-3 则表明，只要算力足够强、数据足够多，AI 的性能仍有不断提升的空间。

2.2 分词与词性标注

分词与词性标注对机器如何正确地理解自然语言有着关键的作用，是 NLU 的重要基础。本节将简述分词与词性标注在不同语言中的异同及其在中文文本中的重要意义，以及一些常见的算法及常见的开源库，以帮助读者更快地理解和解决简单的分词与词性标注任务。

2.2.1 概述

分词与词性的区分在人类理解自然语言时起到了至关重要的作用。我们将从日常理解句子的角度出发，简单阐述这两个任务的概念与重要性。

1. 整体思想

在人们的日常交流中，句子是极其重要的语言要素，因此如何理解由字词所组成的句子对自然语言的理解有着重大意义。例如，第 1 章中提及的书名《无线电法国别研究》可分为"无线电 / 法 / 国别 / 研究"或"无线电 / 法国 / 别 / 研究"。又如，"上海大学生日常读物"可分为"上海 / 大学生 / 日常 / 读物"或"上海大学 / 生日 / 常 / 读 / 物"。人类在理解这些句子时需要经过分词的步骤，以更好地解读句中词的语义，而且我们能够根据经验知识进行正确的切分判断，因此上述两句话都是第一种分词方法正确。

对诸如中文、日语之类没有分界符的语言（英语、法语等则有明显的空格分界）来说，分词（word segmentation）即加入斜线（/）以分割一系列的词，因此对短语、句子、段落等由字词组成的语言要素的理解是必不可少的。英语、法语等自然拥有分界符的拼音语言也有类似中文分词的应用场景，比如空格缺省或有错位 / 丢失情况的扫描件（常见于手写识别）等；复合词切分、停用词过滤等也可列入分词范畴的任务。本节我们仍以中文的分词任务为例来讲解分词这一基本的 NLP 任务。

词性标注是 NLP 领域的另一个基础任务。词性标注与分词息息相关，在拥有分词结果之后，其用于确定每个词的词性，比如动词、名词、形容词、副词等。正确的词性标注对在不同词性下语义有区别的词的语义理解有着重要作用。在汉语、英语等语言中，一词多义的情况较多。例如，在汉语中，"故"作为名词，可以表示"事故""变故""缘故"；作为形容词，可以表示"旧的""原来的"；作为连词，可以表示"所以""因此"；等等。因此，正确判断一个词在文中的词性可以很大程度上帮助理解该词。

2. 常见开源库介绍

合理地使用开源库是 NLP 实战中极其重要的步骤。在开发者希望基于分词与词性标注结果进行上层应用开发时，如果有富足的资源和充沛的精力，那么可以自行收集已标注数据或对未标注数据进行标注，并训练分词与词性标注模型，以更好地适应运用场景并便于对分词与词性标注模型的调优。但更常见的解决方案是使用开源库来快速完成分词与词性标注的工作。

对 Python 应用而言，最常用的 3 个开源库为 Jieba（结巴）中文分词组件、HanLP 汉语言处理包和哈工大 LTP（language technology platform）云平台。Jieba 专注于分词任务，具有分词速度快、支持繁体分词、支持自定义词典等特点，并可以根据使用需求切换 3 种分词模式；HanLP 和 LTP 为更加全面的 NLP 开源工具包 / 平台，可以支持除分词和词性标注以外的其他任务，LTP 还对应用程序接口、可视化工具做了更多的实现。

对于诸如 Java、Golang 之类的其他编程语言，Jieba 库有支持对应语言的版本，也有大量专注于分词的其他任务，或是更为宽泛的应用于 NLP 任务的开源库。

达观的基础分词和词性标注工作基于自研的 NLP 工具包，运用了词典、统计语言模型、预训练语言模型等多种方法，并加入了大量领域相关的标注样本，可以在如新闻、金融、科技等专业领域达到更优的效果。如图 2-8 所示，达观中文分词与词性标注可以借助上下文理解语意，克服歧义切分、多义词、模糊词性等难题。

图 2-8　达观中文分词与词性标注

2.2.2　分词技术详解

分词技术即为解决前面提及的分词问题而使用的算法。在本节中，我们将了解分词技术面临的常见问题，以及基于规则的分词算法和基于统计的分词算法的主题思想与优劣。

1. 基本概念

为解决分词问题，算法主要面临以下问题。

(1) 分词规范的统一：文本在不同粒度下分词结果往往不同，比如"上海大学"可以被认为是一个词，在更细的粒度下，也可以拆分为"上海"和"大学"两个词。这两种分词结果没有孰好孰坏之分，需要根据下游的应用进行确定。常见的分词模型倾向于给出更通用的结果，即先找到该复合词的嵌套结构，然后将该词认为是一个四字词"上海大学"，再将其分为更细粒度的两个词"上海"和"大学"。这种更为通用的分词方式可以满足不同分词力度的需求。

(2) 消除语言歧义——在分词中我们又称之为二义性（顾名思义，一个待分词文本在不同的分词结果中产生了两种或多种意义，比如"无线电法国别研究"）：了解语言的歧义的产生，更好地定义歧义类型，才能根据产生原因与定义更好地解决问题。这是一项繁杂的工作。如何找到更可能是正确的结果成了分词技术的一大挑战。

(3) 未登录词的处理：最常见的未登录词是新出现的词汇，近年来网络中不断诞生新的词汇并被大量用于人们的日常生活中，分词系统往往通过集成新词发现模块；还有一种比较常见的未登录词是专有名词，比如人名、地名、组织机构名等，后文将详细介绍 NER 任务，应用 NER 模块可以对这些专有名词进行单独识别。

具体的分词方法分为基于词典与规则的分词算法和基于统计语言模型的分词算法，接下来的内容中会逐一讨论。

2. 基于词典与规则的分词算法

基于词典与规则的分词算法是较为传统的分词方式，其包含多种算法，比如正向最大匹配算法、逆向最大匹配算法、双向最大匹配算法、最短路径法、N 最短路径法等。

正向最大匹配算法可能是基于词典与规则的分词算法中最为直观的一种：从左到右（正向）每次匹配尽可能长的词语。下面仍以"无线电法国别研究"这一文本为例，如表 2-1 所示，假设我们的词典中包含下列词。

表 2-1　分词示例

无	线	电	法	国	别	研	究
无线			法国	国别		研究	
无线电							

如果使用正向最大匹配算法，那么分词结果为"无线电 / 法国 / 别 / 研究"。

逆向最大匹配算法的文本扫描顺序与正向的相反，即从右到左每次匹配尽可能长的词语，因此"无线电法国别研究"会被分为"无线电 / 法 / 国别 / 研究"。

双向最大匹配算法会同时使用正向最大匹配算法和逆向最大匹配算法，拿到两种算法的结果并取其分词结果中词数更少的一种，如果词数一样，就会取其单字更少的那种，如果单字的数量一致，则可以有更多的判断策略或者任意返回一个结果。

最短路径法将每个字作为节点，往往会加入语料库中词频计算路径的连接权值，使用最短路径计算算法找到最短路径以推出分词结果。

3. 基于统计语言模型的分词算法

基于统计语言模型的分词算法是分词技术中的另一种常用算法，其本质是利用统计学概念，在给定文本中找到一组概率最大的分词方式，而采用这种分词方式得到的结果就是在该统计语言模型下的分词结果。基于统计语言模型的分词算法更重视字与字之间的组合紧密程度，结合上下文信息可以更好地完成消除歧义的任务。

常见的基于统计语言模型的分词算法包括 N 元文法模型、隐马尔可夫模型（Hidden Markov Model, HMM）、最大熵模型（maximum entropy, ME）、条件随机场（conditional random field, CRF）等。

我们会简要介绍 HMM 并简单讲解该统计模型是如何运用于分词之上的。本书会避免涉及复杂的公式与推导，而会注重于概念。

HMM 离不开马尔可夫链。如图 2-9 所示，假设小明每天都会在在线博客上记录自己的心情（如开心、一般或难过），这便是我们的可观测状态，而小明所在城市的天气可能是决定他心情的重要因素，但我们并不能直接观测到天气，这便是我们例子中的隐藏状态。HMM 的本质是通过观测结果预测隐藏状态。

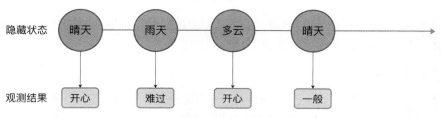

图 2-9　隐马尔可夫过程

HMM 基于两个重要的假设：齐次马尔可夫假设，即隐藏的马尔可夫链在任一时刻的状态仅与其上一时刻的状态相关（今天下雨可能与昨天下雨有关，但与前天多云无关）；观测独立性假设，即任一时刻的观测仅与当前时刻的状态有关（今天心情开心，仅与今天是晴天有关，与此前连续 3 天都是晴天无关）。

把这一模型推广到分词上，如图 2-10 所示，我们的观测结果是文本的每个字，而隐藏状态是预先定义的标签，用于决定分词结果。简单来说，我们可以定义 B 和 I 两个标签，定义分词的开始与其他标签（自然地，存在更复杂的标签体系），在此标签体系下，如果文本"无线电法国别研究"对应的标签为"BIIBBIBI"，那么分词结果就是"无线电 / 法 / 国别 / 研究"。所以，如上文所述，文本的分词结果即为根据观测结果预测其隐藏状态。

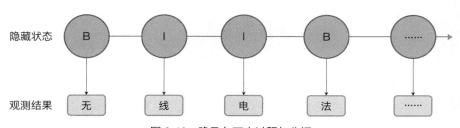

图 2-10　隐马尔可夫过程与分词

HMM 还涉及状态转移概率矩阵、观测转移矩阵、初始状态概率向量、维特比解码等知识，这里就不再赘述了。

在实际运用中，我们常常将基于统计语言模型的分词算法与基于词典与规则的分词算法结合使用，这样既能发挥词典与规则匹配速度快的优势，又能更好地解决消歧问题。

2.2.3　词性识别详解

词性识别也叫"词性标注"或"语法标注"，是以单词为单位的一个序列标注任务，目标是把各个单词归类到一个预先定义的词性类集合中。以英语为例，这个集合通常会包含名词、动词、形容词、副词、代词、介词、冠词等。

本节先解释词性标注的基本概念，然后再简单介绍一下词性标注的两个经典方法 HMM 和 CRF，以及它们是如何进行词性标注的。

1. 基本概念

在最开始的词性识别研究中，词性识别常常用于类似于 NER、语音识别、指代消解等下游任务。随着词性识别的研究范围变广以及方法变得强大，这个词性分类集合通常也会根据场景进行扩展，比如词性识别工具可以直接把人名、地名、机构名等专有名词加入此集合中，在词性识别时直接进行识别。表 2-2 是一个词性标注任务标签集合的样例。

表 2-2　达观 POS 工具的词性集合示例

序　号	词　性	说　明
1	n	普通名词
2	nr	人名
3	ns	地名
4	nt	机构名
5	nz	专有名词
6	t	时间名
7	v	动词
8	m	数词
9	q	量词
10	a	形容词
11	d	副词
12	w	标点
13	x	虚词
14	nx	外文名词

在早期，很多 NLP 的复杂任务以词性识别为先置任务，其中一个原因是在很多语言中，词语和词性的对应关系并不是单射函数，而是在不同的语境中有不同的意思。例如，"dog"虽然在大部分场景中是名词（狗），但是它也可以有其他词性，以表达完全不同的信息。根据 Merriam-Webster 词典，"dog"可以作为动词，表示"尾随、纠缠"；可以作为形容词，表示"物品的劣质"或"不真实"；可以作为副词，在特定语境中表示"非常"，比如"dog cheap"（非常便宜）和"dog tired"（非常累）。同样的字母组合出现在不同的句子中表达的是完全不同的意思。这影响了下游任务对文本（词语）的理解和使用。在编码过程中，名词"dog"和动词"dog"需要映射到不同的表示（因为意思不一样了）；在翻译任务中，当翻译"把馅饼扔到别人脸上"的时候可以将名词"馅饼"通过编码、解码翻译成法语的动词"entarter"（把馅饼扔到……）；等等。因此，词性标注在早期 NLP 任务中非常重要。

深度学习模型为了端到端地处理复杂问题不断膨胀，很多模型在进行无监督预训练之后，词性信息、依存信息等已经被包含进网络参数内，因此有些复杂任务便不再把单独的词性识别作为必要的前置任务了。

2.HMM 用于词性识别

前面提到，词性识别是一个序列标注任务，就是对序列里每一个数据进行多分类任务。那么，一个最容易想到的词性识别方法就是对序列上每一个词语进行一个多分类，看看这个词语会被分到哪一个词性，然后再按照序列顺序依次组合，就可以实现序列的词性识别了。

但是这样做会有一个比较明显的问题，因为这个方法假设序列上每一个词语的词性是相互独立的。实际上，序列上词语的前后关系对词性的影响非常大。HMM 通过对当前词性到某个字词的条件概率和对一个词性到下一个字词的词性的转移概率进行学习，并通过贝叶斯公式计算出字词和词性的联合分布。虽然人类很难理解这些复杂的中间结果，但是模型能够基于这些矩阵权重根据序列的文本顺序关系计算出它们的词性序列。

3.CRF 模型用于词性识别

CRF 模型是另一个可以解决序列标注问题的有效模型。不同于 HMM 这一类生成式模型，CRF 模型的计算方向相反，是根据给定"特征"对"标签"进行分类的直接计算，是一个判别式模型。同时，CRF 模型也与逻辑回归不同，它能像 HMM 一样使用上下文信息进行当前状态标签的预测。不过 CRF 模型比 HMM 更自由，它不需要像 HMM 一样规定以严格的序列上的上一状态作为输入，而是可以用任一时间点的观测状态作为上一观测状态输入，并可以根据我们的需要构建观测状态的特征（如前后词语的信息、某些语言的词语前后缀等），而不只是词语本身。

在一个 CRF 实践工具里，用户可以配置多个特征模板，工具会根据模板从当前字符 /
词语计算出多个特征值，再把这些特征值组合起来作为 CRF 中的特征函数。通过特征值
和转移矩阵，可以直接计算出基于观测序列的对隐含序列（词性序列）的预测。

除了独立处理词性识别任务的能力，CRF 还能和深度学习模型结合，处理许多序
列标注类任务，在神经网络输出的基础上进行强力的前后标签逻辑校准。事实上，双向
LSTM 加上 CRF 依然是现在非常有效且通用的序列标注模型，即使在 Transformer 相关的
论文中，包含 CRF 的模型也会经常出现。

2.3　NER

NER 是 NLP 任务中的另一项关键性的基础任务，本节将介绍 NER 的基本概念、基于
规则与基于序列标注的 NER 方法、常见的中文数据集，以及在落地 NER 任务时常用的
领域效果增强的实践。

2.3.1　基本概念

NER 是指从给定文本中定位并识别出预设实体类型的过程。我们将简述其在 NLP 领
域的应用、常见的为完成 NER 任务的标注结构以及常见的算法。

1. NER 概念

命名实体指的是具有特定属性的词或短语，这里的属性既可以是常见的人名或机构
名，也可以是细分领域的专有名词，比如金融领域的基金名称、基金类型等。具体而言，
输入一段话到 NER 系统后，它能输出文本中存在的实体位置及对应类型。

NER 是 NLP 领域非常重要的底层任务，是从非结构化文本中获取结构化知识的关键
手段，也是关系抽取、知识图谱搭建、知识问答、搜索等下游任务的重要环节之一。譬
如，关系抽取任务就是输出实体间的关系。显然，高精度地识别出包含的实体是完成关
系抽取的前提。经过几十年的发展，当前的 NER 已经成为一种相对成熟的技术，在很多
任务上取得了令人满意的效果。但随着应用的不断拓展，NER 也面临着一些挑战，包括
新数据标注、领域迁移、复杂实体、细粒度实体，等等。

如图 2-11 所示，常见的 NER 任务为识别人名、地名、公司名、时间等，在"达观数
据总部位于上海"这句话中可以识别到两个实体，"达观数据"是一个公司名实体，"上海"

是一个地名实体。

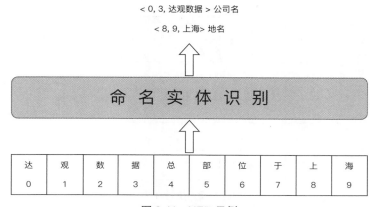

图 2-11 NER 示例

2. 标签种类划分

对于监督学习的 NER 问题，可以细分为两个子任务：实体边界识别和实体类型识别。按照解码方式区分，主要有 4 种标注框架。

- **序列标注**

在传统机器学习和深度学习中，NER 通常被视为序列标注任务——token 级别的分类任务。在预定义好实体类型的基础上，设计合适的标签体系，赋予每个 token 相应的标签，即可进行建模。

序列标注任务的标签体系主要包括 BIO、BIOES 和 BMES，其中最常用的是 BIO 体系。BIO 将所有 token 分为 3 类：实体的第一个 token 以 B-实体类型表示，实体其余的 token 以 I-实体类型表示，非实体 token 以 O 表示。以"达观数据总部位于上海"为例，定义实体类型 company 和 location，则在 BIO 体系下的标注如下所示。

{B-company, I-company, I-company, I-company, O, O, O, O, B-location, I-location }

相比于 BIO，BIOES 和 BMES 是更细粒度的标签体系，S 表示实体只包含单 token 的情况，E 表示实体的结束 token，M 表示实体首尾以外的 token。已有的研究表明，三者之间的建模效果差异不大。

- **指针标注**

如图 2-12 所示，指针标注从机器阅读理解（machine reading comprehension，MRC）

领域发展而来，在这种标注框架下，只需标注实体首尾位置坐标，一层指针包含两行：实体首位置行和实体尾位置行，将 NER 任务转化为实体首位置和尾位置的识别任务。

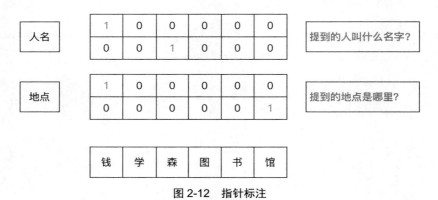

图 2-12　指针标注

- **多头标注**

多头标注会将长度为 n 的一维文本序列转换为二维的 $n \times n$ 的文本矩阵，矩阵行代表实体起始，矩阵列代表实体结束，矩阵元素值代表实体类型，这样就可以在矩阵中表示实体位置和类别信息了。如果定义人名实体 id 为 1，地点实体 id 为 2，非实体 id 为 0，则"钱学森"在"钱学森图书馆"这个文本序列中的多头标注如图 2-13 所示。

	钱	学	森	图	书	馆
钱	0	0	1	0	0	2
学	−1	0	0	0	0	0
森	−1	−1	0	0	0	0
图	−1	−1	−1	0	0	0
书	−1	−1	−1	−1	0	0
馆	−1	−1	−1	−1	−1	0

图 2-13　多头标注

- **片段标注**

如图 2-14 所示，类似于 N-gram 语言模型，片段标注把文本序列切分成了不同长度的片段的序列，NER 被转化为了对每个片段的多分类问题。这种标注框架实现了对序列长度的解耦，但需要注意的是生成的文本片段数目与文本长度成平方关系，如果文本很长，则计算复杂度会很大。因此，实践中一般会限制最大片段长度。

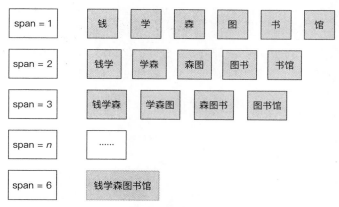

图 2-14　片段标注

3. 基本原理与方法

从整体上看，NER 技术可大致分为以下 4 类。

(1) 基于规则的方法，主要包括基于词典和基于正则表达式两种。

(2) 无监督学习方法，在无人工标注情况下，基于可用的词汇统计信息和语义信息进行聚类。

(3) 基于人工特征的监督学习，可以使用如词向量表示、词法或词性特征、列表查找特征等，常用的算法包括 SVM、HMM 以及 CRF。

(4) 基于深度学习的方法，这种方法实现了端到端的实体提取。值得一提的是，实际业务中往往会结合使用多种方法以达到更好的效果和更高的效率。

下面介绍几个比较常用的方法。

2.3.2　基于规则的 NER

常见的基于规则的 NER 方法可以分为基于词典的方法和基于正则表达式的方法。基于规则的 NER 在特定的应用场景中可以达到立竿见影的成效，也常常作为辅助手段与基于序列标注的 NER 一同使用。

1. 基于词典的方法

顾名思义，基于词典的方法是基于已有的实体词典进行实体识别。如图 2-15 所示，按照词语匹配发生的阶段，基于词典识别可分为字符串多模匹配和分词匹配。字符串多模匹配是将待识别文本直接与词典进行匹配查找，具体匹配算法包括字典树和记录长度集合的最长匹配。字符串多模匹配召回率较高、精确度偏低，而且时间和空间复杂度较低，但效率较高。分词匹配是把词典放入分词工具的词典库，待识别文本在分词阶段可以直接进行词典匹配。分词匹配召回率低、精确度较高，但效率远远低于字符串多模匹配。

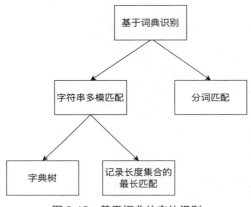

图 2-15　基于词典的实体识别

总的来说，基于词典的方法无须训练且效率高，同时，对于已有词的识别，其完全可以胜任（对于未知词则无能为力），在业务的前期和启动期具有独特优势，因而目前在实际业务中仍是不可或缺的一环。

2. 基于正则表达式的方法

基于正则表达式的方法是对不同实体构造不同的规则模板，对符合模板的就识别为对应实体，我们熟知的时间实体就可以用该方法来提取。一般而言，如果实体具有如关键词、位置词、标点符号等特有的语言特征，那么就可以设计规则模板，利用正则表达式来提取。基于正则表达式的方法对于形式固定且语言特点鲜明的实体基本上有比较好的效果。但在现实中，不同领域、不同语言和不同业务中的实体是非常繁多且复杂的，大部分实体往往很难找到通用的模板，目前的基于正则表达式的方法基本上只应用于时间、数字等极少数实体的识别。

2.3.3 基于序列标注的 NER

序列标注是 NLP 中常见的一类任务，属于分类任务的一种。具体而言，序列标注任务为给定一个文本序列，通过机器学习的方法学到一个模型，该模型能够对序列中每个位置的单词预测出一个正确的标签。

利用序列标注可以进行 NER。以文本序列"达观数据成立于 2015 年"为例，对序列中的每个单词进行分类后即可完成 NER 标注任务，图 2-16 是使用 BIO 标签的分类结果。

图 2-16　利用序列标注进行 NER 任务

1.CRF 序列标注

直接使用分类模型对序列中逐个位置的单词进行分类的方法可以完成 NER 标注任务，但是这种方法没有考虑到输出层面的上下文关联信息。例如，我们使用 BIO 标签进行 NER 标注时，标签 I 必须出现在标签 B 之后，但是逐位置分类的方法无法排除 OI 这种错误标签序列出现的可能性。

CRF 是概率图模型的一种。在利用 CRF 进行序列标注任务输出的时候，可以将每个位置上单词的上下文信息进行综合考虑，从而在一定程度上避免错误标签序列出现的可能性。图 2-17 是常见的线性 CRF 网络结构图，主要由观测序列和相应的输出序列构成，其中观测序列由输入的文本节点组成，输出序列由需要标注的标签节点组成。观测节点和输出节点之间的发射矩阵（emission matrix）决定了每个位置的标签类别，输出节点之间的转移矩阵（transition matrix）能够对相邻节点之间的标签状态进行约束。通过对发射矩阵和转移矩阵的学习，CRF 模型可以使得最后预测出的序列标签更加符合逻辑。

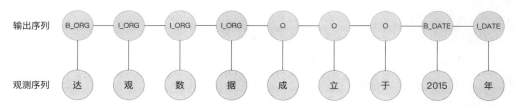

图 2-17　CRF 网络结构

2. 神经网络序列标注

现代神经网络通常具有更为复杂的结构，对文本序列信息具备更强的非线性拟合能力，通常能够更好地处理序列标注问题。RNN 具有处理序列信息的天然优势，可用于序列标注或 NER 任务中。

LSTM 属于 RNN 网络的一种。相较于传统 RNN，LSTM 可以通过门控网络机制选择性地记忆或遗忘部分历史信息，能够更好地处理文本信息中的长距离依赖关系。Bi-LSTM（或称双向 LSTM 网络）可以前向或反向地捕捉长文本序列信息，通常具有更好的文本信息提取能力。在 NER 任务中，将文本序列经过词嵌入表征后，输入到 Bi-LSTM 网络中，输出的隐藏层特征经过线性分类层处理后，即可得到每个位置的 NER 标签分类结果。为减少标签序列之间的逻辑错误，在 Bi-LSTM 网络层后接入 CRF 网络，可以得到更为准确的 NER 标注结果。Bi-LSTM + CRF 进行 NER 任务的网络结构如图 2-18 所示。

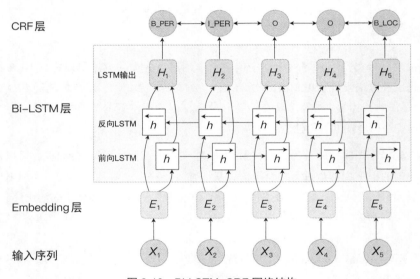

图 2-18　Bi-LSTM+CRF 网络结构

近年来，随着文本语料和训练资源的不断增大，以 BERT 为代表的预训练语言模型在序列标注任务中所取得的效果越来越好。BERT 处理序列标注任务的示意图如图 2-19 所示。相较于 Bi-LSTM 网络，BERT 模型经由大规模无监督文本语料进行预训练得到，能够保留较多的文本语义信息，经少量的下游任务数据进行微调即可取得不错的标注效果。文本序列经过 BERT 模型表征后，可以得到每个节点的特征向量，再经过线性分类层处理后即可生成 NER 标注结果。

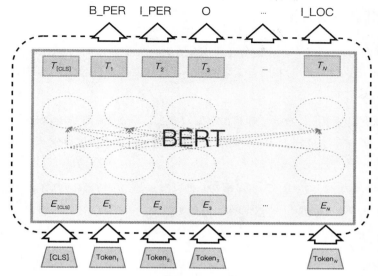

图 2-19   利用 BERT 进行序列标注

　　如图 2-20 所示，将 BERT 网络、Bi-LSTM 网络和 CRF 网络进行组合之后，进行序列标注任务的处理，可以综合利用不同模型的优势，通常能够取得更好的 NER 标注效果。

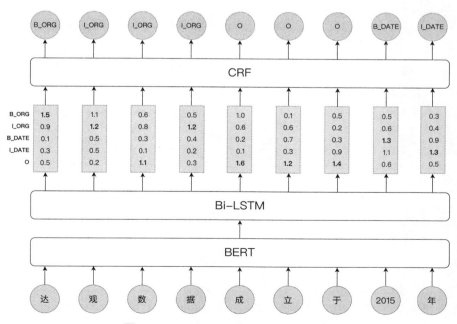

图 2-20   BERT+Bi-LSTM+CRF 网络结构

2.3.4　数据增强方法

在实际的 NER 任务中，经常会遇到数据量少、数据类型单一等数据问题，这种时候模型训练会导致欠拟合、过拟合等诸多问题。本节主要介绍在 NER 任务中针对小样本的数据增强方法。

在计算机视觉领域，数据增强是很常见的方法，比如更新图像的颜色、旋转图像等。但是，在文字领域，如果更改字或者打乱字的顺序，则很有可能改变文字的语意，取得适得其反的效果。

基于此，本节将从统计、语言模型和其他（翻译、句子重排和网络向量融合）这 3 个角度，介绍一些常见的 NER 的数据增强方法。

1. 基于统计的增强方法

下面我们会分几个维度来介绍基于统计的增强方法。

● **基于近义词库的方法**

基于词库是数据增强最经典的方法，首先将词汇输入到近义词库中，词库查找输出近义词，之后用近义词替换原词汇，生成新的数据。因为是近义词替换，所以整句话基本不会改变语意。

● **基于领域词库的方法**

有些场景的字段是常见的实体，比如人名、地名和机构名。这时候领域内所有的词都可以看作近义词，参考基于近义词库的方法进行替换。图 2-21 以地名为例介绍了领域词汇匹配方法。

图 2-21　领域词汇匹配

● **基于 TF-IDF 的替换方法**

TF-IDF 中的 TF 表示"词频"，IDF 表示"逆文本频率指数"。这是一种常见的统计方法，用于评估一段文字中的一个字词对于一个语料库的重要程度。该方法的中心思想是找到 TF-IDF 中评分较低的单词组，将评分较低的单词相互替换。因为可以将这些单词理解为对这段文字是几乎无信息的，所以替换不会影响原有语意。

2. 基于语言模型的增强方法

随着后续 NLP 技术的发展，陆续出现了各式各样的语言模型，而基于语言模型来做 NLP 技术，可以更好训练到达标的模型。各式各样的语言模型本质是将文字映射到高维空间的一个向量，而向量间的余弦相似度天然地可以描绘两个字词的语意差距。

- **文字向量化模型**

如前所述，使用常见的如 word2vec、GloVe、FastText 等语言模型，将原文的词汇生成高维空间上的一个向量，之后使用向量附近的某个单词来做替换，即可生成新的数据。图 2-22 以情感词汇为例诠释了 word2vec 空间。

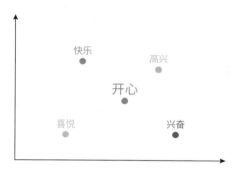

图 2-22 word2vec 向量空间

- **掩码语言模型**

随着后续语言模型的发展，出现了诸如 BERT、RoBERTa、ALBERT 之类基于 Transformer 的模型，这类模型在训练的时候使用掩码方法，达到了无监督训练的效果。

如图 2-23 所示，在数据增强的方法中，可以利用掩码方法，让模型预测出最合理的字符以及相应的置信度，之后根据需要挑选合适的字词组成新的数据。

图 2-23 BERT Mask 输出结果

3. 其他方法

除了前面介绍的两个通用方法，还有一些其他的巧妙方案，具体如下。

(1) 基于翻译方法：先将原始数据通过不同语言的翻译转成新的语言，再通过逆翻译转成原来的语言。经过翻译，段落的含义一般不会有很大变化，但是语序和用词上会发生变化，达到数据增强的效果。

(2) 句子重排方法：首先将段落分割成多个句子，然后以句子级别随机排序组成新的段落。

(3) 网络向量融合：除了字词级别的增强，还有很多在网络内部增强的方案，举一个简单的例子，我们可以通过把不同句子编码后的向量做加权融合成新的向量，来达到数据增强的效果。

2.4　文本分类概述

文本分类是 NLP 中最常见的一项任务。本节将概述文本分类任务的基本定义和实际应用场景，并从实践角度出发，分别针对机器学习和深度学习两种方式，总结文本分类任务处理的常规流程以及算法开发过程需关注的关键内容，希望这些能对你有所帮助。

2.4.1　文本分类任务的基本定义

文本分类是对输入的文本按照预定义好、可枚举的类目体系进行自动化归类的过程。

1. 文本分类的应用场景

文本分类的应用场景非常广泛。在 NLP 领域，大量的任务可以通过文本分类的形式来解决。例如：资讯网站需要对新闻文章来打内容标签，判断它属于"体育""娱乐""财经"还是其他标签；社交媒体上充斥着违规或歧视性的内容，需要识别出来哪些是正常信息，哪些是有害信息；企业需要对用户的投诉反馈意见进行处理，判断是产品、服务还是其他方面出现问题，并加以分析。除了上述业务场景，文本分类还为推荐系统、搜索引擎、广告系统等智能系统提供了语义分析基础支撑，辅助完成意图识别、兴趣挖掘、用户画像等任务。

2. 基于机器学习与深度学习的实现

纵观过去，随着算法的进步和算力的扩展，文本分类的技术发展经历了机器学习和深度学习两个不同的阶段。

2.4.2　基于机器学习的文本分类

基于机器学习的文本分类遵循了通过人工方法获取良好的样本特征，然后用经典的机器学习算法进行分类的思路来实现文本的分类。

1. 基本流程

作为模式识别在文本中的应用之一，基于机器学习的文本分类遵循模式识别分类算法的处理模式，其基本流程包含数据清洗与预处理、文本表示建模、特征抽取和分类模型 4 个环节，如图 2-24 所示。

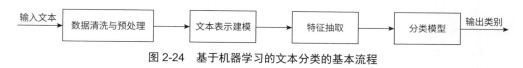

图 2-24　基于机器学习的文本分类的基本流程

2. 数据清洗与预处理

在实际的中文文本分类问题中，我们面对的原始中文文本数据经常存在许多影响最终分类效果的部分，这部分数据或文本需要在文本分类最开始的时候就清洗干净，否则很容易导致所谓的"垃圾进，垃圾出"问题。除了分类任务数据清洗常规的去重处理和噪声处理，中文文本分类还需要对以下情况进行数据清洗操作。

(1) 长串数字或字母。例如，手机号、车牌号、用户名 ID 等长串的数字内容在非特定的文本分类情境下可以去除，或者转换为归一化的特征。

(2) 表情符号。表情符号通常不包含实际含义，可作删除处理，不过在情感分析场景中不可忽略。

(3) 停用词。停用词指的是如代词、介词、标点等不包含或包含极少语义的词，去掉后一般能使模型更好地去拟合实际的语义特征。但需要注意，停用词表并不是一成不变的。针对不同的情景，停用词表也应该做出针对性的调整。例如，书名号（《》）往往比书名本身更能代表书名的特征，冒号（：）通常出现在人物访谈类文章的标题中，人称代词"他"和"她"在情感类文章标题中会频繁使用，等等。根据情景灵活地使用停用词表，往往能够起到意想不到的效果。

(4) 其他无意义文本。除去上述数据，媒体内容中常常会附带 HTML 标签、URL 地址等非文本内容，也会包含如广告内容、版权信息和个性签名等文本内容，这些数据对内容的理解毫无帮助，应该直接删除。

3. 文本表示建模

在使用机器学习分类算法建模之前，需要对字符串形态的文本序列进行表示建模，以转化成向量表示。该过程主要使用分词、N-gram、Skip-gram 等方式来获取特征值，再采用 one-hot、TF-IDF 等方法将每个样本转化为固定长度的特征编码以作为分类算法的输入。特征构建方式包括如下内容。

(1) 分词。中文文本分类最常用的特征提取方法就是分词。区别于英文天然存在空格符作为词与词之间的间隔标志，中文文本中词的提取必须通过基于序列预测等方法的分词技术来实现。

(2) N-gram 模型。分词产生的特征丢失了原文本中词与词之间的位置和顺序信息。举例来说，对于短语"我爱你"和"你爱我"，分词得到的特征（"我""爱""你"）完全相同，缺少区分能力。如果采用 Bi-gram（二元）模型，则能提取出"我爱"+"爱你"以及"你爱"+"爱我"两组完全不同的特征，进而更清晰地表达原文意思。另外，N-gram 模型相对于分词的优势还在于它不受分词准确率的影响。当 N 取足够大时，字符级别的 N-gram 模型总是能完全覆盖分词 + 词袋模型的特征集合，同时能极大地召回其他特征，这在短文本分类中对效果的影响格外明显。

(3) Skip-gram 模型。有别于 word2vec 的 Skip-gram 模型，这里的 Skip-gram 模型表示的是一种衍生自 N-gram 模型的特征构建方式。对于文本"小明去学校上自习"，常用的 1-skip-bi-gram 得到的特征为 {"小明 _ 学校""去 _ 上""学校 _ 自习"}。一般情况下，Skip-gram 可以作为 N-gram 的补充，从而提取一些可能遗漏的有效特征。

4. 特征抽取

在完成特征构建后，如果将全量特征直接丢入分类器，那么模型的训练和预测通常会变得非常慢，特别是在训练样本量较大的情况下。在经过多种特征抽取和组合方法之后，特征空间会快速膨胀，模型需要学习的参数数量也会随之暴涨，从而大大增加训练和预测过程的耗时。因此，在候选特征集合中选择保留最有效的部分就显得尤为重要。常用的特征选择算法如下。

(1) TF-IDF。用 TF-IDF 算法来计算特征词的权重值。TF-IDF 的意思是，当一个词在一篇文档中出现的频率越高，同时在其他文档中出现的次数较少时，该词对于表示这篇文档的区分能力就越强，所以其权重值就应该越大。

(2) 互信息。互信息衡量的是某个词 / 特征和分类类别之间的统计独立关系。特征 t_i 和分类类别 C_i 的互信息 $I(t_i, C_i)$ 定义为：

$$I(t_i, C_i) = \log(P(t_i, C_i) / (P(t_i)P(C_i)))$$

其中 $P(t_i, C_i)$ 表示特征 t_i 和分类类别 C_i 的共现概率，$P(t_i)$ 和 $P(C_i)$ 分别表示特征 t_i 和分类类别 C_i 的出现概率。

(3) 期望交叉熵。交叉熵表示文本类别的概率分布和在出现了某个特征的条件下文本类别的概率分布之间的距离。特征的交叉熵越大，对文本类别分布的影响就越大。期望交叉熵 $ECE(t)$ 定义为：

$$ECE(t) = p(t)\sum_i P(C_i \mid t)\log(P(C_i \mid t) / P(C_i))$$

其中 $P(C_i \mid t)$ 表示在出现特征 t 条件下，C_i 出现的概率。

(4) 信息增益。信息增益表示某一特征项的存在与否对类别预测的影响，定义为考虑某一特征项在文本中出现前后的信息熵之差。信息增益 $IG(t)$ 定义为：

$$IG(t) = -\sum_i P(C_i)\log P(C_i) + P(t)\sum_i P(C_i \mid t)\log P(C_i \mid t) + P(\overline{t})\sum_i P(C_i \mid \overline{t})\log P(C_i \mid \overline{t})$$

其中，$P(\overline{t})$ 表示不包含特征 t 的概率，$P(C_i \mid \overline{t})$ 表示在不出现特征 t 的条件下，C_i 出现的概率。

(5) 统计量方法。χ^2 统计量假定特征 t 和类别 C_i 符合 χ^2 分布，t 对 C_i 的 χ^2 统计值越高，t 与 C_i 之间的相关性就越大，携带的类别信息也就越多。特征 t 对类别 C_i 的统计量 $\chi^2(t, C_i)$ 定义为：

$$\frac{(N_{11} + N_{10} + N_{01} + N_{00}) \times (N_{11}N_{00} - N_{10}N_{01})^2}{(N_{11} + N_{01})(N_{11} + N_{10})(N_{10} + N_{00})(N_{01} + N_{00})}$$

其中，N_{11} 表示包含词项 t 且属于类别 C_i 的文档数，N_{10} 表示包含词项 t 且不属于类别 C_i 的文档数，N_{00} 表示不包含词项 t 且不属于类别 C_i 的文档数，N_{01} 表示不包含词项 t 且属于类别 C_i 的文档数。

(6) PCA。PCA 是比较常用的一种通用特征降维方法，通过对协方差矩阵进行特征分解，以得出数据的主成分（特征向量）与它们的权值（特征值），最终保留权值最大的 k 个特征。

5. 分类模型

最后一步是选用合适的机器学习分类算法来完成模型构建，此过程需要结合算法本身的特性以及数据的特点,去做具体的模型选型和参数选择。常用的分类算法包括 k 近邻、朴素贝叶斯分类器、SVM、XGBoost 等,下面简单介绍一下不同算法的原理。

(1) k 近邻。k 近邻的基本思想是在训练集中查找离测试文本最近的 k 个邻近样本,并且统计这些邻近样本的类别标签,来给该文本的候选类别分别加求和作为评分。

(2) 朴素贝叶斯分类器。利用特征项和类别的列和概率来估计给定文档的类别概率。假设文本是基于词的一元模型,即文本中当前词的出现依赖于文本类别,但不依赖于其他词和文本的长度,也就是说,词与词之间是独立的。根据贝叶斯公式,文档 Doc 属于 C_i 类别的概率为 $P(C_i \mid Doc) = P(Doc \mid C_i) \times P(C_i) / P(Doc)$。

(3) SVM。基于 SVM 的分类方法主要用于解决二元模式分类问题。SVM 的基本思想是在向量空间中找到一个决策平面,这个平面能够"最好"地分割两个分类中的数据点。SVM 分类法就是要在训练集中找到具有最大类间界限的决策平面。

(4) XGBoost。XGBoost 由若干个效果较弱的 CART(分类回归树)模型组合而成。它的训练过程就像是一棵不停生长的树,每一次生长迭代,就是在通过特征分裂学习一个新函数去拟合上次预测的残差,从而逐渐逼近真实结果。

不同的模型由于优化目标不一样,学习到的侧重面也不一样,因此有研究关注如何整合多个算法的优势到某个特定的分类问题,这就是模型集成(model ensemble)。模型集成通常能够取得比单一模型更好的效果,常用于算法比赛中。常见的集成学习方式包括 Bagging、Boosting、Stacking 和 Blending。

(1) Bagging。将多个模型(基学习器)的预测结果简单地加权平均或投票。

(2) Boosting。迭代训练某个基学习器:根据第 $i-1$ 轮预测错误得到的情况来修改第 i 轮训练样本的权重。

(3) Stacking。对训练数据进行 k 折划分,分别训练多个基学习器,用新的模型(次学习器)去学习怎么组合那些基学习器。

(4) Blending。与 Stacking 类似,区别在于训练基学习器时采用了固定的训练集和验证集。

2.4.3 基于深度学习的文本分类

前面已经提到了深度学习相对于传统机器学习方法的优势,而且由于预训练语言模型的快速发展,基于深度学习的文本分类方法已经成为当前学术界和工业级的主流实现方案。基于深度学习的文本分类方法实现主要包含五大类:RNN、CNN、注意力机制、Transformer 和图神经网络(graph neural network, GNN)。

1. 基于 RNN 的模型实现

基于机器学习的文本分类方法的 one-hot 特征编码会将字词打散作为独立的特征，尽管通过 N-gram 的方式可以获取一定长度的语义表达，但是无法对长上下文进行完整序列信息的刻画，也无法表现出词语之间的联系。RNN 是一类以序列数据为输入，在序列的演进方向进行递归且所有节点（循环单元）按链式连接的递归神经网络。虽然 RNN 解决了序列信息建模的难点，但是按照序列进行单方向的信息传递容易导致最后的输出结果受最近的输入影响较大，而之前较远的输入可能无法影响到结果。为了解决这个问题，我们引入了双向的 RNN，不仅增加了反向信息传播，而且每一轮都有一个输出，将这些输出进行组合后最终传给全连接层进行分类标签识别，如图 2-25 所示。

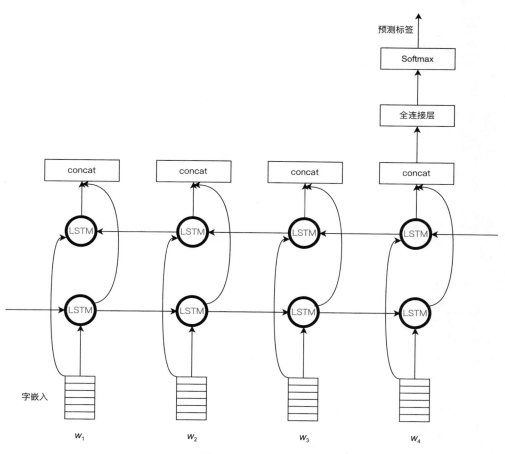

图 2-25　RNN 结构

2. 基于 CNN 的模型实现

TextCNN 在 2014 年提出使用卷积 + 最大池化的组合作为模型基础。卷积 + 最大池化原本是在图像领域广泛使用的方法，TextCNN 将其引入词向量的处理，对多个词向量的语义合并不再采用简单的求和平均，而是使用卷积计算与某些关键词的相似度、最大池化来得出模型关注那些关键词是否在整个输入文本中出现，以及最相似的关键词与卷积核的相似度最大有多大。如图 2-26 所示，每个卷积核在整个句子长度上滑动，得到了 n 个激活值，每个卷积核输出的特征值列向量通过在整个句子长度取最大值的方式，获得了简化后的若干个特征值组成的特征向量，最终输出到后面的全连接层作为分类判别的依据。

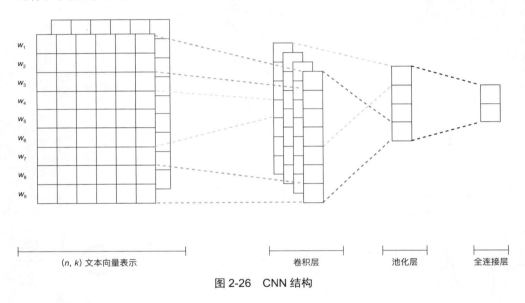

图 2-26　CNN 结构

3. 基于注意力机制的模型实现

注意力机制已经和 LSTM、CNN 等序列模型有了很好的结合。相较于直接使用 RNN 最后的输出，或是使用 Max-Pooling 或 Average-Pooling 在 RNN 的所有输出上做聚合，使用注意力机制能够更好地利用不同时间点上 RNN 单元的输出，而且还为模型的行为提供了一定程度的解释。

注意力机制算法的代表类型是 HAN（hierarchical attention network）模型，将其与注意力机制结合，分别在词语级别以及句子级别上做注意力机制的建模，不仅提升了文本分类的效果，而且关注到了不同词语在不同类别上表征特性的变化。HAN 模型的结构如图 2-27 所示，输入层使用了预训练的 200 维 word2vec 词向量，文章"Hierarchical

Attention Networks for Document Classification"中也提到，这一部分可以进一步用字符级别的编码模型来构建词向量，在编码层方面，上下两层编码器都采用了50维隐含层的双向 GRU 结构，在每个编码层之上采用了注意力机制。

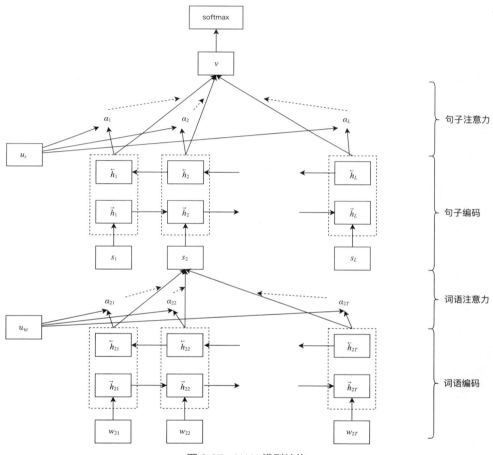

图 2-27　HAN 模型结构

4. 基于 Transformer 的模型实现

谷歌在 2017 年的论文"Attention is All You Need"中首次提出了 Transformer 模型。如图 2-28 所示，Transformer 模型是通过注意力机制实现的编码器－解码器架构模型，即从一个序列到另一个序列的注意力模型。输入语句通过 N 个编码器层传递，该层为序列中的每个单词 / 令牌生成输出。解码器通过关注编码器的输出和它自己的输入来预测下一个单词。

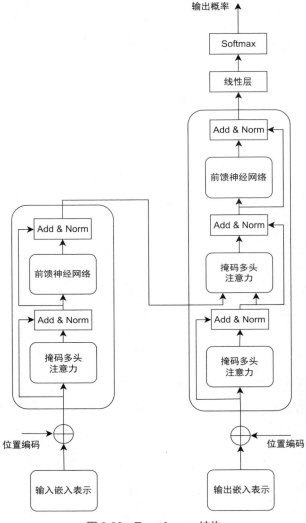

图 2-28   Transformer 结构

5. 基于 GNN 的模型实现

GNN 是指神经网络在图上应用的模型的统称。前面提到的 CNN 或 RNN 已经在二维或三维的常规结构上取得了很好的效果，但是对于图数据，则需要使用 GNN 算法来支持。随着 GNN 的发展，研究人员基于 GNN 的模型在文本分类任务上也取得了进展。AAAI 2019 的"Graph Convolutional Networks for Text Classification"提出使用 GCN 模型，其结构如图 2-29 所示，将单词和文档表示为节点，将文本分类变成了图节点分类任务。

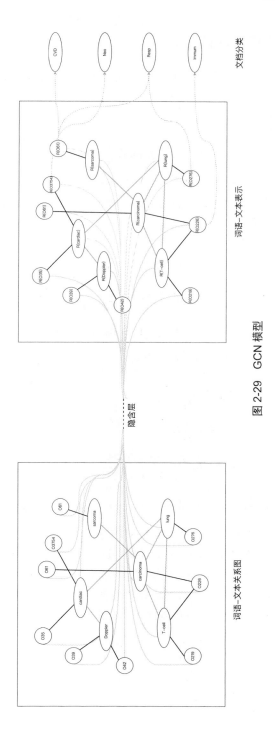

图 2-29 GCN 模型

2.4.4 文本分类算法评估

文本分类模型需要通过一系列指标来对其效果进行评估。通过分析指标，我们可以更好地对模型进行改进和迭代。

1. 常用评估指标

- **准确率（accuracy）与错误率（error rate）**

以二分类为例定义相关符号，TP 为将正类预测为正类的个数，FN 为将正类预测为负类的个数，TN 为将负类预测为负类的个数，FP 为将负类预测为正类的个数。准确率和错误率可以定义为：

$$准确率 = \frac{TP + TN}{TP + TN + FP + FN}$$

$$错误率 = 1 - 准确率 = 1 - \frac{TP + TN}{TP + TN + FP + FN}$$

- **精确率（precision）、召回率（recall）与 F1 值（F1）**

使用上述的符号定义，精确率、召回率和 F1 可以定义为：

$$精确率 = \frac{TP}{TP + FP}$$

$$召回率 = \frac{TP}{TP + FN}$$

$$F1\ 值 = \frac{2 \times 精确率 \times 召回率}{精确率 + 召回率}$$

- **宏平均（macro-average）与微平均（micro-average）**

在多标签的文本分类任务中，对于非均衡样本，模型由于学习不到足够的小类的特征而倾向于把大部分小类样本预测为大类类别。虽然预测为小类的部分准确率较高，但是更多的小类样本没有被召回。面对这种情况，应该关注小类类别的 F1 值情况，即准确率与召回率调和平均值。所以采用宏平均和微平均两个指标来衡量整个标签体系的指标情况。假设标签的集合为 S，宏平均的精确率、召回率和 F1 定义为：

$$P_t = \frac{TP_t}{TP_t + FP_t}$$

$$R_t = \frac{TP_t}{TP_t + FN_t}$$

$$Macro - F1 = \frac{1}{S} \sum_{t \in S} \frac{2P_t \times R_t}{P_t + R_t}$$

微平均的精确率、召回率和 F1 定义为：

$$P = \frac{\sum_{t \in S} TP_t}{\sum_{t \in S} TP_t + FP_t}$$

$$R = \frac{\sum_{t \in S} TP_t}{\sum_{t \in S} TP_t + FN_t}$$

$$Micro - F1 = \frac{2P_t \times R_t}{P + R}$$

- **混淆矩阵**

混淆矩阵又称为错误矩阵，混淆矩阵显示了每个类别被错误预测为其他类别的数量和比例，可以帮助算法人员直观地评估模型分类结果，为模型优化提供依据。

如图 2-30 所示，混淆矩阵的每一列代表了预测类别，每一列的数据总数表示预测为该类别的样本总数；每一行代表了数据的真实归属类别，每一行的数据总数表示该类别的数据实例的数目。

	label1	label2	label3	label4	label5	label6	label7	label8
label1	27	0	0	0	2	1	7	0
label2	0	40	0	1	0	0	0	0
label3	0	2	39	1	0	0	0	0
label4	1	0	0	33	0	0	0	1
label5	0	0	0	0	41	0	1	0
label6	9	0	1	5	0	31	0	0
label7	0	1	1	0	0	0	27	0
label8	0	0	0	0	0	1	0	38

图 2-30　混淆矩阵

2. 基准数据集介绍

基准数据集为算法人员提供了一个横向比较不同算法效果优劣的规范标准，从而可以推动算法研究不断往前发展。无论是从业人员还是算法爱好学习者，都可以通过基准数据集来分析自己开发的算法的性能。下面列举了一些中文领域的文本分类基准数据集。

(1) TNEWS：今日头条中文新闻（短文本）分类。

(2) INEWS：互联网情感分析任务。

(3) THUCNEWS：新闻分类，该数据集中有 4 万多条中文新闻长文本标注数据，共 14 个类别。

(4) iFLYTEK：App 应用主题分类，该数据集中有 1.7 万多条关于 App 应用描述的长文本标注数据，包含和日常生活相关的各类应用主题，共 119 个类别。

2.4.5　实践经验与技术进阶

在掌握上述算法之后，我们对如何开展文本分类模型的构建已有基本了解。不过在实际的场景中，我们往往会面临样本质量、模型性能等多方面的问题，因此需要结合具体的场景特性，采用相应的处理策略来提升模型的预测效果。本节将结合实际存在的常见问题分享一些应对方案，同时抛出一些文本分类任务的进阶技术发展方向。

1. 数据处理和分析

文本分类场景经常会碰到不同类别的样本不平衡的情况。导致样本不平衡有多种原因，包括实际数据的类别分布比例、标注样本的抽样方式、众包标注的执行策略等。样本数较少的类别在训练过程中难以得到充分训练，考虑到业务场景对这些类别的效果要求，可以对样本进行一些处理，方式如下。

● **过采样（over-sampling）和欠采样（under-sampling）**

过采样是通过对小类别的正例进行冗余以扩大样本比例。欠采样是对大类别进行样本丢弃以缩小样本比例。两者的目标都是平衡类别之间的样本差距，以提升小类别的识别效果。不过，无论是过采样还是欠采样都存在副作用，如果干预后的数据分布和实际情况相差较远，那么服务上线后的效果可能会比较差。

● **数据增强 (data augmentation)**

数据增强是通过一定的规则或算法进行训练样本扩充。数据增强的方式包括对原文本进行同义词替换、在样本中随机插入一些噪声、对样本的句子顺序进行打乱重组、基于反向翻译、基于标签驱动的生成式模型产生，等等。

2. 模型和参数选择

在应对实际场景的需求时，我们一般会从识别效果和速度性能两大方面来考虑权衡，进而决定使用何种模型以及如何设置参数。在识别效果上，我们要分析分类场景的任务性质、样本的数量和质量、类别分布等因素。

(1) 任务性质。任务性质在某些情况下体现在文本特征与任务的关联。对于序列特征明显的任务（比如对文中的词进行次序对调可能会彻底改变文本的类别归属），使用基于RNN 结构的模型会更加合适，因为它们对序列特征的提取能力更强。而在另外一些场景中，如果句子中的局部特征信息能够代替整个意图，那么可以采用 TextCNN 或者含有注意力机制的模型，让模型能够更好地分析句子的重要特征。

(2) 样本数量和质量。在样本数量和质量方面，对于标注质量比较高、数量也比较客观的情况，我们更倾向于使用更深的网络结构来处理，因为能更加有效地学习到文本的表示。反之，我们会使用稳健性更强的模型或者解释性更强的机器学习模型来处理。

(3) 类别分布。类别分布的影响体现在样本类别不平衡，以及实际场景对不同标签的要求有区别的需求。因此我们需要根据实际情况，选择合理的目标函数。如果样本不平衡，那么除了数据处理，还可以通过调整损失函数来对样本少的类别进行提权。如果业务场景要求我们保障某个类别的召回率，那么可以对该类别的预测概率加大权重。

上述内容提到了要分析场景的特性来决定模型的选型策略。另外，模型的性能表现也是实际算法落地很重要的考虑因素。因为通常机器资源比较有限，但同时处理的数据量级非常庞大，所以需要从性能方面对模型做一些取舍，以兼顾效率和准确率。基于大量语料的预训练语言模型效果相对更好，但是这些模型对资源的要求比较高，推理速度也比较慢。因此，首先，可以选择其中资源消耗相对较低的模型（用 ALBERT 代替BERT，或用传统机器学习模型代替深度学习模型），通过提升并发数量来支持更高的响应要求；其次，可以采用模型压缩手段（模型蒸馏／量化／剪枝）或工程优化等方案；最后，通过基础软件／硬件加速方式（模型转换为 Onnx 格式或使用 TensorRT）来提升推理速度。在实际工作中，我们会综合多种处理手段来保障系统满足业务的数据处理性能需求。

3. 技术进阶

目前还有很多内容存在挑战，下面列举了几个方面。

(1) 零样本／少样本学习。样本标注的成本非常高，而当前的深度学习模型过于依赖大量标注数据。如何在零样本或少样本的情况下达到相对可用的预测能力，对业务应用来说非常有吸引力。

(2) 知识嵌入。部分文本分类场景依赖于常识理解，将多源异构的知识进行表示学习并与文本分类相结合，能够实现把概念信息整合到深度神经网络中，让模型具备常识理解的能力。但是知识如何表示和如何融合的技术实现，仍然需要不断地探索和发展。

(3) 可解释性。深度学习是黑盒模型，使用者很难获取模型（特别是层次较深的模型）进行预测的依据和标准，这给用户理解预测结果和分析错误原因带来了较大的不便。

(4) 稳健性。稳健性差的模型在开发环境中表现不错，但上线后性能下降较快。如果攻击者通过对抗训练来构造样本，则模型性能会进一步大幅降低。如何提高模型的稳健性也是业界关注的重点。

2.5　指代消解

本节主要介绍指代消解的基本概念和技术研究进展，并分别就其中 3 种最具代表性的传统机器学习方法、神经网络方法和基于预训练模型的无监督方法进行详细阐述。

2.5.1　基本概念

指代是一种常见的语言现象，它指的是文本中的一个语言单位（通常是词或短语）与上下文中同时出现的语言单位存在一种语义解释或关联关系。指代消解的主要任务是识别文本中存在的这种指代关系，从而使文本的语义更加完整和准确。

2005 年高考语文（全国卷Ⅱ）中一道考查句子语意是否明确的题中给出过这样一个例句"今天老师又在班会上表扬了自己，但我觉得还需要继续努力。"其中"自己"是指代"我"还是指代"老师"就容易引起歧义。

一个好的指代消解模型能够让计算机从文本中获得更多的信息，从而大大改善自然语言后续处理的效果。

1. 照应语与先行语

通常我们将待消解文本中所有能够表示某一实体概念的名词、代词、名词性短语等称为表述（mention）。那么，在指代关系中，作为指出方向的表述对象就称为照应语（anaphor），被指向的表述对象就称为先行语（antecedent）。

2. 预指与回指

指代关系可以根据照应语和先行语在文本中出现的先后顺序分为预指（cataphora）和回指（anaphora）。照应语出现在先行语之前为预指，比如"对于 [他] 的故乡，[张三]

心怀思念"；先行语出现在照应语之前为回指，比如"[张三] 十分思念 [他] 的家乡"。

3. 等价指代与非等价指代

指代关系可以按照照应语和先行语之间的等价性分为等价指代和非等价指代。等价指代关系的消解又称为共指消解 (coreference resolution)，通常分为人称代词消解、名词短语消解和零指代消解；非等价指代表示照应语和先行语之间为整体部分（whole-part）、上下位（hyper-/hypo-）、近义词（synonym）等关系。图 2-31 很好地显示了指代消解中相关概念之间的关系。

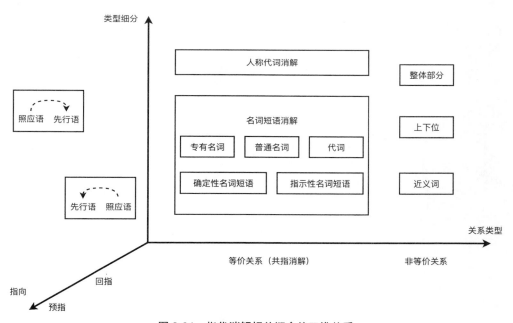

图 2-31　指代消解相关概念的三维关系

图 2-31 表示指代关系的相关概念在 3 个不同维度上的划分。在"指向"维度上，指代关系分为预指和回指。在"关系类型"维度上，可以分为等价关系和非等价关系，而它们各自又可按类型再进一步细分下去。

目前共指关系消解为指代消解研究和应用领域的热点问题，故下文涉及的指代消解特指为共指消解。

2.5.2 指代消解技术发展

指代消解的研究最早开始于 20 世纪 70 年代，迄今为止一共经历了 5 个阶段，每个阶段采用的主要方法可分别归纳为基于浅层语言学规则的方法、基于局部特征的机器学习方法、全局依赖方法和外部知识库方法，以及基于全局特征的深度学习方法。

1. 基于浅层语言学规则的方法

1978 年 ~1995 年，指代消解的研究主要集中在基于句法分析和浅层语言学规则的方法，其中具有代表性的方法如 Hobbs 算法和中心理论，如图 2-32 所示。此类方法的特点在于算法思路相对简单，但需要引入大量复杂的语言学规则，并且在泛化性上表现较差。

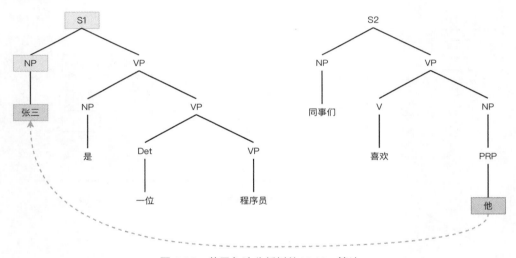

图 2-32　基于句法分析树的 Hobbs 算法

2. 基于局部特征的机器学习方法

1995 年 ~2002 年，研究者开始采用当时兴起的机器学习方法进行指代消解工作。

通过构建局部特征，指代消解任务可以转化为实体表述之间是否存在指代关系的二元分类问题，进而采用决策树模型、最大熵、SVM 等分类算法进行有监督的训练和预测，图 2-33 就是一种基于决策树的指代消解方法。

此外，也有研究工作提出了一些基于无监督的机器学习方法，比如通过向量相似度进行共指实体表述的聚类方法等。

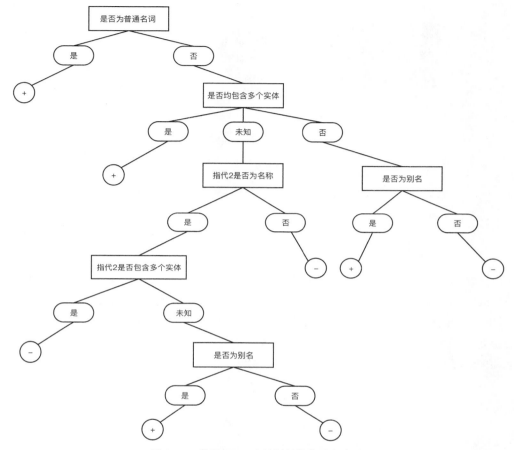

图 2-33　基于 C4.5 决策树的指代消解方法

相较于规则方法，机器学习方法由于采用大量的训练数据使得泛化性显著提升，但也不可避免地需要大量特征工程工作。而且，由于没有考虑全局的依赖和约束，因此效果存在一定的局限性。

3. 全局依赖方法和外部知识库方法

2002 年 ~2016 年，一部分研究者考虑到指代关系的全局依赖和约束问题，跳出机器学习框架探索全局最优方法，比如整数规划、矛盾消解、模式发现和隐结构方法等；另一部分则尝试通过引入外部知识库（参见图 2-34）中的先验知识，进一步帮助机器学习方法构建深层语言学和语义相似度特征。

图 2-34　开源外部知识库

4. 基于全局特征的深度学习方法

2016 年至今，随着深度学习技术的蓬勃发展，诸如词嵌入、LSTM、注意力机制（attention mechanism）、BERT 之类的深度学习算法模型也被引入指代消解任务中，如图 2-35 所示。首先，深度学习方法避免了机器学习方法中烦琐的人工特征工程；其次，深度学习方法特殊的网络结构能够捕捉更全局的特征；最后，基于大规模预训练模型的深度学习方法还能够提供更深度的先验语义知识。

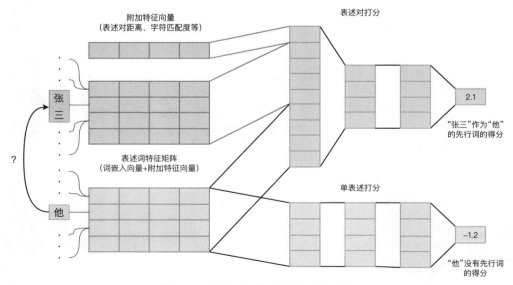

图 2-35　基于深度学习的指代消解方法

2.5.3　基于二元分类的机器学习方法

指代消解中最早引入监督学习方法的是基于实体表述对（mention pair）的二元分类模型。

1. 实体表述对二元分类

实体表述对的二元分类模型的基本流程可以抽象为以下步骤。

(1) 表述对样本构建。在输入指代消解系统前，首先需要通过预处理手段从文本中抽取候选的表述，比如通过词性标注抽取文本中的代词表述、通过 NER 和名词短语识别抽取文本中的实体表述等。通过对候选表述的人工标注，可以得到形如"表述 i, 表述 j, 是否指代"的二元分类样本集合。

(2) 表述特征抽取。针对每个分类样本中的两个实体表述，构建其特征向量作为分类算法的输入。

(3) 表述对分类。这一步主要是采用指定的分类算法，通过训练标注样本，学习表述特征向量与"是否指代"标签之间的潜在关系，从而对未标注样本进行预测。

(4) 表述对合并。表述对合并即将表述对二元分类的预测结果进行选择性融合。例如，当识别到同一个代词表述与多个不同的实体表述存在指代关系时，通过预定的融合策略选择适当的指代进行保留，输出为最终的预测结果。通常融合策略包括最近优先、概率优先、最大化等。

2. 实体表述特征抽取

实体表述特征的选择，各项研究经历了长期的探索尝试和优选的过程。目前经实验证实有效的特征分为以下几类：位置（position）、词汇（lexical）、语义（semantic）和语法（grammatical）。位置特征考虑的是表述之间在句子、段落内的相对或绝对距离；词汇特征指的是表述的词性、是否为某一类命名实体等；语义特征表示各表述是否承担相同的语义角色；语法特征表示当前表述在句子中充当的语法成分。表 2-3 展示了早期研究者定义的 12 项实体表述特征。

表 2-3　实体表述特征

	特征含义	取　值	类　型
1	表述对相隔的句子距离	整数值	位置特征
2	表述 i 是否为代词	布尔值	词汇特征
3	表述 j 是否为代词	布尔值	词汇特征
4	表述 i 是否为表述 j 的子串	布尔值	词汇特征

（续）

	特征含义	取　　值	类　型
5	表述实体是否为有定名词（如以 the 开头）	布尔值	词汇特征
6	表述实体是否为指示名词（如以 this、that 开头）	布尔值	词汇特征
7	表述 i 和表述 j 是否单 / 复数形式一致	布尔值	词汇特征
8	表述 i 和表述 j 是否语义类别一致（类别定义：人物 { 男性 / 女性 }、对象 { 组织名 / 地名 / 日期 / 时间 / 金额 / 百分比 }）	布尔值或空	语义特征
9	表述 i 和表述 j 是否性别一致	布尔值或空	语义特征
10	表述 i 和表述 j 是否均为专有名词	布尔值	语义特征
11	表述 i 或表述 j 是否互为别名	布尔值	语义特征
12	表述 i 或表述 j 是否互为同位语	布尔值	语法特征

此后，又有研究者在这 12 项特征的基础上加入了更多、更复杂的特征，但受限于标注语料数量，实际很难保证所有特征均得到充分的训练并表现出足够的泛化性。

3. 算法选择

算法方面，最先采用的是基于 C4.5 的决策树分类算法，该方法通过信息增益率来选择最优特征，具有很好的可解释性。朴素贝叶斯也被运用到了指代消解模型中，用于判断各表述对与是否指代之间的概率关系，但因为其基于提条件独立的基本假设而存在模型精度不足问题。在一系列算法中，SVM 被证明拥有极好的分类性能，在指代消解中也被广泛采用。

深度学习经过近几年的发展，已逐渐取代传统机器学习方法成为指代消解研究的热点。通过构建多层隐藏层的网络结构，结合海量的训练数据，深度学习模型已拥有强大的学习能力和泛化能力，极大地提高了指代消解任务的性能。

2.5.4　基于端到端的神经网络方法

本节将介绍一种被广泛采用并于指代消解公开评测上取得过最好效果的端到端神经网络指代消解方法。

1. 端到端网络的优点

前面提到的早期表述对二元分类指代消解模型，需要通过人工方式构建大量的表述特征。这里的特征构建工作在消耗大量时间的同时，也严重依赖上游如词性标注、实体识别、句法分析等模型的识别准确率。如果上游模型识别出错，就可能将错误传递给指代消解模型，从而影响指代消解的效果。

端到端网络的指代消解是指从文本的输入，到候选表述的抽取，再到表述对的特征抽取及向量化，进而对表述间指代关系的判断，以及最后的消解结果输出，全程通过一个多层级的神经网络模型来完成。

2. 模型结构详解

模型结构详解属于表述排序模型的一种，其主要流程可以分成两个评分步骤。

(1) 计算输入文本中不同词跨度（span）作为候选表述的评分，输出其中最可能的若干个表述。

(2) 对表述之间进行两两评分，输出得分最高的指代表述及其先行词。

第 (1) 步流程如图 2-36 所示：首先对输入文本进行词嵌入表示，然后将字词向量输入到 Bi-LSTM 网络中，用于计算当前词的局部和全局特征表示向量 x。如果输入文本包含 N 个词，那么其一共存在 N(N–1)/2 个不同的词跨度，也就对应相同数量的候选表述。通常可以设定最大跨度阈值来缩小候选表述的规模。

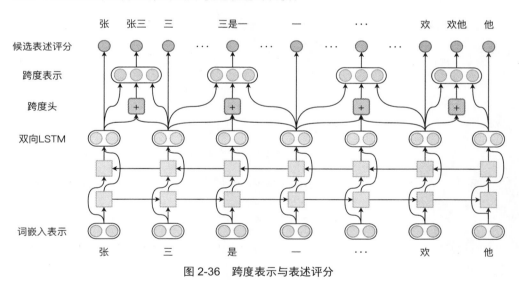

图 2-36　跨度表示与表述评分

假设候选表述 i 的起始位置为 start(i)，结束位置为 end(i)，则候选表述 g_i 最终的表示向量可以计算为以下 4 组向量的拼接：

$$g_i = \left[x_{start(i)}, x_{end(i)}, \hat{x}_i, \phi(i) \right]$$

其中 $\hat{x}_i$ 表示从起始位置到结束位置间所有向量 x 的加权平均，权重为每个位置向量相对于其他位置的注意力，该注意力值可以由训练同步得到；$\phi(i)$ 表示对候选表述 i 所跨词长的编码。

将候选表述的表示向量 g 输入到一个 FFNN 中，通过网络的非线性映射输出作为该候选表述的评分 S_m。通过设定阈值，可以对评分较低的候选表述进行剪枝（prune），减少不必要的后续计算。

第 (2) 步流程是对表述对进行两两的指代关系评分，如图 2-37 所示。

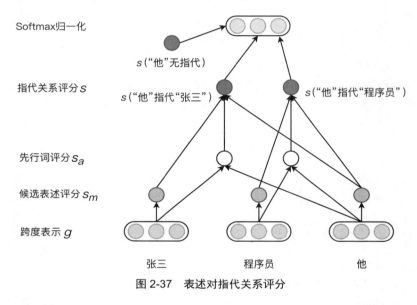

图 2-37　表述对指代关系评分

表述 i 与表述 j 作为一组表述对的表示向量 $p_{i,j}$ 同样可以计算为以下 4 组向量的拼接：

$$p_{i,j} = \left[g_i, g_j, g_i \circ g_j, \phi(i,j) \right]$$

其中。运算符表示向量要素间乘积；$\phi(i,j)$ 表示表述 i 与表述 j 间所跨词长的编码，以及其他相关的外部特征。

同样将表述对的表示向量 p 输入到 FFNN 中计算表述对评分 S_a。因此，最终的指代关系评分 S 为表述对评分 S_a 加上前后表述评分 S_m 的和：

$$S(i,j) = S_a(i,j) + S_m(i) + S_m(j)$$

最后通过 Softmax 函数对每个表述对应所有评分大于 0 的先行词进行概率归一化，即为指代消解的结果。

3. 算法改进

根据 1.4.2 节所述方法，可以延伸出许多改进方法。例如，在训练过程中计算先行词的概率分布，从而对表述表示进行迭代更新；将 FFNN 层替换为双仿射注意力（biaffine attention）机制来提升评分能力；将 Bi-LSTM 替换为 Transformer 来改进特征建模效果；通过 word2vec 和 ELMo 这样的预训练的外部词向量、BERT 等大规模预训练语言模型引入更多先验语义信息等。

2.5.5　基于自注意力机制的无监督方法

上述基于监督学习的指代消解中，无论是传统机器学习方法还是深度学习方法，都需要大量的标注样本进行模型训练。但在实际应用场景中，大量指代消解的标注数据是极难获得的。

这里介绍一种基于自注意力的实体表述对指代消解方法，即利用 BERT 等大规模预训练语言模型中的多头注意力机制，计算给定先行词和代词对之间的关联程度强弱，从而推断它们是否存在指代关系。经验证，相较于基于表述排序的端到端方法和基于表述对的二元分类方法，本方法无须通过大量标注数据训练模型就可以取得不错的代词消解效果。

1. 基本流程

本方法输入为一段文本、一个先行词和一个代词。文本字符串长度为 N，先行词和代词均为文本的子字符串，其对应起始位置分别为 a_i、a_j 和 p_i、p_j。本方法的基本步骤如下。

(1) 按照模型已有的词表，将文本切分，转化成词表中对应的 id 的向量，并加上特定的标识符如 [CLS]、[SEP] 等，得到模型的输入数据后，将数据输入预训练模型。BERT 模型有 12 层 Transformer，每层有 12 个注意力头，每个注意力头是 $N \times N$ 的矩阵，即输入文本中每个 token 两两之间的注意力值。对于模型的每一层，截取该层的（12 个）注意力头输出结果，将所有截取到的层做拼接，就可以得到注意力矩阵 A，其形状为 (12, 12, N, N)。流程详解如图 2-38 所示。

(2) 得到注意力矩阵之后，为判断给定的先行词和代词间是否有指代关系，还需对原始的注意力矩阵做特定的处理。一般而言，在 BERT 等预训练模型的多层 Transformer 结构中，越高层对于终端任务（此处为指代消解任务）的理解能力越好，且同一层内的注意力头关注的内容彼此之间不存在明显的规律。因此，可以对原始的注意力矩阵 A 进行剪枝与合并，这里我们选取第 9~12 层的全部注意力头，然后分别将其第一维和二维求和，可以得到形状为 (N, N) 的字符注意力矩阵 A^*。

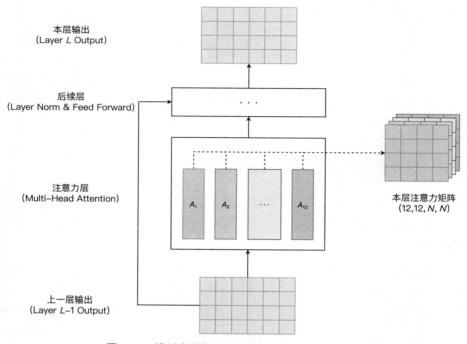

本层输出
(Layer *L* Output)

后续层
(Layer Norm & Feed Forward)

注意力层
(Multi–Head Attention)

A_1　A_2　...　A_{12}

本层注意力矩阵
(12,12, *N*, *N*)

上一层输出
(Layer *L*–1 Output)

图 2-38　模型中单层的结构以及该层的注意力矩阵

（3）截取矩阵 A^* 的 $p_i \sim p_j$ 行后对第一维求和，得到长度为 N 的向量 U，该向量表示代词对全文每个字符的注意力。如果先行词在文本中的位置先于代词（回指），则截取向量 U 在 p_i 前的部分，记为向量 V。再截取向量 V 的第 $a_i \sim a_j$ 个元素，记为向量 V^*，该向量即表示代词对于先行词的注意力。

（4）如果先行词和代词之间存在指代关系，则代词对先行词必然存在极高的注意力。由于此处极高的注意力是相对上下文中其他词而言的，因此需要先计算向量 V 中注意力数值的分位数 v_n（n 表示 $n\%$ 分位值），然后再比较代词对于先行词注意力 V^* 与该指定分位数的大小，当同时满足设定的若干阈值条件时，即判定当前实体表述对存在指代关系，输出为预测结果。

2. 判断条件设置

要判定先行词和代词之间存在极高的注意力，可以设定如下 3 个条件。

（1）代词对先行词中的所有字符的注意力值均处于较高水平，即 $V^*_{\mathrm{avg}} > v_a$。

（2）代词对先行词中的某个字符的注意力值极高，即 $V^*_{\max} > v_b$。

（3）代词对先行词中首尾两个字符有较高注意力值，且至少其中之一有极高的注意力，即 $\min(V^*_{p_i}, V^*_{p_j}) > v_c$，$\max(V^*_{p_i}, V^*_{p_j}) > v_d$。

v_a、v_b、v_c 和 v_d 分别为上述判断条件对应的注意力向量 V 的百分位值超参数，可以在特定数据集上通过参数搜索得到最佳的取值。默认参数和阈值条件可以参考表 2-4。

表 2-4　注意力向量 V^* 的阈值条件

	条　件	说　明
1	V^* 首项和末项均大于 v_{50}，且其中之一大于 v_{90}	限定先行词边界的注意力值
2	V^* 最大值大于 v_{95}	注意力绝对值极高
3	V^* 均值大于 v_{50}	注意力总体水平较高

3. 预训练模型选择

预训练模型的选择也会影响到指代消解效果。例如，SpanBERT 预训练模型在原生 BERT 的基础上对连续子串进行掩码，并在预训练中加入了边界预测任务，尤其适合指代消解中先行词和代词注意力边界的识别。而在中文语境中，表意的基本单位就是字和词，因此采用基于全词掩码技术的中文预训练语言模型（如 BERT-WWM 等）也能取得优于原生 BERT 模型的指代消解效果。

2.6　NLG

NLG 英文全称是 Natural Language Generation。如图 2-39 所示，NLG 是 NLP 的重要分支之一，通过对数据、文本和图像等理解后，使用人工智能技术生成一段文本。

图 2-39　自然语言结构图

2.6.1　应用场景

作为 NLP 以及人工智能领域的重要分支，NLG 有着极其广泛的应用场景。如图 2-40 所示，NLG 可以应用于以下领域：应用于文本摘要领域，可以迅速生成简短核心的摘要文本，人们无须阅读全文即可掌握新闻、报告等的主要思想，节省了大量时间；应用于机器翻译领域，人们可以更方便地阅读其他语言的文本，实现更智能的翻译系统；应用于图像到文本生成领域，可以实现自动为图像增加描述信息。另外，NLG 在医疗、教育等方向都有广泛的应用价值。

摘要自动生成

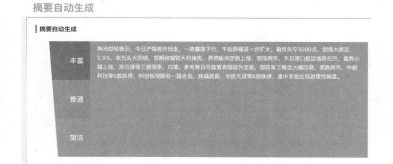

图像描述

蒙娜丽莎的微笑

机器翻译

智能写作

图 2-40　NLG 应用场景

2.6.2　文本摘要

生活中我们经常会通过阅读新闻、报告等获取信息，但在阅读这些内容的时候我们关心的往往不是细枝末节，而是中心思想，假如这些材料也像论文那样有一个摘要简介，那我们就可以快速掌握文字的中心思想了。本节介绍的文本摘要技术就应用于此，该技术可以让机器快速地根据指定文本生成简短的中心思想。一般而言，摘要分为抽取式文本摘要和生成式文本摘要两种。

1. 抽取式文本摘要

抽取式文本摘要是较为成熟且比较好理解的文本摘要方法。我们知道每篇文章是由若干个句子组成的，我们首先把文章分割成若干个句子，再从中挑选核心的句子组成摘要，这样做的优点是由于句子完整，整个摘要阅读起来会比较顺畅，缺点则是摘要本身有时没有那么简洁，可能会引入部分非核心的句子，造成摘要过长。图 2-41 展示了抽取式的实际输入和结果。

网易智能讯。3月28日消息昨日晚间,ACM(国际计算机学会)宣布,有"深度学习三巨头"之称的Yoshua Bengio、Yann LeCun、Geoffrey Hinton共同获得了2018年的图灵奖,这是图灵奖1966年建立以来少有的一年颁奖给三位获奖者。ACM同时宣布,将于2019年6月15日在旧金山举行年度颁奖晚宴,届时正式给获奖者颁奖,奖金100万美元。根据ACM官网的信息显示,ACM决定将2018年ACM A.M.图灵奖授予约书亚·本吉奥(Yoshua Bengio)、杰弗里·辛顿(Geoffrey Hinton)和杨乐昆(Yann LeCun)三位深度学习之父,以表彰他们给人工智能带来的重大突破,这些突破使深度神经网络成为计算的关键组成部分。本吉奥是蒙特利尔大学教授,也是魁北克人工智能研究所Mila的科学主任。辛顿是谷歌副总裁兼工程研究员、Vector研究所首席科学顾问、多伦多大学名誉教授。杨乐昆是纽约大学教授、Facebook副总裁兼人工智能首席科学家。本吉奥、辛顿和杨乐昆三人既有各自独立的研究,又有相互间的合作,他们为人工智能领域发展了概念基础,通过实验发现了许多惊人的成果,并为证明深度神经网络的实际优势做出了贡献。近年来,深度学习方法在计算机视觉、语音识别、自然语言处理和机器人等应用领域取得了惊人的突破。虽然人工神经网络作为一种帮助计算机识别模式和模仿人类智能的工具在20世纪80年代被引入,但直到21世纪初,只有杨乐昆、辛顿和本吉奥等一小群人仍然坚持使用这种方法。尽管他们的努力也曾遭到怀疑,但他们的想法最终点燃了人工智能社区对神经网络的兴趣,带来了一些最新的重大技术进步。他们的方法现在是该领域的主导范式。

ACM决定将2018年ACM A.M.图灵奖授予约书亚·本吉奥(Yoshua Bengio)、杰弗里·辛顿(Geoffrey Hinton)和杨乐昆(Yann LeCun)三位深度学习之父,本吉奥、辛顿和杨乐昆三人既有各自独立的研究,又有相互间的合作,他们为人工智能领域发展了概念基础,通过实验发现了许多惊人的成果,并为证明深度神经网络的实际优势做出了贡献。

图 2-41　抽取式文本摘要

根据模型生成模式，抽取式摘要的实现方法分为无监督学习抽取方法和监督学习抽取方法。

无监督学习抽取方法不需要对语料进行训练，可以快速应用到场景中。一般会使用一个统计算法，计算每个句子对文档的贡献能力分数，之后按照分数排序，取出分数高的句子组成文本摘要，其中比较著名的方法是 2014 年 Rada Mihalcea 和 Paul Tarau 发表的论文 "TextRank: Bringing Order into Texts" 中提到的 TextRank 算法。

TextRank 来源于一个经典的用于网页搜索的算法 PageRank，即通过每个网页的访问次数和访问测试形成马尔可夫链，之后计算每个网页的转移概率，转移概率高的网页会优先被搜索出来。TextRank 借用这个思想，用句子代替网页，用句子间的相似度代替网页的转移概率，这样会得出每个句子的得分，其中分数最高的即可用作文本摘要。图 2-42 为 TextRank 的一个模拟图。

1 网易智能讯。
2 3月28日消息昨日晚间,
3 ACM(国际计算机学会)宣布,有"深度学习三巨头"之称的Yoshua Bengio、Yann LeCun、Geoffrey Hinton共同获得了2018年的图灵奖,
4 这是图灵奖1966年建立以来少有的一年颁奖给三位获奖者。
5 ACM同时宣布,将于2019年6月15日在旧金山举行年度颁奖晚宴,
6 届时正式给获奖者颁奖,奖金100万美元。
7 根据ACM官网上的信息显示,
8 ACM决定将2018年ACM A.M.图灵奖授予约书亚·本吉奥(Yoshua Bengio)、杰弗里·辛顿(Geoffrey Hinton)和杨乐昆(Yann LeCun)三位深度学习之父,
9 以表彰他们给人工智能带来的重大突破,
10 这些突破使深度神经网络成为计算的关键组成部分。

图 2-42　TextRank 模拟图

监督学习抽取方法可以把问题转换成一个二分类问题，即重要的句子分类结果为 1，非重要句子分类结果为 0，其中常用的分类方法为 2014 年 Yoon Kim 在论文 "Convolutional Neural Networks for Sentence Classification" 中提出的 TextCNN。

TextCNN 方法源于图像领域的 CNN 分类算法。CNN 分类算法利用卷积来提取图像上的特征，再利用池化来找到图像上的关键特征，近而表征图像，实现分类。TextCNN 方法也类似。我们知道文字本身是一个一维结构，将每个文字生成一个向量并展开，就会得到一个二维的图，之后套用 CNN 的处理思想，实现分类。

将 TextCNN 应用于此，我们将整篇文本按照句子切割，把一个一维的长文本切割成二维的短文本，每个短文本就是一个句子。通常会选用表征句子的标点符号来切割，也可以根据实际的场景选择不同的切割方式。

因为是监督学习方法，所以需要对切割后的每个句子都打标签，如果是重要句子就打 1，否则打 0。将切割后的数据转换成浮点数组成的向量后就可以接到上文所说的 TextCNN 上了。

由于 TextCNN 网络的特性，我们可以学习句子中的关键特征，进而学习哪些句子是关键句子，哪些句子是非关键句子。最后将关键句子组成摘要，完成抽取式摘要提取生成目的。图 2-43 展示了基于 TextCNN 的抽取式摘要简单的流程。

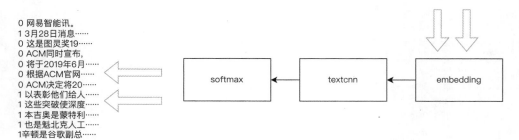

图 2-43　基于 TextCNN 的抽取式摘要

2. 生成式文本摘要

除了前面介绍的抽取式文本摘要，另一种常见的文本摘要方式叫作生成式文本摘要。与从文章中提取句子的抽取式文本摘要不同，生成式文本摘要完全生成新的信息。相比抽取式文本摘要，生成式文本摘要会生成语意更加精准、文本更加精炼的文本摘要。但由于是字级别的生成组装，因此生成式文本摘要可能会出现句子表达不完整、不够流畅通顺等问题。

生成式文本摘要通常会选用编码器－解码器这个经典模型架构，该架构同时也在NLP的机器翻译和问答系统领域得到了广泛应用。编码器－解码器是一个监督模型架构，首先会把输入的文本通过编码器模型生成空间上的一个高维度的向量，之后会通过解码器模型生成对应的文本。

如图 2-44 所示，编码器－解码器是一个巧妙的端到端解决方案，编码器模型可以理解成 NLU，是为了让机器理解输入的文本含义转成一个高维的向量表示。而解码器模型是一个 NLG 模型，会将高维度的向量转换成实际的文本。在使用上，首先将文本输入编码器模型，生成一个高维度向量模型，之后通过解码器模型生成摘要内容。

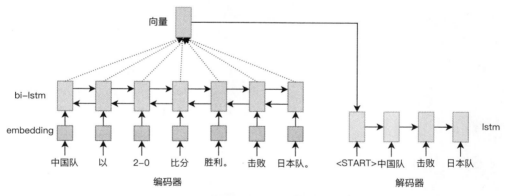

图 2-44　基于编码器－解码器的生成式图

在实际使用中，编码器和解码器的模型选择非常灵活。根据不同场景，既可以选择更能捕捉长依赖的 LSTM 模型，也可以选择更注重特征提取的 TextCNN 模型，还可以选择对语意理解更加透彻但更为复杂的 Attention 模型网络。

虽然直接套用来源于机器翻译的编码器－解码器模型可以解决生成式摘要问题，但是有两个主要问题：一是摘要有时候会重复输出本身的内容，二是会忽略一些很重要的细节。基于此，2017 年，A See、PJ Liu 和 CD Manning 在编码器－解码器的基础上提出了"Get To The Point: Summarization with Pointer-Generator Networks",其使用指针生成网络,可以更好地解决上述问题,进而提升摘要生成效果。图 2-45 为基于编码器 – 解码器的指针式网络拓扑图。

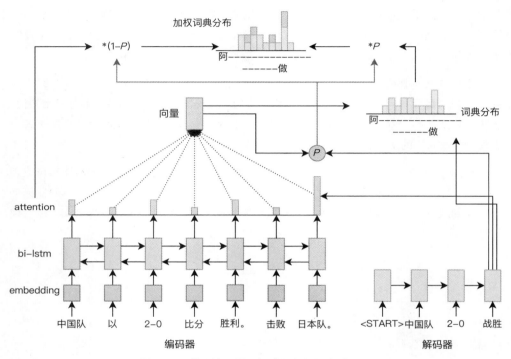

图 2-45　基于编码器 – 解码器的指针生成式图

2.6.3　机器翻译

从古至今,我们都在寻找不同语言人们的交流方法。可以说从计算机诞生那一刻开始,机器翻译就随之诞生了。20 世纪 50 年代,美国在 IBM 公司的协助下,基于 IBM-701 计算机首次出品了完善的计算机翻译软件——英俄机器翻译,从此开始了对机器翻译的不断探索。

然而,最初的机器翻译非常依赖训练有素的语言学家为每个词编写规则,因此经常会导致翻译的词语比较诡异。随着计算机不断进化,在 20 世纪 90 年代出现了基于统计的机器翻译理论,使得整体翻译更加优雅和准确。但是,因为这种翻译是基于词语的翻译,所以整句的翻译就会显得不流畅,甚至出现歧义。2014 年,随着基于神经网络的论文的首次发布，机器翻译有了很大的进步。神经网络可以更全面地表示整个句子的特征，从而达到更好的翻译效果。

1. 基于规则翻译引擎算法

在神经网络出现之前，规则翻译引擎是最流行的机器翻译方法之一。首先需要通过统计学原理构建翻译词库，然后再将两个语言不同但意思相同的句子按照词语来切分，并进行匹配，最终统计次数最多的匹配结果即为人们最喜欢的翻译结果。

实际的翻译过程主要分为 3 步：第一步是对句子进行分词，然后通过翻译词库找到每个词的最佳译词；由于每种语言的语法不同，因此第二步是通过语法引擎来纠正翻译后的句子中词语的顺序、词语的词性等；第三步是对句子进行调整，最终匹配成完整的句子。图 2-46 展示了基于规则引擎的例子。

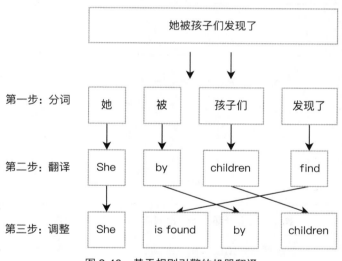

图 2-46　基于规则引擎的机器翻译

2. 基于神经网络算法

在规则翻译过程中，科学家们一直在尝试寻找每个句子的特征，以更好地描述句子的语意，进而提升翻译的准确度，但是并没有很好的进展。而在神经网络诞生后，由于其优秀的通过自我学习寻找特征的属性，很快就被应用于机器翻译领域。

2014 年，K Cho、B Van Merrienboer、C Gulcehre、D Bahdanau、F Bougares、H Schwenk 和 Y Bengio 联合提出的一篇名为 "Learning Phrase Representations using RNN Encoder-Decoder for Statistical Machine" 的论文对外发布。编码器－解码器是一个很完整的端到

端解决方案,而 RNN 模型由于其对上下文额外的学习能力,天然适合机器学习方向,可以更好地学习到整个句子(而不是单个词语)完整的特征语意。随后的两年,谷歌将其应用到了自己的翻译产品中,一款颠覆性的翻译软件借此诞生。图 2-47 展示了基于编码器 - 解码器的机器翻译网络图。

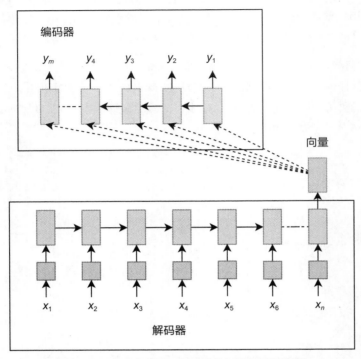

图 2-47　基于编码器 - 解码器的机器翻译网络图

后续随着 Attention 模型以及 BERT 等 Transformer 模型的出现,将编码器 - 解码器架构里的 RNN 模型逐渐升级和替换,机器翻译的效果越来越好。

2.6.4　图像生成文本

最后介绍一下计算机视觉与自然语言结合方向的图像生成文本。图像生成文本,英文名为 image caption(中文一般翻译为“图像生成文本”“图像描述”“看图说话”等),指将输入的图像通过计算机输出为对应图像的文本表述,像是更为高级的机器翻译。根据实际场景,在将图像输出为文本时,一般会使用基于检索的算法或者基于生成的算法,下文将逐一介绍。

1. 基于检索的图像描述

基于检索的图像描述针对的是图像描述是有限集合的场景,我们通过从数据库中检索一组句子或词语来组成对图像的描述。

我们首先需要分析场景,提炼出 N 个局部描述特征,比如时间、地点、人物、事件这 4 个局部特征;然后需要针对每个特征构建数据集合,对于每个局部特征,可以将问题转成一个多分类问题,而整个任务就转成了多个多分类问题;最后需要将分类的结果拼接成图像的描述。图 2-48 为基于检索的图像描述方法。

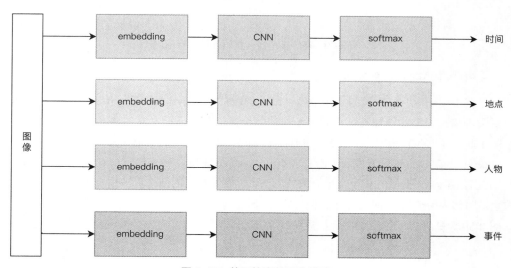

图 2-48　基于检索的图像描述

2. 基于生成的图像描述

基于检索的方法一般适合特定的场景,基于生成的方法适合的场景则更为广泛,通常模型的结构也会更加复杂。

● **基于编码器–解码器的方法**

如前所述,图像生成文本像是更为高级的机器翻译,所以最开始的图像生成问题广泛使用了机器翻译里最经典的算法编码器–解码器,可以参考在 CVPR 2015 上,O Vinyals、A Toshev、S Bengio 和 D Erhan 发表的论文"Show and Tell: A Neural Image Caption Generator"。如图 2-49 所示,首先使用 CNN 模型提取图片特征,生成一个固定的高维度向量,然后使用 LSTM 模型,生成文字描述。

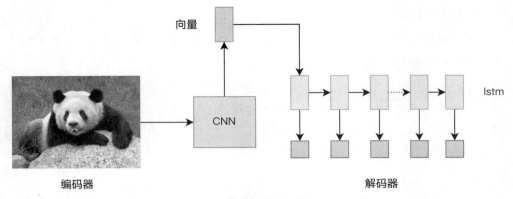

图 2-49　基于编码器－解码器的图像描述

- **基于 Attention 的方法**

　　基于编码器－解码器的方法虽然可以端到端较完美地解决问题，但是其单一向量本身很难描述完整的图像特征，并且图像的每个特征和后面的文本的联系也不怎么紧密。基于此，在 ICML 2015 上，K Xu、J Ba、R Kiros、K Cho、A Courville、R Salakhutdinov、R Zemel 和 Y Bengio 联合发表了论文 "Show, Attend and Tell: Neural Image Caption Generation with Visual Attention"，该论文中介绍的方法可以将卷积层的结果直接接入 Attention 网络，之后再传入后续的 RNN 模型中，使最后文本中每个词都与图像的特征有了更紧密的联系。图 2-50 为基于 Attention 的图像描述图。

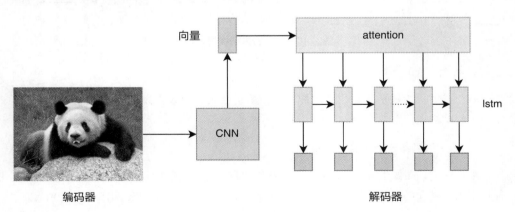

图 2-50　基于 Attention 的图像描述

2.6.5　NLG 评估方法

NLG 因其特殊性，评估本身就是一个重要的领域。如何才能更客观、更准确地评估 NLG 对应的方法或者模型的质量是我们一直在研究的课题，下文将简单介绍一下目前常见的评估方法。

1.BLEU

BLEU 全称是 Bilingual Evaluation Understudy，意为"双语互评辅助工具"。BLEU 评估方法最为经典，由 IBM 科学家 Kishore Papineni 于 2002 年在论文"BLEU: a Method for Automatic Evaluation of Machine Translation"中提取，是目前应用场景最多的评估方法。BLEU 的核心是比较机器输出结果和参考结果的 N-gram 重合程度，重合度越高，表明生成的文本越符合要求。

2.METEOR

2004 年，卡内基梅隆大学的 Lavir 提出了召回在评价指标中的重要性。在此基础上，Banerjee 和 Lavie 发明了加权调和平均和基于单精度的单词查全的 METEOR 度量方法。目标是解决 BLEU 标准的一些固有缺陷。METEOR 基于 BLEU，但综合考虑了整个语料的准确度和召回率。此外，METEOR 还新增了同义词匹配概念，由于该方法可以综合评估文本词语的顺序等，因此多用于机器翻译场景。

3.ROUGE

ROUGE 全称是 Recall-Oriented Understudy for Gisting Evaluation，从其名字就可以看出，这是一个重视召回率的评估方法。ROUGE 由 ISI 的 Chin-Yew Lin 于 2004 年提出，主要查看 n 元词组在参考文本中出现的次数，该方法常被用于文本摘要领域。

4.CIDE

CIDE 是在 CVPR 2015 上提出的一种评估方法，更适用于图像生成文本领域的评估指标。该评估方法会计算句子的 TF-IDF 指标，以弱化结果中那些不重要的词语的权重，更考验输出文本中的核心词语。

第 3 章

书面文本处理关键技术

书面文本指的是相对比较正式，以文件形式存在的文本。书面文本有具体的排版样式，包括段落、表格、页眉页脚、水印等。相对于普通的纯文本，在处理书面文本时，需要额外对其包含的版面信息进行处理。接下来，我们将介绍其中涉及的关键技术。

3.1 文档格式解析技术

我们在日常生活和工作中经常会接触各式各样的文档，其中以 Word 文档和 PDF 文档最为常见。Word 文档一般用于需要编辑的场景，用户可以轻易获取其中的段落、表格等信息。PDF 文档通常难以编辑，但是优点在于排版稳定，在所有平台上呈现的文档都一致。

3.1.1 Word 格式解析

Word 格式指的是微软开发的 Office 套件中 Word 生成的文件格式，包括 doc、docx 等。

1.Word 格式协议分类

如果你经常使用 Word，应该会注意到，Word 文件主要有两种扩展名：doc 和 docx，其中 doc 是旧版本的 Word 格式，docx 是新版本的 Word 格式。在 Word 2007 之后，默认扩展名由以前的 doc 改为了 docx，如果没有特殊需求，推荐使用 docx。

docx 和 doc 的主要区别在于，docx 体积更小、速度更快。Word 从发布第一个版本起就使用 doc 格式，这是 Word 的一种专用格式。直到 2006 年微软开放 doc 规范，诸如 LibreOffice、WPS 之类的许多其他软件才开始可以打开和编辑 doc 文件。后来在 doc 规范的基础上又发展了 Open XML（OOXML）标准（后面会详细介绍），docx 中的 x 便是来自于此。

2. 基于 Open XML 的 Word 格式解析

Office Open XML（OOXML）是微软在 Office 2007 中提出的一种文档格式，Office 2007 的 Word、Excel 和 PowerPoint 中默认采用了该格式。

2006 年 12 月，Open XML 成为 ECMA 规范的一部分，编号为 ECMA376，并于 2008 年 4 月通过国际标准化组织的表决，两个月后被公布为国际标准 ISO/IEC 29500。

简单来说，Word 文件其实就是包含了一系列 XML 文件的集合。如果你有兴趣，可以做以下尝试：将任意 Word 文件的扩展名修改为 zip，然后用解压缩软件进行解压，最终可以得到图 3-1 所示的文件。

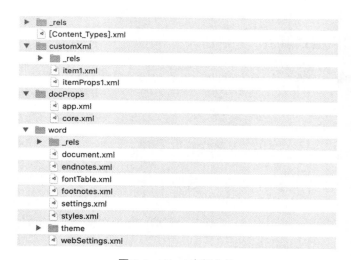

图 3-1　Word 内部文件

根据 Open XML 标准，读取并解析这些 XML 文件，便可还原 Word 文件中的各种文字及排版信息，具体内容这里就不展开介绍了。

值得注意的是，Word 保留了用户输入的原始版面信息，比如，每个段落后面都有个换行符，标题、页眉页脚，甚至表格等都可以很轻易地直接获取。相对来说，在这种情况下，解析是一件比较简单的任务。

3. 常见格式转换技术

如前所述，doc 和 docx 具有不同的标准，但二者可以相互转换，通常使用 Word 自带的转换功能即可。在不方便使用 Word 的情况下，LibreOffice、WPS 等软件也可以实现转换功能。

除了 doc 与 docx 的相互转换，在工作中，我们遇到的最多的需求是 Word 与 PDF 的相互转换。将 Word 转为 PDF 相对比较简单，一般软件均提供另存为 PDF 的功能，因为这是一个丢弃部分格式信息的行为，所以比较容易做到。从 PDF 转为 Word 则非常困难，因为在 PDF 中丢弃了大量的如表格、标题、段落、页眉页脚等格式信息。这些信息需要通过一些技术手段进行还原，主流的方案包括将文档转换为图片，通过一些图像处理技术模拟人阅读的方式来还原信息。

市面上也有一些可以初步还原格式信息的工具，它们能够保证排版基本一致，即可以做到 Word 中每个字的位置基本和 PDF 中一致。但是因为丢失了信息，所以还原本身一定会存在准确率的问题。

3.1.2　PDF 格式解析

PDF 格式是一种非常常见的文件格式，在我们的日常工作中随处可见，很多文件以该格式存储。

1. PDF 协议介绍

PDF 全称是 Portable Document Format，意为"可携带文档格式"。

30 多年前，PDF 由 Adobe 公司最先提出，现在它已经是日常办公中常见的一种文件格式，具有不易修改、体积小、版式不走样等诸多优点。PDF 以 PostScript 语言图像模型为基础，以精准还原字符、颜色和图像等为目的。无论在哪台机器上，无论是什么操作系统，PDF 都可以精准地还原原稿。

Adobe 自 1993 年首次提出 PDF 1.0 版本以来，直到 2011 年最后一次拓展了 1.7 版本，并且表示不再推出 1.8 版本。此后，PDF 协议被纳入 ISO，并发布了 1.7（ISO 32000-1:2008），目前 PDF 最新版本是 2.0。

PDF 与 Word 的主要区别在于，Word 实质上是一个压缩包，而 PDF 是一个二进制文件。用文本编辑直接打开 PDF 文件可以查看里面的内容，主要包括 4 部分：首部（header）、文件体（body）、交叉索引表（cross-reference table）和尾部（trailer）。

图 3-2 和图 3-3 共同展示了一个简单的例子，这是一个含有"Hello World"的 PDF 文档。简单说明一下：先在文件尾部的 trailer 中找到 Root，然后根据 Root 中的信息找到 Catalog 和 Pages，每页中的信息又指向具体的 Resource 和 Content，Content 中指定了文本、坐标、字体等信息，最后写入 Hello World。

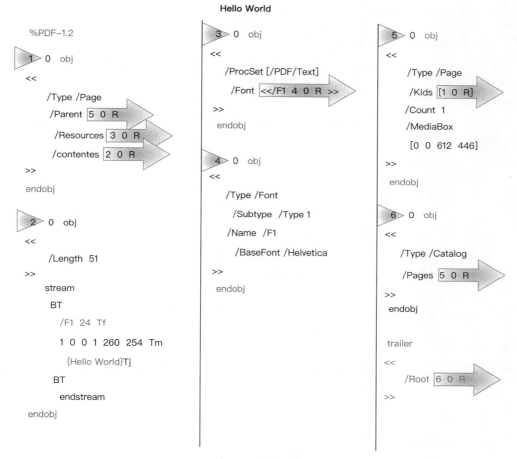

图 3-2 PDF 文件示例

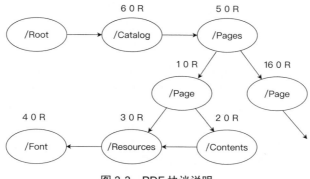

图 3-3 PDF 协议说明

如果想深入了解 PDF 格式，可以查阅详细的 PDF 协议说明文档。

2. 常用开源解析库优劣分析

对于 PDF 解析，现在有许多开源库可以直接使用，以下是几个常用的开源库。

- **PDFBox**

一个开源的 Java 库，Apache 项目，不仅支持 PDF 文档的开发和转换，还支持如下功能：

- ❑ Unicode 文本提取；
- ❑ PDF 文档拼接或分离；
- ❑ 从 PDF 表单里面提取数据或用数据填充表单；
- ❑ 验证 PDF 文档是否符合 PDF/A-1b 标准；
- ❑ 使用标准 JavaPrint Service API 打印 PDF 文档；
- ❑ 另存为图片文件，比如 PNG 和 JPEG；
- ❑ 使用内嵌字体和图片从头创建 PDF；
- ❑ 电子签名 PDF 文件。

- **iText**

一个 Java 库，也有 C# 版，许可协议为 APGL，商业用途需要支付授权费，主要特点如下：

- ❑ 基本支持 PDFBox 所有特性；
- ❑ 对 Servlet 支持友好；
- ❑ 自动化的文档处理，比如可以将 HTML、XML、Web 表单、CSS 等转换成 PDF；
- ❑ 丰富的插件；
- ❑ 官网文档齐全。

- **PyPDF2**

一个 Python 库，其前身是于 2005 年发布的 PyPDF 包，该包的最后一个版本发布于 2010 年，后来大约经过一年左右，其中有个衍生版本演化为了 PyPDF2。这两个版本的功能基本相同，最大区别是 PyPDF2 支持 Python 3。PyPDF2 的主要功能如下：

- ❑ 从 PDF 文件中读取文本和元数据；
- ❑ 能够对 PDF 文件进行分割、合并和裁剪；
- ❑ 添加水印和加密。

- **PDFMiner**

一个 Python 库。正如其名字所言，PDFMiner 擅长提取 PDF 中的信息，能够准确获取文本的位置和布局信息。PDFMiner 在 Python 2 中名为 PDFMiner，在 Python 3 中名为 PDFMiner3k。PDFMiner 的主要功能如下：

- ❏ 支持将 PDF 转换为 HTML、XML 等格式；
- ❏ 支持提取目录；
- ❏ 支持提取标签内容；
- ❏ 支持各种字体类型；
- ❏ 支持中文、日文和韩文语言以及垂直书写文本。

- **MuPDF**

一个开源的轻量级文档查看器，支持 PDF、XPS、OpenXPS、CBZ、EPUB、FictionBook 2 等格式。MuPDF 主要由 C 语言编写，性能非常好，同时提供 Python 接口，直接安装 PyMupdf 即可。MuPDF 的主要功能如下：

- ❏ 提取文本和图像；
- ❏ 访问元信息、链接和书签；
- ❏ 格式转换；
- ❏ 提取或插入图像和字体；
- ❏ 完全支持嵌入式文件；
- ❏ 完全支持密码保护；
- ❏ 可以访问和修改低级 PDF 结构。

总体来讲，一般的如文本提取等操作这些库基本可以完成，根据开发语言按需选取即可。但需要注意的是，这些库是依据 PDF 协议开发的，协议中不存在的内容无法获取。接下来让我们看一下实际应用中的一些困难。

3.PDF 解析难点

相较于 Word 文档，PDF 最大的优点是可移植性，但这是以牺牲可编辑性为代价的。通俗地讲，PDF 像是一幅画，计算机存储了每个文字的大小、字体和坐标，当打开 PDF 文件的时候，软件就会依葫芦画瓢，把每个字放到它对应的位置。

这里需要注意的是，PDF 只是存了一堆用于显示的信息，内部其实并没有诸如文本行、段落、表格之类的信息。它只是忠实地依葫芦画瓢，把每个字放到它原本的位置而已。

通俗地讲，PDF 是一种丢弃了段落、表格等信息，只保留纯粹的字体、坐标等信息的文件格式。我们可以做个实验，找一个 PDF 文件，将里面的内容复制到 Word 中，最终我们得到的信息是一堆杂乱的文字，而不是一个格式完整的文档，如图 3-4 和图 3-5 所示。

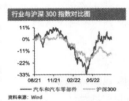

图 3-4　原始研报 PDF 文件内容

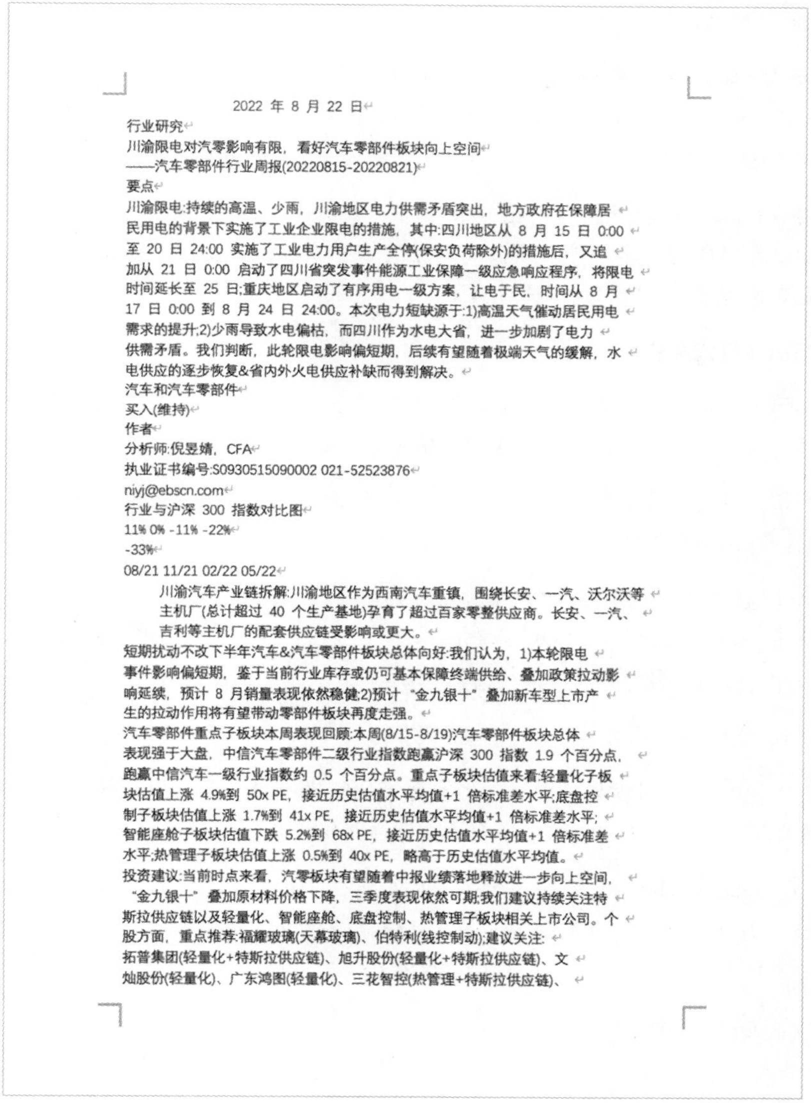

2022 年 8 月 22 日

行业研究

川渝限电对汽零影响有限，看好汽车零部件板块向上空间

——汽车零部件行业周报(20220815-20220821)

要点

川渝限电:持续的高温、少雨，川渝地区电力供需矛盾突出，地方政府在保障居民用电的背景下实施了工业企业限电的措施。其中:四川地区从 8 月 15 日 0:00 至 20 日 24:00 实施了工业电力用户生产全停(保安负荷除外)的措施后，又追加从 21 日 0:00 启动了四川省突发事件能源工业保障一级应急响应程序，将限电时间延长至 25 日;重庆地区启动了有序用电一级方案，让电于民，时间从 8 月 17 日 0:00 到 8 月 24 日 24:00。本次电力短缺源于:1)高温天气催动居民用电需求的提升;2)少雨导致水电偏枯，而四川作为水电大省，进一步加剧了电力供需矛盾。我们判断，此轮限电影响偏短期，后续有望随着极端天气的缓解，水电供应的逐步恢复&省内外火电供应补缺而得到解决。

汽车和汽车零部件

买入(维持)

作者

分析师:倪昱婧，CFA

执业证书编号:S0930515090002 021-52523876

niyj@ebscn.com

行业与沪深 300 指数对比图

11% 0% -11% -22%

-33%

08/21 11/21 02/22 05/22

川渝汽车产业链拆解:川渝地区作为西南汽车重镇，围绕长安、一汽、沃尔沃等主机厂(总计超过 40 个生产基地)孕育了超过百家零整供应商。长安、一汽、吉利等主机厂的配套供应链受影响或更大。

短期扰动不改下半年汽车&汽车零部件板块总体向好:我们认为，1)本轮限电事件影响偏短期，鉴于当前行业库存或仍可基本保障终端供给、叠加政策拉动影响延续，预计 8 月销量表现依然稳健;2)预计"金九银十"叠加新车型上市产生的拉动作用将有望带动零部件板块再度走强。

汽车零部件重点子板块本周表现回顾:本周(8/15-8/19)汽车零部件板块总体表现强于大盘，中信汽车零部件二级行业指数跑赢沪深 300 指数 1.9 个百分点，跑赢中信汽车一级行业指数约 0.5 个百分点。重点子板块估值来看轻量化子板块估值上涨 4.9%到 50x PE，接近历史估值水平均值+1 倍标准差水平;底盘控制子板块估值上涨 1.7%到 41x PE，接近历史估值水平均值+1 倍标准差水平;智能座舱子板块估值下跌 5.2%到 68x PE，接近历史估值水平均值+1 倍标准差水平;热管理子板块估值上涨 0.5%到 40x PE，略高于历史估值水平均值。

投资建议:当前时点来看，汽零板块有望随着中报业绩落地释放进一步向上空间，"金九银十"叠加原材料价格下降，三季度表现依然可期;我们建议持续关注特斯拉供应链以及轻量化、智能座舱、底盘控制、热管理子板块相关上市公司。个股方面，重点推荐:福耀玻璃(天幕玻璃)、伯特利(线控制动);建议关注:拓普集团(轻量化+特斯拉供应链)、旭升股份(轻量化+特斯拉供应链)、文灿股份(轻量化)、广东鸿图(轻量化)、三花智控(热管理+特斯拉供应链)、

图 3-5　直接复制得到的纯文本结果

3.1.3　其他格式解析

除了上文提到的 Word、PDF 等格式，还有大量其他格式的文件存在于我们的日常工作中，比如 Excel、扫描件、OFD 等。

1. Excel 格式解析

Excel 有 xls 和 xlsx 两种扩展名，Excel 2007 之后默认扩展名均为 xlsx。与 Word 类似，早期的 xls 是一种二进制的文件格式，xlsx 则是遵循 Open XML 的一种格式。xlsx 文件比 xls 文件更小且速度更快。

常用的 Excel 格式解析工具包括 openpyxl、xlrd/xlwt、Apache POI、JXL 等，常见的工作表和单元格读写基本都能实现。而常见的一些问题，主要集中在表达式、外链等一些相对复杂的功能上，这里就不详细讨论了。

2. 扫描件格式解析

在实际工作中，常见的扫描件通常以图片（jpg、bmp 等）或 PDF 文件为载体，其中 PDF 文件本质上也是图片，即将一张图片粘贴到 PDF 中。

解析扫描件的主要手段是采用 OCR 技术，后面会详细介绍。总的来说，就是对图片进行扫描，以识别出里面的每个字及其坐标。常见的输出形式主要包括：

- ❑ 直接输出 JSON 格式，将文字、坐标等信息输出；
- ❑ 双层 PDF，即在原始 PDF 上增加一层识别后的透明文字，使得在划选时效果类似于由 Word 转换生成的 PDF 文件。

3. OFD 国产协议解析

2016 年 10 月 14 日世界标准日，国家标准化管理委员会正式批准发布了基于自主技术的国家标准（GB/T 33190-2016）《电子文件存储与交换格式 版式文档》（简称 OFD）。

OFD（open fixed-layout document）是一种版面呈现效果固定且与设备无关的文件格式。这是我国自主研发、自主制定的版式文件格式标准，是由工业和信息化部软件司牵头中国电子技术标准化研究院成立的版式编写组制定的版式文档国家标准。

可以说 OFD 是中国版的 PDF。2020 年 9 月 1 日，浙江省宁波市税务局开具出第一张 OFD 格式的电子专票，这标志着我国增值税发票全面电子化时代拉开了序幕。

OFD 目前主要应用于电子发票、电子公文、电子证照等领域。虽然 OFD 比较年轻，相关软件配套不如 PDF 成熟，但可以期待，在不久的未来，其使用范围会越来越广泛。

3.2 文档版面分析技术

对于文档的版面，通常可以从物理排版视角和语义结构两个角度进行理解。

从物理排版视角出发，每篇文档都由字符、文本块、页面等视觉元素从下而上组织形成。这些信息通过解析文档的协议码即可直接获得。

从语义结构层面的文档分析，是人类在阅读文档的过程中，通过排版、内容理解等过程，将文档分解为一个个元素，前文提到的表格就是一种结构相对复杂、信息比较丰富的元素。如果使用计算机来拆解文档的语义结构，则需要结合计算机视觉、NLP 等技术，综合多类信息进行分析。

本节主要介绍文档版面处理的各类方案，同时会介绍达观目前的最佳实践。

3.2.1　版面分析简介及发展历程

文档版面分析（document layout analysis）指识别出文档中的感兴趣区域（region of interest, ROI），并将其划分到合适类别的过程。不论是计算机视觉还是 NLP 领域，都有这样的需求，比如一些阅读设备就要在正确解析版面元素的基础上，合理排列出阅读顺序。而识别出的区域，可以按照物理上的形态特别划分为文本块、数学符号、表格等类别，这种分类法称为几何版面分析（geometric layout analysis）。根据区域在全文中的语义作用，也可以将其分为标题、段落、页眉页脚等，这种方式称为逻辑版面分析（logical layout analysis）。

如何让机器实现这一过程呢？可以先思考人类的工作方式。以阅读为例，假设一个文档是由你看不懂的语言撰写的，那么你在不了解其语义内涵的情况下依旧可以通过排版等视觉信息大致划分出不同的元素区域。如果文档的结构足够规范，那么甚至可以给划分出的区域标注类别。以表格类型为例，假设单元格内都是看不懂的"天书"，那么大部分读者依旧能通过框线、对齐等信息知道这是一张表格。这使得基于视觉的版面分析路线有了物理世界的经验支持，假如能以各种方式融合正确的语义信息，则无疑能让整体的效果、泛化性等进一步加强。毕竟如果能看懂文档，那么你大概率能更好地切分版面。

文档版面分析的技术路线经历了朴素的启发式规则、高度依赖特征工程的机器学习方法和复杂神经网络 3 个阶段。

20 世纪 90 年代初期，主流的分析范式以启发式规则为主。研究人员通过肉眼观察文档的视觉信息，总结归纳一些处理规则，对排版结构相似的文档进行分析处理。这样的技术路线不仅要耗费大量的人力，其总结得出的硬编码规则往往也缺少良好的泛化能力，难以拓展。因此主流的技术路线开始往机器学习大方向演化。

2000 年以来，随着各类标注数据积累量的增大和机器学习算法的飞速进步，利用特征工程生成数值化特征，以监督学习的方式来理解文档版面的方案占据了主导地位。然而，相较于上一阶段，该路线虽然能够提升效果和性能，但构建特征有很强的艺术性，再加上高质量的语料仍不够充足，使得训练所得模型的泛化能力无法保证，在文档类型不同的场景中难以迁移，这无疑也减少了版面分析技术落地的可行性。

好在随着时间的推移，深度学习技术已有长足发展，电子文档也完成了海量的积累，二者共同推进了版面分析技术的革新。图 3-6 是在当前深度学习框架下文档版面分析的基本框架。不同文件类型的文档可在各类工具解析下，将得到的纯文字内容、图形学信息和位置信息相互串联，输入大规模预训练神经网络进行处理，最终完成文档版面分析。CNN、GNN 以及以 Transformer 结构为代表的预训练技术的出现，让这一过程摆脱了对标注语料的依赖，只需输入无标注数据即可完成自监督学习过程。而基于此诞生的"预训练－参数微调"模式，也在文档相关的各类应用上取得了不俗的成绩。

然而，尽管深度学习毫无疑问已经是文档处理利器，但现实场景的种种不完美依旧会对其形成掣肘。首先，受限于硬件与算力，现有的预训练模型往往限制了数据的输入长度。在处理超长文档时，几乎只能将其分切再输入到模型中。这一过程不仅会有语义元素被拦腰切断的问题，通过分段得到的局部解也难以组合成全局最优解。其次，现实世界充斥着各类扫描件，基于不同的设备与环境，这类文档经常存在图像模糊、透视变化复杂、大量折痕、噪点等问题。如果不进行有效的处理，那这样的数据得到的结果只能是"垃圾进，垃圾出"。最后，目前文档大部分是由人类撰写的。人类的优势在于无尽的想象力与创造性，缺点则是容易犯错。即使规定了模板的高度标准化文档，也总是在格式、排版等地方潜伏着问题。这些在模型的训练、微调和预测阶段都是风险。最后，尽管当前已经有了浩如烟海的文档积累，但对应的应用场景和细分领域也是日新月异。再加上文档质量的约束，具体到一个垂直场景的可用文档数或许并不充足，需要继续精进少样本学习技术和零样本学习技术，以在这些场景中实现突破。

3.2.2　基于启发式规则的版面分析技术

采用启发式规则的文档分析技术大致可分为自顶向下、自底向上和混合模式 3 种方式。自顶向下方式很像在派对上切蛋糕，需将文档图片作为一个大整体以递归方式分切，直至得到的小区域满足预先定义好的标准。自底向上方式类似拼乐高，需以像素、字符外界框等为基本元件，不断分组、合并以形成更大的同质区域。混合模式则是前两者的组合。自顶向下方式更适用于结构比较固定的文档。自底向上方式虽然更费时、费力，但泛化性好，在不同布局类型的文档上都能有良好的表现。混合模式则希望汇聚两种方式的优势，兼顾成本和泛化能力。

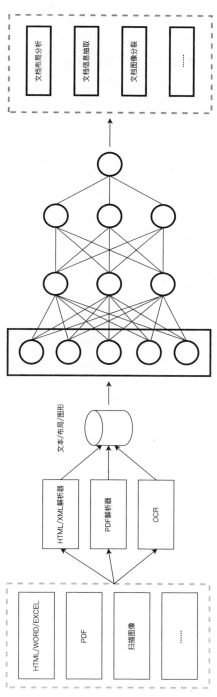

图 3-6 基于深度学习的文档版面分析基本框架

以自顶向下方式为例，一种典型的分析算法为投影轮廓法（projection profile）。该算法通过在 x, y 两个坐标轴上统计特定像素的数量，并以此判别各个文本要素的边界。这一方式在区域布局固定的结构化文本上能取得令人满意的结果，且利用 OpenCV 等图像处理库就能比较便利地实现。然而，投影轮廓法高度依赖文档本身的布局质量，在噪点多且倾斜的样本上无法得到良好的结果。为此，针对不同的文档也衍生出了很多变种算法。总体而言，这一类算法适用于结构化文本，尤其是横平竖直的曼哈顿（Manhattan）布局文档。

与基于机器学习或深度学习的方案相比，启发式规则既能直观解释解析结果，也能快速迭代优化效果。虽然它在当下日益复杂的应用场景中很难独当一面，但在一些结果后处理且简单的固定版面分析场景中依旧保留了生命力。

3.2.3　基于机器学习的版面分析技术

机器学习的相关算法在版面分析的区域分割和区域分类两大任务上都能发挥作用。此外，也正是由于统计机器学习技术带来的性能和效果上的提升，文档中结构复杂的表格也可以被自动化识别了。

根据相关研究，诸如逻辑回归（logistic regression，LR）模型、最大熵马尔可夫模型（maximum entropy Markov model，MEMM）之类的模型都在基于像素点分类的区域分割任务中取得了不错的效果。而一些基于核函数的方法可以取代硬编码的启发式规则，完成自底向上的版面解析。

至于区域分类，则是一个更为典型的分类问题。SVM、MLP 等都已经被证实能得到较好的结果。针对表格这一特殊的文档元素，识别的技术路线更是五花八门。有的从 NLP 视角出发，以单词为粒度，判别单词是否属于表格；有的基于计算机视觉的方案，先检测线条，再判别是否为表格线；有的联合第一步识别的区域信息，综合判别表格区域的实践。

在这类统计机器学习模型的特征构建和模型设定中，不难看出 CNN 的影子，只是受限于模型复杂度和人工特征的表示能力，整体效果与深度学习相去甚远。但其依旧有着算力依赖度低、迁移部署比较经济的特点，并没有完全退出历史的舞台。

3.2.4　基于深度学习的版面分析技术

一如其他领域，当下深度学习方法已经成为版面分析的主流范式。随着预训练模型的日益流行，深度神经网络的效果也日益提高。更便利的是，版面分析的视觉区域分割和区域语义分类两大工作，可以直接抽象为计算机视觉领域的目标检测（object detection）

或者图像分割（segmentation）任务。我们不仅可以直接复用一些经典工作的网络结构，也可以尝试迁移别的业务领域的预训练模型。除了这类模型用到的图像特征，我们还可以考虑利用如词嵌入等过程，将文档的语义特征一并以数值向量的形式输入网络，利用多模态的信息共同助力版面分析任务。本节会介绍几个具有代表性的深度学习模型，它们在业界都已久经考验，在很多场景中已经开箱即用了。

1. 基于目标检测的模型方法

目标检测是指从图像中识别出感兴趣实体区域的过程，这天然切合版面分析任务。下面我们简要介绍一下比较流行的 Faster R-CNN（region convolutional neural network）模型和 YOLOv5（you only look once v5）模型。

Faster R-CNN 由 Ross B. Girshick 于 2016 年提出，其结构如图 3-7 所示。正如其名，这个模型检测速度比较快。在结构上，它将目标检测任务需要的特征抽取、边框回归（bounding box regression）、分类等各个步骤都聚合在一个网络结构中，还创造性地使用 RPN 替代先前的区域搜索，效果好，速度也快。

YOLOv5 诞生于 2020 年，主要贡献者为 Glenn Jocher。它实际上是一类模型族的统称。图 3-8 展示了其中网络深度最浅且结构最简约的 YOLOv5s 模型。简单来说，这类模型可以分为 input、backbone、neck 和 prediction 四大部分。在 input 阶段，这类模型运用了非常多的工程技巧，进行了如数据增强、一致输入图像大小、最小化无消息黑框等操作。在提升模型效果的同时，也提升了推理速度。backbone 和 neck 使用了比较新的 csp 结构来提取可能更具表示能力的特征。prediction 提供了 DIOU_nms 选项，对重叠目标检测效果有所提升。对于文档中的水印、印章等元素，在识别效果上也有所提升。

2. 基于图像分割的模型方法

图像分割是将输入图像的像素打上类别标签的过程。相比目标检测，图像分割识别出的实体区域不会重叠，可以省掉很多后续处理，原理上也能很好地支持版面分析工作。Mask R-CNN 和 Unet 是可用于版面分析任务的典型模型。

Mask R-CNN 由何恺明等人于 2017 年首次提出，该模型继承了当时诸多工作的长处，拿下了当年 ICCV 的 best paper。简单来看，Mask R-CNN 可以被认为是在 Faster R-CNN 的基础上多加了一个步骤，即除了标签和检测框，又增加了 object mask 这一输出，以表示得到的检测框内的像素点是否属于前景，进而将目标检测输出转化为图形分割的输出。同时，一个名为 ROI-Align 的模块替代了原先的 ROI-Pooling 部分，提高了像素级别预测的精度。从图 3-9 的 Mask R-CNN 架构可以看出，目标检测和图像分割两大任务最后的流程是并发进行的，效率比较高。

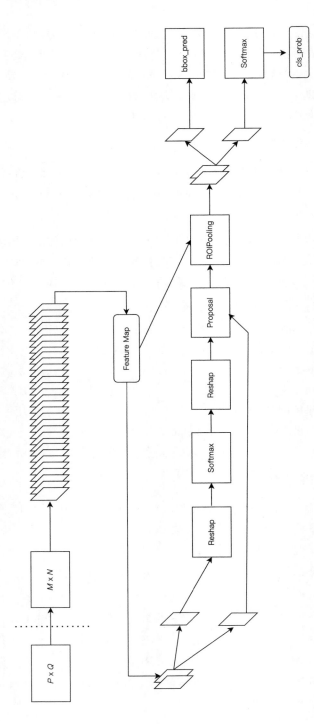

图 3-7 Faster R-CNN 网络结构

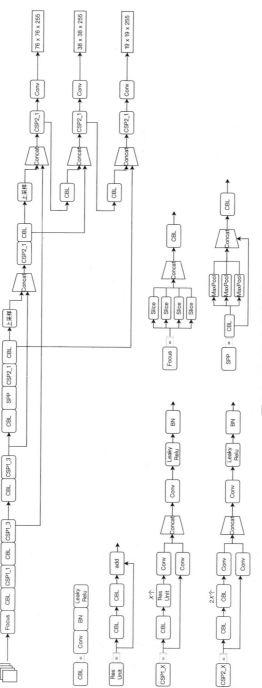

图 3-8 YOLOv5s 网络结构

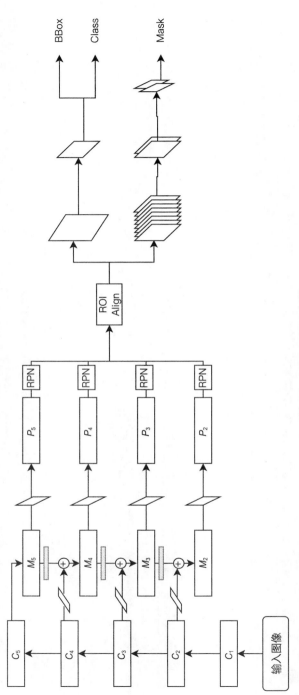

图 3-9 Mask R-CNN 架构

与 Mask R-CNN 相比，2015 年由 Olaf Ronneberger 等人提出的 Unet 模型在结构上则更为简单明了。这一模型的名字来自其"U"型的网络结构，网络左侧是通过多次卷积池化操作对输入图形进行降维，右侧则是重复特征拼接和上采样将其维度恢复为同输入一致，如图 3-10 所示。这一结构使得不同抽象层次的特征都组合在一起，弥补了降维过程中丢失的部分信息。不同级别特征的结合也使得 Unet 在一些特定领域（如表格线条分割）维持着较好的效果和较高的效率。

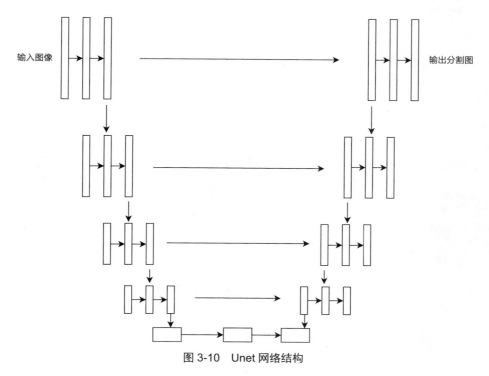

图 3-10　Unet 网络结构

3. 基于多模态的模型方法

除了视觉特征，语义层面的信息也能为版面分析任务提供强大助力。因此，基于多模态的模型在此领域也拥有一席之地，LayoutLM 便是其中的"翘楚"，如图 3-11 所示。

LayoutLM 由 Yiheng Xu 等微软亚洲研究院的研究人员于 2020 年提出。同前面所讲的模型相比，最令人欣喜的是，LayoutLM 是为文档版面解析任务量身打造的预训练模型。在模型设定方面，它开创性地结合了视觉和语义两方面的特征，将文本的语义与位置同时转化为了数值向量。LayoutLM 会将文本的内容同二维矩形坐标一同嵌入，即将语义信息同位置关系的信息量拼接在一起。同时，LayoutLM 还添加了图像信息，以便让加粗、高亮、倾斜等视觉特征一起发挥作用。模型的思想和结构都不复杂，但经过实践，LayoutLM 在诸多文本智能下游任务中取得了优秀的成果。除此之外，使用 LayoutLM 进行信息抽取也能取得非常好的效果，后续在讲述多模态的章节中会对此进行介绍。

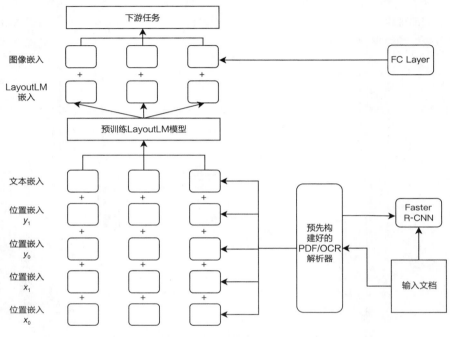

图 3-11　LayoutLM 逻辑架构

3.2.5　版面分析最佳实践

目前版面分析已经拥有一套完备、自洽、高效、优质且高可用的实践方案，不仅支持 PDF、OFD、图片、Word 等多种文档格式，还能快速而准确地得到文档内各个元素的边界和类别标签，提供位置坐标、文本内容等信息。在版面分析过程中，对表格、标题、目录等特殊元素来说，还能基于语义和位置得到篇章结构等信息。版面分析可以为上层应用提供强力支持。

但这一强大功能的实现，离不开对版面分析任务的正确认识、对现有技术能力边界的清醒认知以及对各类业务需求的精确剖析。诚然，深度学习无疑是优雅而酷炫的技术框架，但在变化万千的物理世界里，想以端到端的方式一站式解决问题依旧是镜花水月。极其有限的样本数量、层出不穷的文本格式，以及充斥着形变和噪点的扫描瑕疵，都给版面分析的工程落地增加了难度。目前比较合理的解决方案是分而治之、逐个击破。

现有的技术路线根据不同元素的样式、内容特点和业务需要进行了大致的归类，并在这个分析流程上从合理性、可行性等方面进行了分拆排序。本节提出的最佳实践方案包含的步骤如图 3-12 所示，该图即达观文档版面分析流程。

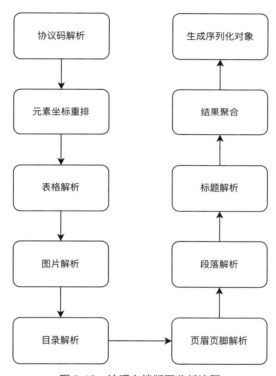

图 3-12　达观文档版面分析流程

● **协议码解析**

基于对 PDF 协议的理解直接解析，可以得到 PDF 内部元素（字符、色块等）的坐标、宽高、前景色、背景色等属性。解析得到的结果会被封装为底层对象，后续的步骤则是解析得到这些对象的组合关系。

● **元素坐标重排**

由于 PDF 文件中各个元素是按照文件生成时的写入顺序排列，因此需要按照其物理坐标进行重排以获得正确的上下文关系，进而方便后续的处理。这一步看似简单，实则会遇到多栏、跨页等诸多问题，需要非常细致的工作才能得到合理的结果。

- **表格解析**

表格作为特殊的文档元素，结构复杂、形式多变且信息价值丰富。为此，需要专门的独立服务实现这一功能。相关服务的功能包括但不仅限于表格区域定位、表格线条定位、单元格拓扑结构分配等。详情请参见 3.3 节。

- **图片解析**

与表格类似，图片也是信息丰富、有复用性的文档元素。PDF 中的图片有两种存在方式：一种直接以图片文件的形式存储于 PDF 中，在第一步的"协议码解析"时即可获取；另一种则是诸多矢量对象的组合，这类图片多为统计图表，目前采取了以计算机视觉方式为主的技术路线进行识别。这类图片区域内往往还有文字信息，对相关数据进行处理即可得到很有价值的内容。

- **目录解析**

目录是文档中天生的篇章结构总结，对于包含目录的文档，我们可以通过目录特有的内容特征对其定位识别。同时，目录的内容也与下文的标题形成了对应关系，我们可以借此实现内容跳转、篇章结构构建等功能。

- **页眉页脚解析**

与别的元素不同，页眉页脚更多来自打印分页过程。原生的文档其实并不需要耦合页的概念。因此，绝大部分的页眉页脚包含的信息是有限的，识别后往往作为冗余信息不做处理。页眉页脚最大的特点是内容形式雷同并且在众多页面重复出现，基于这个特点我们可以很容易将其识别出来。

- **段落解析**

段落可谓是大部分文档的主体。通过解析协议码和元素重排，我们可以得到一些单行文本甚至是现成的文本块，但它们不是段落。好在当文档比较规范时，通过两侧缩进、行间距等信息，可以比较容易地将文本行等元素进行拆分或组合，得到正确的段落。然而在一些格式比较混乱的样本或是跨页的段落中，往往还需要通过语义信息判断上下文的连贯性来合并段落。不论是传统的 CRF 模型还是比较"摩登"的语意连贯性模型，都能完成这一工作。

- **标题解析**

标题可谓是文档中最难定义的元素。从功能定义上讲，提纲挈领，对下文进行概括说明的内容就是标题。然而通过这种感性的、似是而非的语义关系去进行标题识别无异于"在沙滩上造大厦"。好在一般而言，为了强调这类短小精悍的元素，标题的字体、粗细、字号往往会和其他元素进行区分。在特定文档里，标题则有固定的样式。通过这些特征，我们可以判断出标题的区域，乃至判别标题的层级，还原文档篇章结构。

- **结果聚合**

针对不同元素的特征和需求，最佳实践方案采取了不同的技术路线。有的基于计算机视觉技术，有的依赖 NLP 算法，有的甚至只需要启发式规则就能得到足够好的结果。然而不同的解析对象最终需要聚合为一个对计算机友好且可持久化的结果。为此，一套有着足够表达能力的底层数据结构是极为必要的。这套数据结构不仅要保留文档客观的视觉元素，也要能表达基于上述复杂解析流程得到的各类结果。

综上所述，文档解析服务已经逐渐走向成熟。然而更复杂的版面和更细致的需求依旧无时无刻对其形成挑战，我们需要持之以恒付出努力。

3.3 文档表格解析技术

文档表格解析技术包括表格区域检测技术、表格结构识别技术和表格内容识别技术。本节会基于传统算法和深度学习算法，对国内外表格检测与结构识别技术进行综述和研究对比，最后简述达观表格解析技术要点及实践。

3.3.1 表格解析技术背景介绍

随着扫描、拍照等形式生成文档数量的快速增长，如何快速且有效地从文档中提取需要的数据成了研究课题。由于表格结构能够高效地展示出文档中的数据信息，故作为文档识别重要子任务的表格解析，备受该领域学者的关注。表格解析技术由表格区域检测技术和表格结构解析技术两部分组成。

1. 应用场景及行业现状

日常生活中，人们处理表格的步骤如下：首先使用工具将文档打开，然后查找表格信息，最后对表格信息进行人工修改。这种基于人工干预的表格处理方式具有较多缺点。第一，人工成本高：从类型较多的文档中查找出所需表格并对表格进行修改是一个烦琐而复杂的过程，需要耗费大量的人力。第二，出错率较高：由于表格数量及类型众多，并且单元格内容大多数是以数字信息呈现，人力查找错误单元格信息或者对信息进行更新难免会出错，如果重要的信息发生错误，则可能会给公司造成不可挽回的影响。第三，提取难度大：金融、制造业等特殊行业的表格数据是以可移植的非结构化数字文件（如 PDF 文件、图片等）进行展示的，从这些文件提取表格信息并对表格信息进行修改需要全人工操作，这进一步加大了表格提取的难度。

人工提取表格信息具有耗费大、提取困难等缺点，如何自动地从文件中提取表格信息成为迫在眉睫的问题，因此一些表格自动解析软件（如付费的专业 OCR 软件 ABBYY FineReader）应运而生。然而这些软件所用的技术并没有完全公开，在其公开的论文综述中也只是粗略介绍了主要原理，因此从现有的商业软件中很难获取重要启发。于是，我们研读了近几年具有实操价值的表格解析论文，实践后取得了不错的成效。下面我们会从传统方法和深度学习算法这两个方面对表格解析技术做出阐述。

2. 传统方法

传统的表格解析技术主要包括基于启发式规则和图像处理方法：首先利用表格线或者文本块之间的空白区域来确定单元格区域，然后通过腐蚀、膨胀等形态学方法寻找连通区域，检测行列线，利用交点合并文本框等信息，最后恢复表格结构。传统的表格解析技术可分为自顶向下和自底向上两种方法。

(1) 自顶向下的方法：先检测表格区域，然后再不断对表格区域进行拆分以得到单元格区域，比如 OpenCV 检测并提取表格方法。

(2) 自底向上的方法：先检测文本块，找到可能的表格行列线以及这些线的交点，然后在确定单元格后定位出表格区域，比如 pdfplumber 解析表格、T-recs 等方法。

3. 深度学习算法

近年来，随着人工智能技术的飞速发展，研究人员将计算机视觉、NLP、图神经等成熟技术应用到表格解析任务中，取得了很多不错的成果。基于深度学习的表格解析主流方法包括语义分割、目标检测、序列预测和图神经，下面我们会对这些工作分别进行简要介绍。

(1) 基于语义分割的表格识别方法：比如 Rethinking Semantic Segmentation for Table Structure Recognition in Documents，该方法会使用 FCN 网络框架检测出表格的行列位置。该方法的局限性在于处理的表格对象不存在合并单元格，并且每行和每列都从表格的最左侧和最上端开始，到最右侧和最下端结束。

(2) 基于目标检测的表格识别方法：比如海康 LGPMA 方案，LGPMA 会将表格解析分为文本行检测和表格结构识别两部分。表格结构识别基于 Mask R-CNN 模型，输出部分具有两个分支，一个是 LPMA 学习到的局部对齐边界，一个是 GPMA 学习到的全局对齐边界。该方法融合了自顶向下和自底向上两种思想。

(3) 基于序列预测的表格识别方法：比如 HTML 标签序列预测方案，该方案能够将各图像转化成 HTML 代码，采用的是一种基于注意力的编码器－解码器（EDD）架构。先利用编码器提取表格图像的视觉特征，再利用解码器输出表格结构和表格的单元格内容。图 3-13 所示的是 EDD 架构，该架构需要在复杂的后处理后才能得到表格结果。

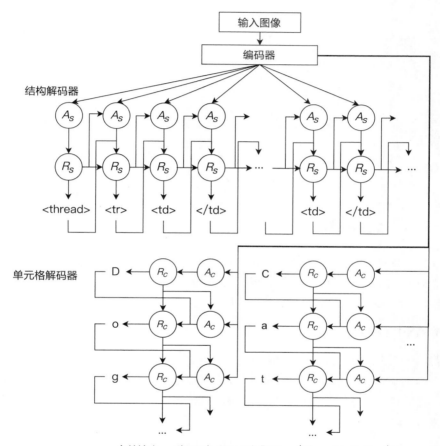

图 3-13　EDD 架构

(4) 基于图网络的表格识别方法：比如 Rethinking Table Recognition using Graph Neural Networks，该方法会将表格解析描述为一个图问题。首先，它会利用 CNN 提取表格图像的视觉特征图，然后会将文本框的顶点位置映射到特征图上，最后再利用视觉与位置特征相结合的形式得到聚集特征。在分类部分使用 DenseNet 判断顶点是否具有同行、同列、同单元格的结构关系。

3.3.2 表格类型划分

根据表格线是否具有完整性，可以将表格类型划分为全线表格、少线表格和无线表格三大类，如图 3-14 所示。表格样式复杂多样，比如存在背景填充、光照阴影、单元格行列合并等情况。

全线表格　　　　　　　　　少线表格　　　　　　　　　无线表格

图 3-14　表格类型划分

3.3.3 区域检测技术

表格区域检测是指从文档中定位出表格区域。早期研究中，表格区域检测多应用在电子文档中，比如 PDF 文档、Word 文档等。随着图像采集技术的发展，表格区域检测更多应用在自然场景中，比如手持拍照等扫描件。

1. 基于传统的区域检测算法

与国内相比，国外的表格检测技术起步较早，早期方法可分为基于规则启发式算法和简单的机器学习算法。基于传统的区域检测算法首先使用图像处理方法对文档进行预处理，然后利用表格布局特征或者 PDF 编码信息得到线条、文本块等视觉信息，最后定位出表格区域。

Watanabe、Hirayama 等人首先对文档图片进行预处理，利用形态学方法获取文本块等信息，然后利用文本块、水平线和垂直线来定位出表格区域。Ramel 等人利用线条信息来定位出表格区域，首先寻找表格区域顶部的第 1 条水平线，然后通过匹配 9 种框线相交情况中的 4 种 "T" 字形模板来检测其他线条。Kieninger、Dengel 等人指出线条不能作为表格的必备特征，认为表格列之间具有不相交的特性，可以利用列与列之间的空白信息定位出表格区域。

表格检测技术在国内起步较晚，早期的研究主要是解决 PDF 文件中的表格定位问题。最有代表性的是 Fang 等人提出的基于表格线条特征及页面分隔符的方法。该方法首先会对 PDF 文件进行协议码解析以获取页面的线条信息，然后会使用规则方法对页面布局进行分析，获取页面分隔符，最后会基于线条信息，利用形态学方法定位出表格区域。该方法仅适用于有线表格区域检测。利用线条检测表格区域的流程如图 3-15 所示。

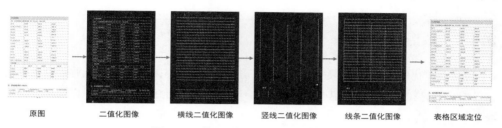

原图　　　　二值化图像　　　横线二值化图像　　竖线二值化图像　　线条二值化图像　　表格区域定位

图 3-15　基于线条的区域检测算法流程

2. 基于深度学习的区域检测算法

随着人工智能技术的飞速发展，深度学习在图像的语义分割、目标检测等任务上取得了优异表现。越来越多的研究学者将语义分割或目标检测技术应用到表格区域检测任务上。

- **基于目标检测的算法**

Schreiber 等人使用 Faster R-CNN 算法模型来检测表格区域。Gilani 等人在采用相同的目标检测网络的同时，还使用了 3 种距离变换方法对页面的图像特征进行增强。经过微调后的模型不受表格结构和布局变化的影响，并且适用于更多的数据集进行目标检测。

Huang 等人使用 YOLOv3 网络来检测表格区域，对算法中的锚点进行了适应性调整，并在后续处理中过滤了检测框的空白区域，以减少噪声对表格区域定位的影响，进而提高了表格区域检测的准确率。

Sun 等人采用无锚点的目标检测算法来检测表格区域，该算法基于 CornerNet 的思想定位出表格的 4 个角点位置，并且利用角点对扭曲表格进行矫正，以提高后续表格结构识别的准确率。

- **基于语义分割的算法**

He 等人采用多尺度特征，利用 FCN（fully convolutional network）定位出文档中的表格、段落及图像区域，然后通过形态学、CRF 等获得表格区域。

● **基于图网络的算法**

Zhang 等人提出了 VSR（vision, semantics and relation）模型。该模型融合了视觉和语意信息，以图像及文本信息作为输入，利用双流网络提取出视觉和语意特征，然后将特征送入多尺度自适应的聚合模块中，最后利用 GNN 模块对视觉及语义特征的关系进行建模，最终生成结果。

3.3.4　表格结构识别

表格结构识别是表格区域检测之后的任务，其目标是识别出表格的结构信息及单元格的内容信息。表格结构信息包括单元格的具体位置、单元格的连接关系以及单元格所在的行列信息。在当前研究中，主要通过两种形式描述表格的结构信息：单元格列表，包括每个单元格的内容、位置及行列信息；HTML 代码或 LaTeX 代码，包括单元格的位置信息，有些还会包括内容信息。

1. 基于传统算法的表格结构识别

与表格区域检测任务类似，早期的表格结构识别算法也是基于表格特征设计出基于启发式的传统算法或者机器学习的算法，进而完成表格结构识别任务。传统的表格识别可分为自底向上和自顶向下两种方法。

自底向上的方法是指先定位出单元格和文本块，然后再对单元格关系进行分类。Rahgozar 等人根据行列识别表格结构，先识别出文本块，然后利用文本位置以及两个单元格中间的空白区域做行与列的聚类，最后利用行列的交叉点得到每个单元格的位置和表格的结构。

自顶向下的方法则先检测出表格的行列位置，然后再对单元格进行合并等操作。Zuyev 等人使用视觉特征进行表格的识别，使用行列以及空白区域进行单元格分割。该算法已经应用到 FineReader OCR 产品之中。

2. 基于深度学习的表格结构识别

随着深度学习技术的发展，越来越多的深度学习算法被应用到表格结构识别任务中，除了自底向上和自顶向下的方法，基于深度学习的方法还包括图像文本生成的方法。

● **自底向上**

基于自底向上的深度学习模型如图 3-16 所示，Qasim 等人提出的算法模型首先检测单元格，然后再对单元格的行列关系进行分类。

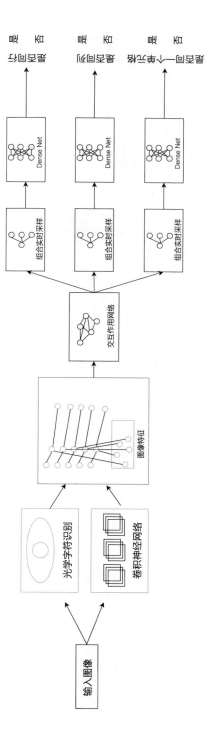

图 3-16 自底向上的表格结构识别

Prasad 等人提出利用 CascadeTabNet 模型来检测单元格和表格位置。Qasim 等人提出利用图网络来解决单元格连接关系，判断相邻文本块是否同行、同列或同单元格，最后利用启发式规则得到最终的表格结构。

● **自顶向下**

基于自顶向下的深度学习模型如图 3-17 所示。该算法包括行列分割模型和单元格合并模型。它首先利用分割模型检测行列的分隔符，然后利用规则启发式或者深度学习的分类算法定位出合并单元格。

图 3-17 自顶向下的表格结构识别

Siddiqui 等人将表格识别定义为语义分割问题，他们首先利用卷积和下采样获取图像中表格的特征，然后利用反卷积和上采样对特征图中的每个像素进行分类，最后通过后处理得到表格结构。Schreiber 等人提出了 DeepDeSRT 模型，该模型基于 FCN 框架对表格的行列进行语义分割得到表格的最细粒度单元。Tensmeyer 等人对合并单元格进行了研究，提出了单元格合并网络，判断最细粒度的相邻单元格是否需要合并，得到最终的表格结构。

● **图像文本生成**

基于图像文本生成的表格结构识别模型如图 3-18 所示。表格图像作为输入，经过模型后会得到表格结构所对应的序列文本（HTML、LaTeX 等）。随着 Table2Latex 和 TableBank 公布的 HTML 或 LaTeX 代码及表格数据集，图像文本生成的方法逐渐兴起。

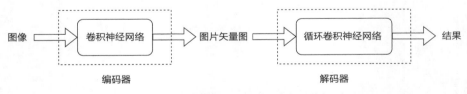

图 3-18 基于图像文本生成的表格结构识别

Deng 等人提出的 IM2LATEX 模型首先使用 CNN 提取特征，然后利用带有注意力机制的 LSTM 来生成对应的 LaTeX 代码。Zhong 等人提出了一种编码 – 双解码器的模型 EDD，编码阶段使用 CNN 提取特征，解码阶段使用两个 RNN RCNN 解码表格结构及文本信息。此外，Zhong 等人还公布了大型数据集 PubTabNet，该数据集不仅提供了表格结构的 HTML 代码，还提供了单元格的文本内容。

3.3.5 表格解析最佳实践分享

在深入研究已有各种方法的基础之上,我们研发了一套性能可靠的表格解析系统,该系统由实时检测和识别表格两个部分组成,在实际应用中其表格解析效果得到了客户的一致好评。表格解析流程如图 3-19 所示。流程简述如下。

(1) 表格区域实时检测:综合考虑检测速度与准确率,我们最终采用基于深度学习的目标检测算法定位表格区域。

(2) 识别表格:采用自顶向下的方式对表格结构进行重建。我们首先利用图像分割技术检测可见线条,然后利用文本语义信息检测不可见线条,最后利用表格线条信息对表格结构进行重建。

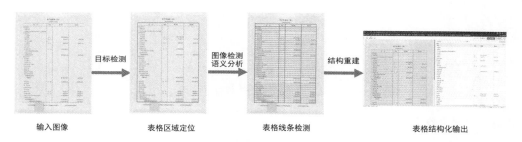

图 3-19 达观数据表格结构解析流程

● **表格区域实时检测**

实践表明,基于深度学习的目标检测算法,在通用表格检测中准确率可高达 99%。我们从基于区域检测的 Faster R-CNN 升级到基于回归的 YOLO 系列的目标检测。随着主流算法的更新,我们的表格区域检测算法也进行了一系列的升级改造。在表格检测场景中,目前我们根据表格特征对 YOLOv4 网络结构进行了优化。

(1) 采用自适应调整 anchor 尺寸方法。

(2) 根据表格在页面内的占比尺寸等特征,修改模型的采样率、感受野、网络层数等,进而缩减网络参数。实验结果表明,修改后的网络在保持原有检测效果的同时提升了推理速度。表格区域检测模型如图 3-20 所示。

● **识别表格结构**

我们采用自顶向下的方式对表格结构进行识别,统一将表格结构识别转化为表格行线、列线的检测,然后利用行列线重建出表格结构。对于表格线条,可分为可见线和不可见线两大类。我们首先利用图像分割算法对表格可见线条进行检测,然后再利用文本语义信息检测出不可见线条。

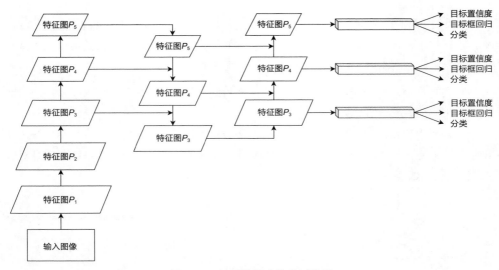

图 3-20 达观数据表格检测模型

● **可见线条检测**

与传统算法相比，深度学习的准确性和稳健性具有压倒性优势，目前较常用的深度学习图像分割（segmentation）模型有 DeepLab 系列、FCN、Unet 等。经过实验对比，我们发现在表格线条检测这个任务上，以上方法最后的收敛效果几乎是一样的，所以我们选择了收敛速度最快的 Unet。为了提高线条预测的精度和速度，我们对 Unet 网络进行了进一步的改造，比如修改了卷积核尺寸、损失函数等。我们首先对表格图片应用优化后的 Unet 模型进行图像分割，以分割出线条所在像素位置，然后使用几何分析对分割图像提取线条。可见线条分割模型如图 3-21 所示。

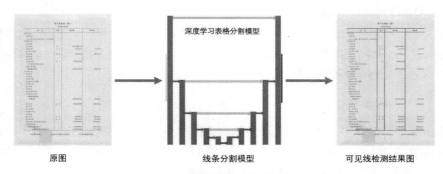

图 3-21 达观数据可见线条分割模型

● **不可见线条检测**

对于有线的表格，可以由线条（横线和竖线）直接构造出单元格。而对于无线表格，我们首先对表格内文本块的语义信息进行分析，利用 NLP 技术对文本块进行合并，然后根据文本块之间的空白区域的投影来检测行线和列线。不可见线条分割模型如图 3-22 所示。

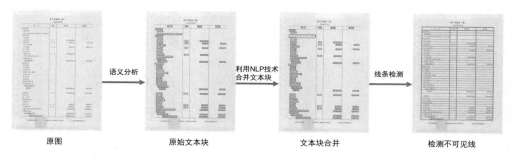

图 3-22　达观数据不可见线条分割模型

为了评价表格解析的性能效果，我们自创了表格评估体系并创建了大量自然场景中的表格评估数据集。

(1) 表格评估体系：基于 ICDAR2013 和 ICDAR2019 表格竞赛中表格识别任务的评测方法，我们制定了适合垂直领域的评估方法。该评估体系更为严格，不仅关注表格区域和单元格之间的连接关系，而且关注单元格的内容匹配度，这种评估方法有助于快速迭代 OCR 识别模型和表格解析模型。

(2) 评估数据集：评估数据集分为全线、少线和无线三大类，每大类又分为扫描件和电子件两小类，其中全线电子及扫描件的解析准确率均在 95% 以上，少线、无线电子及扫描件的解析准确率在 90% 左右，解析准确率在业界处于遥遥领先的水平。

达观表格解析系统已作为核心部件内嵌于智能投行文档质控系统（CZT）、智能文档审阅系统（IDPS）等产品中，为多家大型客户创造了实际价值，节约了大量的人力成本。

3.4　光学字符识别技术

光学字符识别（optical character recognition，OCR）技术是包含从输入图像到图像预处理、文本框检测、文字识别，甚至后处理等一系列技术的组合来实现提取图像中的文字信息。

本节主要介绍文档处理会运用到的 OCR 相关技术。我们首先会从 OCR 一整套的基本框架来展开介绍 OCR 框架中应用到的各种深度学习方法，以及 OCR 在文档处理方面相关的应用，然后会介绍达观利用 OCR 深度学习相关技术在文档处理上的实践。

3.4.1　OCR 技术简介及发展历程

本节主要从两个方面来对 OCR 技术进行介绍：首先介绍基本概念及应用，然后再简单介绍一下 OCR 的发展历程。

1. 基本概念及应用

OCR 简称"文字识别"，简单理解就是将图像中的手写或打印文本识别出来，转换成机器编码文本。传统的 OCR 主要用于识别扫描文档图像中的文字，场景文字识别（scene text recognition，STR）则是指识别自然场景中的图片中的文字，其难度远大于识别扫描文档的文字。现在我们说的 OCR 技术泛指所有图像的文字识别，包含文档照片、场景照片、扫描文档以及带有字幕文字的图像。

OCR 是计算机视觉领域重要的研究方向，涉及模式识别、人工智能、图像处理等多个领域，是广泛用作打印纸质数据记录的一种数据输入形式，也是提取图像中文字以转换成机器可识别的电子文档的最常用的一种方法。OCR 不仅可以提取各种图像（如护照、发票、身份证、名片等）中的文字，并对这些文字进行电子编辑和搜索，还可以应用到机器翻译、文本挖掘、文本转语音等场景中。文本在人机交互中扮演着至关重要的角色。图片中的文本所蕴含的丰富而精确的信息在基于视觉的设备中得到了广泛应用，能够协助设备获取更为精确的物体及周边环境信息。随着智能机器人、医疗诊断、无人驾驶等新型技术的迅猛发展，文本的检测与识别已经成为定位和理解物体信息的重要手段。在现实中，多种文本识别（如发票识别、车牌识别、拍照识字等）相关的应用大大地方便了我们的生活。

2. 发展历程

OCR 的概念最初由德国科学家 Tausheck 在 1929 年提出，随后美国科学家 Handel 也提出了利用技术对文字进行识别的想法。IBM 公司的 Casey 和 Nagy 是最早对印刷体汉字识别进行研究的人，他们在 1966 年发表了第一篇关于汉字识别的文章，通过模板匹配法成功识别了 1000 个印刷体汉字。1998 年，Yann LeCun 等学者提出了 LeNet-5，这是一种专门用于数字识别的 CNN。如今，各种各样的深度学习方法应用在 OCR 中，其中最具代表性的识别模型是基于 CNN、RNN 和连接时序分类（connectionist temporal classification，CTC）于 2016 年提出的 CRNN+CTC（CNN+RNN+CTC）方法。

我国在 OCR 技术方面的研究工作开始相对较晚，直到 20 世纪 70 年代才开始对数字、英文字母及符号的识别进行探索。随着时间的推移，我国的 OCR 技术研究逐渐向汉字识别方向发展，在 20 世纪 70 年代末开始了针对汉字的研究。直到 1986 年，汉字识别的研究才进入实质性的阶段，许多研究机构纷纷推出了中文 OCR 产品。

3.4.2　OCR 核心技术

OCR 是指运用图像预处理、文本检测、文字识别、语义修正等技术的组合来实现图像中文字信息的提取。本节首先从通用技术框架整体介绍 OCR 技术的流程，然后再详细介绍其中核心的技术，包括图像预处理技术、文本检测技术和文字识别技术。

1. 通用技术框架

文字识别一般包含以下步骤：图像预处理、文本检测、文字识别和语义修正（非必要流程），识别框架如图 3-23 所示。

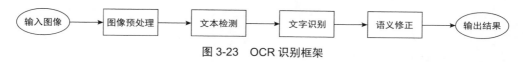

图 3-23　OCR 识别框架

其中，在 OCR 识别中，文本检测和文字识别是两个比较关键的步骤：文本检测即提取图像中所有包含文字的文本框，一般是按行文本框来提取；文字识别是对文本框内的所有文字进行识别，并转换成对应的字符。目前绝大部分实际应用的文字识别均包含文本检测和文字识别这两个阶段，同时也已经有端到端的识别框架。

OCR 识别框架中的文本检测和文字识别均是基于深度学习的方法，相比传统的 OCR 流程中用到的图像处理方法，其稳健性和准确性均更高，例如，传统的文字识别需要将文本框中的每一个字符进行切分后再单独识别，而目前基于深度学习的方法可以直接对整行的文本进行识别。

2. 图像预处理技术

在识别文字之前，通常需要对原始图片进行预处理，以便后续的特征提取和学习能够更加准确且有效，进而提高文字的检测和识别的准确率。

常见的图像预处理方法有以下几种，如图 3-24 所示。

(1) 图像缩放。由于原始图片的尺寸大小不一，因此为了准确快速地提取图像中的文字，通常会将图像缩放到某个尺寸区间，对于大尺寸的图像，缩小后还能加快整体流程处理的时间。

(2) 图像旋转。旋转图像主要是为了让图像中的文字方向尽量变成 0°。此步骤并不是必需的流程，在整个 OCR 流程中，可以根据实际需要来添加。

(3) 噪声去除。图像中会存在各种各样的干扰（如印章干扰、水印干扰等）来影响整个流程的识别，通过各种图像处理方法来去除不同的干扰，可以提高文档的识别准确率，比如可以通过颜色通道来去除红色印章干扰。

(4) 图像分割。如果图像尺寸过大（如图 3-24 中的长图，其图像高度通常都从 8000 到上万的大小，非常不利于后续的文本检测和识别），则需要通过图像分割的方法将图像分成多份来分别识别。这样不仅能提高整体识别的准确率，还能实现自动分割，提升用户体验。

(5) 图像转换。图像转换指将 TIFF、PDF 等非图片格式的文件统一转换成诸如 JPEG 之类的图片格式，以方便进行统一处理。

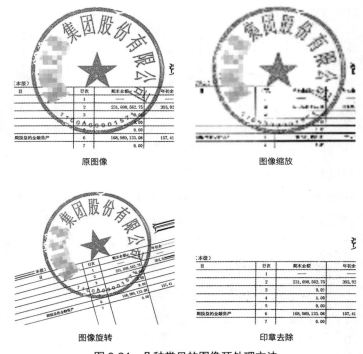

图 3-24　几种常见的图像预处理方法

3. 文本检测技术

文本检测是从图像中查找所有存在的文本的任务，文本检测通常有如下特点：

- ❑ 相较于常规物体检测，文本行宽度、长度比例变化范围大；
- ❑ 文本行有方向性；
- ❑ 艺术字体形状多样（有水平、垂直甚至弯曲文本）；
- ❑ 字体和语言类型丰富多样；
- ❑ 复杂的背景图像干扰在自然场景中很常见，因此文本检测难度较大且稳健性不够。

图 3-25 是文本检测及对应识别效果。

图 3-25　文本检测及对应识别效果

文本检测是 OCR 识别框架中最核心的环节之一。与一般的目标检测不同，文本检测属于一种特殊的目标检测。在视觉领域中，常用的目标检测方法有 Faster R-CNN、SSD（single shot multibox detector）等。然而，在将这些通用的目标检测方法应用到文本检测上时效果并不理想，因为文本行不同于常规物体，其长宽变化比范围大，具有方向性等独有的特点。

针对上述问题，随着深度学习技术的发展，越来越多的文本检测算法被应用到 OCR 流程中，近年来提出了非常多的针对文本检测的算法，比如 CTPN、SegLink、EAST、PSENet、DBNet 等。

CTPN 算法可以检测水平、垂直和小角度的文本。该算法使用 Faster R-CNN 和 LSTM 来预测固定宽度的文本候选框，并会在后处理阶段将这些候选框连接起来，以得到文本行。该算法的优点是在检测水平或者倾斜角度较小的文本行时，具有出色的检测效果，但是对倾斜或弯曲文本检测效果差。CTPN 算法流程如图 3-26 所示。

SegLink 算法与 CTPN 算法有相似之处，二者都是先寻找行文本的小文本块，然后再将它们连接起来，获得完整的行文本。具体来说，SegLink 算法首先会将每个单词切割成更易检测的有方向的小文字块，然后使用邻近连接将这些小文字块连接成单词，并在 SSD 基础上加入旋转角度的学习。该算法的优点是能检测长文本，缺点是对间隔较大的文字块检测效果差。SegLink 算法网络结构如图 3-27 所示。

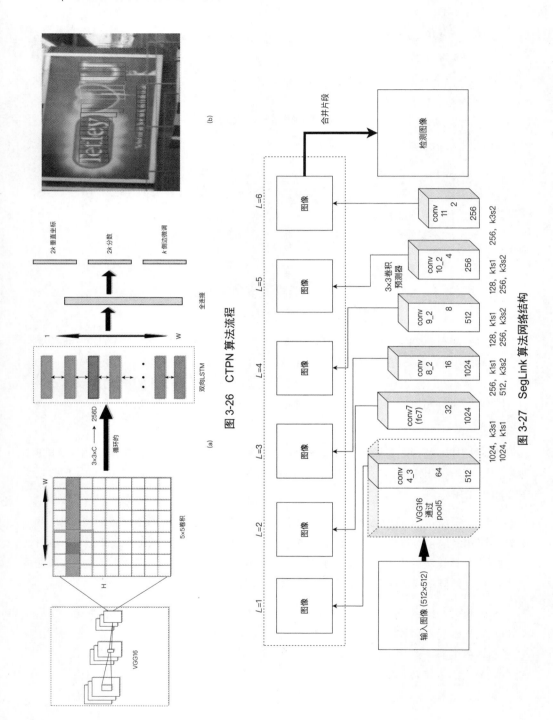

图 3-26　CTPN 算法流程

图 3-27　SegLink 算法网络结构

EAST 提出了一种由全卷积网络阶段和非极大值抑制阶段组成的场景文本检测方法，该方法可预测旋转框或水平框的几何形状，因此在准确性和速度方面都有所提升。该算法的优点在于利用了特征图的多尺度融合，可检测不同尺度的文本区域，并且预测的文本框带有角度，能够对任意方向的文本进行检测。不过，由于感受野和 anchor 大小的限制，该算法对长文本和曲线文本的检测存在一定困难。EAST 文本检测的 FCN 网络结构如图 3-28 所示。

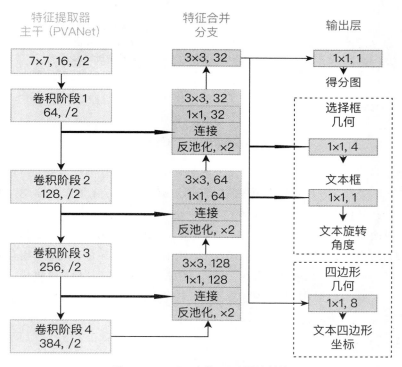

图 3-28　EAST 中的 FCN 网络结构

PSENet 是一种基于像素分割的算法，主干网络采用深度残差网络（ResNet），可精确定位任意形状的文本实例。该算法提出了渐进式扩展算法，能够区分离得很近的多个文本实例，从而确保了文本实例的准确位置。该算法从最小的卷积核开始扩展，最小的卷积核可以把紧靠的文本实例分开，逐渐扩展到更大的卷积核，最后扩展到最大的卷积核，得出最终的结果。该算法的优点是对各种角度或弯曲文本的检测都有不错的效果，缺点是需要进行复杂的后处理得到最终的文本框，而这会增加一定的耗时。PSENet 算法流程如图 3-29 所示。

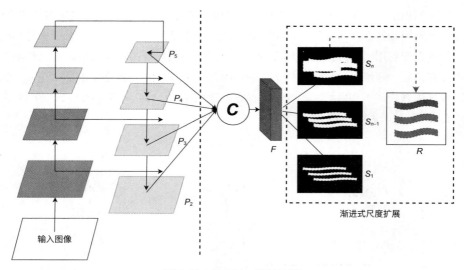

图 3-29　PSENet 算法流程

　　DBNet 是基于分割的文本检测算法。在基于分割的文本检测算法中，通常需要对二值化图进行后处理，方法比较复杂且选取不同的阈值对效果和性能均有影响。为了解决该问题，DBNet 提出了一种可微分的二值化方法（differentiable binarization），该方法能够对每一个像素点进行自适应二值化，通过网络学习 threshmap 和二值化阈值，从而在数据集上获得更稳健的效果。该算法的优点是对水平、多方向和弯曲的文本均有很好的检查效果，而且还简化了后处理。因此，与之前的算法相比，该算法速度更快，在轻量级的 backbone（ResNet18）上也有不错的效果。该算法的缺点是不能很好地处理文本框内包含文本的场景。DBNet 算法流程如图 3-30 所示。

4. 文字识别技术

　　文字识别就是对文本框内所有的文字进行识别并转换成对应的文字内容。OCR 文字识别技术的发展经历了从传统的机器视觉方法（比如使用手工设计的特征提取加分类器的经典模式识别技术），到主流的无监督特征学习的模式识别技术，再到基于深度学习的端到端的识别的过程。

　　传统的机器视觉建模采用两段式方法，即特征提取加分类器训练，深度学习则将特征提取模块与任务训练模块协同优化，打破了原来的两段式方法。如今已有各种各样的基于深度学习的识别算法，其中具有代表性的识别框架有 CRNN+CTC、CNN+Seq2Seq+Attention、MORAN（multi-object rectified attention network）、SRN（semantic reasoning network）等。

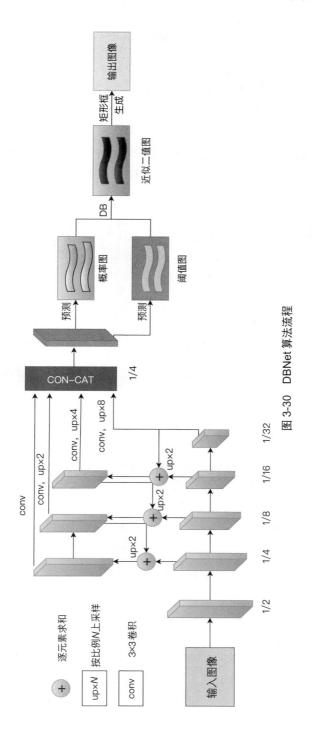

图 3-30 DBNet 算法流程

传统方式的文字识别在对字符进行切割后会逐个字符进行识别，但这样做有两个明显的缺点。

(1) 由于字符的间隔及字符的宽度多样性等各种因素的影响，导致字符切割易错、稳健性差，进而导致识别准确率低。

(2) 对切割后的每个字符进行识别所需响应时间长。

在深度学习出现之后，可以直接对整行文本进行识别，而且可以通过设置 batch_size 的数量来控制一次识别多个字条，这样不仅提升了识别的准确率，还提升了识别效率。图 3-31 展示了使用传统图像字符切割的效果。

图 3-31　传统图像字符切割效果

可以明显看出，图 3-31 因为字符切割错误导致了识别错误，而深度学习可以通过模型学习大量的数据，非常轻松地解决上述问题。

CRNN 主要分为 3 个步骤：首先利用 CNN 从图像中提取卷积特征，然后使用 LSTM 进一步提取卷积特征中的序列特征，最后使用 CTC 算法解决字符在训练过程中无法对齐的问题。CRNN 网络结构如图 3-32 所示。

MORAN 提出了一种旨在解决不规则和通用场景文本识别问题的算法。该算法由矫正子网络 MORN（multi-object rectification network）和识别子网络 ASRN（attention-based sequence recognition network）组成。MORAN 采用了一种全新的像素级弱监督学习机制，用于对不规则文本进行形状矫正，从而降低了文本识别的难度。MORAN 还提出了一种小数提取（fractional pickup）方法来训练 ASRN，使得 ASRN 对上下文的变化更加稳健。此外，MORAN 设计了一种课程学习策略（curriculum learning strategy），使得 MORN 和 ASRN 可以进行端到端联合训练，以提高性能。MORAN 流程如图 3-33 所示。

SRN 提出了一种可训练的端到端框架，名为"语义推理网络"，其由 4 个部分构成：基础网络（backbone network）、并行的视觉特征提取模块（parallel visual attention module，PVAM）、全局语义推理模块（global semantic reasoning module，GSRM）以及视觉与语义融合的解码器（visual-semantic fusion decoder，VSFD）。SRN 的优点是在正常文本、不规则文本等 7 种公共基础数据集上均取得了当时最好的效果，缺点是包含了多个模块，尤其是引入了会使推理速度相对较慢的语义模块。SRN 流程如图 3-34 所示。

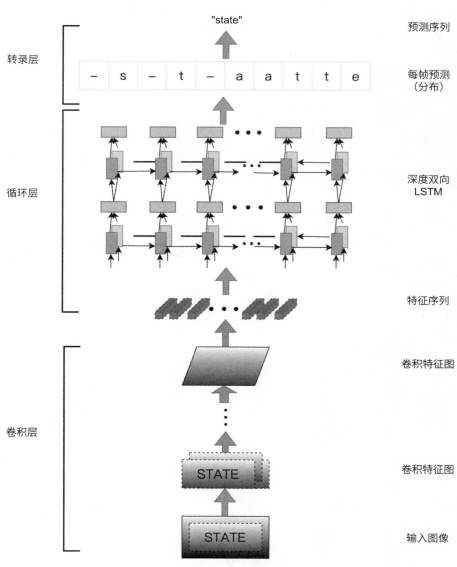

图 3-32　CRNN 网络结构

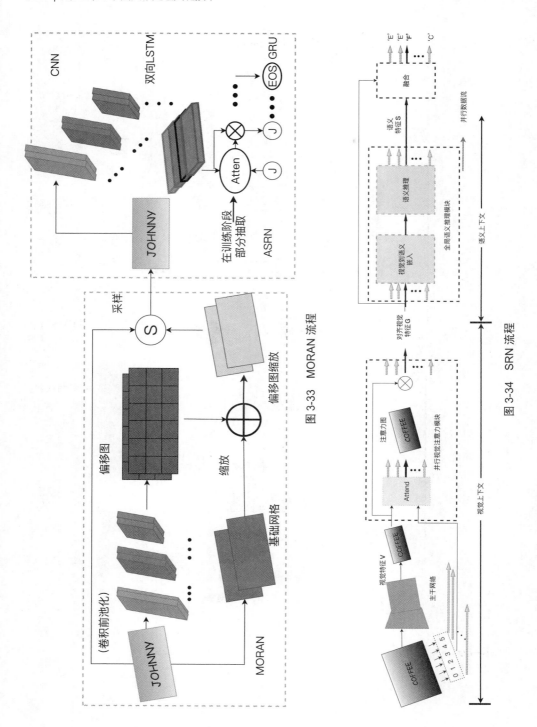

图 3-33 MORAN 流程

图 3-34 SRN 流程

3.4.3 文档处理中的应用和实践

本节会从 3 个方面来介绍 OCR 技术在文档处理中的应用和实践：首先介绍文档场景遇到的问题及针对对应问题的实践方法；然后介绍系统的整体架构设计；最后介绍平台解决方案。OCR 平台是基于 OCR 系统框架搭建的一套对外服务的平台，也是基于 OCR 技术所搭建的一套完善的产品。

1. 文档场景问题与实践

在文档处理过程中会遇到各种各样的问题，最常见的是文档质量问题（如文字模糊、噪声干扰、背景干扰、印章干扰、文本倾斜、文档旋转等），这些问题会影响文本的检测以及文字的识别，例如，印章干扰场景不仅会影响文字的检测，还会影响文字识别的准确率。图 3-35 是一张印章干扰的检测识别效果图。

图 3-35 印章干扰检测识别效果

因此，针对上述问题，需要在模型训练过程中做对应的数据增强及扩展，比如在训练文字检测模型过程中，可以加入"文本框上添加印章"作为干扰数据，增强检测的学习能力，从而检测到印章干扰的文字。同样，如果因为印章干扰导致识别易错问题，则需要在训练识别数据中叠加印章背景干扰及对数据做各种各样的增强，比如采用模糊处理（GaussianBlur）、随机切割（random crop）、颜色反转（reverse）、颜色空间转换（cvtColor）、噪声（gasuss noise）、透视（perspective）、随机数据增强（RandAugment）、拉伸（stretch）、印章干扰、随机画线、图像质量、亮度调节、压缩、水印干扰、随机背景、仿射（affine）等方法来对数据进行增强以生成更丰富的样本数据，从而提升模型的泛化能力。

2. 系统架构设计

为了能够将 OCR 识别应用到各种业务场景中，我们搭建了一套底层 OCR 系统，其系统架构如图 3-36 所示。整个架构实现了从输入文件到输出结果的一套完整的流程，其中包含很多子模块，比如旋转、检测、识别、目标检测、抽取等功能，通过不同模块间的组合使用，可以实现不同的功能。

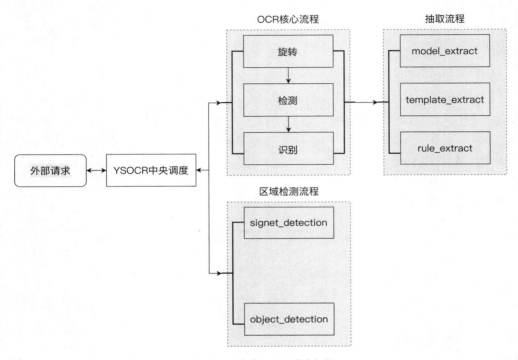

图 3-36　达观 OCR 系统架构

外部请求的输入可以是各种格式的文件，比如 JPG、TIF、PNG 格式的图片，也可以是 PDF 文件，或者将图片转换成 base64 输入，而接口请求通过传参来实现不同的业务需求。在整个 OCR 框架中，内部是通过各个小的模块的组合与串联，来实现对各种业务场景的需求，使得整个架构能够灵活地应用到不同场景中，进而使得整个架构不仅包含通用 OCR 识别，还包含通用票证识别、手写体识别、财务票据识别、印章识别、房产不动产证明识别、多语言识别、卡证识别等。

在整个架构中，我们使用的 OCR 技术包括文本检测、文本识别、目标检测、图像旋转、图像预处理等。下面我们将展开介绍各种技术。

(1) 文本检测。目前存在多种文本检测算法，但这些算法仅适用于专门的场景和需求，比如场景文本检测和普通文档检测是有很大差别的。而我们针对各种文档处理，在基于 PSENet 算法进行改进,并结合自身业务场景的数据进行训练后,得到了一种通用的文本检测方法。这种方法不仅适用于各种文档的检查,还针对一些特殊的文档进行了优化处理,比如在含有印章的场景中,我们的检测可以去除印章文字的一些干扰,防止多检测;在银行流水场景中,我们可以精准地根据表格的划分做到以表格为单元的细粒度检测。图 3-37 是对表格的文本检测及对应的识别效果。

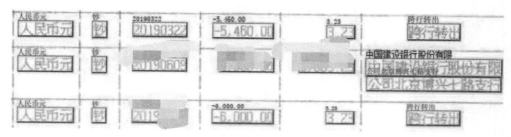

图 3-37　表格文本检测及识别效果

　　(2) 文本识别。由于文本检测算法众多,因此通过借鉴 CRNN+CTC 的思路,并结合 Transformer 的 Encoder 思想,我们的文本识别使用了 CNN+Self-Attention+CTC 的架构。同时,我们会根据不同的识别需求训练不同的识别模型。我们所训练的最基础的识别模型是通用文档识别,其适应于各种基础文档的识别。而针对各个小语种的识别,我们也会专门训练小语种识别模型。

　　(3) 目标检测。在有些场景中,需要通过目标检测来对图片进行分类、定位和提取,比如在混合卡证抽取中,需要通过目标检测来获取每个卡证,然后再对每个卡证进行识别并抽取所需的字段。我们的目标检测是基于 YOLO 系列进行优化,并结合各个场景的数据进行训练来获取不同的模型。

　　(4) 图像旋转。文字是有方向的,但在实际的应用场景中会有各种旋转的文本,因此,最终我们需要对转正后的图片进行识别。我们的旋转是基于图像分类的算法,并结合语义判断来进行旋转矫正。

　　(5) 图像预处理。图像预处理方法很多,这里重点介绍一下印章去除。在实际工作场景中,我们发现很多文档中会包含印章。为了防止印章对文档比对造成影响,就需要去除文档中的印章。印章去除技术分为两步:首先,使用目标检测进行印章定位;然后,通过颜色通道去除印章干扰。

3. 平台解决方案

　　在整个 OCR 系统框架中,由于要适应各种各样的场景需求,因此需要将一些基础的核心技术变成一个个独立的模块,然后再通过不同业务的需求将各个模块进行组合,以实现动态可插拔的效果，进而达到各种产品开箱即用。

为了让产品更好用，在 OCR 系统框架的基础上，我们开发了一个 OCR 平台，图 3-38 是该平台的技术架构。在 OCR 平台上，图像识别、模板标注、模型抽取、数据标注、模型训练等功能均能实现。

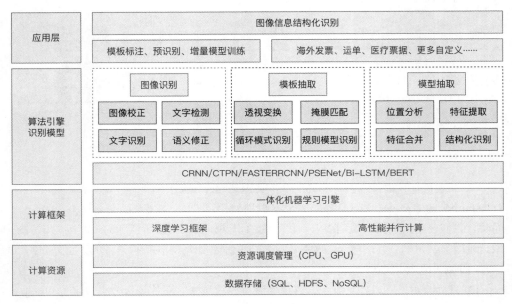

图 3-38　OCR 平台技术架构

通过底层OCR系统及OCR平台，孵化出了很多OCR产品，其产品矩阵如图3-39所示。

图 3-39　达观 OCR 产品矩阵

　　图 3-39 是 OCR 实际应用中的部分产品，这些产品不仅在各种场景中被广泛使用，而且实现了开箱即用的功能。除了提供大量开箱即用的产品，对于各种新的业务需求，我们还提供了一个完整的 OCR 平台，能够快速为各种业务场景提供一整套解决方案。

3.5　文档多模态技术

　　在深度学习领域，多模态技术发展迅速，其中文档多模态是其在文档处理场景中的应用，主要通过文本、图像、结构等模态信息融合对文档进行识别、分类、解析、问答等处理。

3.5.1　多模态介绍

　　本节会对多模态的概念和基础知识进行介绍，主要包括多模态的定义和多模态的发展。

1. 多模态的定义

　　模态是指事物以特定的方式发生或存在（被体验／被表达）的方式。每种信息来源或信息形式都可以被称为一种模态。举例来说，人类有视觉、听觉、触觉、嗅觉等感官模态，如图 3-40 所示。而信息传播的媒介包括视频、语音、文字等，这些都代表不同的模态。此外，还有如红外、雷达、光电、加速度计等多种传感器，它们也是不同的模态。

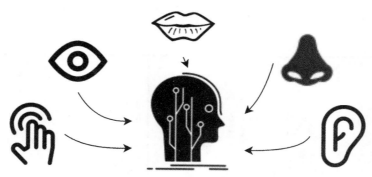

图 3-40　人类能感知的多种模态

　　顾名思义，多模态是指研究或数据集中包含多个模态的信息，并且可以实现各个模态信息的交流和转换。

　　在多模态文档研究中，主要涉及以下 3 种模态：自然语言，通过文字或语音表达；视觉信号，通过图像或视频表达；声音信号，通过编码声音和副语言信息（如韵律和声音）表达。文档文字（自然语言）和文档图片（视觉信号）是文档多模态必不可少的两种模态。

2. 多模态的发展

多模态的第一类应用是多模态机器学习，最初的研究方向是视听语音识别。研究表明，在言语感知过程中，听觉和视觉相互作用。这一结论促使语音领域的许多研究人员使用视觉信息来拓展他们的方法，从而提高多模态模型的稳健性。

第二类应用源自多媒体内容的信息索引和信息检索领域。数字化的多媒体信息随着移动端设备和互联网的发展飞速增长。早期索引和查找这些多媒体信息的方法仅基于关键字，现在则演进出更高效的基于多模态的方法来直接搜索视觉和多媒体内容。

第三类应用是在 2000 年初围绕新兴的多模式交互领域建立的，其目标是了解社会交互过程中的人类多模式行为，研究使用面部表情的视觉信息和语言的听觉信息进行情感识别和情感计算。

近年来出现了一类新型的多模态应用，它们注重语言和视觉方面的开发，被称为媒体描述。图像字幕 / 摘要是一个典型的应用，该应用可以为视障者生成图像的文本描述，以帮助他们完成日常活动。然而，媒体描述所面临的主要难题是如何评估其描述结果的质量。于是出现了视觉问答（VQA）任务，该任务旨在回答与图像有关的具体问题，从而解决评估问题，如图 3-41 所示。此外，基于描述文字生成相关图像的技术近年来也取得了重大进展，为智能创作开辟了新的可能性。要将这些新型应用带入现实，我们需要解决多模态学习遇到的各种技术难题。

图 3-41　视觉信息问答

多模态学习自 20 世纪 70 年代起步，经历了不同的发展阶段。在之前的阶段中，多模态学习方法主要基于机器学习。在 2010 年后，随着深度学习的广泛发展，多模态学习开始步入深度学习阶段，其中基于 Transformer 架构的模型成为技术主流。随后在 BERT

统治了一个阶段后，GPT 模型尤其是 GPT-3 之后的模型随着 ChatGPT 应用的横空出世，将多模态和生成模型带到了新的高度。

多模态学习面临的很多通用挑战任务，即多模态表征（representation）、多模态翻译（translation）、多模态对齐（alignment）、多模态融合（fusion) 和多模态联合学习（co-learning)，将在 3.5.2 节展开介绍。

文档多模态属于多模态学习的子任务，跟随多模态学习的发展而演进。在深度学习出现之后，文字和图像两个模态的融合愈发广泛，衍生出了很多下游任务，3.5.3 节将介绍目前最主要的几种应用。

3.5.2 多模态的主要任务

多模态的主要任务包括表征、翻译、对齐、融合和联合学习，它们是多模态技术不断发展的关键，但随着 Transformer 等结构的出现，这些任务已经逐渐被归一化，不过从多模态技术发展的角度去了解这些任务依然有重要意义，本节将对这 5 项任务进行具体说明。

1. 多模态表征

多模态表征（也称为表示）旨在通过综合各种模态信息找到对多模态信息的统一表示。在计算机领域，通常采用向量表示，因此向量的维度及其各维度的属性具备良好特性至关重要。这需要根据具体任务进行分析，以多模态信息检索（搜索"在骑自行车的人"）为例，我们需要学习图片、视频和文本的表征向量，以找出它们之间的相似性。同一对象的不同模态信息的表征向量之间应具有更高的相似性。

表征是一个非常基础的任务，好的表征能极大地提高模型的表现。

表征任务存在以下困难。

(1) 如何将不同数据来源的异构数据结合起来，例如，文字是符号数据，图片是像素矩阵，视频是时序的像素矩阵，声音是采样成的一维数组。

(2) 如何处理各种模态数据所带来的各种层级的噪声。

(3) 如何应对不同模态数据缺失的问题。

良好的表征应该满足以下特性：

❑ 平滑性；

❑ 时序和空间上的一致性；

❑ 稀疏性；

- 自然聚类能力；
- 在表征空间中的相似性能够反映出模态概念的相似性；
- 当某些模态数据丢失时，多模态表征仍然具有稳健性；
- 在给出其他观测模态数据后，能够填充缺失的模态数据。

目前主要采用两种表征方式，即联合（joint）表征和协同（coordinate）表征。联合表征是将单模态信号结合到同一个表征空间中，协同表征则是对单模态信号进行分别处理，然后在处理过程中通过约束方法将它们协同起来，而不是把它们投影到一个联合空间中，如图 3-42 所示。在 Transformer 出现后，多模态通过 Embedding 的方式进行联合表征已经成为主流。

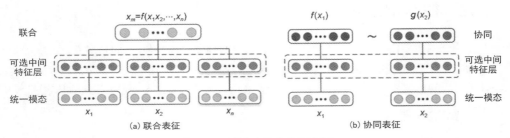

图 3-42　联合表征和协同表征

2. 多模态翻译

多模态翻译是指将一个模态中的信息转换成另一个模态中的对应信息，即实现不同模态之间的映射。可以根据一个模态中的实体，生成与之对应的另一个模态中的实体。例如，通过图像生成描述其内容的句子，或者通过文本描述生成相应的图像，如图 3-43 所示。

图 3-43　图像信息摘要

　　从图像到描述文本的生成是多模态翻译领域一个长期研究的课题，过去的研究方向包括语音合成、视觉语音生成、视频描述和跨模态检索。

　　视觉场景描述或图像和视频字幕是近年来备受瞩目的研究领域，它们探索了计算机视觉和 NLP 技术的许多应用。如果想完成这些课题任务，那么不仅需要充分理解视觉场景的构成，还需要识别场景的重要元素并生成符合语法、简洁而全面的描述语句。

　　尽管多模态翻译方法各式各样且通常针对特定模态，但是我们可以从中发掘共性因素，比如可以将其分为两种主要类型——基于样本的多模态翻译和基于生成的多模态翻译，如图 3-44 所示。基于样本的模型使用字典在模态之间进行转换；基于生成的模型（相比于判别模型）更注重构建能够生成翻译的模型，在深度学习尤其是 Transformer 出现后，已经取得了飞速进展。

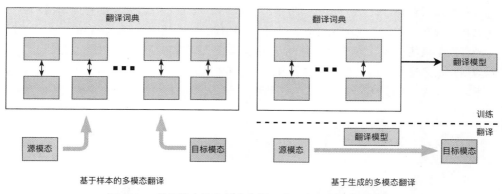

图 3-44　基于样本的多模态翻译和基于生成的多模态翻译

　　建立生成模型的挑战性更高，因为这种模型需要具有生成信号或符号序列（如句子等）的能力。这对于任何形式的数据（如视觉、听觉或语言）都有难度，特别是要生成具有时间和结构一致性的序列。许多早期的多模态翻译系统在处理多种语言形式时主要依靠基于实例的翻译。但是，伴随深度学习模型的发展，可以生成文本、声音和图像的模型已经出现，以 GPT、Stable Diffusion 等模型为代表，生成模型进入了新的时代，开始达到甚至超越人类表现。

3. 多模态对齐

　　多模态对齐指的是发现不同模态信息之间的对应关系，比如判断一张图片和一段文字是否对应。

　　多模态对齐所面临的难点如下。

(1) 有标注的数据集很少，大多数时候只能使用半监督甚至无监督的方法。

(2) 如何设计好模态信息之间的相似度评价指标。

(3) 不同模态之间的关系并不总是一一对应，有时可能出现一对多、多对一或多对多的情况。

多模态对齐是在两个或多个模态中寻找实例的子组件，确定它们之间的对应关系。例如，在给定一张图片和对应标题的情况下，我们想要找到与标题中的单词或短语所对应的图片区域。另一个例子是，给定一部影视剧作，将其与剧本或图书章节对齐。

多模态对齐通常分为显式对齐和隐式对齐两种类型。显式对齐需要在任务中直接判断几个模态信息是否对齐，隐式对齐则没有明显的判断过程，往往作为某些任务的中间步骤，比如跨模态的检索。

对于显式对齐，我们主要关注的是不同模态下的子组件对齐，比如将操作步骤与相应的教学视频对齐。隐式对齐通常会作为另一项任务的中间（一般是潜在的）步骤，比如基于文本描述实现文字与图像对齐的图像检索。如图 3-45 所示，左边的黑色和上衣分别与视觉信息进行了语义对齐，右边则将黑色和上衣进行语义融合，得到了黑色上衣的视觉表达，这将有助于图像信息的精确检索。

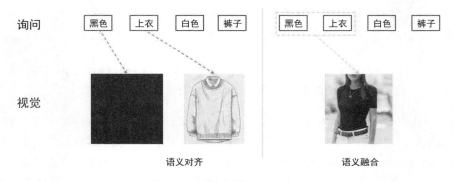

图 3-45　语义对齐与语义融合

4. 多模态融合

多模态融合是多模态机器学习的原始主题之一。前期和后期的混合融合方法都是此领域的研究重点。从技术层面来看，多模态融合是一个将来自多个模态的信息整合在一起，以预测特定结果度量的概念。这些度量可以是通过分类来预测类别（如悲伤和快乐），或通过回归来预测连续值（如情绪的积极性）。这个领域已有三十多年的研究历史，一直备受关注。

多模态融合有 3 个明显的优势。首先，使用多种模态观察同一现象可以提供更可靠的预测。其次，使用多种模态可以捕捉到互补信息，这些信息在单一模式下不易获得。第三，当某种模式不存在时，多模态系统仍可运作，比如在无声的情况下，从视觉信号中依然可以识别情感。

多模态融合在很多领域有广泛的应用，比如视听语音识别（AVSR）、多模态内容生成、多模态信息检索等。目前大部分研究致力于针对特定任务的多模态融合，比如信息检索、多媒体分析或内容生成等。

多模态融合分为两类：一类是不直接依赖特定机器学习方法的模型不可知方法，另一类是在构建中显式处理融合的基于模型的方法，比如深度学习模型，目前已成为主流。

多模态融合仍然面临以下挑战：

- □ 不同模态的初始表征在不同的特征维度（比如密集的连续信号和稀疏事件）；
- □ 充分利用不同模态信息的模型构建；
- □ 不同模态的信息类型差异和噪声差异处理。

在当下的研究中，基于 Transformer 来做模态融合的趋势已经逐渐取得主导地位，将不同模态的信息通过特征提取器变成 Embedding 统一表征后合并送入模型，在不同任务上都取得了显著的成功。

5. 多模态联合学习

多模态任务的最后一个挑战是协同 / 联合学习，即利用一个（资源丰富的）模态的知识来协助（资源贫乏的）模态建模。特别是当其中一种模式的资源有限时（如不可靠的标注、有噪数据、标签缺失数据等），这一点尤其重要。这种挑战被称为协同学习，因为协同模式通常只在模型训练期间使用，在测试期间则不使用。

根据可用的训练资源，我们确定了 3 种协同学习方法，包括并行、非并行和混合类型，如图 3-46 所示。

在并行数据方法中，训练数据集需要包含多模态观测值，其中一种模态的观测值直接关联其他模态的观测值。具体来说，当多模态观测值来自同一实例时（比如视频样本和语音样本来自同一说话人的视听语音数据集），这种关联就会发生。相对而言，非平行数据方法不需要建立观测不同模式之间的直接联系。这些方法通常采用类别重叠的方式实现协同学习。举例来说，在零样本学习中，可以利用维基百科的第二个纯文本数据集来扩展传统的视觉对象识别数据集，从而提升其通用性。另外，在混合数据的处理方法中，模型可以采用模式共享、数据集桥接等方式。

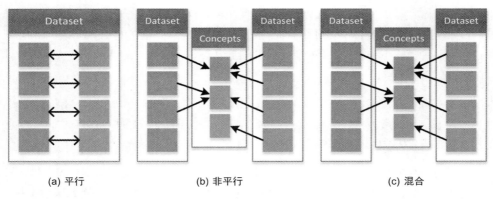

(a) 平行　　　　　　　　　(b) 非平行　　　　　　　　　(c) 混合

图 3-46　3 种多模态协同学习方法

3.5.3　文档多模态的主要应用

随着多模态技术的发展，在文本处理场景中，文档多模态的应用越来越广泛。近年来，深度学习技术的发展也更好地推动了如文档结构分析（document structure analysis）、视觉信息提取（visual information extraction）、文档图像分类（document image classification）、文档视觉问答（document visual question answering）等智能文档算法的发展，而多模态算法为这些应用提供了新血液，如图 3-47 所示。

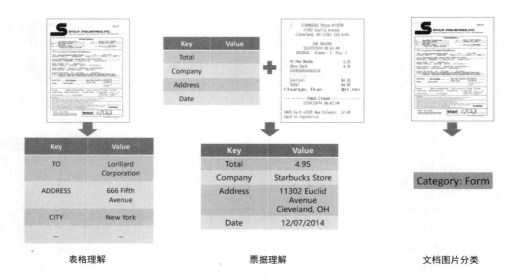

表格理解　　　　　　　　　票据理解　　　　　　　　　文档图片分类

图 3-47　文档多模态的应用

1. 文档结构分析

文档结构分析任务主要涉及对文档结构中各种元素（如文本、图像、表格等）的位置关系进行识别、分析和理解。这一过程通常包括两个主要方法：视觉分析（visual analysis）和语义分析（semantic analysis）。视觉分析主要集中于视觉元素分析，目的是检测文档结构并确定相似内容区域（如图像、表格等）的边界。语义分析则侧重文本语义分析，以检测特定文档元素，如标题、段落、表格等。

在以上两种文档版面分析方法中，基于 NLP 的语义分析方法将版面分析任务看作序列标签分类任务，但是这种方法在版面建模上表现出缺陷，即无法有效捕获空间信息；基于计算机视觉的方法则将版面分析看作目标检测或分割任务，这种方法的不足表现在缺乏细粒度语义、拼接方式简单以及未利用关系信息。为解决以上两种方法的局限性问题，通过融合视觉、文本、关系、空间等多模态信息，可以构造出版式分析架构，如图 3-48 所示。

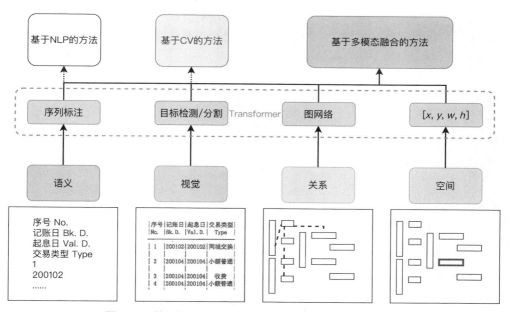

图 3-48　基于视觉、语义、多模态融合的版面分析方法对比

像图 3-48 这种基于多模态的结构，有效地融合了视觉数据、文本数据、关系数据和空间数据，结合不同模态达到了良好的版面分析效果。在不同模态的特征提取和分析方法上，除了传统方法的融合，越来越多的主流方法已经基于 Transformer 来实现了。借助这种统一的架构，通过不同的下游任务设计，可以在版面分析之外做更多的应用扩展，比如下文将介绍的提取、分类等。

2. 视觉信息提取

视觉信息提取任务旨在从大量非结构化内容的文档中提取实体及关系，对视觉丰富的文档来说，该任务可被视为计算机视觉问题，通过目标检测或语义分割来进行信息提取。该任务将文档图像视为像素网格，将文本特征融合到视觉特征图中。随着文本粒度的变化，该任务从字符级发展到单词级，又发展到了上下文级。此外，多模态信息抽取任务主要针对图片和文字模态。

3.2.4 节中提出的 LayoutLM 模型是文档多模态尤其是视觉信息提取的代表作。该模型使用 BERT 作为核心模型，加入了 2D 绝对位置信息和通过 Faster R-CNN 提取的图像信息，捕获了 Token 在不同模态中的特征来完成融合。

在诸多文档多模态设计的基础上，达观数据结合实践经验，在自研多模态算法上选择性地对空间特征进行剪枝，以减少工业落地场景中模型对资源的较大占用，但这带来了一部分效果损失。为了弥补空间特征裁剪带来的损失，通过设计 1D + 2D 位置编码对，在仅使用语义和空间两个模态下依然取得了很好的提取效果，实现了效果和资源的平衡，如图 3-49 所示。

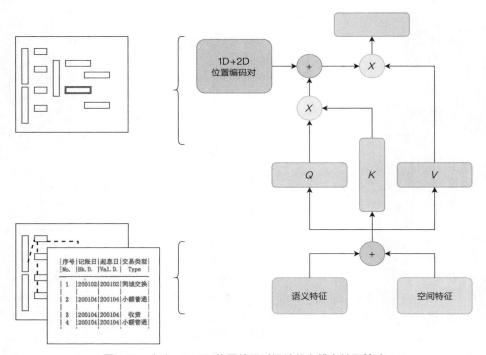

图 3-49　加入 1D+2D 位置编码对设计的多模态抽取算法

在达观自研 OCR 平台上,标注仅通过简单空间序列标注的操作方法即可完成,但在训练时还会输入标注内容的图像(可选)、关系、空间等特征进行综合。如图 3-50 所示,左边为划选标注后的文字展示效果,右边为标注的字段关键词和内容信息。

图 3-50 多模态数据标注与抽取标签

3. 文档图像分类

文档图像分类任务旨在分析和识别文档图像,并将其分为如科学论文、简历、发票、收据等不同的类别。图 3-51 展示了该任务的一个样例,这是一个关键的过程。最初的文档图像分类方法与自然图像分类方法相似。例如,基于深度学习的文档图像分类方法使用经过 ImageNet 预训练的基础网络(如 ResNet)作为初始模型,然后会对文档图像数据进行迁移训练。

图 3-51 文档图像分类展示样例

多模态算法可以直接从文档内容中提取出图像和文本信息，实现内容分析。相比于传统的图像分类或文本分类，多模态文档分类结合了视觉特征和文字特征，提高了分类效果和稳健性。

4. 文档视觉问答

文档视觉问答任务为通过判断识别和理解文本的内部逻辑来回答关于文档内容的自然语言问题。在该任务中，文本信息扮演着至关重要的角色，而现有的代表性方法都以对文档图像进行 OCR 获取的文本为输入。在文本信息的基础上，VQA 任务将被建模为不同的问题，主流方法是将问题建模为 MRC（machine reading comprehension，机器阅读理解）问题，并从给定的文档中提取文本片段作为相应的答案，算法通常是各种基于 Transformer 实现的语言模型。

在文档 VQA 中，我们期望智能阅读系统能对信息做出像人类自然语言表达一样的即时响应。为此，阅读系统不仅应提取和解释文档图像的文本（打字或打印、手写）内容，还需要利用许多其他的视觉信息，包括布局（背景、页面结构、表格、表单）、非文本元素（标记、勾选框、分隔符、图表）和样式（字体、字号、颜色、突出显示）。

文档 VQA 和场景文本 VQA 方法不同，文档图像的性质需要不同的方法来利用上述所有视觉线索（比如隐式书面通信约定的先验知识），并处理这些图像中传达的高密度语义信息。答案来自文档图像的有限信息，但它们本质上是开放式的。以前将视觉问答引入文档领域的方法要么侧重于特定的文档元素（如数据可视化），要么侧重于特定的集合（如图书封面）。与这些方法相比，文档 VQA 为图像映射问题和答案，是让模型去学习其中的关系。图 3-52 给出了对定额发票的文档视觉问答。

问: 图片是什么票据?
答: 定额发票。
问: 图片提到了哪个地方?
答: 深圳。
问: 图片提到的金额是多少?
答: 壹拾元整。

图 3-52　对定额发票的文档视觉问答

第二部分

项目覆盖场景

第 4 章

产品技术实践落地

实践落地是产品价值输出的必经之路，交付则是产品质量保障的核心。产品技术实践落地过程可切分为三大部分，分别是项目团队搭建、项目技术实现路径确认，以及项目实施和管理。对于 AI 项目，在项目技术实现路径确认中，明确模型交付方式是必不可少的动作。

4.1 项目团队搭建

项目团队搭建是项目实践的第一步，与提高工作产出、增强团队成员信任，以及创建良好的团队氛围密不可分。项目团队搭建的最终目的是提高项目成果，它也是后续进行团队建设的基础。

团队角色划分

一个项目如果想获得成功，那么在项目组成立后就要做到任务明确、计划明确、合理分工和责任到人。

考虑到智能文本处理项目的特点及项目分工，可将其中涉及开发的各类角色（如前后端开发工程师、UI 设计师、测试工程师等）统称为软件开发工程师（software develop engineer，SDE）。此外，项目团队中还包括以下角色：项目经理、产品经理、业务专家、软件开发工程师、算法工程师和数据工程师。

项目的成功离不开项目团队成员间的互相配合、相互支持，而明确的人员分工可以使项目团队成员各司其职、各尽其责，进而确保项目工作的顺利进行。图 4-1 展示了 AI 项目交付团队的架构。

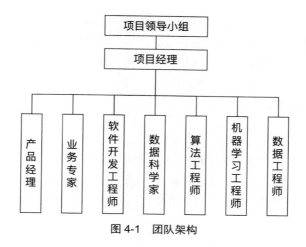

图 4-1 团队架构

1. 项目领导小组

项目领导小组由组织内各业务相关部门、技术部门等相关人员组成，负责审核项目计划、协调项目资源、监控项目，以及审批项目的范围需求变化，承担项目主要责任及风险。

2. 项目经理

项目经理（PM）在项目领导小组的指派下承担了项目全过程的重要管理职责，他们通常负责项目计划的制订、项目团队的组建、计划的实施与协调，以确保在各个阶段及时提交合格的工作成果。同时，他们还要严格控制项目的范围、成本和进度。

项目经理的工作职责非常多元化，他们需要完成全生命周期内的多项任务，其中的项目管理协调工作不仅要确保团队的高效协作及沟通，还要确保项目各方的利益得以平衡。项目经理还需要不断进行控制，以确保项目进展顺利，最终能成功交付。此外，为了确保项目的可持续性，对项目进行维护也是项目经理的职责之一。

项目经理的主要工作内容包括制定项目解决方案、制定项目交付方案、制订项目实施计划、进行需求调研，以及对项目管理"铁三角"（范围、成本和进度）之间的关系进行平衡。相应的，项目经理的主要工作产出物包括项目文档和项目交付物，这些文件对项目的成功执行和交付至关重要。

3. 产品经理

产品经理通常会组织内部多角色团队，通过整体设计和开发，将各项技术转换为系统和应用，他们是产品落地工作中最核心的角色。AI 本质上也是一种技术，因此产品经理还需要了解 AI 相关知识，这样才能更好地落地 AI 应用。

具体来讲，产品经理的主要工作内容包括产品整体规划、用户需求分析、产品原型设计、行业竞品分析、开发协作管理等。产品经理需要了解用户背后需求的动机和痛点，确定产品方向和核心价值，最终推动产品落地，这样才能帮助用户真正解决问题。相应的，产品经理在项目中的主要工作产出物为产品需求文档（product requirements document，PRD）和产品规格手册。

4. 业务专家

在项目中，业务专家通常是与客户行业背景相关的专业角色，不一定设有独立岗位，也可由其他岗位人员兼任。对一家企业来说，业务专家非常重要，他们是客户对于 AI 项目交付成功与否的重要信心保证。通常情况下，业务专家按照经验可分为新人业务专家和资深业务专家。

新人业务专家通常来源于相关专业的应届毕业生，或者工作一两年的行业新人。这类业务专家有一定的行业背景知识，能够与客户进行业务沟通，将客户的业务需求"翻译"成项目组成员能够理解的"语言"。新人业务专家能通过项目不断积累业务经验以及与技术产品相结合的经验。随着时间的推移，新人业务专家可能会选择向产品经理、项目经理、销售等其他岗位转岗。

资深业务专家一般来源于相关行业或"友商"，他们在业务咨询方面拥有广泛的工作经验，能够直接与客户进行业务沟通。资深业务专家负责分析全行业需求，以了解业务上存在的痛点。除了完成业务语言翻译工作，他们还能为客户提供业务升级优化建议。此外，资深业务专家还可以协助售前团队在业务前期咨询和方案制定方面发挥作用。在项目交付时，资深业务专家还会与项目经理合作，进行需求调研，撰写相应的业务需求文档，通过技术产品方案改造来优化客户业务流程。

5. 软件开发工程师

软件开发工程师（SDE）是任何涉及 IT 技术的项目必不可少的角色，通常他们在项目组中人数最多。对于 AI 项目交付，作为落地交付的系统应用支持，SDE 在 AI 系统模块开发工作中占比不高，其更偏向于传统软件工程中与设计、代码、数据、测试等相关的工作，这些传统软件工程任务是 SDE 团队的强项。图 4-2 为 NIPS 2015 的 "Hidden Technical Debt in Machine Learning Systems" 论文中的一张图片 (根据需要已翻译成中文)，该图详细展示了在真实的机器学习相关系统中，机器学习代码（如图中的黑色小方框所示）仅占整个系统的一小部分，其周边的模块和基础设施则非常庞大且复杂，这些都需要 SDE 团队负责开发。

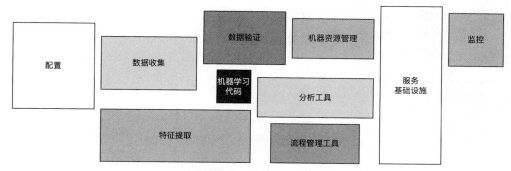

图 4-2　系统大部分开发工作由 SDE 团队负责

6. 算法工程师

对应于 SDE 团队，算法工程师的工作是选择业务场景适用的算法，根据业务场景数据进行效果调优，解决无法通过编码解决的问题，并和 SDE 负责的系统模块对接，完成整个业务需求。算法工程师更注重传统算法及人工智能技术的最新发展、场景应用效果及行业应用趋势。在智能文本项目中，算法工程师需要了解一定的 NLP 技术与模型，并结合类似的业务场景算法经验，优化算法效果，实现"AI 能力"业务落地。

具体来讲，算法工程师的主要工作内容包括业务场景理解、数据查看及收集、算法模型选型、算法模型训练及调优、离线及在线算法系统开发等。在主要工作产出物方面，除了 AI 系统模块，算法工程师有时还需要向客户提供相关技术报告等文档。

7. 数据工程师

数据工程师需要配合算法工程师进行数据收集、整理、清洗及标注，以确保机器学习算法模型所需的数据无论在质量上还是数量上都能得到保证，从而为后续的机器学习算法模型提供坚实的数据基础。

在项目中，数据工程师通常负责将数据存储在数据库、机器学习平台或指定的数据源中，同时他们会监控系统运转，以确保数据的可用性和稳定性。对于一些特定的项目，数据工程师还需具备一定的业务知识，能够理解业务需求，以保证整理及标注的数据的准确性，进而保证具有较好的机器学习算法模型效果。数据质量通常是机器学习算法模型效果的重要影响因素，数据工程师的工作对于项目算法落地非常关键，需要加以重视。

4.2　AI 项目技术实现路径

抽取模块从拉取原始的标注数据开始，统一进行字符和编码的归一化，在执行特定维度的字段分析后，开始调用序列标注子模块、深度学习子模块和表格抽取子模块，并对这些模块进行一定程度的合并，触发人工规则引擎，最后返回抽取结果。图 4-3 以文档关键信息抽取为例，展示了智能文本 AI 项目的技术流程。

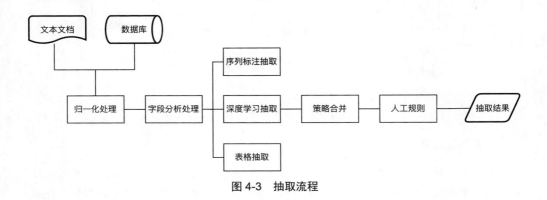

图 4-3　抽取流程

4.2.1　归一化处理

归一化处理是指对原始标注文本进行处理，包括去空白字符（换行符、回车、制表符等），目的是避免这些空白字符造成干扰；大小写数字归一，因为大小写数字往往表示的含义是一样的；全角、半角归一，因为中文的逗号和英文的逗号表示的含义一样，而且往往存在混用的情况。归一化处理采用的主要技术是字符串处理，输入为文档数据和数据库存储的人工标注数据信息，输出为归一化后的字符串。

4.2.2　字段分析处理

字段分析处理是对每个字段进行多个维度的分析，主要包括类型判定（时间类型、金额类型等）、字段长度信息、字段是否为数字等。分析结果会作为后续算法模型的特征和辅助信息。字段分析处理采用的主要技术是正则表达式和统计算法，输入为归一化后的标注数据，输出为字段多维度的分析结果。

4.2.3　序列标注抽取

序列标注抽取指使用序列标注方法对标注样本进行训练以生成模型，并使用模型抽取出字段。序列标注抽取采用的技术是 HMM 模型和 CRF 模型，输入为归一化后的标注文本和字段分析结果，输出为序列标注抽取结果。

4.2.4　深度学习抽取

深度学习抽取指使用前沿的深度学习技术进行抽取，它是序列标注抽取的一种。传统的机器学习存在标注数据不足、大量未标注语料库不能使用、上下文学习能力有限等问题，而深度学习恰恰能在这些领域大显身手。深度学习抽取采用的技术是 ELMo、BERT 和 Bi-LSTM+CRF，即基于 ELMo 模型和 BERT 模型学习词向量作为输入，再使用 Bi-LSTM+CRF 模型进行抽取预测，其中 BERT 模型是目前业界最先进的深度学习语言模型，集成了双向 Transformer，相比之前的深度学习技术在效果上有大幅提升。深度学习抽取的输入为归一化后的标注文本和字段分析结果，输出为深度学习抽取结果。

4.2.5　表格抽取

表格抽取是指从文本中定位出表格，并针对表格数据使用分类技术，以获得表格字段结果。表格抽取采用的技术如下：表格检测利用深度神经网络技术，基于标注的训练数据从全文中定位出表格区域；字段抽取采用分类技术（SVM）。表格抽取的输入为带表格信息的标注数据和字段分析结果，输出为表格抽取结果。

4.2.6　策略合并

策略合并指将多种模型结果基于机器学习算法进行智能合并。我们不能说一种模型一定优于另一种模型，合并方式要由算法自学习确定。策略合并采用的技术是线性分类模型（LR），即根据训练数据集，自动学习每个字段下各个抽取算法合并的权重，然后合并生成最终结果。策略合并的输入为多种模型抽取的结果，输出为合并后的抽取结果。

4.2.7　人工规则

人工规则指通过人工干预抽取系统，快速修正问题样例/样本，并解决一些业务逻辑较为复杂的情况。人工规则采用的技术是规则引擎技术，支持基于业务规则和词典配置生成表达式。人工规则的输入为合并后的抽取结果和归一化后的标注数据，输出为最终抽取结果。

4.3 AI 项目模型交付步骤

深度学习模型的发展是人工智能技术发展中的重要一环。人工智能类项目的核心目标是交付推理效果更好、训练成本更低、平台适应性更强的模型。图 4-4 展示了模型的交付步骤。

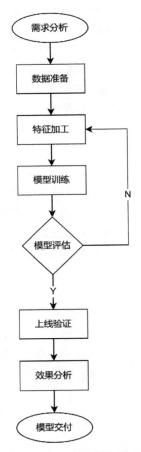

图 4-4 AI 项目模型交付步骤

4.3.1 数据准备

文本处理项目交付的首要阶段是数据处理，而如何准备良好的数据是处理好数据的第一步。

1. 字段定义

字段定义是文本处理项目的第一个环节，也是项目最基础的部分，其决定着整个项目的难易程度、实施周期等。

针对即将实施的文本类型（如租赁合同），首先必须熟悉这种文本的特点与分类（租赁合同文档类型包括一般房屋租赁、商场租赁、基站租赁等），以及文档格式（Word 或 PDF；电子版或扫描件；印刷体或手写体）。

接下来以文档里面的关键要素、关键特征等为出发点，结合项目实际需求，参与并评估由客户方项目经理发起并制定的字段定义工作。项目中各角色需充分理解各字段的具体含义、各字段在文档中出现的一般位置、各字段的处理难易程度等特点。

最后，依据项目交付标准、模型实际处理效果和各字段评估结果，提出满足客户需求的各字段建设性意见，不仅要做到各字段定义明确、定义直接，还要尽量做到可直接抽取，字段通过上下文内容、特征等能快速定位并找到。

在字段定义阶段，需做到项目中各角色理解字段含义，充分参与由客户方项目经理发起的字段定义工作，依据模型实际特点与历史处理经验，在满足客户需求的前提下，提出可灵活变通的处理方案（如字段合并和字段拆分），从而降低项目实施风险，提升项目预期成功率，以快速高效地开展项目。

2. 数据上传

在完成字段定义工作后，需要准备相应文档并上传至系统，以便进行后续的数据标注、模型训练与评估等工作。

文本数据需要切分为两部分：训练集数据和测试集数据。训练集数据是模型训练的语料，为生成满足已定义字段的文本类型的模型服务；测试集数据是模型评估的语料，为测试验证所生成的模型的实际使用效果，判断是否满足准确率要求。需要在开始阶段将数据按照一定比例进行划分。

为了保证测试集数据真实反映模型的实际应用效果，需要将准备好的数据打乱（同种文本类型下一些文本之间会存在差异），且模型的实际应用效果需依赖同种文本类型下文本之间的关联性，即要求做到训练集数据和测试集数据样本分布均匀。根据以往项目经验与技术处理方案，建议在数据样本打乱且分布均匀的前提下，按照 4∶1 的比例进行数据文档的切分，并保持一定的任务数量。假如总共有 100 份数据，那么建议创建 5 个任务，每个任务 20 份数据文档，其中训练集任务 4 个，测试集任务 1 个，并对任务进行区分。

3. 数据标注

字段定义是确定所需标注的字段列表与明确各字段的含义,数据标注则是对这些已定义的字段进行标注,以形成可供模型训练与评估的语料。数据标注工作可反馈调节已定义的字段列表,从而更加精准地匹配客户需求,技术侧也可快速简单地进行处理。

数据标注不仅是模型开发所需支持的一项基础性工作,也是其最重要的工作之一。在满足一定标注数量的前提下,数据标注的质量在很大程度上不仅决定着整个模型训练结果的好坏,也极大地影响着整个项目的周期与交付风险。好的数据标注工作不仅可以降低标注工作修改的频率、加快模型的训练与优化、更早地暴露问题并有足够的余量进行处理,而且可以用较少的标注数量实现预期的准确率。欠佳的数据标注工作则会增加数据修改与标注的次数、增多模型训练与优化的次数、延长项目推进的周期,并增大项目交付的风险。图 4-5 展示了标注数据的处理流程。

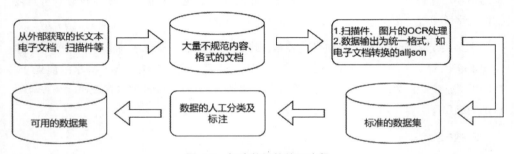

图 4-5　标注数据的处理流程

无论是项目经理、数据工程师,还是 NLP 工程师、数据开发工程师,只有在充分掌握已定义的字段的含义、清楚各字段具体标注的要求以及在不同文档中可能出现的不同标注范式等情况下,才能分别做好数据标注、数据审核、模型训练与优化、问题字段的优化处理等工作。因此,各个角色需要在数据标注开始阶段一同进行一定数量的数据标注与交叉审核工作,统一标注的要求与标准(比如是否全部标注、有乱码的需不需要标注等),同时将标注要求与规范形成记录,加深对于前期字段定义的表层理解,了解各字段的难易程度以及有些字段可能出现的多种呈现形式。

技术人员也可以从技术侧给出各字段的处理方案,这样项目经理、知识工程师等业务类人员就可以提前了解到从技术侧反馈的具体要求,从而更快地与其达成一致。在交叉审核过程中,针对与自己标注不同的地方,可以一起沟通讨论并确定唯一内容,也可以进一步统一各字段标注的要求与标准。与此同时,随着标注数量的增加以及问题的增多与解决,会暴露很多前期字段定义阶段中没有考虑到的问题,这时可快速地与客户方项目经理展开讨论，不断修正字段定义列表与字段标注内容要求，从而为后续模型训练、模型评估和模型优化阶段打下坚实基础。

4. 标注质量检查

好的数据标注工作不仅要达到上述字段定义、数据上传和数据标注阶段中所要求的标准，在实际的一条条数据的标注过程中，还要做到认真、细致且有条理，保证初次的"数据标注高准确率"，并通过标注质量检查工作审核已标注的全部记录，发现并重新标注存在问题的错误集合，确保在模型训练工作开始前所有字段的标注准确率都满足要求。

4.3.2　模型训练与调试

数据标注按照要求完成后，就要进入模型训练优化阶段。通常情况下模型需要多次训练，根据评估结果进行样本分析，迭代多轮才能达到较好的效果，而这需要多方角色配合，模型参数的选择以及数据标注的质量和数量都会影响最终的模型效果。

1. 模型训练评估

在完成标注质量检查工作且审核标注质量过关后，可进行模型训练工作。可以按照默认的标注参数训练模型，以生成符合被处理文档类型的实际匹配模型。当模型训练完成后，需更新训练成功状态。

模型训练完成并不代表模型就满足实际要求，还需要进行模型评估工作以测试当前模型的效果。根据之前切分的测试集任务，在系统中按照步骤进行模型评估工作并查看模型评估结果。整体评估结果反映了模型对所有字段处理的整体效果，各字段评估结果反映了各字段所对应的模型的评估效果。

通过评估结果页面，可以直观地看到模型的具体效果以及各字段评估的准确率（不完全代表实际效果）。但如果需要详细了解各字段预测抽取结果的正确性，就要导出测试集预测抽取报告，仔细审阅并分析各字段抽取结果中存在的问题样例 / 样本（标注错误、预测错误、没有预测结果等），以根据不同的情况用不同方法进行处理。

2. 模型效果优化

对于模型评估阶段中出现的各字段的问题样例 / 样本，需要采用模型效果优化进行消除，以便提升各字段的预测抽取正确率，最终使各字段的准确率均达到要求。

一般而言，在字段定义阶段完成后，对于该种文档类型的所有字段，各角色都有比较清楚的认知，即对各字段的特征有一定的了解，能够初步直观地感知哪些字段比较好处理以及哪些字段较难处理。而后随着数据标注和标注质量检查工作的铺开，各角色能进一步加深对于各字段的理解，并预估各字段训练的难易程度。最终在模型训练完成并用测试集对模型进行效果评估后，模型评估页面呈现的准确率、召回率、F1 值数据可充分体现各字段当前的效果，也就说明了各字段的处理难易程度。同时，通过导出模型预测抽取报告，可看出每个字段中存在的预测抽取问题——问题样例 / 样本，因此需要采取模型效果优化来处理这些问题样例 / 样本，以满足准确率要求。

如何优化处理这些问题样例 / 样本？如何比较高效地做好这些优化处理工作？实际上，通过对首次训练的模型进行结果评估，并对评估报告中的每个问题样例 / 样本进行分析，我们已然定量化地说明各字段应该采取的不同优化处理方法，从而可分析并确定哪些字段比较适合继续用模型优化、哪些字段适合用预定义规则、哪些字段适合用规则处理，以及哪些字段适合用表格解析和表格抽取技术处理。

首先，需要区分表格类字段与非表格类字段。由于表格数据在文本处理方面的特殊性，因此需要用到表格解析和表格抽取技术才可实现从表格中抽取字段内容。所以，对于表格类字段，需要单独对其做标记，并在后续使用表格解析和表格抽取技术进行处理；对于非表格类字段，需要结合评估效果的好坏、字段处理的难易程度、字段文本内容等特性考虑采取不同的方法。如果模型评估效果较好，字段文本内容上下文较为明显且上下文距离较短，那么就继续使用模型优化方法，按照具体的问题样例 / 样本进行模型调参工作，使模型效果最佳，达到准确率要求；如果模型评估效果一般，字段内容上下文依赖较远，格式是比较规整且可穷举的，那么可以采用预定义规则方法进行配置；如果模型评估效果较差，存在字段处理难度大、字段需要推理、字段内容较长等情况，则考虑使用规则处理方法，参考标注数据，评估结果中的问题样例 / 样本，进行模型迭代训练。

其次，需要进行策略合并和后处理操作。如上所述，在模型评估结束后，按照实际评估效果与各字段的具体特性，不同的字段会采用不同的方法进行处理。即便是采用同一种方法进行处理的一些字段，其具体的处理参数也会不同。所以，在每个字段处理结束后，技术工程师需要进行策略合并和后处理操作。

最后，模型效果优化是个多轮的过程。这就需要在每一轮优化完毕的基础上，再次进行模型训练与评估，并结合评估的效果与出现的问题样例 / 样本再次进行模型效果优化，从而在多次迭代后不断增加满足准确率要求的字段数量，减少每个字段问题样例 / 样本出现的次数与数量。同时，在每次评估与优化的过程中，需要根据字段评估效果与字段本身特性选取最合适的方法进行处理，从而最优化地达到每个字段的准确率要求，最终上线满足要求的模型。

3. 模型实际效果评估

模型效果优化完成后，需要进行模型实际效果评估以检验模型的实际应用效果。在之前的模型训练与评估以及模型效果优化阶段，我们都是用分配好的 20% 左右的测试集文档进行评估。但在实际上线使用的时候，需要保证该种文档类型下的所有文档都能满足要求。由于在之前的阶段都是用有限的文本进行处理的，实际过程中会存在文档数量偏多、文档的差异性大等特点，从而导致优化完成后的模型效果不一定能立刻匹配实际的准确率要求。所以，在模型实际效果评估中，一方面需要客户上传新文档以检验模型的实际效果是否满足要求；另一方面则需要处理测试完毕后不满足准确率要求的字段的问题样例 / 样本，最终保证每个字段的实际效果都能达到要求。

在测试过程中，如何验证模型的实际效果呢？最为直观的方式是将每篇文档的人工审核结果与模型抽取结果进行比对，然后判断每处结果正确与否，并统计每篇文档的正确数量和错误数量。按照约定的测试范本，在完成每篇文档的每处记录的正确性审核的基础上，可统计整体的正确率。

4.4 项目实施管理

项目管理根据项目情况综合运用管理方法与整合需求的项目资源以实现项目目标。

4.4.1 项目实施阶段分解

如图 4-6 所示，在项目实施流程图中，我们把项目周期分解成了 4 部分，包括规划、执行、监控和验收，其中执行阶段又可分成 5 个子阶段，根据项目的实际情况，各个阶段可选择顺序、交叠和迭代的方式进行，稍后我们会对每个阶段的工作内容进行详细说明。

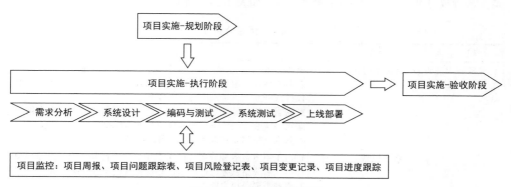

图 4-6　项目实施阶段分解

4.4.2　项目规划阶段

本阶段的目标是明确项目总体实施方案，制订项目管理过程中的各项计划，用于指导及监控项目的实施。

项目实施－规划阶段里程碑产出表如表 4-1 所示。

表 4-1　项目规划

输　　入	输　　出	指南／要求
1. 业务需求说明书 2. 合同 3. 其他售前资料	★总体实施方案 ★召开项目启动会	★ 1. 制订项目里程碑计划：至少包括项目计划制订、确定需求分析，完成项目实施开发、测试、试运行和正式交付 ★ 2. 明确项目的可交付成果：明确项目的交付成果及交付要求 ★ 3. 明确项目的人员组织架构及各方职责 4. 项目变更管控制度： • 任何类型的变更均需以书面的方式正式提出 • 保证只有经过批准的变更才纳入实施 • 需求变更要求需求方正式提交，项目经理组织评审受理 • 两周以上的项目计划延迟需要走重大变更流程 • 所有已执行的变更均需进行书面正式记录 ★ 5. 制订项目风险管理计划：以风险应对策略为风险库进行选择，并列出项目当前急需明确解决的风险点，然后在启动会上陈述

4.4.3　项目执行阶段

本阶段的目标是完成项目的交付成果。项目实施－执行阶段分为需求分析、系统设计、编码与测试、系统测试和上线部署。根据项目的实际情况，各阶段可选择顺序、交叠和迭代的方式进行，实施－执行阶段对其各子阶段的输入不做强制要求，可根据实际情况进行裁剪执行。各子阶段里程碑产出表如表 4-2~ 表 4-6 所示。

表 4-2　需求分析

输　　入	输　　出	指南／要求
1. 业务需求说明书 2. 总体实施方案	★需求分析说明书	★ 1. 完整性：需求分析要保证与业务需求说明书一一对应 2. 准确性：一定要保证需求分析中的语句无二义性，否则会给设计或开发人员带来困惑，引发 bug 3. 需求分析书并非定稿后就不能改变，但需要通过变更详细记录每一次改变的地方、原因以及给其他任何过程带来的影响 4. 需求分析书要获得甲方需求部门领导签字认可
	系统原型	1. 对于甲方业务领导关注的重点功能要进行原型设计，原型设计出来后要给领导进行确认，必要时给领导进行操作演示 2. 原型需要获得主要干系领导的认可

（续）

输　入	输　出	指南／要求
	★工作任务分解	★1. 保证分解的任务涵盖了所有的需求范围，每个任务都有相应的责任人 2. 包含对工作工时的预估

表 4-3　系统设计

输　入	输　出	指南／要求
1. 需求分析说明书 2. 总体设计说明书	★概要设计说明书	★1. 概要设计说明书需明确系统的模块划分、功能分配以及接口设计 ★2. 系统与系统之间、子系统与子系统之间，以及模块与模块之间均需明确接口 3. 概要设计说明书为程序的详细设计提供基础，为测试案例编写提供依据
	接口设计说明书和数据设计说明书	1. 依据需求分析说明书和概要设计说明书，明确涉及数据的内容、范围、类型和数量，确定数据在系统中的使用场景，明确对数据库设计的技术要求和约束 2. 数据库中的数据对象以及各数据对象的关系最终会形成数据字典进行交付 3. 系统与系统之间以及模块与模块之间的接口设计，包括接口参数、返回结果、调用示例等
	功能模块详细设计文档	依据概要设计对功能模块进行详细设计

表 4-4　编码与测试

输　入	输　出	指南／要求
1. 需求分析说明书 2. 接口设计文档 3. 数据库设计文档 4. 详细设计文档 5. 总体实施方案	完成可测试的交付成果	1. 需指定符合本项目的编码规范要求 2. 一个函数中不要出现循环 10 次（或以上）的嵌套 3. 变量名和函数名要规范，要易于阅读和理解 4. 代码的注释率要高于 30%
	软件源代码	1. 单元测试时要使用代码检查工具进行自查，消除错误和警告 2. 源代码提交遵循规范 3. 需了解项目开发的整体情况，出现问题时要及时进行更正

表 4-5　系统测试

输　入	输　出	指南／要求
需求分析说明书	详细的测试计划	1. 项目组在完成各自的单元测试后开始内部集成测试时，需拟定详细的测试计划 2. 测试计划需获得所有测试干系人的认可，一旦确认后，所有人遵照计划执行，如有变更，需发出正式邮件通知和确认
	功能测试方案	1. 开始内部集成测试之前，需完成功能测试方案并通过评审 2. 除了根据测试案例进行测试，同时也要说明复测变更功能点

（续）

输　入	输　出	指南 / 要求
	★功能内部测试用例及报告	★ 1. 需求分析完成之后，开始编写功能测试用例，并且在内部集成测试之前完成 2. 除了正常测试用例，还需要编写异常测试用例和内部联调测试用例 3. 测试用例需要经过需求组、开发组和测试组的评审，避免相关功能点遗漏或重复测试 4. 内部测试缺陷清单以及由于变更和修复缺陷导致的所有缺陷清单 5. 确认缺陷已经完成修复并通过 UAT 功能测试 6. 对于遗留的未解决的缺陷，需要得到甲方项目经理认可延迟解决后才可提交 UAT 测试
	系统非功能性测试报告	1. 系统性能测试报告：根据需求书给出的性能测试要求，使用合适的性能测试工具和压力测试工具对系统进行性能测试并出具结果报告 2. 安全性测试：提交给甲方技术管理部进行系统安全扫描并出具结果报告 3. 浏览器兼容性测试：该项如需要，则根据《系统浏览器兼容要求》进行兼容测试 4. 测试之前需给出预期判断标准 5. 测试报告需包含结论、可能瓶颈和改进方法
	UAT 测试计划	1. 开始 UAT 测试前，根据 UAT 测试提交标准验收是否可以开始执行 UAT 测试 2. 编写 UAT 测试计划，列出 UAT 测试周期和阶段
	UAT 测试用例	由业务需求部门编写完成
	UAT 测试报告	1. 确认所有问题已经解决 2. 确认是否同意技术上线 3. 如果有未解决的问题，则需确认是否同意技术上线

表 4-6　上线部署

输　入	输　出	指南 / 要求
1. 内部测试报告 2. UAT 测试报告 3. 系统非功能性测试报告	上线部署方案及实施细则	1. 包含系统部署测试环境、仿真环境、生产环境部署手册及责任人 2. 生产环境的详细回退及快速回退方法
	各类上线手册（安装手册、操作手册、应急手册、用户手册）	准备各类上线前准备手册

4.4.4　项目验收阶段

本阶段的目标是审查以前各个阶段的收尾情况，保证约定的项目内容、项目目标都已完成，以及确保项目工作全部完成后才宣布项目结束。

项目实施－验收阶段里程碑产出表如表 4-7 所示。

表 4-7　项目验收

输　入	输　出	指南／要求
1. 前期所有阶段的输出 2. 合同	最终交付成果验收	1. 功能性要求按照计划及合同要求完成 2. 非功能性要求按照计划及合同要求完成 3. 系统质量按照计划及合同要求完成
	开发过程验收	1. 项目实际工时统计和分析，通过实际与预估的偏差分析，建立工时评估的"准尺" 2. 项目 UAT 测试 bug 分类总结
	遗留问题处理情况	1.bug 遗留问题处理获得甲方的认可 2. 其他遗留问题处理获得甲方的认可
	★代码交付	确保项目所有的代码及脚本均按照代码规范要求交付
	项目经验和教训总结	1. 从技术和管理两个维度 2. 纳入组织过程资产库，指导后期同类项目建设
	项目文件归档	根据里程碑产出表，对项目产出的所有正式文档进行归档，并编制文档列表

4.4.5　项目监控

严格来讲，项目监控不能作为一个独立阶段，而应贯穿于项目的任何阶段。本阶段的目标是通过审查监控项目的范围和进度来保证项目的质量。

项目实施－监控产出表如表 4-8 所示。

表 4-8　项目监控

输　入	输　出	指南／要求
1. 业务需求说明书 2. 总体实施方案 3. 工作任务分解（WBS）	★项目周报	1. 记录项目当前阶段 2. 记录报告期内完成的主要工作，特别是里程碑工作 3. 记录项目进度情况 4. 识别项目风险及改善措施
	项目风险登记册	1. 识别项目已产生以及可能产生的所有风险 2. 记录风险应对策略及风险状态 3. 风险需分阶段地记录到项目周报中
	项目变更记录	1. 记录可导致项目范围、时间和成本偏差的任何变更 2. 需完整地记录变更产生的影响 3. 需说明变更影响的项目文件
	★项目问题跟踪表	记录问题提出人、提出时间、描述、责任人、解决方案、状态、解决日期等，对项目中的问题进行有效跟踪和管理

第5章

聊天机器人场景

聊天机器人是智能文本处理领域的一个典型应用。本章将介绍聊天机器人的基本概念和核心技术，并会给出聊天机器人的典型应用场景。

5.1 聊天机器人概述

本节首先介绍聊天机器人的发展历史和研究方向，然后展示不同应用场景中的聊天机器人类型及其异同点。

5.1.1 聊天机器人基本概念

随着人工智能、传统互联网、移动互联网等技术的飞速发展，聊天机器人已经成为各行业不可或缺的一部分，它们的发展历史可以追溯到 20 世纪 50 年代。根据不同的应用场景，聊天机器人可以分为垂直聊天机器人和开放式聊天机器人两种类型。

1. 发展历史

聊天问答机器人是一种旨在为提出的自然语言问题自动提供答案的计算机程序。自 20 世纪 50 年代图灵测试（"机器可以思考吗？"）被提出并拿来衡量人工智能的发展成熟程度以来，聊天问答机器人逐渐变成了人工智能领域中十分具有挑战性的学术和工程研究问题。

随着移动终端和应用小软件的普及，很多互联网公司开始投入资金研究聊天问答机器人技术。与传统信息检索方式相比，聊天问答机器人可以使用户更方便、更快速地获取信息和服务，显著提高用户获取目标内容的效率和体验。因此，聊天机器人在商务、教育、医疗、娱乐等领域通过人机交互的形式得到了广泛重视和应用。

2. 研究方向

智能聊天机器人是 NLP 领域的一个重要分支，也是目前最具挑战性和最热门的研究方向之一。它的出现很大程度上是为了解决信息爆炸和信息过载问题，因为人们已不再满足简单的搜索引擎返回的网页集合，而希望得到更加自然通顺且与问题紧密相关的回答。这种需求促进了智能聊天机器人的发展，因为它可以帮助用户节省时间和精力。

因此，在当今信息技术飞速发展、移动终端逐渐普及的背景下，研究聊天机器人相关的技术具有重要意义——促进人机交互方式的发展，满足人们日益增长的需求和渴望。

5.1.2 聊天机器人类型

目前市面上主要的智能聊天机器人可以分为如下两类：垂直业务聊天机器人和开放式聊天机器人。

1. 垂直业务聊天机器人

垂直业务聊天机器人是针对诸如客服、订票等服务对象明确的特定领域的定向问答系统提供特殊服务的聊天机器人。这类聊天机器人的开发针对特定领域，需要领域专家提供大量规则，以用于理解问题和生成答案。因此这类聊天机器人的规模和通用性会受到很大限制。

2. 开放式聊天机器人

开放式聊天机器人可以处理多种问题，并且没有明确的服务对象和聊天范围限制，主要依赖各种信息和本体（如闲聊机器人等）来解决问题。由于输入内容的不确定性，开放式聊天机器人往往使用文本生成模型（seq2seq）等相关技术自动生成答案，并且由于开放式聊天机器人面临的是广域的输入或模糊意图，因此这类系统需要巨大的数据集以及准确、灵活的算法模型来完成开发。

5.2 核心技术详解

聊天机器人作为人工智能的典型应用，其核心架构和技术依赖 NLP、NLG、知识图谱等核心技术。

5.2.1 常见系统架构

本节首先介绍聊天机器人的经典系统处理架构，然后介绍聊天机器人常见的对话引擎，包括业界开源的著名的多轮对话引擎 RASA。

1. 系统处理架构

如图 5-1 所示，问答系统的处理架构一般包含 NLU、NLG 和对话管理（DM）3 个部分，其中 NLU 负责对用户输入进行理解（主要包括实体和意图的识别），NLG 负责答案的生成，DM 负责对整个用户对话状态进行管理。

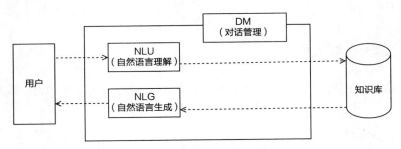

图 5-1 问答系统处理架构

2. 常见的对话引擎

目前常见的对话引擎主要包含以下 3 种。

(1) 基于信息检索的问答（information retrieval question answering，IRQA）。这是一种通过搜集和整理用户常见的问题和答案（问答对，即 QA 对），当用户输入问题时，将问答对集合中的所有问题进行语义上的匹配，找到语义上最接近的一个问答对，并将问答对中的答案作为用户问题的答案返回给用户的技术。在实现过程中，通常需要先对问答对进行分析和标注，建立相应的问答库。然后，当用户提出问题时，系统会通过对用户问题的理解，匹配库中的问答对，找到与用户问题匹配度最高的问答对，将对应的答案返回给用户。

(2) 基于知识图谱的问答（knowledge base question answering，KBQA）。这是一种基于已经构建的知识图谱，利用 NLP 等相关技术，分析用户的查询意图和相关槽位信息，将用户问题转化为知识图谱上的查询语句，并执行该查询语句以将得到的答案返回给用户的技术。在实现过程中，通常需要先构建知识图谱，然后实现自然语言到查询语句的结构化转换，最终从知识图谱中检索和推理计算相关的三元组数据，组织成答案返回给用户。

(3) 基于阅读理解的问答（machine reading comprehension question answering，MRCQA）。这是一种通过对文档库进行阅读理解，从中找到能够回答用户问题的满足需求的细粒度片段（如段落和句子）的技术。在实现过程中，通常需要先通过预处理（如分词、句子划分等）建立文档库，然后再将文档库中的信息抽取并格式化成模型可以理解的形式。

当用户提出问题时，系统会通过对用户问题的理解，匹配文档库中的信息，找到与用户问题匹配度最高的信息片段，将其作为答案返回给用户。

3. RASA 多轮对话引擎

RASA 是一个开源的对话机器人框架，由 NLU、DM 和 NLG 这 3 个模块组成，其中每个模块都提供了相关的组件，开发者可以根据需要自由配置。RASA 还支持自定义组件，每个模块可以同时使用多个组件，最终取置信度最高的结果作为整个模块的输出。图 5-2 展示了 RASA 从用户的查询到用户收到答案的整个数据流程：Interpreter 模块根据用户的查询识别用户的意图并提出实体槽位；Tracker 模块将识别的用户意图和实体槽位传递给 Policy 并记录状态；Policy 根据当前对话状态和历史状态预测下一个 Action；Action 完成预测并将结果传递给 Tracker 成为历史状态，同时将方案返回给用户。

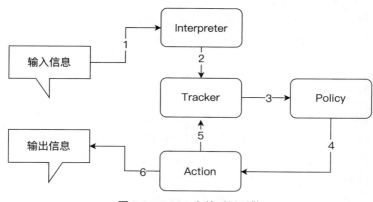

图 5-2　RASA 多轮对话引擎

NLU 是对话系统的基础，负责意图识别和实体抽取。对话管理是多轮对话的核心，包括对话状态追踪和对话策略优化两个任务。对话管理由故事驱动，一个完整的对话流程就是一个故事。对话状态追踪负责对话状态的维护，需要记录对话流程中用户的意图、系统的动作和语义槽的填充。对话策略优化的任务是根据当前的对话状态选择系统下一步的动作。NLG 是对话系统的最后一步，负责生成对用户的回复。RASA 提供了基于模板的回复生成方法，系统只需将需要回复的信息填入事先设计好的模板即可生成完整的自然语言回复。另外，开发者还可以根据需要自定义回复生成组件。

5.2.2 对话引擎

根据其技术原理，聊天机器人底层处理引擎可以划分为知识图谱问答引擎、搜索问答引擎和阅读理解问答引擎。接下来，本节将依次介绍这 3 种对话引擎。

1. 知识图谱问答引擎

图 5-3 给出了知识图谱问答引擎的架构。可以看到，系统在接收到输入的问句 Q 时，会先对问句进行预处理，此时需要对问句进行格式（比如大小写、中英文标点符号问题）转换、纠正拼写错误、分词以及做词性标注，以获取基本粒度的问句信息。然后需要进一步分析问句：通过文本分类算法将问句分配到所属的信息统计大类；通过意图分析算法提取到问句意图和相关槽位；通过实体链接算法进行 NER、指代消解和实体消歧；通过句法分析得到词汇之间的依赖关系。接下来可以通过规则引擎检索出简单问题的答案，通过多跳推理和语义匹配获取复杂问题的答案，而对于无法回答的问题，系统能够进行拒识。最后，系统会对检索到的知识做进一步的统计分词、排序，以及生成尽可能自然语言化的答案。

2. 搜索问答引擎

图 5-4 给出了搜索问答引擎的架构，其主要任务是：对用户输入的问句进行相似度或者相关性的计算，然后在相应的问答库里进行检索，寻找该用户问句对应的答案。搜索问答一般分为两个步骤：首先，在 ElasticSearch 等全文检索引擎中寻找与用户问题相关的问题，以生成候选集合；其次，计算用户问题语义向量和候选问题集合中各自问题的语义向量，计算余弦相似度信息，然后基于相似度和 ElasticSearch 分数，经重排后输出 top-N 个结果。

3. 阅读理解问答引擎

图 5-5 给出了阅读理解问答引擎的架构，其主要任务是：让机器阅读并理解一段自然语言组成的文本，然后回答相关的问题。阅读理解问答也分为两个步骤：首先，同搜索问答一样在 ElasticSearch 中寻找和 query 最相关的 N 个文档（也可以将问题、文档都向量化后，通过向量检索的方式直接检索最相关的 N 个文档作为候选集合）；其次，通过阅读理解模型找出候选集合中和 query 相关的答案，并根据相关概率降序输出前 N 个。

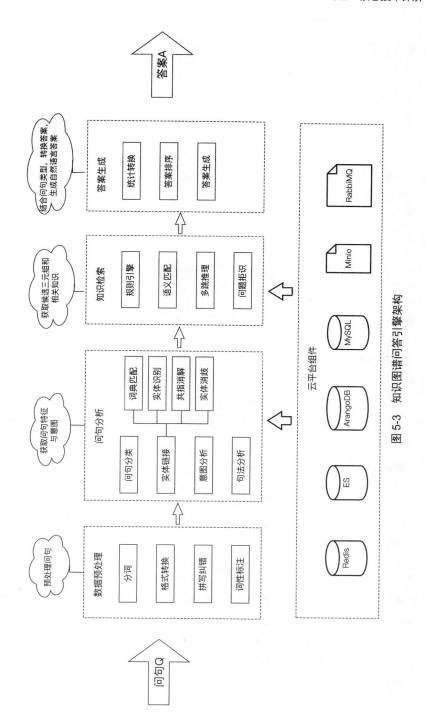

图 5-3 知识图谱问答引擎架构

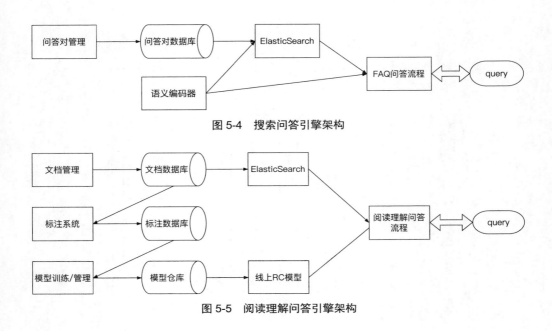

图 5-4　搜索问答引擎架构

图 5-5　阅读理解问答引擎架构

5.3　应用场景

聊天机器人已经广泛应用于互联网电商、金融、电信等各行各业中。本节重点介绍聊天机器人的两个典型应用：知识助手和智能客服。

5.3.1　知识助手

知识助手是一种基于业务内部知识的对话获取应用。由于知识助手的用户交互体验优于传统搜索引擎，不需要人工二次加工，因此其在金融场景、电力维修场景和企业知识库场景都具有显著的业务价值。

1. 金融知识库问答助手

在金融行业，将金融知识与智能问答系统相结合而形成的金融对话系统发展迅速，它已经从简单的问答转化为自助式查询、问答式业务办理、智能推荐、风控管理等服务模式。金融知识助手不仅充当着客服角色，还是智能顾问和风控专家，承担着降低人工成本、提升客户体验、规避业务风险、知识沉淀、新知识挖掘等任务，全方位发挥了金融知识的价值。

金融知识助手的核心是如何构建合适的金融知识库和理解金融术语的语义理解模型，其中构建金融知识图谱是关键。通过构建金融知识图谱，可以挖掘大数据背景下知识间的潜在联系，提高对话的可靠性及可解释性，实现智能化语义分析。

2. 电力维修助手

在电力行业，随着电力系统规模的扩大，与之对应的设备容量及人员数量都在增长，越来越多的新型技术和设备的投用让这个系统变得越来越复杂，这对整个系统的设备管理、能源调度和日常运维都提出了更高的挑战。同时，由于电力系统产生的数据量在急剧增加，因此对数据的深度挖掘以及对专业知识的沉淀和再利用的需求会变得更加强烈。

为了应对上述挑战，我们可以在检修场景中构建设备故障知识库，梳理复杂的设备间的关联关系，分析往期检修案例数据，推荐可能原因及检修建议，交互式辅助工程师高效实现检修排故、定期巡检、资源调度等。最终在实现知识高效利用的同时完成知识沉淀、复用和创新。电力维修助手系统如图 5-6 所示。

3. 企业知识库助手

随着企业数字化转型的推动，企业产生和处理的信息不仅在信息模态（如文本、音频和语音）上日渐丰富，在数据规模上也呈几何级数增长，从而导致对数据的分析应用及深度挖掘需求增加。传统企业知识库存在管理颗粒度大、数据分散、利用率低、检索不精准等痛点，无法真正融入企业生产运营中充分发挥数据辅助智能决策功能。

运用文本解析、知识图谱、智能检索、知识问答等技术，我们可以对分散的多模态企业数据进行原子级智能化解析，从而构建知识网络，并不断联动式更新维护，最终通过自然语言提问的方式，从知识库获取精准的答案知识，探索答案知识的关联知识，推荐问题和答案的相关知识，提高知识发现的全面性和智能化。另外，还可以借助 AI 技术实现知识智能化管理更新，解决传统知识库分布散、维护难、利用率低等痛点。

随着智能化技术不断沉淀，企业知识将服务于业务生产，进而逐步形成企业资产和企业独有的竞争力。企业知识的应用程度不仅决定了知识应用智能化转变程度，也决定了企业实现数字化运营和创新式增长的进程。

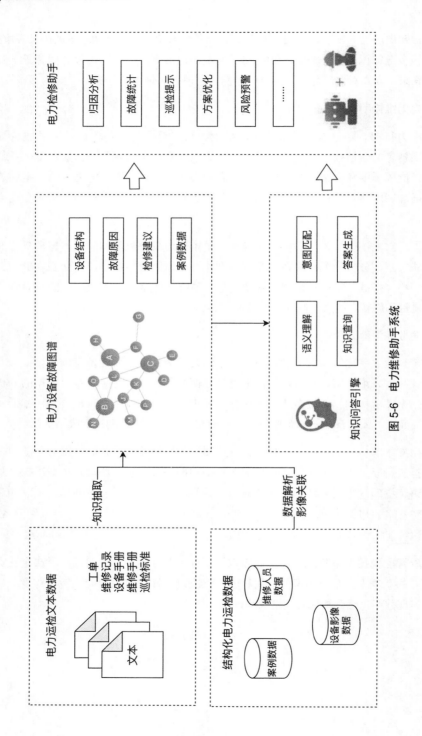

图 5-6 电力维修助手系统

5.3.2 智能客服

智能客服是一种典型的聊天机器人的应用，用户通过人机交互可以直接获取答案。此外，在提升用户获取答案的效率的同时，智能客服还可以降低企业的客服成本，在运营商、车载客服助手等领域应用广泛且深入。

1. 运营商客服助手

在运营商服务场景中，客户客服需求量大、业务重复率高，如果采用传统的人工客服方式，就会存在成本高、变动大、响应时间长、服务质量不稳定等痛点，而利用智能语音、语义识别等技术的智能客服可以直接理解客户意图，大幅缩短客户获取服务时间，降低人工客服成本。同时，服务过程记录分析能帮助企业深入了解服务过程的每一个环节，及时发现并解决服务中的痛点和问题，从而进一步提升服务质量和效率。此外，智能客服还能帮助企业实现运营工作向自动化、智能化和降本增效方向转变，最终实现客服运营效率和客户满意度的双重提升。

运营商客服问答知识库采用分层多策略维护管理，常用查询、业务办理等采用问答对维护，复杂知识采用知识图谱，基于知识图谱可以查询最新信息，生成丰富的问答语料，提升问答准确率。客服中心可以同时对接多个管理系统，在满足基础客服服务的基础上，还提供话务量预测、资源分配、运营分析、满意度分析等分析应用，以实现客服运营全流程智能化升级。

2. 车载聊天机器人

车载聊天机器人主要提供偏向娱乐及辅助车辆使用的功能，其直接的语音交互、对用户意图精准的理解、自然的答案反馈与智能车联系统相结合，不仅大大提升了用户用车体验，也给汽车品牌赋予了科技感。

车载聊天机器人主要由闲聊、车型使用指导等功能组成，其中准确理解用户意图是聊天机器人的关键，多层级问答策略在该场景中至关重要。汽车使用类业务知识通过解析使用手册构建汽车概念知识图谱，通过 KBQA（基于知识图谱的问答）反馈答案，闲聊类知识通过 FQA（问答对问答）维护，最后将阅读理解作为底层策略，结合语义分析模型，实现娱乐与专业于一体的汽车聊天机器人。同时，业务知识基于智能化技术可以实现系统性定期更新，有效降低知识维护成本。车载聊天机器人的具体应用流程如图 5-7 所示。

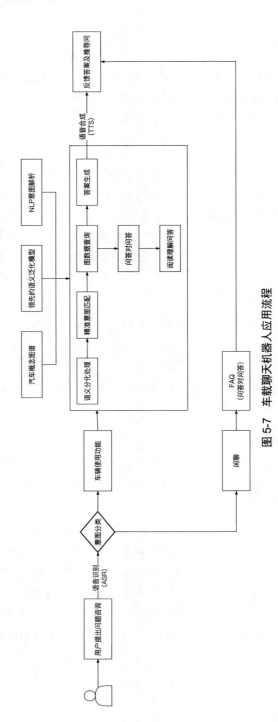

图 5-7 车载聊天机器人应用流程

第 6 章

智能文档处理场景

近年来，智能文档处理不仅在学术界技术研究上不断发展成熟，在工业界也得到了蓬勃发展。智能文档处理已从单一文字识别发展到全类办公文档的智能应用，其结合行业业务规则的应用产品逐渐推广开来，已经解决了大量实际需求。随着企业办公智能化和数字化转型的深入，智能文档的商用价值将会得到规模性释放。

6.1 智能文档处理场景概览

在智能化办公领域，智能文档处理已在企业财务、法务、风控等场景崭露头角。智能文档处理产品正逐渐从工具向流程性系统演进，从单一场景向系统化平台演进。随着时间的推移，包含智能文档的智能化业务系统将逐渐取代传统流程型系统，帮助企业实现业务数字化和智能化的转型升级。

6.1.1 智能文档处理的内容

智能文档处理可以对网页、文档、扫描件等包含的丰富排版以及内容进行理解、分类、提取、重新归纳和数据验证。在过去的 30 年中，智能文档处理已经从规则启发式进化至深度学习神经网络，乃至大规模语言模型。智能文档格式多样且内容复杂，对人工智能理解文档内容的要求越来越高。

随着全球企业数字化转型的加快，文档载体的内容抽取和结构化数据分析已成为企业进行数字化转型的关键，自动化和智慧化的信息处理对于生产力的提升至关重要。除了业务应用，智能文档处理还是企业知识库管理、档案管理等场景智能化升级的关键手段。智能文档处理可以预先将非结构化文档进行半结构化解析，必要时进一步进行结构化抽取，进而使得构建图谱、知识关联、知识推荐、知识搜索等能力更加精细化和业务化。

6.1.2 智能文档产品的类型

根据处理的文档格式不同，智能文档产品可以分为文本文档处理产品和图像智能文档处理产品；根据处理的业务方向不同，智能文档产品可以分为通用型产品和业务型产品。在本节中，我们会根据产品业务目标将智能文档处理产品分为智能文档抽取产品、智能文档审核产品和智能文档写作产品。

智能文档抽取产品主要负责文档识别、解析和结构化抽取，具体可以分为图像文档的抽取和文本文档的抽取，两者在技术实现方式和业务上不完全相同。智能文档审核产品在智能文档抽取结果的基础上进行业务审核，通用审核平台可根据业务配置审核业务规则，垂直业务领域专用审核产品则可根据业务需要深入业务审核要点。智能文档写作产品基于智能生成算法按业务需求进行自动或半自动写作来生成文档。图6-1给出了智能文档处理产品架构，接下来我们会按此分类展开介绍智能文档处理产品。

图6-1　智能文档处理产品架构

6.2　智能文档抽取产品

智能文档抽取主要是指从文档中抽取关键信息，然后再以统一标准的结构化字段输出。输入抽取系统的是原始文档，输出的是固定格式的信息点。智能文档抽取是实现智能文档的关键。

根据文档版面和处理技术的不同，智能文档抽取可分为图像结构化抽取和文档结构化抽取。不过在实现结构化抽取前需对文档进行识别与解析，包括文档全文的文字字符识别和版面要素解析。因此，接下来我们先简单介绍文档识别与解析方案，然后再介绍图像文档和文本文档智能抽取。

6.2.1　文档识别与解析

文档识别与解析是文档结构化抽取的基础，主要包括文档字符识别和文档版面分析这两个模块。文档字符识别是对印刷、扫描和拍照形成的文档进行文字的检测和识别，将文档从图像转化为电子文本；文档版面分析则是在字符识别的基础上对文档中的图像、文本、表格、标题以及页眉页脚进行自动分析、识别和理解。

1. 文档字符识别

大部分办公业务会涉及对文档进行印刷、扫描、拍照等，比如企业的采购销售合同，一般需要签约双方确认合同无误后进行打印、加盖公司印章，再扫描成文档。扫描后的合同是图像文档，需要先识别文档信息（文档上的全部文字信息、盖章信息、签字信息等），然后再将图像转换为电子文本以进一步处理。

(1) 印刷体识别。办公场景中大量文件会被打印或扫描成图像文档，通过印刷体识别，可将图片或扫描件图像信息转换为电子信息。

(2) 手写体识别。办公场景中存在打印、盖章、签字等需求，针对手写文字进行检测和识别，可以返回手写签名位置和文字信息。

(3) 印章识别。针对文档中加盖企业公章、财务专用章、合同专用章、签名章等情形，印章识别模型可以检测印章位置并识别印章中的文字，然后输出印章位置坐标及文字结果，如图 6-2 所示。

图 6-2　印章识别功能

近年来，OCR 性能和效果的不断提升，为更复杂的办公智能文档处理应用提供了坚实支撑。

2. 文档版面分析

办公场景中的文档排版较为复杂，比如合同、招股书、研究报告等长文档排版就极为复杂，如果想理解文档中的信息，就必须先进行文档的版面分析。通常我们会按文档视觉结构和文档内文字语义信息分析文档版面。文档视觉分析的主要目的是检测文档结构并确定其同类区域的边界；文档语义分析的目的则是为这些检测到的区域标记具体类别，比如标题、段落、表格等。文档版面分析会输出文档标题、图片、表格、图 / 表标题、正文、页眉页脚、脚注等要素信息，如图 6-3 所示。

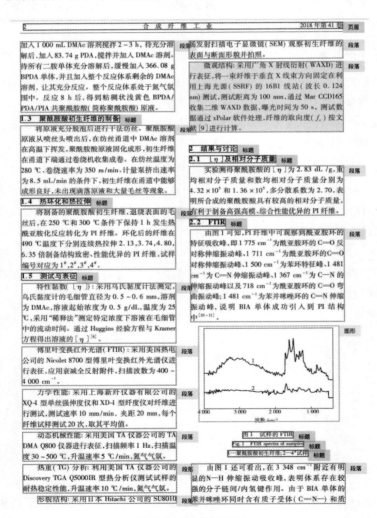

图 6-3　文档版面分析

在文档版面的各种元素中，解析表格最为关键，表格通常是文档中重要信息的说明。表格解析主要是进行表格区域检测和表格行列结构识别，其中表格区域检测用于确定文档中表格的外边界，表格行列结构识别用于还原表格的行、列、单元格等信息。表格解析示例如图 6-4 所示。

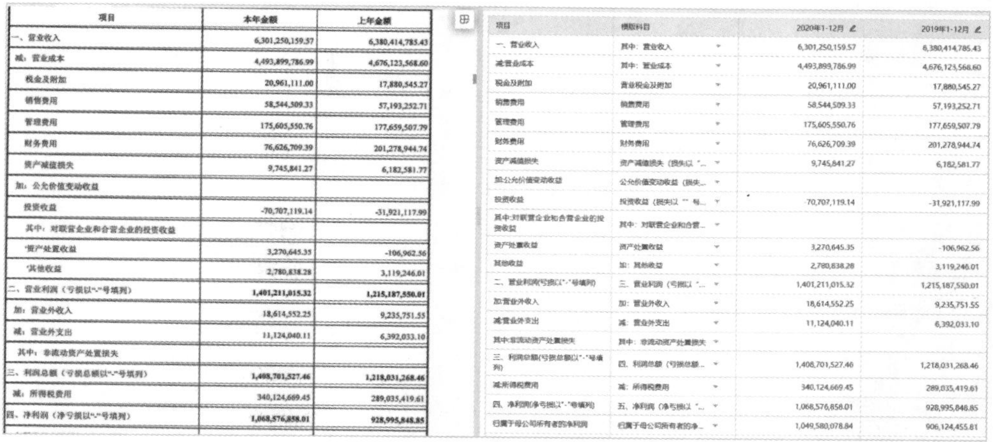

项目	本年金额	上年金额
一、营业收入	6,301,250,159.57	6,380,414,785.43
减：营业成本	4,493,899,786.99	4,676,123,568.60
税金及附加	20,961,111.00	17,880,545.27
销售费用	58,544,509.33	57,193,252.71
管理费用	175,605,550.76	177,659,507.79
财务费用	76,626,709.39	201,278,944.74
资产减值损失	9,745,841.27	6,182,581.77
加：公允价值变动收益		
投资收益	-70,707,119.14	-31,921,117.99
其中：对联营企业和合营企业的投资收益		
资产处置收益	3,270,645.35	-106,962.56
其他收益	2,780,838.28	3,119,246.01
二、营业利润（亏损以"-"号填列）	1,401,211,015.32	1,215,187,550.01
加：营业外收入	18,614,552.25	9,235,751.55
减：营业外支出	11,124,040.11	6,392,033.10
其中：非流动资产处置损失		
三、利润总额（亏损总额以"-"号填列）	1,408,701,527.46	1,218,031,268.46
减：所得税费用	340,124,669.45	289,035,419.61
四、净利润（净亏损以"-"号填列）	1,068,576,858.01	928,995,848.85

项目	模版科目	2020年1-12月	2019年1-12月
一、营业收入	其中：营业收入	6,301,250,159.57	6,380,414,785.43
减:营业成本	其中：营业成本	4,493,899,786.99	4,676,123,568.60
税金及附加	营业税金及附加	20,961,111.00	17,880,545.27
销售费用	销售费用	58,544,509.33	57,193,252.71
管理费用	管理费用	175,605,550.76	177,659,507.79
财务费用	财务费用	76,626,709.39	201,278,944.74
资产减值损失	资产减值损失（损失以"...	9,745,841.27	6,182,581.77
加:公允价值变动收益	公允价值变动收益（损失...		
投资收益	投资收益（损失以"" 号...	-70,707,119.14	-31,921,117.99
其中:对联营企业和合营企业的投资收益	其中：对联营企业和合营...		
资产处置收益	资产处置收益	3,270,645.35	-106,962.56
其他收益	加：其他收益	2,780,838.28	3,119,246.01
二、营业利润(亏损以"-"号填列)	三、营业利润（亏损以"...	1,401,211,015.32	1,215,187,550.01
加:营业外收入	加：营业外收入	18,614,552.25	9,235,751.55
减:营业外支出	减：营业外支出	11,124,040.11	6,392,033.10
其中:非流动资产处置损失	其中：非流动资产处置损失		
三、利润总额(亏损总额以"-"号填列)	四、利润总额（亏损总额...	1,408,701,527.46	1,218,031,268.46
减:所得税费用	减：所得税费用	340,124,669.45	289,035,419.61
四、净利润(净亏损以"-"号填列)	五、净利润（净亏损以"...	1,068,576,858.01	928,995,848.85
归属于母公司所有者的净利润	归属于母公司所有者的净...	1,049,580,078.84	906,124,455.81

图 6-4　表格解析

可见，在完成文档的字符识别和版面分析后，我们可以获取到带版面元素结构的电子文本信息，智能文档抽取会基于该信息进行关键要素的抽取。

6.2.2 图像结构化抽取

办公领域存在大量票据和卡证，比如增值税发票、各类表单、收据、回单等，这类文档与合同等长文档不同，它们通常不是段落形式的书写风格，所包含的信息只是按一定布局排在页面上，我们所关心的信息也往往会出现在不同的位置，如图 6-5 所示。针对这类文档的结构化抽取称为图像结构化抽取。

图像结构化抽取包括模板结构化抽取和 OCR 模型结构化抽取。这两种抽取方法的实现路径不同，使用场景也不同。模板结构化抽取主要根据版面排布特征对相同特征的样本按模板进行抽取；OCR 模型结构化抽取综合利用图像（纹理、颜色、字体等）、布局位置和文本信息的联合建模来进行文档理解，能准确地从图像文档中抽取结构化文字信息。

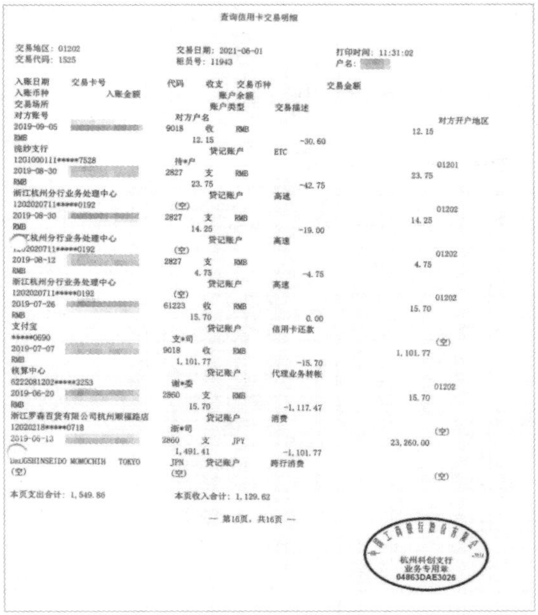

图 6-5 不同类型的单据

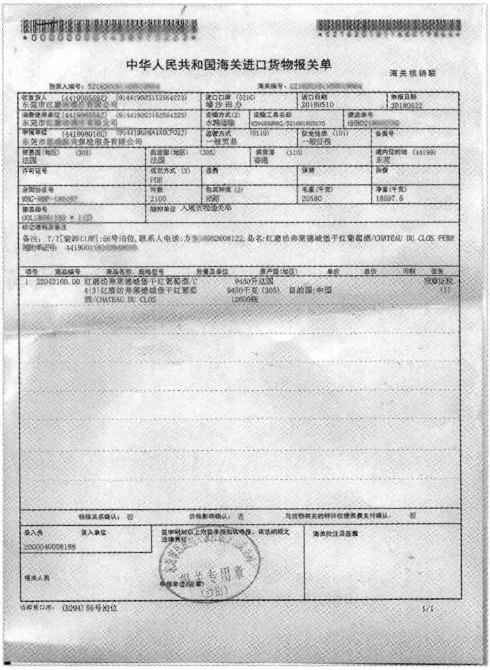

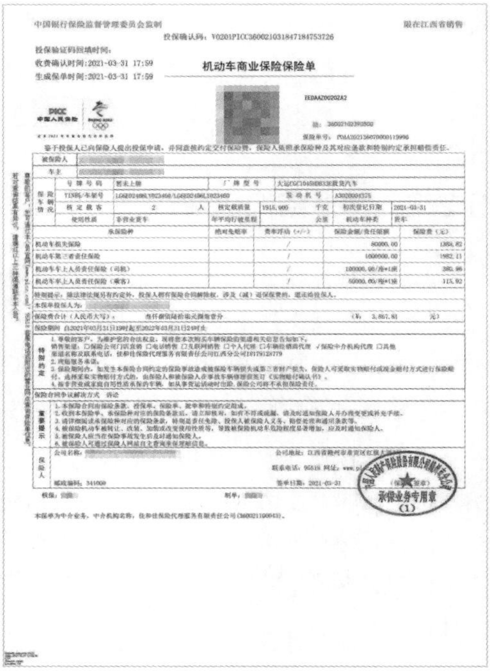

1. 模板结构化抽取

模板结构化抽取适用于版式较为统一的各类卡证和票据，比如转账凭证、回单、行程单等。模板结构化抽取通过人工预先标注来建立模板，预测时会将文档与模板进行匹配，按模板标注的抽取位置抽取对应位置的信息。

● **建立模板**

模板抽取产品用户通过在可视化界面上进行标注来建立模板。如图 6-6 所示，诸如海外发票之类的复杂票据包含普通文本行信息和开具发票的商品表格信息，因此在建立模板时不仅需标注文本字段（如付款人、信息等），还需标注滑动表格字段（如商品名称、价格等）。此外，某些票据（如医疗发票）还存在二次打印的情形，针对这种特殊的情况，可配置更多参数信息打印偏移、参考锚点等。

图 6-6 英文发票模板标注

● **模板结构化抽取**

创建模板的过程实际上人工标记了所需抽取字段位置与其他文字位置的关系，以及不同抽取字段间的位置关系。模板预测时，可以将预测图像与预定义模板进行空间对齐，按预先定义位置将预测图像中的对应信息抽取出来。表格抽取需要通过滑动逐行按结构抽取出全部信息。图 6-7 展示了英文发票模板结构化抽取的效果。

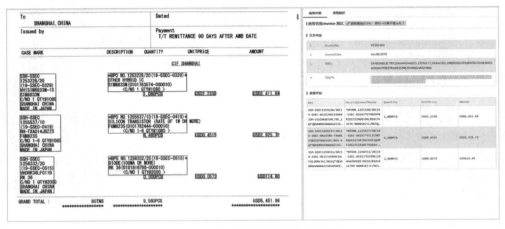

图 6-7　英文发票模板结构化抽取效果

随着模板应用的深入，模板抽取不仅可以处理常见版式较为固定的卡证，还可以应用在海外发票、物流单据、商业银行信用证等复杂单据的结构化关键要素抽取上。

2. OCR 模型结构化抽取

OCR 模型结构化抽取适用于版式较为复杂或有一定变化的单据。与模板结构化抽取按版式建立枚举模板不同，OCR 模型结构化抽取会人工预先标注一批数据，利用神经网络学习基于标注数据抽取的字段特征，因此在有一定版式变化的样本上，模型抽取具有更强的泛化性。OCR 模型抽取包含数据标注、模型训练、模型评测等步骤。

● **数据标注**

数据标注是人工向训练数据集添加元数据的过程，数据标注需支持普通文本行标注、复杂表格格式标注、跨页内容标注等情形。图 6-8 展示了模型抽取中人工标注英文合同的表格的过程。

此外，为了降低人工标注量，还可进行模型预标注和数据生成。模型预标注是指标注部分数据后，可启动模型训练，利用训练的模型预标注新数据，然后人工在预标注的基础上调整标注数据，以此多轮标注训练一个可用模型；数据生成是指人工预先标注一些不同版式来生成模板，然后再基于模板自主生成更多标注数据。由此可见，模型预标注和数据生成可大幅减少人工标注量。

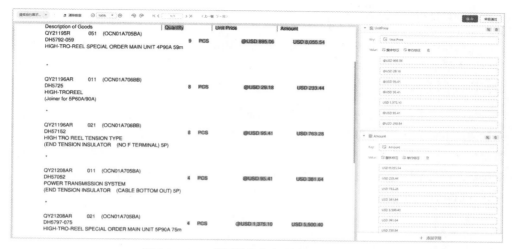

图 6-8　OCR 模型抽取英文发票模型表格标注

- **模型训练**

可视化模型训练通过打通操作界面调整模型的训练参数，给模型配置训练数据，触发模型训练。可视化界面可监控训练状态。相较于模板，模型训练需要一定时间。

- **模型评测**

模型训练成功后，用户可以进行模型效果评估以判断训练模型的可用性。效果评估应支持从标注数据集中选取未参与模型训练的数据作为评估数据集进行评估。系统在执行评测时会将人工标注的数据与模型预测结果进行比较，统计出模型在评测数据集上的准确率、召回率、F1 值、ROC、AUC 等信息。

随着 OCR 技术的快速发展，OCR 不但能认识文字，还能进一步理解文字。多模态 OCR 模型不仅可以将卡证、票据等的图像形式转化为电子数据，还可以从文档中抽取结构化文字信息。

6.2.3　文档结构化抽取

企事业单位中存在大量非结构化文档，比如合同协议、企业年报、业务文档等。以金融领域企业为例，其所涉及的招股说明书、债券募集书、各项公告等文档内容多、信息广、专业性高且结构复杂。要实现这类文档的结构化抽取，就需要在文档识别和解析基础上进一步对全文进行自然语言语义理解。

1. 文档结构化抽取产品介绍

文档结构化抽取产品主要解决长文档信息结构化问题，通过字段定义－标注－训练－评估－上线－人工反馈－模型自优化一站式人工智能学习平台，形成可供业务直接使用的文档结构化抽取产品。

与票据、卡证等信息抽取类似，长文档抽取模型同样需要人工预先进行数据标注，模型通过不断学习标注答案来理解文档结构和抽取需求。文档抽取应包含抽取字段定义、数据标注、模型训练等功能。由于长文档的抽取信息具有多样性和复杂性，因此在模型训练环节可为不同字段配置不同的抽取模型（参见图 6-9）。另外，同一个字段也可同时用多种抽取方式进行抽取，抽取后再进行合并以生成最终结果。

图 6-9　按字段配置抽取模型

2. 文档结构化抽取类型

文档抽取按照抽取内容可划分为元素抽取、实体抽取、关系抽取等，不同的抽取类型在字段定义、数据标注和抽取所用模型方面有所不同。

3. 元素抽取

元素指段落、标题、页眉页脚、表格、图片等要素级内容。基于深度学习技术，可抽取文档中指定的段落、图表等内容，并整体输出，比如抽取个股研报中的财务报表、招股书中的股权架构图、合同中的指定条款等。图 6-10 展示了招股书中的募集资金用途段落抽取效果。

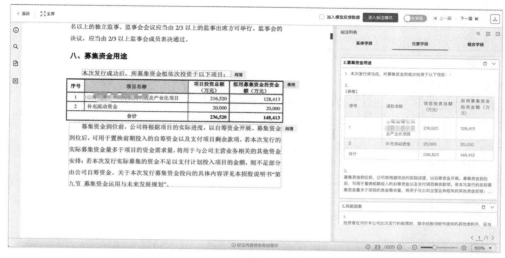

图 6-10　元素抽取产品效果

4. 实体抽取

实体抽取基于 NLP 技术，是通过语料标注和模型训练后，将事先定义好的条款从文档中自动抽取出来，并将文档中的文本信息转化为结构化信息。图 6-11 展示了抽取基金合同中的基金管理人、基金托管人等信息。

图 6-11　实体抽取产品效果

5. 关系抽取

关系抽取是指从文本中抽取实体之间的语义关系，这种语义关系通常是指两个实体之间的关系，当然也可以抽取多个实体之间的关系。例如"北京属于中国。"表示北京与中国之间是"属于"的关系，这可以用三元组（北京，属于，中国）来表示。图 6-12 展示了抽取基金合同中的管理人姓名、住所、联系人和通讯地址之间的关系。

图 6-12　关系抽取产品效果

6.2.4　智能文档抽取场景介绍

智能文档抽取产品可以按企业业务需要将文档中的关键信息抽取出来作为业务数据，其已广泛应用在如企业财税、跨境贸易仓储物流报关报税、金融业合规风控、金融行业监管等不同业务场景中。

1. 企业财务费用报销智能化

企业的财务共享中心为企业提供费用报销、资金管理、纳税申报等财务共享服务。以往企业员工在进行日常差旅费用报销时，不仅需要手动将飞机票、发票等票据中的金额、时间等信息录入报销系统中，而且需要反复检验与报销标准是否匹配以及报销信息是否准确和完整。随着智能文档抽取产品的不断成熟和推广，通过引入智能文档结构化抽取产品，现在大部分企业能够对财税场景中的大量单据和文档进行结构化抽取，自动进行报销，实现了税务核算自动化和智能化。

　　财务报销场景所涉及票据众多，比如银行回单、增值税发票、火车票、出租车票、汽车票、飞机行程单、船票、银行汇票、支票、酒店住宿流水等。在报销端，当员工提交票据文档后，抽取系统可以实时识别并返回结构化数据，自动生成员工报销申请所需填写的信息，使其快速、准确地完成报销。同时，运营端会结合 RPA 进行发票验真。在审核端，当财务人员进行报销审核时，能够直接看到结构化数据和验证结果，无须人工计算核对，审核完成确认后系统会自动生成会计记账凭证。如图 6-13 所示，通过在财务报销场景中引入智能文档抽取，使得整个报销流程智能化，在员工报销端和财务审核端大幅降低了人工操作难度。

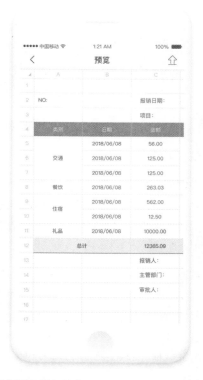

图 6-13　使用手机拍摄抽取票据信息

2. 跨境贸易报关报税自动化

　　在跨境贸易报关业务中，报关企业需要处理大量进出口报关单据，比如发票、航运单、出货单、空运单、海运单、合同、提货单等。如图 6-14 所示，在办理报关时需按海关规定的一整套格式录入进出口货物报关信息，传统的通过人工逐条将单据内容录入系统的方式，存在业务量大、人工录入强度高、效率低、在高强度工作状态下易出错等缺点。通过引入文档结构化抽取产品，能够使单据信息快速结构化，并且根据单据类型按设定要素进行审核，自动判定审核结果，集成报关系统自动给系统赋值，替代人工输入。同时，结构化数据还可以形成报关报税大数据分析的原子数据，分析海关估价等关键信息，控制风险敞口。

图 6-14　跨境贸易报关流程升级改造

3. 证券发行文档风险合规管理

金融领域中的文档处理场景非常多，业务量级大，如果采用传统人工处理方式，则难度大且效率低。通过将智能文档抽取产品应用到金融业务中，把大量非结构化文本的数据、实体、事件和关系提取出来作为结构化元数据，能够使金融企业获得洞见并简化业务流程。

证券监管机构是负责企业发行债券、股票等有价证券的监管和信息对外披露的机构，监管机构每天要接收发行企业报送的各种文档，比如招股说明书、募集说明书、财务报告等申报文件。这些文档通常是以非结构化 PDF 文件格式报送，它们是对一家大型企业集团经营、业务、财务、投融资等方方面面的详细介绍，文档内容动辄数百页，其中包含大量财务数据、专业的分析规则及相关的实体。

如图 6-15 所示，过去所采用的人工手动将少量重要信息抽取填报至信息披露系统的方式，大量信息并没有被有效利用。通过采用智能文档抽取产品将这些信息从非结构化 PDF 中抽取出来，有助于监管机构全面、及时且高效地核查管控。例如，针对债券发行，结构化抽取系统会从企业报送的债券募集书及其配套报告中抽取各类债券发行条款、募集资金规模及用途、往期债务情况及企业经营情况等，并将这些信息自动填报至信息披露系统。这样做不仅可以节省大量人工查看原始文档并反复核对的时间，还可以构建大数据可视化分析工具，按行业、规模、偿债能力等维度自动生成分析比对核查意见，帮助审核人员快速掌握全局信息，及时发现风险。

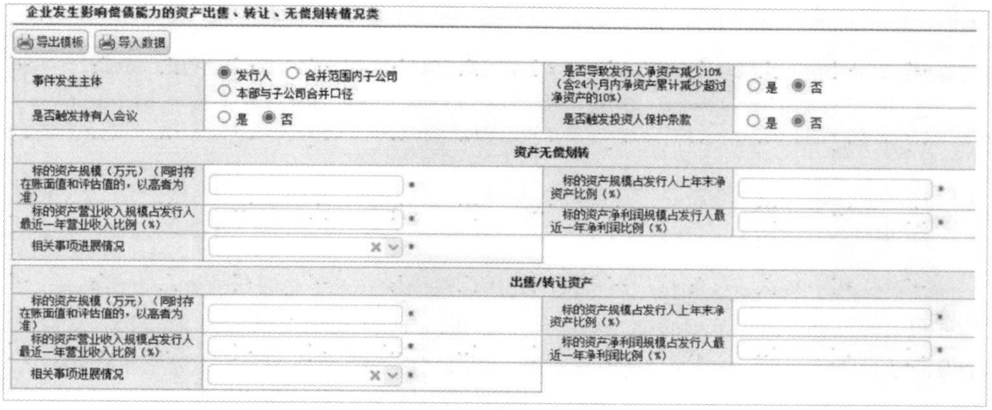

图 6-15　债券信息披露系统

综上所述，智能文档抽取产品经过数年的发展，在金融、法律、保险、政务、交通、传统制造业等拥有大量信息整合输入的业务领域已有广泛的应用场景。通过文档结构化抽取，智能文档抽取产品极大地节省了企业采集人工数据来构建信息系统的成本。

6.3　智能文档审核产品

智能文档审核产品一般从两方面着手：一是通用性审核，即是否有错别字、标点符号使用是否正确、语义是否连贯等；二是专业性审核，主要从一致性、合规性和完整性上进行内容的专业审核。前者主要通过大量的通用语料辅以行业专业语料进行模型的训练，后者则强依赖于行业专家、知识库的审核规则沉淀。

6.3.1　文档风险审核

文档风险审核主要从专业性层面进行审核，审核范围如下。

(1) 上下文数据的一致性。例如合同中的乙方名称是否与投标文件一致，合同金额大小写是否一致。

(2) 内容条款的合规性。例如知识产权条款是否按照知识产权保护相关法律法规的内容维护了自身的合法利益。

(3) 内容的完整性。例如合同中需要明确约定交付时间、税率等。

1. 审核原理介绍

文档审核的核心在于用计算机语言表达业务规则，并与底层信息抽取结合，打通上下游，实现完整的端到端审核业务。因此，文档审核的特点如下。

- ❑ 对象明确，审核主体可以显式确定。例如审核合同是否明确约定违约条款。
- ❑ 句式多为主谓宾结构。例如"合同金额大于 100 万元"。复杂规则多可拆分为若干个简单的主谓宾结构。
- ❑ 表达方式灵活多变，难以通过模型直接学习。
- ❑ 审核规则相互间存在依赖。

针对这几个特点，我们在产品实践中使用计算图的方式表达审核业务，审核规则对应计算图上的节点，每个节点通过 SPO（Subject, Predicate, Object）三元组表达，文档内容及抽取的结果通过数据流的方式流经计算图，当数据流经整张计算图时完成整个审核业务。

和知识图谱中常用的 SPO 表达方式类似，这 3 个属性可以理解为 (实体一 , 谓词 , 实体二)，其中谓词定义了实体一与实体二之间的关系。如图 6-16 所示，在 SPO 表达体系下，上文中"合同金额大于 100 万元"的实体一为"合同金额"，谓词为"大于"，实体二为"100 万元"。

图 6-16　SPO 表达体系

将一个三元组定义为一个节点是最小粒度的审核逻辑，每个节点的输出为是否满足本节点的业务规则，该结果在计算图中被传递。除了业务逻辑节点，我们还额外增加了两个特殊节点，即起点与终点，分别表示计算图的入口与出口。值得注意的是，每个子图也可以合并为一个复合节点。因此，审核计算图可以被定义为：从起点开始，若存在一条路径由入口到出口均满足审核条件，则审核通过，反之则不通过。

那么，如何基于如下审核规则构建审核计算图呢？

- ❑ 规则 1：合同金额小于 100 万元且利率小于 5%。
- ❑ 规则 2：合同金额大于 100 万元且利率小于 4%。
- ❑ 规则 3：满足规则 1 或规则 2，且贷款周期不超过两年。

上述规则对应的计算图如图 6-17 所示，图中存在两条路径，若其中有一条通过，则表示审核通过。

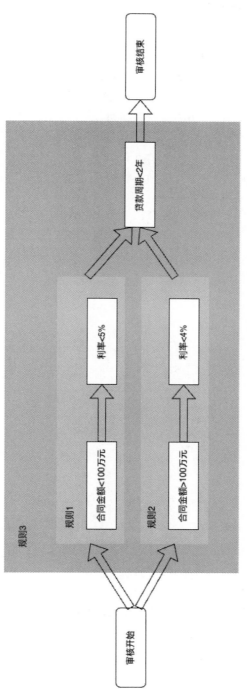

图 6-17 从审核规则构建审核计算图

2. 审核规则配置

审核规则配置一般分为 3 部分。

(1) 实体选择：根据前文，审核核心是实体和关系，所以审核规则配置需要选择审核主文档中的字段，以及主文档或者辅助文章中的校验字段。

(2) 审核关系：审核关系抽象出来一般包括包含、不包含、等于、小于、大于、小于等于、大于等于、存在和不存在。

(3) 条件：部分情况下一条审核规则存在多个审核节点，相互之前有依赖性条件，抽象出来为与（需要同时满足）、或（满足其一即可）和非（需要不满足条件）。

图 6-18 展示了审核规则配置。其业务语言为：合同中的乙方收款账户需要与乙方全称一致，且乙方存在于供应商数据库中。相关审核规则配置如下。

(1) 实体选择：乙方收款账户名称及乙方全称。

(2) 审核关系：等于和存在。

(3) 条件：与。

图 6-18　审核规则配置

3. 审核结果展示

审核结果需要展示出实体抽取的结果及原文、审核条款名称，以及机器审核是否通过，并提供修改建议。人工可在线修改抽取结果和审核结果，进行人工复核。图 6-19 是一种审核结果详情页面的展示形式。

图 6-19　审核结果详情展示页面

6.3.2　智能文档比对

在传统的工作流程中，对于文档的不同版本（电子文档和扫描件文档）的差异比对都是依靠人眼进行查看，费时费力，而智能文档比对通过 OCR、NLU 等多项技术融合，快速检测文档之间的差异点，同时以更直观且方便的方式进行比对结果的呈现，便于人工快速复核。

1. 比对原理流程

传统文本比对仅从字面差异进行比对，无法从语义等其他方面进行差异分析，智能文档比对可以依靠以下能力有效地解决这些问题。

(1) 文档结构解析。文档的结构通常包含丰富的语义信息。在获取文档各类元素的前提下，可以更加高效地对文档进行比对。

(2) 不同层次的文本语义匹配。与简单的文本字面比对不同，智能文档比对需要具备语义匹配的能力，比如"中国"和"中华人民共和国"、"NLP"和"自然语言处理"，等等。语义匹配还涉及不同层次或粒度，比如词级别、句子级别、段落级别等。具体实现需要中文分词、词嵌入、同义词词典，以及基于语义的句子 / 段落相似度计算。

(3) 表格、段落等不同文档格式元素比对。在有些业务场景中，主要关注两篇文档的具体差异，而对段落顺序差异可以不考虑。这需要比对算法自动检测匹配的段落并调整成一致的顺序，再进行比对。

图 6-20 展示了智能文档比对从数据输入、数据预处理到比对处理的架构。

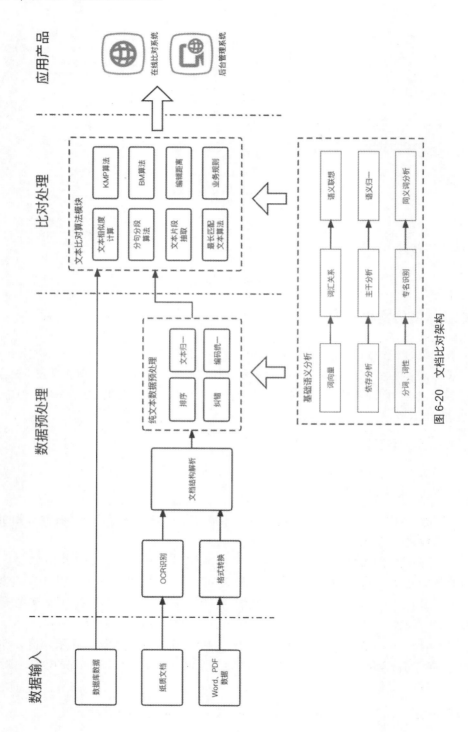

图 6-20 文档比对架构

2. 比对规则配置

针对不同的文档类型和业务需求，需要配置不同的比对规则。

(1) 在合同签字盖章版和合同电子版比对场景中，需要关注印章加盖的区域是否正确，是否有漏盖章的情况。

(2) 在模板合同和定稿合同比对场景中，合同条款会调整位置，因此需要忽略段落顺序差异进行比对。

(3) 在审计报告比对场景中，需要识别对应的财务科目，忽略行列顺序差异进行比对。

智能文档比对丰富的比对配置项和比对策略可满足不同用户不同场景的比对需求。

(1) 版面解析算法。通用版面适用于如合同等样式简单的文件，复杂版面适用于如双栏扫描文件等样式复杂的文件。

(2) 是否存在页眉页脚和无框表格，是否需要增强表格识别。

(3) 指定比对的页码，加快长文档关键页的比对。

(4) 框选范围比对。智能文档比对支持在文件中框定范围，范围之外的部分不参与比对。

(5) 根据文件特点选择不同的策略，比如全文比对、忽略段落顺序差异比对等。

(6) 印章比对是否开启开关。印章比对主要用于双签合同校对的场景中。

3. 比对结果展示

比对结果需要通过直观的方式进行对照展示。图 6-21 展示了一种比对差异结果，差异项高亮连线展示，并可一键跳转，可人工复核差异项，进行删减和确认，并且差异结果可通过批注的形式导出。

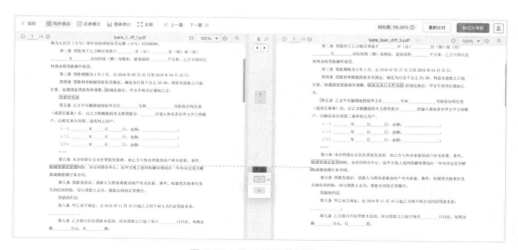

图 6-21　比对结果差异展示

6.3.3 智能文档审核场景

智能文档审核可应用于各类需要对文档风险进行管控的业务场景中，比如合同的风险审核，证券公司债承业务、股权业务等各类材料的合规审核，企业间贸易往来单据的金额审核，文档不同版本的管控，等等。

1. 合同审核场景

合同是现代公司从事经济活动的主要手段，大到企业投融资、兼并购以及项目的商务往来，小到公司日常运营和劳动雇佣，均需要合同来约定各方的权利与义务。合同中承载企业关键法务、财务等信息。图 6-22 为一个大型企业典型的合同审批流程，其中审核

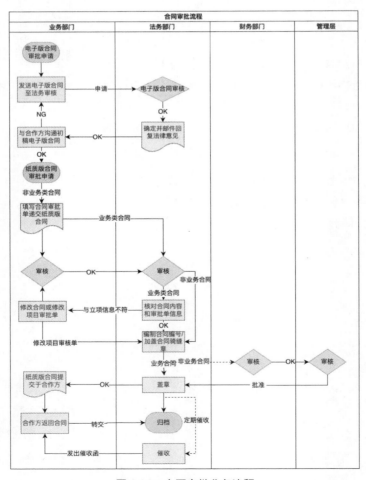

图 6-22 合同审批业务流程

环节几乎覆盖合同流程的所有阶段，从审核业务风险、审核法律风险到审核财务风险，如果任何一个环节把控不到位，都可能导致合同纠纷，甚至造成财务、声誉和合作关系等损失。

如图 6-23 所示，智能文档处理可覆盖起草、审核、审批、签订、履约、归档调阅等合同管理各个环节，由机器进行风险审查，辅以人工复核，可有效减少业务人员的重复性工作，大幅提升合同审批效率和质量，赋能企业合同管理全流程。

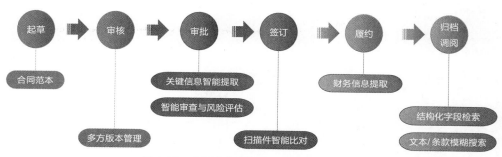

图 6-23　合同生命周期中应用智能文档处理

2. 文档版本管理场景

在企业日常工作中，大多数员工的文档版本控制是这样的：将文档另存为，并且给文档名加上 V1、V2 这类标签，更精细的做法是加上更新日期。但是纯人工的版本控制总是容易出错。文档越来越多导致当事人无法记清每份文档之间的不同、文档多人离线编辑导致难以合稿和校对等问题时有发生。如何进行自动化的版本管理，有效利用历史文档资产成为企业管理一大难题。

智能文档比对可快速检测出不同文件版本之间的差异，令差异点一目了然。图 6-24 以审计报告为例，通过将最终提交的扫描版审计报告与电子版审计报告进行比对，可快速查看其中差异，获取最新的审计报告数据。相较于传统方式核对一份审计报告需要 3~4 小时，通过机器比对辅助人工复核的方式可将时间减少至 10 分钟以内，大幅提升人工比对和录入效率，完善企业文档自动化版本管理流程。

同时，经过复核的文件可直接与公司的文档管理系统进行对接，完善企业文档自动化版本管理流程，形成公司的文档库和知识库。

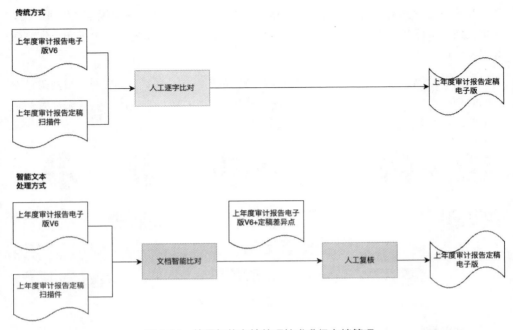

图 6-24　使用智能文档处理技术升级文档管理

6.4　智能文档写作产品

前面我们讲述了智能文档抽取产品、智能文档审核产品，以及它们的应用场景，这些产品所处理的输入是人们已经书写的文档稿件，甚至是写好并经过打印、签字、盖章及扫描形成的文档。而机器书写生成文档内容，一直以来可用性还比较低，一方面由于内容生成对专业业务知识要求比较高，另一方面由于办公场景书面写作讲究一定的书写方式、句式和结构，因此机器难以生成媲美人类专业水平的内容。

然而，企业中大量实际业务书写内容模板相对固定、写作内容数量大，比如金融研究报告，特别是点评类研报、公告说明等类型文档，不仅涉及知识面广，而且涉及数据多且来源广，但是在书写结构、句式表达、引用数据等方面相对固定，因此可通过设置模板，让机器在模板基础上填充数据，再结合一定的机器自主续写、总结生成文档，达到文档使用价值。

6.4.1 智能文档写作产品介绍

智能文档写作产品一般包含数据对接、数据加工、业务模板定义、写作生成等功能。同时，智能文档写作产品还可以提供智能续写、自动摘要生成、数据查询、素材联想等写作辅助功能。智能文档写作产品的写作流程如图 6-25 所示。通用型产品由于业务场景的复杂型和不确定性，要求写作产品开放各项自定义能力，可根据业务需求不同进行灵活自定义。

结构化数据
非结构化数据
模板定义
发起写作
智能摘要
智能续写
人工在线修订

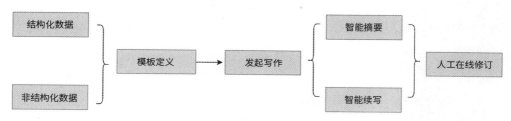

图 6-25 智能文档写作产品写作流程

1. 数据对接

写作素材是智能文档生成产品的关键。一般来说，写作素材包括的数据可能有结构化数据和非结构化数据。如图 6-26 所示，结构化数据的数据来源既可能是指定数据库，也可能是某个外部接口。因此，针对结构化数据源，自定义模块需支持连接数据库和拉取数据表、支持注册接口，并支持用户指定数据范围或调用参数。

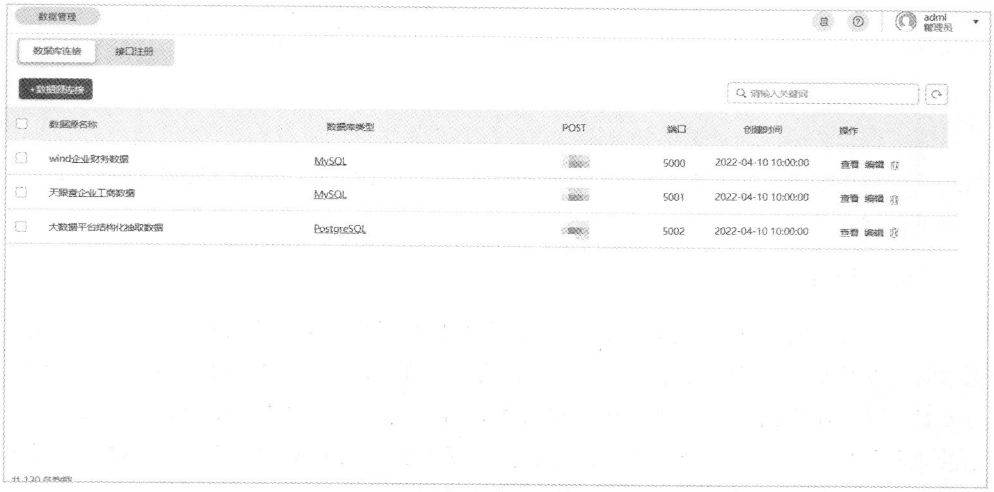

数据管理
admi
管理员
数据库连接
接口注册
+数据源连接
数据源名称
数据库类型
POST
端口
创建时间
操作
wind企业财务数据
MySQL
5000
2022-04-10 10:00:00
查看 编辑
天眼查企业工商数据
MySQL
5001
2022-04-10 10:00:00
查看 编辑
大数据平台结构化抽取数据
PostgreSQL
5002
2022-04-10 10:00:00
查看 编辑

图 6-26 智能写作与多种形式信息源对接

通常，非结构化数据需要经过进一步加工处理才能作为写作素材，因此在定义非结构化数据时需配置其数据处理方式，比如通过调用某个结构化抽取模型接口或将数据传入其他系统以得到能用于写作的素材数据。

2. 数据处理

企业办公中的业务文档通常是基于一定的数据进行整理加工并按业务规则进行组合形成的。如图 6-27 所示，智能文档生成产品应支持按业务需要自定义数据加工方式（比如常见的数据运算、文本加工，甚至配置 SQL 和正则语句）来实现数据加工处理。加工处理后的数据在模板定义和写作环节可以直接引用。

图 6-27　数据处理中的数据运算

非结构化数据可通过调用外部接口或进行简单的规则配置进行处理来获取写作素材。数据处理应尽量在可视化页面进行拖拉拽处理以简化操作难度和操作门槛，非技术业务人员可自行按需求操作。

3. 模板配置

模板配置是智能文档写作的核心。灵活个性化配置功能是智能文档写作产品的关键，通过集成在线编辑功能、便捷的交互和丰富的配置选项，业务人员可快速配置写作模板。图 6-28 是募集说明书模板配置示例，模板配置需要支持每一句话的表达形式，每一个数据的来源和处理方式，以及文中段落、表格、图表的生成方式。除了内容配置，模板中还可配置生成文档的格式信息，比如字体、间距等。

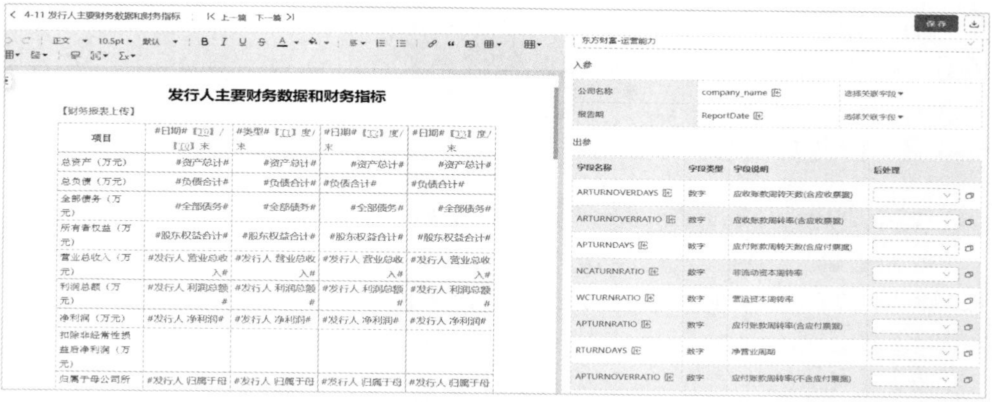

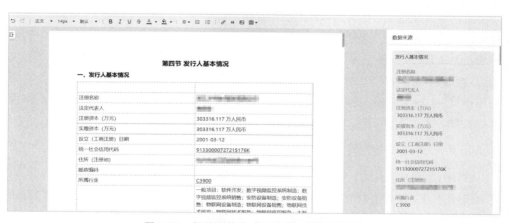

图 6-28　募集说明书模板配置

4. 文本生成

在文本生成阶段，为满足不同业务场景的生成需求，可灵活配置文本生成方式，比如定时检查数据按新增数据进行生成、按人工指定的公司名称进行生成、按人工指定的数据范围进行生成等。如图 6-29 所示，文本生成后应支持人工在系统生成的基础上二次编辑，系统自动生成填充的数据应记有标志支持溯源，同时，还应支持生成文本导出为 Word、PPT、PDF 等格式文档。

图 6-29　智能写作生成的文档－募集说明书

5. 辅助功能

智能文档写作平台的辅助写作功能包括数据搜索、素材联想、机器续写、智能纠错等。写作平台通过抓取大量数据（比如新闻资讯、财经数据、企业公告等信息）并进行结构化分析，梳理出大量实体、事件、关系和数据以形成知识图谱。在写作过程中，写作平台可根据用户的前文写作内容，自动查询数据、生成写作素材并续写。同时，对于人工写作中存在的如拼写、敏感词、数据前后不一致等错误，写作系统会给出错误提示。

6.4.2　智能文档写作场景介绍

通过 6.4.1 节的介绍，结合模板的办公场景智能文档写作，大家会发现办公领域文档写作与 AI 写诗、AI 写小说等自然语言自动内容生成有所不同。在办公领域，文档写作的业务逻辑要求高，智能文档写作作为写作助手可以帮助人工进行数据挖掘、整理和分析，按模板生成业务文档，以便业务人员进一步加工。然而，由于写作一直是企事业单位的重要工作内容，因此如何实现从文档的智能审阅到智能写作的高度跨越是如今顶尖的研究机构、大型企事业单位等纷纷探索的风口。

1. 投资银行持续督导报告自动生成

在债券承销部门业务中，会涉及大量的报告撰写工作，比如企业通过二级市场募集资金后，证券公司作为中介机构需要持续督导企业的运营情况。因此，债券承销部门每半年需要对外披露督导报告。由于存续期的企业数量众多，再加上每年还有不少新增企业，因此，要持续跟踪这些企业的情况并在半年及年末形成督导报告，对业务人员来说核查压力大且写作负担重。

通过引入智能文档结构化抽取产品和智能文档写作产品，将企业提交的资料（比如征信报告、借款合同、银行流水、保证担保合同、不动产相关证件等文档）进行结构化抽取，再结合公开的企业法律、财产抵押冻结等信息，将抽取信息和查询数据按业务规则进行数据加工和判断，按预定模板自动生成对企业债务、资产、法律风险等多个维度的核查报告。业务人员只需基于系统自动产生的报告查看核查结果并整合成对外披露报告，大大提升了工作效率。

2. 证券公司投研报告写作

在证券公司投研领域，每天会产出大量研究报告。据统计，2022 年上半年，国内百余家证券公司共发布国内市场的各类研报 9 万余份，涉及公司研究、投资策略、宏观研究、行业研究、基金研究、债券研究等。这些报告通常由金融分析师对数据和信息进行全面搜集、制作模型、计算数据指标后撰写形成。投研工作需要处理庞杂、稀疏且非结构化的数据，分析师收集和整理这些数据要耗费大量时间，而引入投研报告写作可以自动进行数据收集、整理、指标计算和挖掘，并按特定模板生成基础报告。基于系统整理结果形成主观观点和评价，不仅可以将分析师从大量繁杂的重复性工作中解放出来，还能保证数据的准确性，避免人工加工造成的错误和疏漏。

第 7 章

知识图谱场景

知识图谱以图的方式呈现客观世界中的网状知识结构,因其可以深入挖掘知识脉络并具有良好的可读性,近年来一直是学术界和工业界的研究和应用热点。本章首先介绍知识图谱的基本概念,然后阐述知识图谱的核心技术,最后介绍目前业界的一些典型的知识图谱应用。

7.1 知识图谱概念

本节重点介绍知识图谱的基本概念和历史发展脉络,以及在发展过程中出现的几种知识图谱类型和典型的系统架构。

7.1.1 知识图谱介绍

作为知识结构化和可视化的载体,自 20 世纪 60 年代以来,知识图谱相关技术不断发展,随着最近十年被工业界广泛应用,其产生了越来越高的业务价值。

1. 什么是知识图谱

知识图谱是一种语义网络,用于描述客观实体之间的关系和联系,这一概念由谷歌公司在 2012 年 5 月首先提出,旨在提升用户搜索质量和体验。知识图谱通过实体 - 关系 - 实体(如达观数据 - 研发 - 知识图谱)或实体 - 属性 - 属性值(如达观数据 - 公司地址 - 上海)的三元组形式,记录实体之间的相互关系和实体所具有的属性。借助可视化的方式,图谱中的所有知识一目了然。

知识图谱中的核心概念包括实体、属性和关系。实体即一个客观唯一存在,也可以视为一个知识点,比如“中华人民共和国”就是一个国家实体,“袁隆平”是一个人物实体,“籼型杂交水稻三系”是一个水稻品种实体。知识图谱的核心建模能力体现在知识的关联上,即模拟人类大脑的知识联想功能,对知识点进行关联。这种模拟人类对知识进行串联的认知网络被视作实现下一代认知智能的关键技术之一。

知识图谱虽然最早是谷歌公司为了优化用户搜索体验而开始在工业界实践的,但随着相关底层技术的发展,知识图谱技术逐渐应用于金融风控与反欺诈、企业知识管理、工业制造专家分析等领域。

2. 知识图谱的发展

20 世纪 60 年代,语义网络技术作为一种知识表示方法被提出,随后被应用于 NLU 领域。知识图谱作为一种语义网络表示技术,其发展可以追溯到这个时期。20 世纪 80 年代,人工智能领域引入了哲学概念"本体"来描述知识表示。本体论是一个术语集合,用于描述对象类型或概念及其属性和相关关系。1989 年,Tim Berners-Lee 发明了万维网。万维网通过超文本标记语言(HTML)把世界上的信息和知识以超链接的形式关联起来。2006 年,linked data 被提出,它可以快速发现网络上的关联数据集。2012 年,谷歌公司正式在其搜索引擎中引入知识图谱技术来提升搜索质量,而这也成为知识图谱开始工业化实践的标志。直到现在,语义检索仍然是知识图谱的主要应用之一。

图 7-1 为知识图谱技术的发展脉络图。随着谷歌将知识图谱应用于搜索引擎,近年来知识图谱已经广泛应用于金融风控与反欺诈、交易流水分析、事件传导挖掘、制造业设备和生产故障维修等领域。

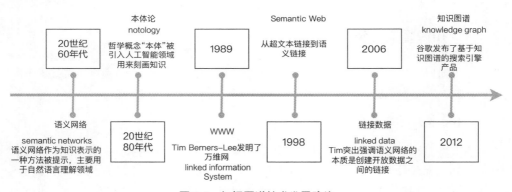

图 7-1 知识图谱技术发展脉络

3. 知识图谱的价值

知识图谱因其知识网络天然联系的特点,在知识建模技术层面可以实现许多其他模型不易达到的目标。

(1) 知识的关联表达能力天然且可动态扩展。相比于数据库等模式,知识图谱可以处理复杂的关联分析,满足各种业务需求,比如知识关联探索、欺诈团队发现、闭环交易发现、根因分析等。

(2) 模拟人类大脑的知识关联和推理形式。知识图谱容易在图结构中模拟人类的思考过程，进行发现、推理、归纳总结等。

(3) 有利于知识沉淀。基于图数据库的底层存储，知识图谱容易沉淀知识，推动模型演化。

目前主流的知识图谱应用平台大都基于大数据分布式平台，支持亿级以上的知识存储，同时结合智能文本处理、OCR、多模态理解等技术，能够快速从非结构化文档中抽取结构化信息，构建各领域的行业知识图谱，并提供丰富的知识图谱应用，比如智能问答、关系路径分析、预警分析等。达观知识图谱在金融、军工、政务、零售等领域都有广泛应用，主要应用方向有行业知识库、智能问答、风险监控预警、研判、推荐、数据中台等。

以语义检索为例。如图 7-2 所示，我们在搜索引擎中搜索"中国 2018 年 GDP"，下方的搜索结果即为搜索引擎根据其构建的知识图谱给出的答案。知识图谱中存储了世界各国历年的 GDP 数据，搜索引擎通过理解问题的意图和语义，从知识图谱中查找相关数据，并以图表等形式进行展现，极大地提高了回答效率。

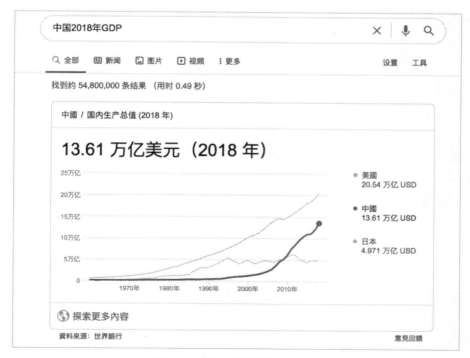

图 7-2 基于知识图谱的知识问答

从知识图谱的应用角度来看，根据最近发布的知识图谱行业研究报告（艾瑞咨询），2019 年国内大数据智能市场规模（包括大数据分析预测、垂直领域知识图谱以及 NLP 应用）约为 106.6 亿元，预计 2023 年将突破 300 亿元，可见知识图谱相关技术具有广阔的市场前景。

7.1.2　知识图谱类型

从建模应用范围的角度来看，知识图谱有两大应用方向：开放领域知识图谱和垂直领域知识图谱。

1. 开放领域知识图谱

开放领域知识图谱不针对特定领域，而是面向通用领域进行建模和设计。因其面向通用领域，使用人员一般为普通大众，故开放领域知识图谱更加强调知识的广度而非深度。

因为开放领域知识定义无法穷尽，所以多采用"自底向上"的设计模式，从公开的数据集中提取构建知识图谱需要的实体、属性和关系数据，并挑选置信度比较高的知识加入。应用开放领域知识图谱的典型为各大互联网企业，比如谷歌、百度、腾讯、搜狗等。大家日常接触较多的结构化的百科知识就是开放领域知识图谱的一种展现形式。

2. 垂直领域知识图谱

与开放领域知识图谱不同，垂直领域知识图谱更像是一种采用语义技术构建的行业知识库，其聚焦于特定行业，比如金融、证券、汽车制造等。垂直领域知识图谱使用行业或企业内部的业务数据进行构建，面向行业人员，因而更加强调知识的深度和深入的专业分析。

垂直领域知识图谱多采用"自顶向下"的设计模式，极其依赖专家提炼领域内的知识概念，并借助 NLU 技术进行知识抽取和建模。因为垂直领域知识图谱对知识的深度和准确性要求更高，所以其构建和维护的难度也相对较高。

3. 两者的区别

从表 7-1 可以看出，开放领域知识图谱多应用于互联网业务的 2C 场景，比如搜索引擎、购物等；而垂直领域知识图谱多应用于企业内部的特定业务场景，比如金融风控与反欺诈、闭环交易发现、生产制造企业失效根因分析、企业内部行业知识库构建等。

表 7-1 开放领域知识图谱和垂直领域知识图谱对比

	知识特征	数据来源	用 户	设计模式
开放领域知识图谱	注重广度	公开数据	普通大众	自底向上
垂直领域知识图谱	强调深度	行业、企业内部数据	行业人员	自顶向下

7.1.3 系统架构实践

知识图谱系统架构由 3 个主要组件构成：能力层、功能层和应用层。能力层提供知识图谱全生命周期的基础存储和构建能力；功能层基于已有的能力，面向用户提供知识图谱构建和基础的图分析计算功能；应用层基于已有的知识图谱功能，面向行业场景提供业务应用。

1. 系统架构

知识图谱系统的整体架构如图 7-3 所示。系统底层为软硬件运营平台，结合 NLP 技术、大数据技术和存储技术等，构建起知识图谱和机器学习的实现平台，支撑上层的智能搜索、智能推荐、智能问答等应用。

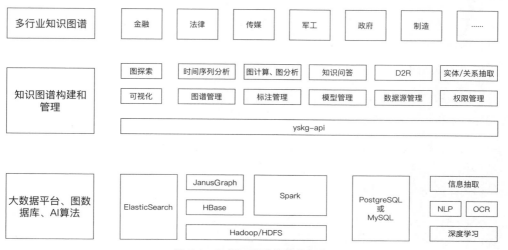

图 7-3 知识图谱系统整体架构

系统中间层为知识图谱的构建和功能层。知识图谱数据来源支持非结构化数据、半结构化数据、结构化数据等形式。通过知识自动化抽取技术，将各类数据源中涉及的业务知识抽取出来，按照业务模式构建生成知识图谱。

系统顶层为行业应用层，将基于知识图谱的智能问答、图计算和图分析等功能与各行业的实际业务场景相结合，定制化开发满足业务需求的应用。

2. 主要模块

从全生命周期的角度来看，知识图谱主要划分为知识存储模块、知识构建模块、知识更新模块和知识应用模块。下面具体介绍各个模块的主要功能和作用。

- **知识存储模块**

知识存储模块只包括知识定义和知识存储两部分。知识定义即知识图谱模式（schema）的定义，包括实体、属性和关系的定义。需要特别指出的是，属性按照数据来区分，一般包括基础类型和复合类型：前者包括数值、字符串、日期、链接、经纬度等；后者包括列表、集合、键 - 值对等。

工业界一般使用图数据库作为知识存储介质。图数据库按照图模型可以分为 RDF 和属性图两种，一般工业界多使用属性图。带标签的属性图（labeled property graph）是目前最流行的图模型形式。属性图是由顶点（vertex）、边（edge）、标签（label）和属性（property）组成的有向图。

工业界较为流行的图数据库包括 Neo4j、JanusGraph、HugeGraph、ArangoDB、TigerGraph 等。

- **知识构建模块**

知识构建即如何构建知识图谱，按照数据来源形式不同，可分为结构化数据、半结构化数据和非结构化数据。

结构化数据包括关系型数据库、Excel 表格等数据源。结构化数据已经保证了数据的结构化，我们需要做的是对数据进行清洗和转换等预处理操作，然后通过映射等方式将结构化数据导入知识图谱。

半结构化数据有 HTML、XML、JSON 等格式。半结构化数据包含一定的知识结构，但需要进一步处理。一般使用包装器（wrapper）定义知识抽取规则，从中抽取出需要的三元组数据，导入知识图谱。

非结构化数据包括文本文件（txt）、各种富文本文档（doc、docx、pdf）等。处理非结构化数据的技术难度较大，需要通过深度学习算法从中抽取出实体、属性和关系三元组，使用的算法类型包括实体抽取算法（BERT+LSTM+CRF）、关系抽取算法（流水线关系抽取、CasRel 联合抽取等）等。面对具体的业务场景和数据情况，需要选择合适的算法。

- **知识更新模块**

知识更新即对知识图谱的知识进行更新，包括对重复的实体（如辽宁号－海军 16 号舰）进行融合，以及对概念和属性进行规约。概念规约通过挖掘实体的子概念和类型丰富知识定义。属性规约通过将部分属性规约成实体类型丰富知识关联。

- **知识应用模块**

知识应用即知识图谱提供的应用，常见的应用场景包括归因分析、辅助决策、语义检索和智能问答。

(1) 归因分析：通过构建故障知识图谱，运用图分析、NLP、知识推理等技术，实现问答式归因分析、案例统计分析、资料溯源等功能，进而构建维修助手，在生产流程中辅助定位故障、制定优化策略，以有效提升质量管理能力。

(2) 辅助决策：建立与决策主题相关的知识框架、政策分析模型集和情报研究方法集，为决策提供全面、多维度的支持和知识服务，协助客户有效降低决策成本，快速挖掘潜在商业价值。

(3) 语义检索：利用 NLU、知识推理、图分析等技术，可以解决传统关键字检索方式存在的痛点，比如检索效率低、语义效果差、知识无关联等。基于知识图谱的智能语义检索能够理解用户的检索意图，实现问答功能，直接提供显性、已加工且结构化的三元组知识，并提供多模态、多粒度且多维度关联的附加功能，从而显著提升检索效率。

(4) 智能问答：基于知识图谱智能解析自然语言描述、匹配问题意图，以领域知识图谱为背景知识生成精准的可视化答案，并提供对答案关联知识的深层探索能力。

3. 难点与挑战

知识图谱相关的难点和挑战主要体现在构建和维护成本上。从非结构化数据中提取出高质量三元组知识的技术瓶颈依然存在，特别是垂直领域中专业性较强的文档，即使采用 BERT 等模型，效果依然有限。这就意味着垂直领域知识图谱需要更多业务专家、知识工程师来协助构建和更新，以保证其质量。

与此同时，知识图谱在金融风控与反欺诈等领域有了更多应用，包括团伙发现和闭环交易发现，它们都很好地利用了知识图谱的图结构和关联挖掘的优点，但仍需发现更多可以体现知识图谱知识深度、推理能力等优势的应用场景。随着各行业对专家经验知识库的需求日渐增长，诸如生产制造归因分析、设备智能管理、智能审计规则引擎之类的场景越来越依赖知识图谱作为底层知识引擎，我们相信这也是知识图谱接下来的应用场景和机遇。

7.2 知识图谱核心技术

类似于关系型数据库，知识图谱也需要设计模式来定义实体、关系和属性。当然，在某些大型开放领域知识图谱中，也可能不需要设计模式，但在更多的实际业务场景中，我们还是需要根据业务场景的具体特征设计知识图谱模式，以实现业务目标。知识图谱模式设计完成后，我们还需要研究知识图谱的存储和构建技术，以及探究知识图谱更新过程中的融合与推理技术。

7.2.1 知识图谱表示

知识图谱表示是以一种强约束的模式来约定三元组数据存储。本节重点介绍知识图谱模式的概念和设计流程，并会给出垂直领域知识图谱模式的设计样例。

1. 知识图谱模式概念

作为主体行为的一般的简单、重复的方式，模式扮演着理论和实践之间的中介角色，具备结构性、稳定性和可操作性等特征。在软件设计的过程中，模式一般表现为一种可复用的解决方案。

如图 7-4 所示，知识图谱的架构常常分为模式层和数据层两个层次。知识图谱模式可以看成关系型数据库中的表结构定义，主要用来定义知识图谱的概念模型，描述本体和本体之间的概念关系。模式可以理解为对知识本体的一个定义，我们可以借助本体定义的规则来约束知识图谱的数据实例。在模式中，节点和边分别对应本体概念和概念之间的关系。

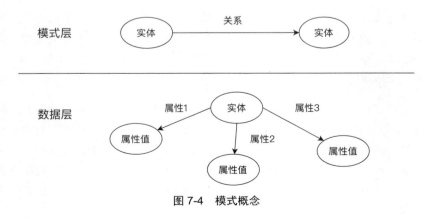

图 7-4 模式概念

2. 知识图谱模式设计

图谱的模式设计是根据实际应用场景的业务模式来确定的。通过了解业务场景，定义知识图谱中需要包含的实体类型、关系、实体类型属性、关系属性等数据类型，然后在产品中对"实体类型定义""关系定义"功能进行设计。

以一个企业知识图谱为例。如图 7-5 所示，我们首先分析出该场景中需要包含的 3 个主要实体分别是企业、人物和行业，人物可以是企业的创始人，企业可以投资其他企业，企业是属于某个行业的；然后通过这些真实存在的关系，建立人物→企业，企业→企业，企业→行业的关系图。

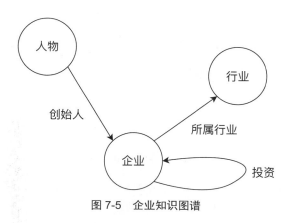

图 7-5　企业知识图谱

3. 垂直领域知识图谱模式

根据不同的维度，知识图谱可分为不同类型。常用的分类方法是根据应用范围进行划分，分别为开放领域知识图谱和垂直领域知识图谱。开放领域知识图谱注重知识的广度，因而包含大量常识性知识，比如百度、腾讯等构建的面向普通大众的知识图谱。这类知识图谱一般无限定的模式。垂直领域知识图谱则更关注知识的深度和专业度，面向特定的行业和领域，比如汽车、船舶、半导体等。垂直领域知识图谱的模式一般比较有限，实际的应用需要提前设计一个固定的模式。垂直领域知识图谱包含领域特定知识，能够更好地应用于特定行业的搜索引擎、智能问答、知识挖掘、决策支持等业务中。

以汽车制造为例。如图 7-6 所示，影响汽车行业质量管控的主要问题有：故障分析高度依赖员工自身经验，解决问题的能力参差不齐；故障分析周期长且代价高；经验和知识分散，应用不方便，共享程度偏低，故障重复发生；经验和知识缺少沉淀，人才流动容易导致经验和知识丢失。

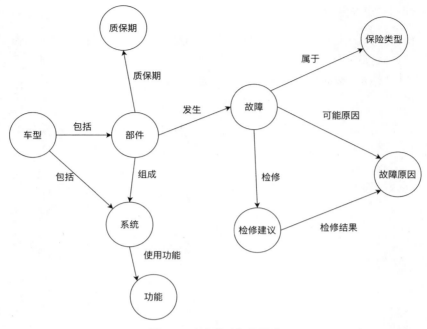

图 7-6　汽车故障知识图谱

　　我们可以利用知识图谱技术建立汽车故障知识图谱，将故障先验知识和故障维修经验固化。通过将故障案例、产品、设备、工艺等概念类型知识互相关联，构建汽车故障知识图谱，使得设计、研发及生产过程中分散的知识和经验更灵活地传递、共享和更新。

7.2.2　知识图谱存储与构建

　　构建知识图谱的源数据基本上可以分为结构化数据和非结构化数据两种。结构化数据经过 ETL（抽取、转换、加载），通过映射式构建技术导入知识图谱。非结构化数据源多为各种各样的富文本、文档、网页等，通过抽取式构建技术从中抽取出三元组。相比于规则模板式抽取，基于 NLP 的知识抽取技术难度较高，成本也较高。

1. 图数据库概念和类型

　　图数据库并非存储图片的数据库，而是一种以图为数据结构，通过节点和边表示实体和实体之间的关系，来存储和查询数据的管理系统，并可基于这种通用模式对各种场景进行建模。同时，图数据库为了与 OLTP 系统一起使用，在设计时考虑了事务完整性和操作可用性。不同于其他类型的数据库，图数据库中以关系为核心，能够构建出更简单、表现力更强的数据模型。

业界比较流行的图数据库根据存储和处理模型的不同，主要分为 4 类。第一类是原生存储和处理，代表产品包括 Neo4j、TigerGraph 等。理论上这类产品能够更好地发挥图数据库本身的性能。第二类是存储原生、处理非原生，代表产品包括 AllegroGraph。第三类是存储非原生、处理原生，代表产品是 JanusGraph，其将数据存储在其他系统中，比如 HBase。第四类是存储和处理都非原生，这种图数据库通常更类似于在应用层面实现图算法的应用系统，比如 FlockDB，这是 Twitter 开发的一种客户关系管理系统，对于它是否属于真正的图数据库存在争议。表 7-2 对比了目前业界比较著名的 3 个图数据库。

表 7-2 Neo4j、JanusGraph 和 ArangoDB 对比

	Neo4j	JanusGraph	ArangoDB
数据库类型	图数据库	图数据库	多模数据库
主要实现语言	Java	C++ 和 Clojure	C++
生态	起步较早，社区活跃，文档丰富，使用体验较好	文档丰富，是 Titan 的升级版本，国内多个厂商基于 Titan 或者 JanusGraph 进行定制开发	社区较活跃、文档较丰富，使用体验稍差
存储系统	原生图结构	HBase（Cassandra）和 Elasticsearch	RockDB
存储模式	仅支持图存储模式	仅支持图存储模式	支持键-值对、文档和图存储模式，可混合使用
查询语言	Cypher	Gremlin	AOL
收费情况	商业版需付费使用，社区版功能限制较多，比如仅支持十亿级数据存储、单机存储等（见官网社区版与商业版对比）	无	商业版需付费使用，但社区版功能已足够丰富
开源情况	社区版开源	开源	开源
事务	ACID	底层基于 Cassandra 或者 HBase 时一般不支持 ACID	ACID

2. 映射式图谱构建

映射式图谱构建是构建知识图谱的一种方式。我们可以通过该方法构建数据向知识的映射，进而通过全量构建与增量构建两种方式生成最终的知识图谱。

映射的数据源通常是结构化数据，比如 CSV、Excel 或者关系型数据库等。结构化数据通过数据字段与图谱模式映射的方式导入图谱。系统采用向导式映射配置（包括选择数据源、生成数据集、映射配置和启动映射 4 个步骤）完成图谱的映射式构建。

映射任务的元数据和数据源一起作为构建模块的输入。构建模块读取数据源，根据知识图谱模式以及映射的关系，生成最终的实体和关系实例数据，并将数据存储到图数据库中。

如图 7-7 所示，通过映射式构建技术，可以很方便地将结构化数据构建成知识图谱。

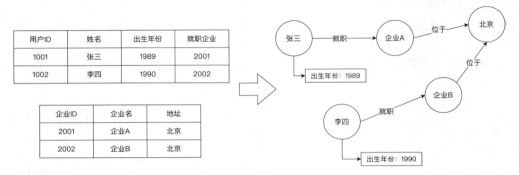

图 7-7　结构化数据映射式构建原理

3. 抽取式图谱构建

知识抽取是一种从原始数据中提取有价值信息的关键技术，主要通过机器从可读取的非结构化或半结构化文本中抽取信息。这个过程是自动化的，最终结果以结构化的形式描述，使得信息可以存入数据库以供进一步处理。知识抽取主要包含实体抽取、关系抽取和属性抽取。如图 7-8 所示，非结构化文本数据经过实体抽取、关系抽取和属性抽取，可以生成三元组数据，并构建成知识图谱。

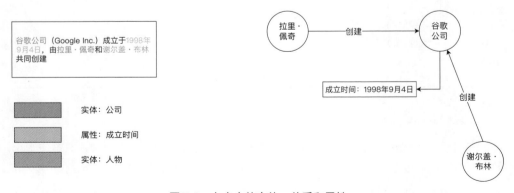

图 7-8　文本中的实体、关系和属性

实体抽取是信息抽取的基础和关键部分，主要是指从文本数据集中自动识别命名实体。通用的实体类型包括人名、地名、组织机构名等，比如汽车领域的实体类型包括设备、原材料、工艺、故障模式等。实体抽取的准确率和召回率对知识图谱的基础数据质量和应用效果影响极大。因此，在实际应用中，可以根据业务需求定制化实体抽取。

关系抽取是实体抽取之后的一个重要环节。通过抽取文本中实体之间的关系，可以帮助我们更好地理解文本内容。常用的学习方法如下：监督学习方法，在训练模型时使用带标签的数据进行学习，根据标签来预测实体之间的关系；半监督学习方法，在部分数据有标签的情况下，利用未标注的数据来辅助训练，提高关系抽取的准确度；无监督学习方法，在数据没有标签的情况下，通过聚类、分类等方法自动学习实体之间的关系。

实体属性是一个实体内聚的状态表述，比如人物实体包含出生日期、性别等属性信息。实体属性来源于多个数据源，如果来源于文本，则属性抽取可以视作一种特殊的关系抽取问题，因为实体属性可以视为实体与属性值之间的一种名词性关系。

7.2.3　知识融合和知识推理

知识融合和知识推理是知识图谱中的重要技术。知识融合是指融合从多个来源获取的知识，它的主要任务是把不同来源的数据统一转换成知识图谱的数据模型。知识推理是指在已知信息的基础上，利用规则进行推理以获得新的知识，它可以帮助系统更好地理解和分析知识数据。

1. 知识融合

由于构建知识图谱的方式多种多样，构建后得到的知识可能包含一些冗余和错误的信息，因此有必要对这些知识进行进一步的清理和整合。知识融合需要确定哪些知识会对齐在一起。知识融合并不是合并两个知识图谱，而是发现图谱中的一些等价实例。

知识融合的挑战主要体现在两个方面：数据质量和数据规模。前者包括输入错误、命名模糊、数据丢失、格式不一致、名称缩写等。后者则包括数据量太大、种类多样性等问题。

图 7-9 展示了一个知识图谱实体在线融合的流程，通过相似语义匹配，将可能需要融合的实体集合挖掘出来并进行核对。

图 7-9　将语义相似的知识进行融合

2. 知识推理

知识推理是指利用知识图谱中的实体、属性和关系之间的逻辑，通过推理算法自动推导出新的知识或信息的过程。知识推理可以帮助我们发现知识图谱中的隐藏关系和规律，以及实体之间的潜在联系。

知识推理主要基于两种方式：基于逻辑和基于图。基于逻辑的推理通过逻辑规则来推导新的知识，按实现思路可以分为基于一阶谓词逻辑的推理、基于描述逻辑的推理和基于规则的推理。例如基于规则的推理可以用 IF-THEN 规则来表示实体之间的关系，并通过执行该规则自动生成新的知识。基于图的推理则使用神经网络模型或路径排序（path ranking）算法来推导新的知识，例如使用神经网络表示实体之间的关系，并通过深度学习算法进行推理。

具体到知识图谱中，我们可以利用现有的知识得到实体间的一些新的关系或者实体属性。如图 7-10 所示，假设原来的图谱中有这样两个三元组，即（曹操,儿子,曹丕）和（曹操,儿子,曹植），通过知识推理就可以得到（曹丕,兄弟,曹植）。

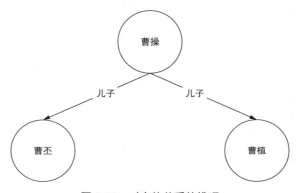

图 7-10　对实体关系的推理

3. 知识离线更新

长远来看，知识图谱的模式和数据都需要随时更新、不断迭代。在一次新的抽取迭代中，图谱模式可能发生变化，例如多了一个实体或关系类型，这时就需要维护新的图谱模式。

数据更新涉及实体、关系和属性 3 个方面：实体更新是指向知识图谱中添加实体或者更新实体；关系更新是指向知识图谱中添加实体之间新的关系；属性更新是指实体或者关系属性值的更新。在进行数据更新时，我们需要考虑数据源的可靠性和一致性。可靠的数据源可以提供准确的数据，而使用一致的数据源可以保证数据的一致性和完整性。在选择数据源时，我们需要评估其质量和可信度，并选择在各数据源中出现频率高的事实和属性加入知识图谱。同时，我们还需要进行数据清洗、去重、规范化等预处理工作，以保证数据的质量和准确性。

知识图谱更新有两种方式：全量更新和增量更新。全量更新重构知识图谱，流程简单，但是成本比较高，适用于结果变化较大的场景。增量更新根据当前新增数据更新现有知识图谱，资源消耗较少，但需要大量人工维护数据的一致性和准确性，流程比较复杂。

7.3　知识图谱应用

知识图谱的典型应用包括知识图谱问答、故障分析、语义检索、智能决策等。知识图谱问答以知识图谱为基础，直接根据用户的问题进行推理并生成答案；故障分析可以自动解析故障现象，通过知识图谱关联分析推荐最佳根因；语义检索和智能决策可以促进搜索的语义化和决策分析的智能化。

7.3.1　知识图谱问答

知识图谱问答（knowledge graph question answering，KGQA）是一种基于知识的问答系统，能够从知识图谱中提取结构化的信息，并结合 NLP 和机器学习技术来回答问题。

1. 问答系统基础架构

问答系统的基础架构分为 4 个模块：数据预处理、问句分析、知识检索和答案生成。除了采集和清洗数据，构建知识图谱还需要进行 NER（利用 NLP 技术），对文本数据进行语义理解和推理，并通过知识抽取算法从大量数据中自动抽取有用的信息。同时，为了提高知识图谱的质量和效用，还需要进行知识推理、知识融合、知识校验等进一步的处理和优化，最终完成知识图谱的构建。

问答系统是在构建知识图谱的基础上，对用户输入的自然语言问题进行分析，包括问句分类、实体链接、意图分析、句法分析等，然后进行知识检索，使用规则引擎预定义的规则对知识进行处理，并结合不同意图和问句类型生成自然语言答案，最终通过多种服务形式（如相似问句和领域问答）和可视化技术返回给用户。

2. 实体链接

实体链接（entity linking）是指将一个文本中的实体链接到知识图谱中的实体，从而建立文本和知识图谱之间的联系。实体链接是 NLP 和知识图谱领域的一个核心任务，它可以帮助我们更好地理解文本，从而实现文本的自动化处理和分析。例如，对于文本"陈运文是上海达观数据的创始人"，就应当将字符串"陈运文""上海""达观数据"分别映射到对应的实体上。在很多时候，不同实体之间可能存在同名冲突或者相同实体不同名的现象，这就需要通过实体消歧来统一或区分实体。例如，对于文本"我喜欢苹果手机"，其中的"苹果"应指的是"苹果（手机品牌）"这一实体，而不是"苹果（水果）"这一实体。目前已经有一些工作在尝试通过端到端的方式同时完成实体识别和实体消歧两个任务。

实体链接的难点在于两方面：多词一义和一词多义。多词一义是指实体可能有多个指标，一般利用同义词库来解决。一词多义是指一个指标可以指代多个实体，一般需要利用多个知识库中的实体信息进行实体消歧，以达到更好的效果。

3. 实体消歧

实体消歧面对的是一词多义的情况，也就是同一个词在不同的上下文中所表达的含义不一样。例如 Jason Cook 可以指演员，也可以指篮球运动员等其他实体。

一个更为常见的例子如表 7-3 所示。

表 7-3 "苹果"这一实体的不同含义

id	实体名称	实体类型	实体描述
1001	苹果	水果	水果的一种
1002	苹果	手机品牌	美国的一家高科技公司，经典的产品有 iPhone 手机

"我喜欢苹果手机"和"我喜欢吃苹果"这两个文本中"苹果"的含义不一样，前者代表手机，后者代表水果。

4. 意图匹配和子图查询

意图匹配是 NLP 的基本任务之一，在问答、聊天、检索、翻译等领域均有广泛应用。意图匹配下的问句匹配主要是判断两个问句的语义是否等价，而不是简单地判断两个问句是否表达相同的语义。判断通常基于提问者的意图进行，包括问题的目的、领域背景等方面的信息。对于问句匹配任务，还需要应对一些挑战，例如如何处理语义相似但表达方式不同的问句，以及如何解决一词多义等问题。

KGQA 可以分为问题理解和查询评分两个阶段，其中前者将问题转换为结构化查询，后者对结构化查询结果进行评分。问答系统的重点工作是解决问题理解的歧义性，包括短文本链接问题（如何将自然语言问句中的短语链接到正确的实体/类/关系/属性上）和复合问题（如何组合自然语言问题转换成的多个知识三元组，才能正确表达问题的意图）。

为了解决上述问题，一般将这两个阶段融合在一起，通过子图引入相关信息，并以子图匹配的方法查询正确结果，在解决歧义问题的同时保证答案的准确性。

如图 7-11 所示，问句为"苹果的高管"，在知识图谱中"苹果"有可能表示公司实体，也可能表示水果实体。基于子图匹配的语义消歧方法通过子图匹配问句的关键要素，可以知道需要匹配以"高管"为关系的子图，从而对"苹果"这一实体进行消歧。

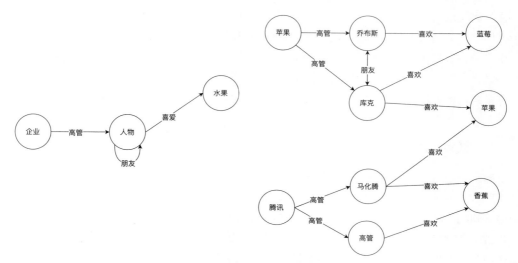

图 7-11　基于子图匹配的语义消歧

7.3.2 故障分析

基于知识图谱的故障分析使用机器学习和 NLP 技术，从一个知识图谱中提取故障信息（包括设备、工艺、性能、故障模式、故障原因等）并进行分析。

1. 故障要素识别

在故障要素识别中，借助 NLP、深度学习、图计算等智能技术，从非结构化的故障处置文档中抽取业务场景需要的实体、关系和属性，构建故障知识图谱。结合知识图谱的智能问答、故障归因分析、故障原因统计、类似案例统计等功能，可以在故障发生时快速分析出原因，提高故障排查和解决的效率。

利用知识图谱技术，可以对失效所涉及的机制、业务逻辑、行业知识、工艺、结构与材料知识、理化知识等建立连接，并与企业内部的产品、材料、设备、生产线、人等进行连接，构成纵横交错、万缕千丝的知识图谱。继而采用前沿的知识问答、智能推荐等技术帮助工程师和专家更好地完成工作，提高产品可靠性，实现降本增效、提升效率和保持核心竞争力的目标。

2. 故障子图匹配

传统的故障信息检索方式只能基于关键字进行匹配，不能理解问题的语义信息，往往会出现误判或漏判的情况。而故障知识图谱可以将故障相关的知识整合到一起，根据实体之间的关系来建立知识间的联系。借助知识图谱的强大语义网络，能够智能地理解用户的特定问题并返回准确答案。例如，当用户提出"机器人手臂无法移动"这样的问题时，知识图谱可以自动识别出"机器人手臂"是一个设备实体，"无法移动"是一个故障模式实体。从这两个特定实体出发，根据知识图谱中已有的关系，找到可能的故障原因及解决办法，并返回准确答案。

3. 故障关联要素查询

工业设备的组成复杂，导致故障诊断和处理过程复杂且对专业度的要求很高，需要查阅大量专业资料及历史故障处理记录，整个故障诊断及处理过程高度依赖专家经验。故障知识图谱支持细粒度解析失效关联的失效分析 FA、失效树分析 FTA 和 FMEA，智能理解失效现象、抽取失效要素并定位深层故障原因，通过探索知识图谱发现可能引起该故障现象的失效模式及改善措施等。图 7-12 针对"灯泡不亮"这个故障现象，结合知识图谱的推理和关联分析，给出了失效分析结果。

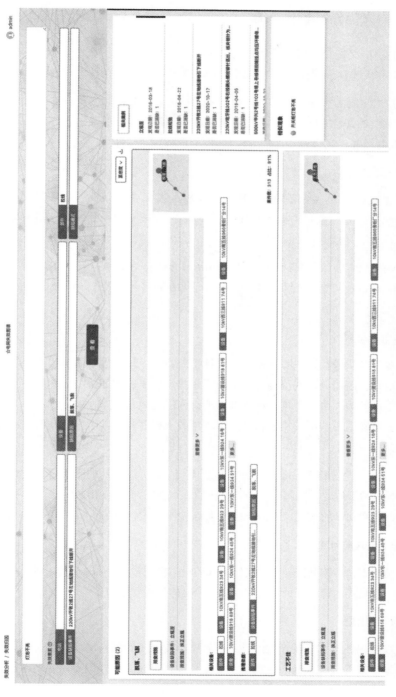

图 7-12 失效分析原理

7.3.3　语义检索和智能决策

知识图谱语义检索利用机器学习、深度学习和 NLP 技术，从一个知识图谱中检索语义信息（如相关实体和属性约束），最终结合图查询、图分析等技术实现语义检索功能。

基于知识图谱的智能决策是一种使用图模型的数据分析和决策支持技术。它可以帮助企业将现有知识模型化，有助于决策者更好地理解和控制业务流程。例如基于金融领域的事件传导分析，可以通过图传导发现最新事件的影响客体。

1. 知识语义检索

知识语义检索是在问题理解和语义分析的基础上，利用实体链接模型，基于 Elasticsearch 等信息检索技术实现字符甚至语义层面的检索，结合知识图谱中与输入问题有关的知识，方便后续进一步处理和加工。

知识语义检索模块的目标是根据输入 query 字符串在词法、句法上的文本特征以及用户意图，将 query 映射成图数据库中的结构化查询语句或者 Elasticsearch 的 DSL 查询语句。

● **基于规则的检索**

不同业务场景中，知识图谱模式的设计千差万别，用户提问方式也千变万化，加之问句的口语化、语法的不规范等，都给问答系统带来了巨大的挑战。在这种现实下，开发者几乎不可能编写出一个覆盖所有领域所有问题的通用检索模块。因此，针对特定的知识库，适当配置一些可应用于常见问题类型的模板和规则，短平快地解决问题，成本是最低的。

另外，业务代码经常会因包含大量判断语句（if/else）而影响可读性，通过规则引擎能够很好地缓解这一问题，其中轻量化的规则引擎如 Easy Rules（提供了抽象规则来创建带有条件和动作的规则）更适合在快速需求中上手和应用。

● **基于模式的检索**

这是基于图谱本体词汇与图谱实体名称的检索模块，按照 query 命令中上述词汇的数量预定义一些模式，针对每种模式实现了一个具体的检索逻辑。

2. 替代性挖掘

替代性挖掘技术可以在知识图谱中找到符合专家规则约束的实体组，通过语义分析和知识推理挖掘符合需求的备件规则，继而构建或补充专家知识库，提高备件库可替代性查询效率。

用户可以使用系统的图形化配置界面，构建和管理可替代备件判定规则（专家规则）。这些规则由目标实体所关联的实体属性值约束组成，可应用于知识图谱，从而推理出一个或多个可替代备件实体组。用户可以构建多个这样的规则，并在每个规则下挖掘出符合条件的多个实体组。

规则定义：

❑ 专家规则库，包含 n 个专家规则；

❑ 每个专家规则包含 n 个实体属性参数，定义了不同参数类别和参数判断标准；

❑ 每个专家规则可以生成多个通用实体组，不同通用实体组包括同一参数类别和参数判断标准下不同数值范围内可替代的实体。

3. 网络拓扑分析

知识图谱的网络拓扑分析通常有以下几个方向：社区检测、中心性度量、路径查找和特殊结构发现。

(1) 社区检测：Louvain 算法通过迭代的方式不断优化网络的模块度得分，每一次迭代首先将每个节点视为一个单独的社区，然后通过计算将节点划分到其他社区的增益，逐步将节点合并到更大的社区中。在每个社区中，节点被视为具有相同的标签，这个标签可以表示社区的属性或特征。

(2) 中心性度量：中心性度量是用来度量图中节点相对于整个图或者节点集合的中心性指标，通常用于分析网络结构的重要性或影响力。不同的中心性度量方法（如度中心性、介数中心性、接近中心性、特征向量中心性等）可以从不同角度反映节点的重要性。我们可以根据具体的应用场景选择合适的中心性度量方法进行分析。

(3) 路径查找：路径查找包括 k 层扩展、环路检测、最短路径、全路径查找等。

(4) 特殊结构发现：特殊结构发现包括连通分支子图匹配、频繁子图挖掘、极大团挖掘和最小生成树。

第 8 章

用户体验管理场景

在了解用户体验管理的具体应用场景之前，我们需要了解其背景和意义。本章首先介绍为什么要做用户体验管理，讨论它的实际意义和业务价值；然后介绍什么是用户体验管理，包括它的概念和内容；接下来介绍用户体验管理的典型应用场景；最后以某制造业客户为例介绍用户体验管理产业实践。

8.1 为什么要做用户体验管理

Leon G. Schiffman 的著作《消费者行为学》里有这样一段话：

> "影响营销人员与用户建立良好关系的四大因素为：用户价值、用户满意度、用户信任感以及用户留存体系。"

这段话充分说明了做好用户管理和关系维系对于企业正常经营的重要性。在体验经济时代，这体现为要做好用户体验管理。

8.1.1 为什么要做好用户体验管理

诚然，为了成功，企业必须尽早确定目标市场的需求并设法满足，并且要比竞争对手更好地提供令用户满意的产品或服务。尤其当前市场环境和竞争态势变化以及信息多元化加速了消费者需求升级，因此企业必须把握市场发展趋势并满足消费者变化的需求，才能在竞争中保持旺盛的生命力。

用户体验管理（user experience management）恰恰能够帮助企业实现这一目标。用户体验管理是一种市场营销战略和技术，旨在通过有意识的设计和改进，提升用户与企业交互过程中的体验。用户体验管理不仅仅是为客户提供优质的产品和服务，还包括保证客户在购买、使用、售后服务等环节的良好体验。通过用户体验管理，企业能够更好地了解客户的需求和期望，并且能够通过改进流程和提高服务质量来满足客户的需求，从而提升客户满意度和忠诚度。在当今竞争激烈的市场中，用户体验管理的重要性不言而喻，它能够为企业提供有竞争力的产品和服务，同时也能够提升客户忠诚度，促进企业发展。

8.1.2 用户体验管理亟须革新调研方式

长久以来，企业基于消费者 U&A（U=usability，使用；A=acceptance，接受）调研来研究用户需求。U&A 调研在企业中发挥着"听诊器"和"指南针"的作用，能够帮助企业把握市场趋势、洞察消费者需求、发现市场机会，以及明确营销目标和市场规划。

然而，这种传统的用户调研方式和新品研发阶段的创新工作坊存在一些问题，比如样本量较小、实施周期长、累计成本高和过于主观（参见图 8-1）。此外，面对大数据时代的海量数据和日益复杂的市场需求变化，传统的用户调研方式越来越难以应对。因此，企业需要采用更为科学化和智能化的解决方案。

需求调研	样本量级	地域	时间	专业调研	费用
	千	几个典型城市	180天	团队	百万级

创新工作坊	若干	几个	时间	专业人士	费用
	想法	概念	30天	30人	十万级

拍脑袋

小样本

低时效

高投入

图 8-1　传统的用户调研方式存在诸多弊端

8.2　什么是用户体验管理

与用户体验管理息息相关的包括它的概念、数据来源和涉及的关键技术。

8.2.1　用户体验管理的概念

在继续讨论"用户体验管理"之前，先来了解一下这个概念的具体内涵，包括什么是用户体验、涉及哪些阶段等。

1. 什么是用户体验

要搞清楚什么是"用户体验管理"，必须先弄明白什么是"用户体验"。一般来讲，"用户体验"是指使用者或消费者在使用产品前、中、后的态度，感受和认知。将"用户体验"这一表述拆开来理解，其中"用户"分为两类：一类是"使用者"，即真正使用产品的人；另一类是"消费者 / 购买者"，即购买产品的人。

综上所述，如图 8-2 所示，用户体验管理需要对上述两类用户角色和 3 个重要流程进行有效的管控，确保各个角色在各个用户旅程节点都有较好的体验。

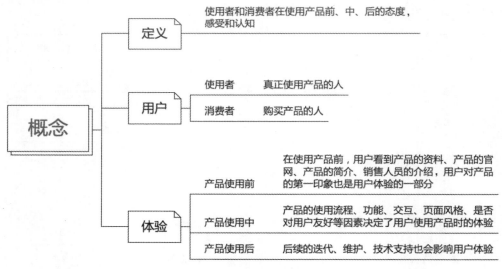

图 8-2　用户体验的概念

2. 用户体验管理的 3 个重要阶段

从"体验"这一方面来讲，因为消费者在售前、售中和售后阶段的意图和目标不同（参见图 8-3），导致其在这 3 个阶段的品牌 / 产品触点和体验迥然不同。对品牌方来讲，这既是挑战，也是机遇。举例来说，在售前阶段，消费者会主动检索品牌和产品相关信息。这个时候，从海量的互联网讯息中获取他（她）心目中的最优选择是当务之急。品牌方想要从众多的同类产品中脱颖而出，就需要做好营销工作。

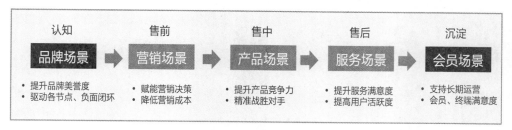

图 8-3　用户体验管理的 3 个重要阶段

如果有一个数字化工具，能够让品牌方第一时间了解用户在售前阶段的具体接触内容和发布内容，从而判断出其购买意图，就可以为品牌方的营销场景赋能，帮助品牌方选择合适的营销内容和（线上）营销渠道，从而有的放矢地营造品牌形象和品牌故事，以及在产品或服务层面做好营销内容定向投放，以触达和影响目标消费者。

3. 用户体验管理需要有闭环思维

基于先进的语义分析技术，用户体验分析可以从非结构化的 UGC 数据中得到消费者意见洞察和市场情报信息。平台将分析结果和处理意见通过企业内部的智能流程（工单）系统实时反馈给相关责任人（部门）跟进处理，监管部门也可以实时跟踪任务完成进度，形成"聆听→发现→分析→应用→（传递）处理→解决"的业务闭环。

8.2.2　用户体验管理涉及的数据来源

在移动互联网时代，企业的售前、售中和售后用户体验数据分散在内外部各渠道中，每天产生的客服热线、工单、媒体文章、论坛帖子、用户评论等数据多达十万、百万级。这些数据集如此复杂，传统的数据处理系统根本无法处理。

这些数据中蕴藏着大量用户对于产品 / 服务的期待、使用偏好、吐槽、关注点等信息。如果能快速、有效地从这些数据中"萃取"关乎市场需求和用户体验的相关情报信息，那么这将是企业在市场上"摧城拔寨"的攻坚利器。

总的来说，用户体验管理涉及的数据来源可分为两大类：外部数据源（外部渠道）和内部数据源（内部渠道），如图 8-4 所示。下文将详细论述。

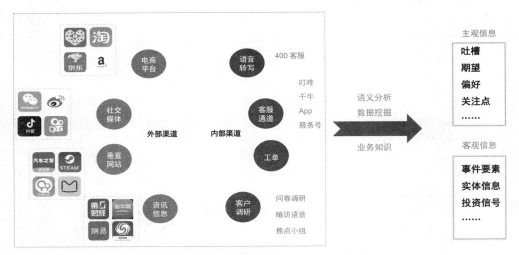

图 8-4 用户体验管理涉及的两大数据来源

1. 外部数据源与内部数据源

外部数据源是指需要通过编写爬虫程序采集数据的互联网上公开的数据源。常见的外部数据源包括主流电商平台（如淘宝、京东、拼多多等）、社交媒体（如微博、微信、抖音等）、行业垂直网站（如携程、汽车之家、Steam 等）以及新闻资讯网站（如新华网、凤凰网、新浪网等）。

内部数据源是指仅存在于企业内部、不对外公开的数据源。常见的内部数据源可分为客服通道，比如叮咚的客服对话、千牛的客服对话、微信服务号的客服对话等；工单数据，即在用户咨询过程中，客服当场解决不了的问题会流转到二线客服或相关部门进行处理，从而产生的工单；客户调研，比如线下问卷调研（需电子化录入）、暗访语音（需通过 ASR 技术转化为文本数据）、焦点小组（需通过 ASR 技术转化为文本数据）等传统调研数据。

2. 异质数据源的处理差异

不同数据源的数据因其产生情境的差异，在数据特性方面也会有差异。例如，外部数据源中的新闻数据，其内容是长篇幅的描述性文本，基本不包含主观观点，描述偏客观；而电商平台上的商品评论，一般蕴含对于产品使用的个人观点，描述偏主观。针对具有不同特性的数据，处理和分析时所采用的方法也存在明显差异。表 8-1 展示了常见数据类型及典型分析方法。

表 8-1 常见数据类型及典型分析方法

序号	数据源	分析字段	数据特性	典型分析方法
1	微博	标题和内容	·字数较少 ·语言表达不规范 ·颜文字和特殊符号使用较多 ·营销内容较多	热词分析和情感分析
2	电商评论	评论内容	·字数较少 ·蕴含明确的主观观点和情感倾向	细粒度情感分析
3	新闻资讯	标题和内容	·篇幅一般较长,平均字词数过百 ·用语较正式,以客观描述为主	热词分析、主题分类 和事件抽取
4	400 语音转写数据	时间、内容、坐席和用户	·语音转写质量不高,错别字较多 ·"嗯""哦""啊"等语气词较多, 信息过于冗余	热词分析

8.2.3 用户体验管理涉及的关键技术

实际的用户体验管理涉及许多关键技术,本节将简要进行介绍。

1. 数据采集技术

数据采集流程主要有数据收集、数据预处理和数据存储三大环节,以下是各环节的工作内容描述。

● **数据收集**

采集系统进行协作式爬虫,通过协作方式模拟自然人的访问行为,不断扫描所监控的网站,进行数据爬取。该方式可以高效、及时地获取数据,支持千万量级的网站数据收集,规模可根据不同实施阶段灵活调整。

在收集数据时,一定要保证数据源真实、完整,而且因为数据源会影响大数据质量,所以应该注意数据源的一致性、准确性和安全性。这样才能保证数据收集途中不被一些因素干扰。

● **数据预处理**

大数据采集过程中通常有一个或多个数据源,这些数据源可能会出现一些问题,包括但不限于同构或异构的数据库、文件系统、服务接口等。不仅如此,数据源也可能会受到噪声数据、数据值缺失、数据冲突等的影响。这时候,数据预处理的重要性就显现出来了,它可以避免虚假数据,保证数据真实有效。

● **数据存储**

数据存储是数据流在加工过程中产生的临时文件，或加工过程中需要查找的信息，常用的数据存储工具是磁盘和磁带。数据存储方式与数据文件组织方式密切相关，因此数据存储要在数据收集和数据预处理的基础上完成。

2. NLP

NLP（自然语言处理）是指对自然语言进行处理以使其能被计算机理解。在用户体验管理领域常涉及如下 NLP 应用。

● **情感分析**

通常情况下，情感分析的目的是确定说话者 / 评论者对某个话题或文本的态度。这种态度可能是个人判断或评价，也可能是评论者当时的情绪状态或者有意传达的情感。

情感分析的基本步骤是对文本中的文字进行极性分类，这种分类可以在句子级别或功能级别进行。分类的目的是确定这些文字表达的情绪是积极的、消极的还是中性的。更高级别的情感分析超出了两极性，还会判断更复杂的情绪状态，比如愤怒、悲伤、喜悦等细粒度情绪，如图 8-5 所示。

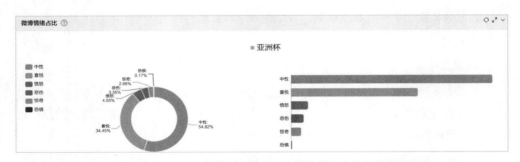

图 8-5　情感分析（细粒度六元情绪）在社交媒体事件分析中的应用

情感分析在用户体验管理中非常重要，基于该技术，可以快速从海量用户反馈中定位最突出的槽点信息，从而把握关键信息。

● **文本分类**

文本分类，也称文本打标签，旨在通过算法模型自动将文本划分到预设的类别体系中。一般而言，文本分类模型根据一个标注好的训练文本集合，构建文本特征和文本类别之间的关系模型，然后利用学习得到的关系模型判断新文本的类别。文本分类从先前基于知识的方法逐渐转变为基于统计和机器学习的方法，当下则是基于大型预训练模型的学习方法，训练样本量大为减少，且精度不断提高。

● **细粒度情感分析**

在对评论数据或者资讯数据进行情感分析时，常会涉及针对多个主体（如不同的产品、人物等）的细粒度情感分析，而不是句子级别、较为笼统的整体性分析。

当前，基于先进的预训练模型技术，可以从文本数据中提炼出精细化的信息。如图 8-6 所示，通过细粒度情感分析，挖掘出了用户评论中涉及的多个产品及其属性的对应用户情感倾向、主观观点等，不止于笼统的标签化处理，充分挖掘数据的价值。

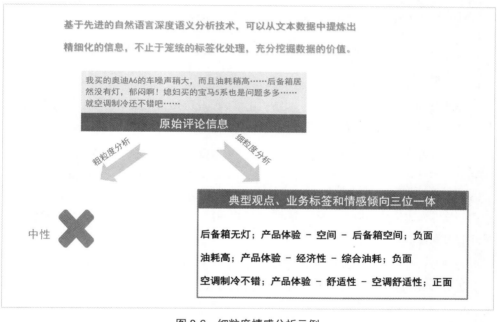

图 8-6　细粒度情感分析示例

● **典型观点聚合**

典型观点聚合通过深度语义聚类技术，将抽取的用户观点进行聚合，从而对客户的意见、反馈和期望进行分析和归纳，以获取客户对产品或服务的看法、建议等相关信息。这种技术通常用于分析客户的评论、反馈和评价，以便了解客户满意度和不满意的原因，帮助企业改进产品或服务。

图 8-7 所示的是某家电产品在一段时间内的用户典型正面观点（爽点 TOP10）和典型负面观点（痛点 TOP10）。

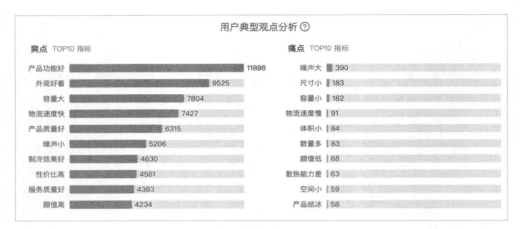

图 8-7 典型观点聚合技术在用户体验调查中的应用

3. 数据挖掘技术

经过 NLP 技术的处理，文本从非结构化数据转化为结构化数据，便于使用数据挖掘技术进行处理，数据的价值也在这个过程中得以显现。

数据挖掘是从大量、不完全、有噪声、模糊且随机的数据中提取隐含的、人们事先不知道但又潜在有用的信息和知识的过程。数据挖掘的任务是从数据集中发现模式。模式有很多种，按功能可以分为两大类：预测性模式和描述性模式。在应用中，往往根据模式的实际作用细分为以下几种：分类、回归、相关性分析、序列预测、时间序列预测、描述和可视化。

数据挖掘涉及多个学科领域和技术，因此有多种分类法。根据挖掘任务的不同，可以分为分类或预测模型发现、数据总结、聚类、关联规则发现、序列模式发现、依赖关系或依赖模型发现、异常和趋势发现等。根据挖掘对象的不同，可以分为关系型数据库、面向对象数据库、空间数据库、时态数据库、文本数据源、多媒体数据库、异质数据库、遗产数据库等。根据挖掘方法的不同，可以粗略地分为机器学习方法、统计方法、神经网络方法和数据库方法。在机器学习方法中，可以进一步细分为归纳学习方法（如决策树、规则归纳等）、基于范例学习、遗传算法等。在统计方法中，可以进一步细分为回归分析（如多元回归、自回归等）、判别分析（如贝叶斯判别、费歇尔判别、非参数判别等）、聚类分析（如系统聚类、动态聚类等）、探索性分析（如主成分分析、相关分析等）等。在神经网络方法中，可以进一步细分为前馈神经网络（如 BP 算法等）、自组织神经网络（如自组织特征映射、竞争学习等）等。数据库方法主要是多维数据分析或 OLAP 方法，另外还有面向属性的归纳方法等。

8.3 用户体验管理的典型应用场景

用户体验管理在制造业有着广泛的应用。通过引入以客户为中心的用户体验管理系统，从全局分析用户的个性化需求，有助于推进企业从数字化向数智化转型，丰富用户画像、提升用户体验、推动产品改进，为提升品牌影响力赋能。

8.3.1 赋能产品企划设计

在利用用户体验管理赋能产品企划设计这一大型应用场景中，有许多子场景可以帮助我们更好地了解市场和客户需求。本节将介绍这些子场景，并讨论它们在产品企划设计中的应用。我们首先介绍新品市场调研，这是我们了解市场需求的重要途径；然后介绍使用场景挖掘，这可以帮助企业更深入地了解用户的需求和行为；接下来介绍客户需求预测，这可以帮助我们预测未来的市场趋势；最后介绍市场行情分析和竞品差异分析，这可以帮助企业了解宏观层面的市场竞争态势和微观层面竞品的优劣势。

1. 新品市场调研

消费者和市场瞬息万变，品牌和企业要想赢得市场并保持市场份额，就必须跟上这种惊人的发展速度，不断寻找新的发展机遇。具体来说，就是发现空白市场和品牌延伸机遇，从而指导企业后续的产品研发和市场推广工作。

一般而言，通过新品市场调研，可以帮助企业进行如下 3 类创新。

- **概念创新**

"元气水"——元气森林率先使用赤藓糖醇这种无糖甜味剂，这种饮料喝起来自带轻微凉感，同时甜味非常自然。

- **品类创新**

新茶饮之"茶颜悦色"——主打茶底 + 奶油（奶泡）+ 坚果碎类奶茶，产品价位集中在 12~18 元的新式奶茶品牌，在喜茶、奈雪等网红品牌云集的新茶饮赛道里拥有不小的声量。

- **营销创新**

阿胶 + 饮料——阿胶宣传的药用功能为滋阴补血，将其与一些饮料相结合，会产生不一样的碰撞："阿胶酸奶""阿胶 + 葛根粉"和"阿胶奶茶"等跨界新食品，集美味和美颜于一身。

上面提及的概念、品类和营销方面的创新参考素材，都可以从互联网上采集，经过各类分析，产生和传统"创意工作坊"类似的效果。图 8-8 展示了基于外部开源情报驱动商用车新车型研发的操作步骤。

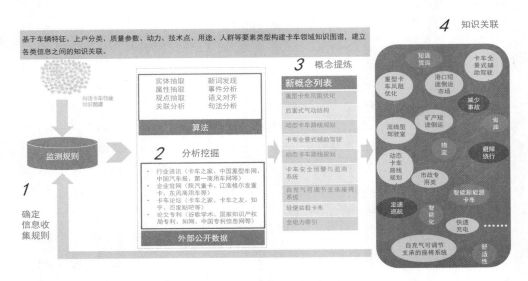

图 8-8 基于外部开源情报驱动商用车新车型研发

可以看到，基于外部开源情报驱动新品研发的操作流程，其核心在于过滤噪声数据，聚合多平台用户典型声音数据，通过领域知识图谱发掘其中关于成分、原料、功效、产品、痛点、场景、代言人及与最终使用人群之间的高频要素和关联关系，从而推导出可能受市场欢迎的新产品。

2. 使用场景挖掘

基于用户旅程对所有触点的用户体验进行全景式分析，识别出用户对于产品、服务等方面的关注点，帮助产品、服务、电商运营、品牌宣传等部门在日常工作中根据用户体验数据驱动业务改善，把以用户为中心的理念落到实处。

3. 客户需求预测

如前所述，市场和消费者的变化非常迅速，企业要随时了解消费者行为与观念的变化，进而把握市场脉搏，及时调整自身的市场策略、产品策略、宣传沟通策略、渠道策略等。

针对用户在垂直社区（如驴妈妈、汽车之家和宝宝树）中对产品或服务的潜在需求（未被满足的需求），可以先收集数据，然后利用细粒度情感分析和观点抽取技术，发掘其中较为典型的痛点和爽点，最后再根据这些结果的出现频次，合理规划需求实现的优先级。

图 8-9 所示的是基于卡车之家（商用车领域权威用户社区）数百万条客户声音数据提取的 TOP10 性能需求和 TOP10 配置需求，在系统中点击图中所示条柱即可下钻到信息详情页看到客户原声。

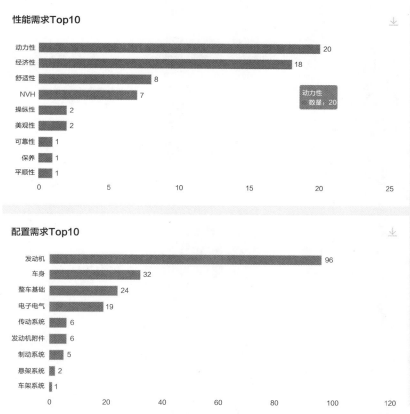

图 8-9　基于卡车之家论坛客户声音数据的卡车性能和配置需求预测

4. 市场行情分析

除了收集用户的相关反馈信息，还可以收集和解析行业内的资讯数据，从中识别出领域专家有见地和有影响力的观点，以及对行业内技术或产品类型有利好影响的政策。

如图 8-10 所示，通过大数据爬虫技术，可以实时采集和更新行业政策相关资讯，同时结合深度语义分析技术和业务逻辑，可以实现资讯情报数据的"去水处理"（降噪、过滤无效信息）和智能打标签，自动对资讯情报数据进行归档，便于以后查阅和检索。

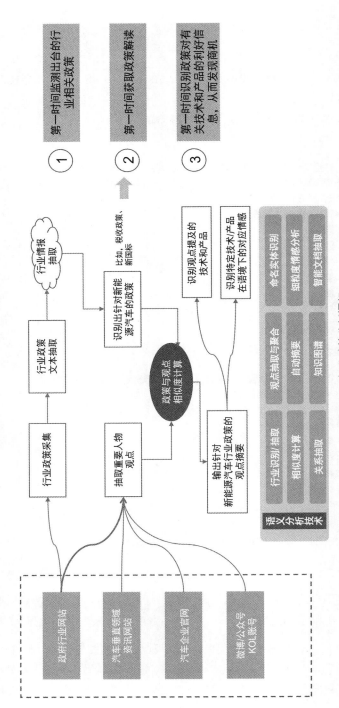

图 8-10 行业政策分析逻辑

5. 竞品差异分析

通过多元统计分析方法，从社交媒体数据中挖掘出品牌及竞品在契合用户群体的兴趣爱好方面的异同点，可以辅助锚定竞品，洞悉用户群体的内在消费动机和产品市场定位。

举例来说，通过采集汽车之家的口碑评论数据，对购车意图（购物、接送小孩、拉货、跑长途等）进行打标签后，再进行多元对应分析（correspondence analysis），结果如图 8-11 所示。

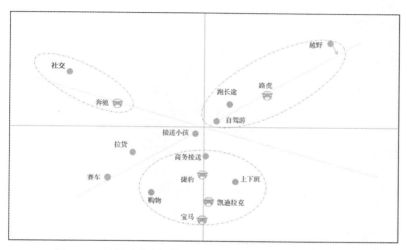

图 8-11 基于对应分析技术的汽车竞品使用场景差异化分析

通过图 8-11 可以得出如下结论：从使用场景（购车目的为购物、上下班、商务接送、接送小孩等）来看，捷豹、凯迪拉克和宝马这 3 个品牌几乎重叠，彼此为竞争对手；路虎的越野特性最突出，跑长途和自驾游的特性较为突出。

8.3.2 促进客户关系维系

在进行用户体验管理时，我们需要关注产品本身和客户服务两个方面。本节将介绍一些技术方案，这些方案可以帮助企业更好地维系客户关系。我们首先介绍典型意见挖掘，以了解用户的典型看法和建议；然后介绍客服话术优化，以提升客服水平。通过这些技术和方法，可以实现提高客户满意度和维系客户关系的业务目标。

1. 典型意见挖掘

可以通过分析散布在社交媒体、垂直社区和外购数据中的本品和竞品的用户声音数据（如对产品的问询、对比、评价、抱怨以及投诉），利用深度语义聚类技术，在没有设定产品指标体系的情况下，快速发现海量用户声音中的典型看法和意见，了解用户的痛点，从而为产品企划部门提供数字化参考，以规划、设计和改进产品。

如图 8-12 所示，基于深度语义分析技术对某电器产品的 12 万条售前咨询数据进行分析，根据咨询问题的话题相似性进行自动聚类，从中挖掘出影响购买的关键因素。从该图中可以看到，7.82% 的潜在用户对该商品能否送货上门表现出较大关注，但之前该事项未得到品牌方充分关注，今后可以将其列为影响购买的关键因素，在产品设计和营销策略制定上予以充分考虑。

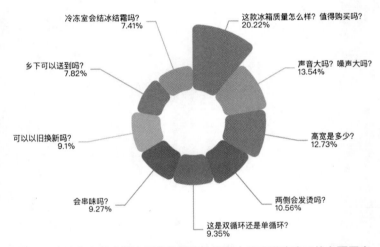

图 8-12　从电商某电器产品的售前咨询问题中发现影响购买的主要因素

2. 客服话术优化

在客服领域，由于坐席的服务水平参差不齐且流动性较大，因此售前咨询或售后服务体验不易保证。对于这种情况，可以利用语义分析技术找出回复质量较高的话术，并通过语义归一化技术将相同内涵的客户问询进行精简，然后将整理好的标准问答对构建为一个知识库。当客户问询时，语义分析技术可以识别问询的意图，与历史知识库中的问题进行匹配，找到与之最相关的问题并给出相应答复，从而帮助坐席处理客户咨询或投诉，降低沟通成本，提高工作效率。

8.3.3　助力品牌传播

品牌影响力也是用户体验管理中较为重要的一环，它关系到客户在接触品牌和产品前后对于品牌形象的具体感知。本节将介绍有助于优化品牌传播效果的 3 个典型场景：用户画像调研、公关舆情监控和品牌精准定位。

1. 用户画像调研

在本质上，用户画像是建立在一系列属性数据之上的目标用户模型。这里的"用户"一般是产品设计和运营人员从用户群体中抽象出来的典型用户，其本质是一个用于描述用户需求的工具。

然而，传统调研方式存在实施周期长（导致时效性差）、样本量小（导致统计显著性不明显）等问题。此外，线下消费者大量涌入线上，在社交媒体上进行各类活动。此时对这些活跃在社交媒体上的用户的基本属性信息（性别、兴趣爱好、年龄等）和用户行为信息（如关注某个话题、点赞某条信息等）进行采集、降噪、语义分析和数据挖掘，这种基于大数据和多维度的数据可以作为传统调研分析的补充手段，而且这种调研方式具有实时性强、样本容量大的特点，同时能对用户的基本属性信息和行为信息进行多维交叉分析，以获取更多关于用户需求和使用场景的情报。

2. 公关舆情监控

公关舆情监控是大数据语义分析最早的应用场景之一。这项工作较为复杂且对专业性要求高，前期需要利用强大的数据采集技术将互联网上海量的开源情报数据作为分析依据，并且要随时关注舆情变化、分析舆情产生的原因和要素、研究判断发展趋势等。它可以细分为如下 4 个业务场景。

(1) 了解外部环境，把握市场商机。通过舆情监控，企业可以了解最新的产业动态、法律法规、行业政策等，知道政治、经济、社会、自然、技术等外部环境的动态变化。

(2) 提供危机预警，避免产生损失。当网上出现与企业相关的负面、敏感且重大的事件时，网络舆情监控工作可以为企业提供危机预警，助力企业顺利处置突发舆情，及时止损。

(3) 分析竞争对手，提高市场竞争力。网络舆情监控也是企业了解竞争对手负面声量、品牌宣传、新品发布、公关活动等的有力手段。

(4) 数字化营销 / 公关结果，体现市场工作价值。在大数据舆情监控手段下，企业危机公关、市场活动带来的互联网品牌声量、好评度变化等也尽在掌握。

根据预设的预警条件，基于 NLP 技术智能判别舆情信息，用户体验管理平台将第一时间把符合条件的信息通过多个渠道告知用户，方便用户及时知晓。

图 8-13 所示的场景是对重大用车事故的相关事件实时监测，预警实时触达，帮助车辆企划部门第一时间发现负面舆情，以便及时应对。

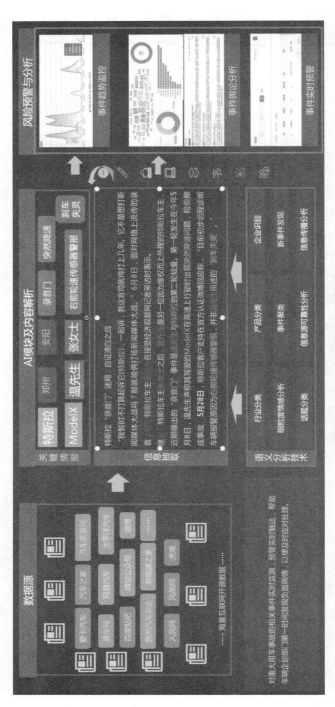

图 8-13 公关舆情预警功能实现逻辑

3. 品牌精准定位

当今社会的消费模式正逐渐从功利性消费转向象征性消费，从关注产品的功能和质量转向更加注重品牌与自身品位和气质的契合。在这个意义上，品牌日益成为消费者自我意识的延伸。

同时，更加关注品牌、产品和服务的个性化情感营销，而不是像以前一样只强调产品品质和功能的产品型营销，正在成为社交媒体背景下与用户加强联系的重要手段。在社交媒体上，更加人性化的积极互动的重要性正在增加。如果一个品牌能与其追随者保持持续的"人性化沟通"，注重维护双方关系，就能更有效地打动消费者，激发他们长期积极参与互动和对品牌保持关注。

为了给消费者和品牌之间的良性互动创造条件，品牌必须在营销传播中不断地使用"拟人化"手段，赋予品牌个性和独特气质，这与"品牌调性"的话题有关。一个常规的做法是，品牌在社交媒体上使用"拟人化"方式（如活泼、清新和高贵）宣传产品和服务的独特品质。在任何情况下，品牌都应努力营造一种独特的个性和气质，并在各种营销活动和传播渠道中持续呈现，以塑造一致的品牌形象，与消费者建立紧密的情感联系。

表 8-2 是千家品牌实验室总结的互联网时代中国本土化的品牌个性词汇。这些品牌个性词汇最终归纳为 5 个品牌人格化维度，即"纯真""刺激""称职""教养"和"强壮"。

表 8-2　品牌人格形象对照表

品牌个性的 5 个维度	品牌个性的 18 个层面	品牌个性词汇
纯真	务实	务实、顾家、传统……
	诚实	诚实、直率、真实……
	健康	健康、原生态……
	快乐	快乐、感性、友好……
刺激	大胆	大胆、时尚、兴奋……
	活泼	活力、酷、年轻……
	想象	富有想象力、独特……
	现代	追求最新、独立、当代……
称职	可靠	可靠、勤奋、安全……
	智能	智能、富有技术、团队协作……
	成功	成功、领导、自信……
	责任	责任、绿色、充满爱心……

(续)

品牌个性的 5 个维度	品牌个性的 18 个层面	品牌个性词汇
教养	高贵	高贵、魅力、漂亮……
	迷人	迷人、女性、柔滑……
	精致	精致、含蓄、南方……
	平和	平和、有礼貌的、天真……
强壮	户外	户外、男性、北方……
	强壮	强壮、粗犷……

　　基于自然语义分析技术，从互联网上的大量用户声音数据中抽取"实体/属性—情感词"，并从结果中提取出功能性描述类的形容词，再进行聚合分析和品牌形象映射，最终可以了解到消费者对于品牌的印象。品牌方在进行品牌规划和定位时，可以适时顺应消费者的这种认识，以降低营销成本。分析结果如图 8-14 所示。

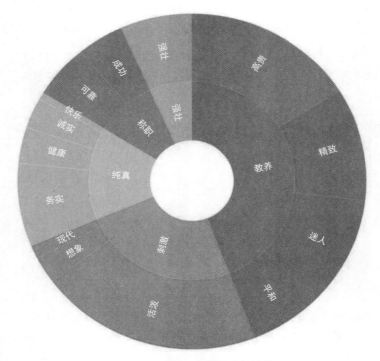

图 8-14　品牌形象定位分析结果

　　将"使用与满足理论"和品牌调性分析结合起来，可以为营销领域的内容规划、制作和渠道投放提供参考，有助于决策。例如，通过分析汽车品牌与网红的调性以及粉丝群体的契合性，可以寻找合适的品牌代言人。

8.4　用户体验管理产业实践——以某制造业客户为例

在了解了用户体验管理的内涵和使用场景之后，本节将以某制造业客户的用户体验管理需求为例，介绍用户体验管理的产业实践情况，包括该项目的业务背景、问题解决方案、所涉关键能力和最终的业务价值。

8.4.1　案例项目背景

企业 A 是一家国内知名的家电制造商，产品有冰箱、空调、洗衣机等，在该细分领域占有较大的市场份额。随着用户数量的日益增长，企业 A 对于用户体验愈发重视。在互联网尤其是移动互联网高速发展的大环境下，企业 A 对于内外部全流程用户体验数据收集及分析赋能的需求日趋旺盛。

目前，企业 A 内部缺少对用户体验全流程的数据监测和数据积累，导致其收集的用户体验数据过于分散且缺乏联系（比如有线下调研以及部分口碑、舆情数据收集，但没有将它们有机融合在一起，建立起数据之间的关联）、数据赋能困难，各业务的产品调研过度依赖第三方，售后人员抱怨无法直接触达用户，进而导致服务不及时，容易引起舆情二次发酵，给企业的品牌形象带来难以消弭的负面影响；在功能层面，现有系统不支持数据分析和数据赋能，OA 处理流程不灵活，无法满足部分特殊业务场景的需要。

在从多源异构的海量用户体验数据中提取有价值的反馈信息时，企业 A 面临两个痛点。

(1) 反馈缺乏场景化，无法更细粒度地对反馈数据进行分类和归因，以及阶段性地针对具体场景提升用户体验。

(2) 反馈有效性差，不知如何从海量用户体验数据中提取有价值的用户反馈信息，进一步定位问题，改进运营，形成闭环，从而提升用户体验。

8.4.2　用户体验管理解决方案

经过对企业 A 的桌面调研和现场调研，基于家电领域的典型用户旅程，我们梳理出对应数据触点、数据内容、处理方法、分析结论，以及针对性的运营思路和业务价值，形成完整的用户体验管理平台建设方案，如图 8-15 所示。

图 8-15 根据企业 A 现状和用户旅程设计的用户体验管理平台建设方案

下面简要介绍一下该平台建设方案的几个典型应用场景和功能模块。

1. 竞品对比分析

基于深度语义标签化技术给大量电商评论和社交媒体帖文打标签后，利用对应分析技术分析（不同）产品与对应的用户反馈属性和服务特点（如粘锅性、煮饭效果、内胆容量、性价比、发货速度等）之间的关联关系。

通过该分析，我们可以了解到哪些品牌的产品反馈比较接近，从而基于用户对产品特性的反馈差异点对产品进行划分（根据以产品为圆心的圆圈重合度判定），这样不仅可以锚定产品设计策略相近的竞品，还可以了解到不同产品的用户关注侧重点（根据落在产品圆圈内的属性点确定）。

图 8-16 给出了具体的例子。可以看到，海尔 HRC-FD4018 电饭煲和美的纤 V 智能电饭煲的用户反馈比较接近，因此互为竞品。而海尔 HRC-FD4018 电饭煲的反馈差异点还体现在"赠品不错""不粘锅""煮饭口感好""外观时尚""清洗容易"等正面反馈上，

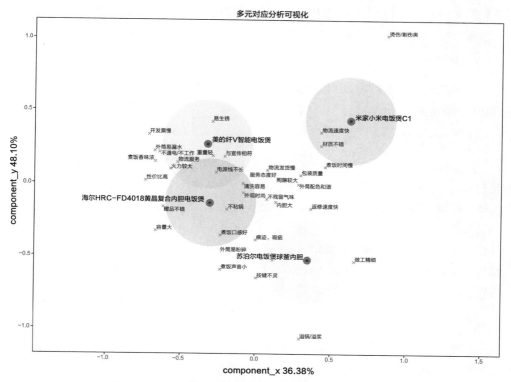

图 8-16　基于智能打标签和对应分析的竞品多维度分析

可以作为市场宣传的重点。根据锚点坐标的远近关系，可以看出海尔 HRC-FD4018 电饭煲与米家小米电饭煲 C1 存在较大差异。美的、海尔和苏泊尔的电饭煲都存在"物流发货慢""间隙较大""外筒配色和谐""不残留气味"这样的用户反馈，但特征不明显，需要持续关注。

2. 用户体验洞察

在本平台中，用户体验洞察主要体现在针对售前咨询和售后反馈的用户声音分析上。

(1) 售前影响因素分析

电商平台的商品页面一般会设置一个提问专区。当用户想购买某款产品，对其某些情况比较关心时，可以在提问专区向购买并使用过该商品的其他用户提问。通过分析用户在购买产品前的提问信息，我们可以了解到影响用户做出购买决定最为关键的因素，从而给产品企划和营销人员提供优化运营的思路。

基于关键词提取技术，可以从总体上了解用户对产品最为关注的方面，例如"风冷无霜"在用户购买前的问询中提及较多，说明想购买该冰箱的消费者较为关注冰箱的自动除霜能力，厂商可以针对这方面优化产品设计或者在包装上突出卖点。

(2) 售后反馈分析

售后反馈分析在本项目中主要体现为产品口碑分析、指标对比分析、营销活动分析和用户画像分析。

①产品口碑分析

产品口碑分析旨在从产品属性角度（如材质、外观、能耗等）对用户反馈进行分析。实现路径为：首先，基于业务理解和业务需要为产品构建多层级的指标体系，比如可设一级维度为产品外观设计、产品质量、产品易用性等，二级维度为产品材料、产品颜色、产品操作难易度、容量大小等；其次，基于指标体系标注若干训练语料，结合深度预训练语言模型，训练产品指标预测语义分析模型，对后续各渠道的用户反馈数据进行预测；最后，结合用户反馈数据中自带的元数据（如时间、地点、店铺、品牌、产品类型等）进行关联分析，生成可视化图表。

②指标对比分析

指标对比分析旨在结合上述服务指标和产品指标，与地区、网点、产业、产品、营销活动、时间段等维度进行关联分析，从而发掘各地区、各网点、各产业、各产品、各项营销活动以及各时间段的用户体验反馈差异，找出现有产品用户体验的薄弱环节，给产品设计和服务提升提供数据参考。

例如，对淘宝、天猫、拼多多、京东等外部用户反馈渠道一定时间内的若干指标进行对比分析，发现各渠道在声量走势、用户情感倾向以及声量地域分布方面的差异，了解各反馈渠道的重要性和负面反馈严重程度，从而给相关部门制定战略提供参考。

③营销活动分析

对营销活动或其他决策进行分析，包括但不限于传播分析、漏斗分析、行动前后效果对比等（数据需对接内部系统）。

营销活动分析旨在通过大数据采集技术和自然语义分析技术洞察营销活动，发现商机，同时通过实时监测和分析，科学且有根据地调整品牌策略，更好地帮助营销部门了解数字化营销活动的运营以及传播效果。营销活动分析以用户体验为视角，根据"活动效果－体验收益－策略与执行"全方位地评估活动的成效。

从传播角度看，可以用以下指标衡量营销活动的效果。

❑ 主动声量：总声量中的原创声量数，能反映营销活动内容对用户的吸引程度。
❑ 总声量：网络上包含监测活动的记录数，能反映营销活动的总体影响力。
❑ 互动量：用户与监测活动的内容产生交互（包括点赞、转发和评论）的次数，能反映用户对营销活动的接受程度。
❑ 最大影响人数：提及活动的微博账号（去重后）的粉丝数，能衡量营销活动的传播渗透力。
❑ 美誉度：监测活动的非负记录数／总记录数，能反映营销活动的口碑反馈率。

此外，营销活动分析还从用户对产品的推荐、购买意愿等维度衡量产品潜在的经济收益以及驱动因素。简单易用、多样化呈现、交互式体验、实时洞悉"产品－口碑－体验"的关联效应，这些优点降低了使用者的操作门槛，使其能够直接获得数据分析价值。

④用户画像分析

针对外部社交媒体上的用户体验反馈数据，采集其关联的用户属性等信息，结合反馈内容形成用户画像。例如，可以从新浪微博上采集用户基本人口统计学数据（如性别、地域、年龄等）和社会人口统计学数据（如情感状态、受教育程度、职业、兴趣爱好、阳光信用等），再结合用户的内容标签数据（比如某用户提到"我不太喜欢容量小的冰箱"，那么可为其打上"大容量冰箱"这样的标签），形成可反映家电购买偏好的用户画像，从而为产品企划、营销活动和市场宣传提供参考建议。

3. 智能工单处理

智能工单处理旨在打造一个针对用户评价和需求的闭环问题集散系统，集合企业A各部门的力量，在用户问题侧实现全处理流程闭环，用户评价集中显示，掌握用户口碑倾向，用户需求/产业痛点有效传递，体现交互价值。

同时，智能工单处理可以通过用户体验指标以及用户原声反馈数据分析挖掘出问题或改进点，及时反馈给产品部门以制定改进方案，以期收获用户体验上的正向反馈，提升用户满意度。图8-17所示的是智能工单处理模块的核心功能。

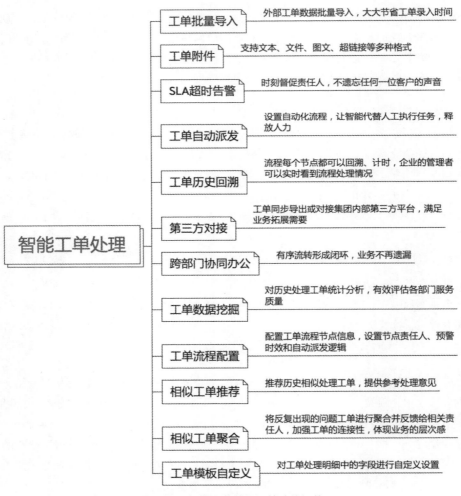

图 8-17 智能工单处理下辖功能组件

下面重点描述其中的重要场景应用。

● **工单任务管理**

"工单任务管理"旨在呈现当前待处理、正在处理或已经处理的工单，在界面上方可以通过各类筛选条件（如工单来源、产业类别、创建时间、完善状态、服务状态、投诉类型、任务类型和工单状态）与搜索等对特定工单进行筛选和模糊 / 精确匹配。

此外，对于当前列表页面的工单明细，还可以以 Excel 的格式下载到本地。

● **工单流程管理**

"工单流程管理"可配置工单流程，使工单分发至节点处理人，以及给相应人员发送邮件待办事项。

"工单流程管理"列表呈现了已导入系统的各类流程，展示的字段有序号、流程名称、创建人、解析状态、备注信息、启用状态、创建时间和操作（查看、配置和删除），可以对列表上的工单进行增删改查等操作。

● **工单处理分析**

"工单处理分析"旨在针对一段时间内企业各品类的工单处理情况（如闭环率、平均处理时长、处理及时率等）和反馈问题总体情况进行分析。

8.4.3　用户体验管理关键能力

在本项目的实施过程中，涉及 3 项非常重要的能力，分别是业务标签体系智能构建、用户声音细粒度分析以及场景分析能力灵活拓展。这些能力不仅可以帮助我们更好地理解用户的需求和行为，还可以为我们提供更加精准的数据支持，从而更好地指导决策和行动。

接下来本节将详细介绍这些关键技术的应用和实践，以及它们在用户体验管理领域的重要性和价值。

1. 业务标签体系智能构建

为了准确、全面地捕捉内外部的用户声音，用户体验管理平台基于典型观点抽取技术以及细粒度指标评价技术对用户观点进行分析。值得一提的是，给用户声音数据智能打标签，需要根据业务需要预设一个业务标签体系，且应符合"MECE 原则"，即 mutually exclusive, collectively exhaustive（不重复、无遗漏）。标签体系中的标签主要针对

消费者 / 用户关心的方面，可以通过桌面调研或实地调研确定符合业务需求的维度，并明确每个维度的概念、范围和操作性定义。

一般而言，基于特定的产品或服务构建口碑评价标签体系，需要熟谙业务，能够基于业务目标构建合理的标签体系。本项目涉及的产品品类多达数十种，但研发周期较短，需要将这些产品品类的口碑评价标签体系梳理完毕，以方便后续的语料标注和模型训练。

为了提升口碑评价标签体系的梳理效率，可以利用先进的深度语义分析技术，以无监督的方式从大量用户反馈数据中自动发现主题及对应规则（用户所表达的词汇）。根据模型输出的结果，数据标注人员可以在较短时间内完成标签体系的搭建，后续结合标签对应的关键词规则及少量标注数据，可基于大型预训练模型完成语料的自动标注，大大节省模型构建和调优的时间。

2. 用户声音细粒度分析

基于预设的标签体系进行语料标注和模型训练、调优后，可对后续进入系统的用户声音数据进行实时分析。经过描述性统计分析，并将分析结果可视化，即可从宏观、中观和微观层面了解产品目前在市场上的口碑。

此外，可以结合波士顿矩阵分析方法，以用户满意度为横轴、用户需求强度为纵轴，了解产品体验上的优劣势，并采取针对性的解决措施。

3. 场景分析能力灵活拓展

一般而言，用户体验管理平台在上线的时候，系统中会预设多种评价标签体系，也就是会针对用户声音系统自动打上多类标签，比如品牌标签体系、产品品类标签体系、产品口碑评价标签体系等。但随着企业 A 业务不断拓展和新场景需求逐渐衍生，现有的标签体系已不能很好地满足各业务部门的实际需求。因此，在用户体验管理平台中，需要留有标签体系自定义能力，以便根据后续细分场景灵活构建各类评价标签体系，给进入系统的用户声音自动打上多维度的场景标签，为后续的多维交叉列联分析打下坚实的基础。

8.4.4　业务价值

对本项目而言，系统完成之后给企业带来的业务价值有如下两点。

1. 用户意见智能化处理

用户体验管理平台每天收集大量的用户反馈和行业资讯，通过 NLP 智能反馈打标签模型生成反馈数据场景化标签，实现业务视角下的用户体验指标聚合。热门话题聚类算法实时提炼每日用户反馈热点，快速聚焦问题。构建于智能算法之上的用户体验管理平台旨在通过技术平台化和反馈驱动机制，从反馈中挖掘出有助于用户留存、销售增长或口碑提升的点，推动体验问题处理方式改进，提升用户体验，最终促进品牌赢利能力跃升。

2. 客户诉求敏捷化响应

在企业 A 上线用户体验管理平台之前，用户体验数据的收集、分析与用户体验改善是两个互相独立的流程，且二者皆依赖人工操作，导致客户的一些诉求得不到及时解决，影响客户最终的体验。

针对这种情况，如图 8-18 所示，用户体验管理平台创造性地将用户体验反馈数据的收集、分析与问题的传递和监测有机结合在一起，形成了自动化、智能化且便捷化的"信息采集→信息分析→信息传递→信息应用"业务闭环，确保平台使用者达成"能抓到有用信息、能得出有用结论、能有效督促问题解决和能有效应用情报"的业务目标。

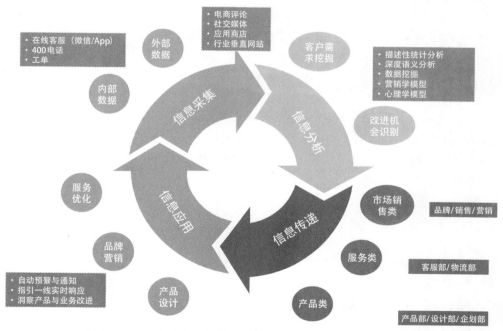

图 8-18 用户体验管理实现了"体验更好、响应更快"的业务闭环

第 9 章

搜索推荐场景

搜索推荐是在当今社会信息过载的情况下，协助用户畅游数据海洋的主要手段或工具。搜索提供主动查找所需数据的能力，推荐提供被动享受可能所需数据的途径。不管是主动还是被动，搜索推荐可以统一抽象为排序问题，即对所有候选数据与用户当前需求的相关性进行排序。

解决该问题需要理解用户与数据。不论是用户还是数据，目前其主要表征形式还是文字，这也意味着，想要很好地对用户所需数据进行排序，需要大量使用文本处理技术。接下来本章将详细介绍文本处理技术在智能搜索和智能推荐中的关键作用。

9.1　文本处理技术在智能搜索中的应用

搜索效果的优劣主要取决于 NLP 技术的表现。综合来看，词法分析、字词向量嵌入、文本分类等文本处理技术，是快速、准确进行粗召回，精准把握用户意图与偏好的基础，是实现语义级搜索的必要条件。下文首先简单介绍智能搜索，然后根据实际搜索场景的需求，介绍其中所涉及的各种文本处理技术。

9.1.1　智能搜索概述

搜索是指根据用户提供的关键字，系统在待检索信息中查找与之相似的内容，并经过精细排序后，将它认为最相似的信息展示给用户的过程。搜索的核心是排序，即对所有待查找数据与用户所提供关键字的相似度进行排序。

传统检索的核心之一是倒排索引，通过倒排快速锁定用户可能查找的内容，基于计算得到的相似度排序并返回结果。随着技术（特别是深度学习）的发展，使用预训练模型将待搜索内容映射至向量空间，检索时将关键字通过同样的技术向量化后，在向量空间中查找余弦相似度大的向量，从而得到相似的待检索内容。

在搜索过程中，想要在粗排阶段就得到相对不错的结果，理解关键字是重要的步骤之一。基于此，检索中会大量使用 NLP 技术理解关键字。谷歌公司为了更好地理解关键字并直接提供精准的问答结果，使用知识图谱赋能搜索，从而定义了"Things, not strings"（搜物，而不是字符串）的新一代搜索目标。

1. 搜索场景示例

在企业内部对搜索一直都有需求，比如查找内部资料（行业知识、电商物料、媒体视频等）。图 9-1 展示了达观搜索经常接触的搜索场景及对应的统计排名情况。

搜索高频场景分析

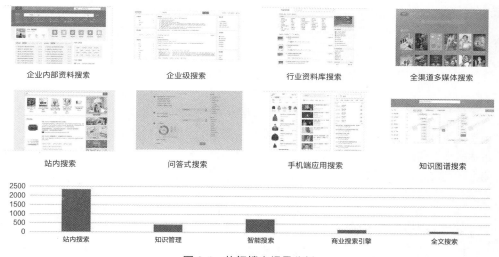

图 9-1 热门搜索场景分析

基于图 9-1 的统计数据可以发现，站内搜索和知识管理方面的搜索是目前比较突出的搜索需求。

2. 搜索技术简史

搜索技术的发展主要分为 4 个阶段。

第一阶段：1993 年初，斯坦福的几个大学生发现，基于字词关系分析能够更高效地检索互联网上的网页信息。1993 年中，这个项目获得投资，当时他们开发了搜索软件（Excite）供网络管理员在网站上使用。

第二阶段：Yahoo 的目录搜索。基于 Yahoo 所收录网站的简介信息，搜索效率大幅提高。

第三阶段：元搜索引擎（meta search engine）。元搜索引擎的目标是，对用户的搜索请求进行分发并收集结果，集中处理后重新排序，将最终结果返回给用户。因为评价搜索效果本来就是一个非常难的问题，所以当时的排序效果不理想，元搜索引擎也因此没有产生很大的影响。不过，它与目前多数搜索系统中所使用的多路召回后统一排序的思路一致。

第四阶段：智能搜索。它具有完整的搜索服务组件。以达观智能搜索平台为例，它包括搜索前辅助（如输入提示、纠错、热门关键词、推荐关键词等）、搜索中关键词分析（如分词、同义词扩充、敏感词检测、意图分类、核心词分析等）及搜索后延伸（如结果展示、相关搜索、标签词云、搜索历史等），为用户提供了更完整的搜索体验；结合知识图谱、阅读理解，借助主题、上下文及个性化画像，为用户提供更智能的搜索体验。

9.1.2　智能搜索系统架构

本节以达观智能搜索平台为例，介绍该搜索平台的功能分层架构（参见图 9-2）及数据流程模块。在介绍数据流程模块的过程中，首先介绍整体的数据流程（参见图 9-3），包括数据如何进入搜索平台，以及数据进入后平台如何提供搜索服务。考虑到提供搜索能力的模块直接面向用户而且比较重要，所以会对搜索服务的主流程（参见图 9-4）做额外的介绍。

1. 功能分层架构

达观智能搜索平台自底向上依次为数据源层、数据采集层、数据处理层、索引构建层、核心引擎层和接口服务层，如图 9-2 所示。

各层说明如下：

❑ 数据源层对应于企业内部各种应用数据源；
❑ 数据采集层为不同种类数据源的连接插件，可以自动拉取对应数据源的数据；
❑ 数据处理层对拉取的数据进行清洗、抽取、转换、语义挖掘等，是实现知识推荐和语义搜索的基础，涉及大量 NLP 工作；
❑ 索引构建层进行索引和模型的构建，支持全量和增量的方式；
❑ 核心引擎层负责对查询进行语义理解和分析，对内容进行匹配、筛选、权限控制、合并、去重、排序等；
❑ 接口服务层提供标准 RESTful 开放接口服务。

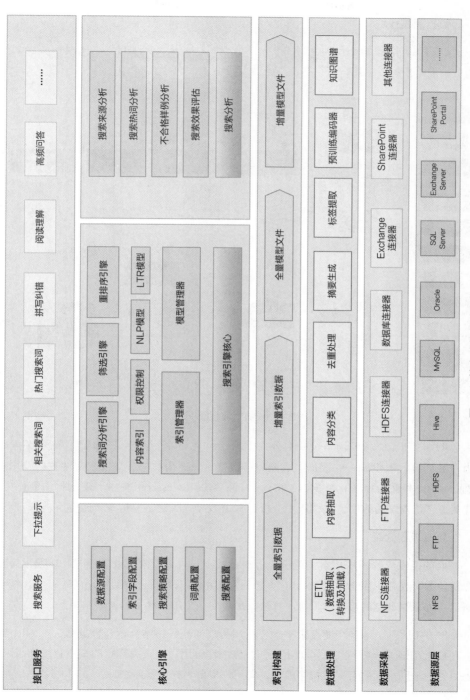

图 9-2 搜索功能分层架构

2. 数据流程模块

仍以达观智能搜索平台为例。图 9-3 详细地展示了从数据上报、文档解析处理到构建索引、训练模型、为用户提供智能搜索及配套服务的数据流程模块。

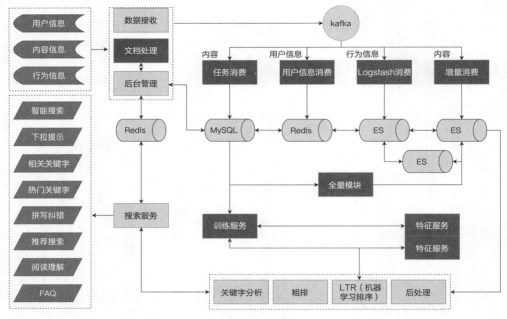

图 9-3　数据流程模块

如图 9-3 所示，搜索服务统一对外提供搜索相关服务，后台管理提供搜索相关配置能力，数据接收提供统一的数据接收能力，包括接收行为数据、待检索文件数据及用户数据；采用 MySQL 持久化数据，Redis 作为缓存，Elasticsearch 提供底层倒排引擎能力；配套集成了机器学习排序、文档版面分析、NLP 及搜索关键字分析等智能应用。

3. 搜索流程介绍

经典的搜索流程采用搜索关键字分析→召回→精排的三阶段处理方式。在搜索关键字分析阶段，使用大量 NLP 技术，全面分析用户的搜索需求，协助实现高效召回，结合由海量行为数据训练的机器学习排序算法，最后向用户提供精准的搜索结果。

如图 9-4 所示，达观智能搜索平台也采用类似的流程，结合达观数据强大的 NLP 能力，在搜索关键词分析阶段做了大量工作，以期理解用户搜索关键字的真实意图和需求，确保更好地辅助后续的召回、排序模块，向用户提供更好的排序结果。

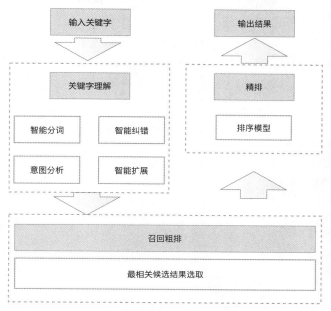

图 9-4　搜索服务主流程

9.1.3　智能搜索中的文本挖掘算法

现阶段的搜索，为了帮助用户更高效地找到想要的内容，大量应用了 NLP 技术，以期更好地理解用户需求及候选数据，从而提供更好的搜索结果。达观智能搜索平台基于达观自研词法分析、文本分类、词嵌入、多媒体内容嵌入等技术，结合达观数据已有的知识图谱、推荐系统，以期在文字、图像、语音、跨媒体、跨语种等搜索领域，理解用户的实际搜索需求，提供"Things, not strings"的新一代智能搜索服务。

1. 词法分析

传统基于倒排的搜索召回方式，分词是必不可少的。使用不同的分词粒度会对搜索产生不同的影响。通常的做法有基于字的分词、基于所有可能的分词及基于最可能正确的分词，来构建词与文档的倒排索引。

在处理中文时，词性标注和 NER 可与分词任务一起执行，以提高计算效率。NLP 能分析用户搜索的关键词主要由哪些词组成，根据词性及 NER 结果对词的重要性进行评估，得到搜索关键词的核心词，从而获取搜索关键词的最小、最全语义单元，这对搜索粗召回有很大的作用。

2. 搜索意图识别

搜索意图识别，主要期望根据用户搜索的关键字及搜索上下文获取用户想要的内容在候选数据中的可能分类信息，如图 9-5 所示。例如用户搜索"适合送给男朋友的礼物"，即使用户是女性，基于其搜索的关键字，搜索引擎应该返回给用户适合男性的物品。

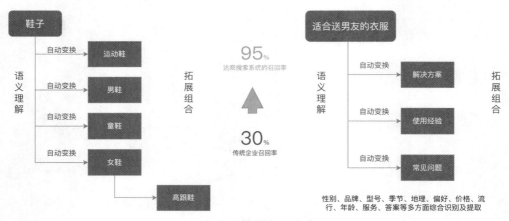

图 9-5　搜索意图识别

上述搜索意图识别是一个提取搜索关键字以期获取对应类别信息的过程，需要应用 NLP 技术中的文本分类技术。

在搜索领域，根据内容特定的分类体系，可以比较方便地训练文本分类器，来对用户输入的搜索关键字进行分类，从而判定用户期望搜索的内容分类权重，更好地返回用户期望的结果。

3. 向量搜索

向量召回是现阶段短文本搜索领域非常流行的技术。向量召回通过预训练的深度学习模型，将待搜索内容映射为特定维度的向量；检索时使用同样的方式将搜索关键字向量化，并计算此向量与所有邻近向量的余弦相似度，如图 9-6 所示。按照余弦相似度倒序排列，取 Top N 作为返回值。上述向量召回过程中，将输入及候选的召回替换为图片，以同样的机制进行搜索，将得到与输入图片相似的图片结果，从而达到以图搜图的目的。

因为搜索的本意是寻找与输入相似的内容，所以针对图片及文本的向量搜索提供了一个新的查找维度，即查找与待搜索内容向量相似的向量。此外，因为图片向量和文本向量在一定程度上能表征图片的相似与文本的同 / 近义，所以向量搜索有较强的查找模糊关联内容的能力。

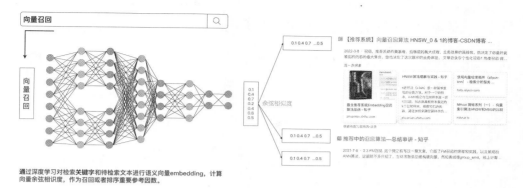

通过深度学习对检索**关键字**和待检索文本进行语义向量embedding，计算
向量余弦相似度，作为召回或者排序重要参考因数。

图 9-6　向量召回

向量搜索为搜索引擎查找相似内容提供了新角度，但是仍然存在一些问题，即由于向量存在很大的模糊性，所以可能召回跟待搜索项关联性并不强的结果。在实践中，采用词倒排加向量召回的方式是相对不错的选择。

4. 多媒体搜索

语音与视频搜索相对容易落地的方式，是关联至对应的文本，然后按照文本搜索的方式进行。将语音及视频转换为向量的搜索，是未来值得尝试的方向之一。

语音转文本已经是一项非常成熟的技术。例如聊天语音消息不方便播放时，可转为文本阅读。视频转文本相对比较主观，常用的手段有给视频打标签，或者搜索视频的元信息，比如标题、作者、主题等。

对于文本化后的语音及视频，就可以很方便地基于词倒排索引或文本语义向量进行搜索了。

5. 跨语种搜索

对于不同语种的搜索，可以为不同语言分别构建基于词的索引。在搜索过程中，将搜索关键字翻译为各对应索引语言，然后在各索引中进行搜索。也可以提前将各语种语料翻译为统一语言，构建一个索引，不同语种的搜索关键字都在翻译为该语言后进行搜索。

同样，得益于 NLP 领域翻译技术的发展，不同语种可以使用同一翻译模型进行向量化。也就是说，可以将不同语言转换为同一向量空间的向量，从而使用向量搜索技术对不同语种的内容进行搜索。

9.2 文本处理技术在智能推荐中的应用

使用文本处理技术可以对文本进行信息抽取和表达，所获取的特征可以支撑众多智能应用，其中就包括智能推荐。

9.2.1 智能推荐概述

作为解决信息过载和物品分发问题的关键技术，智能推荐已经在工业界获得广泛应用。各个手机应用程序中的"猜你喜欢""为你推荐"等功能，大都采用了智能推荐相关技术。

1. 基本概念

随着信息技术的发展，尤其是移动互联网的快速普及，互联网上的内容数量呈指数级膨胀。这些数据具有类型多样（如文章、长视频、短视频等）、来源广泛（如用户上传、平台产生等）等特征，因而需要根据用户的个性化特征或者喜好，自动查找到用户可能感兴趣的内容，并及时分发给用户。

推荐系统主要解决 3 个方面的问题：如何精准表示用户、如何精准描述物品，以及如何将用户和物品建立起联系。对于用户侧的表达，可以利用用户的基础信息（年龄、性别、地域、等级等）、动态属性（主要是根据用户行为构建的兴趣标签以及统计指标）和隐含表达（基于模型构造的用户向量表示）。与之相似，对于物品侧的表达，也可以利用物品的基础信息（标签、价格、类别等）、动态属性（根据用户反馈建立的统计指标以及标签等）和隐含表达（基于模型构造的物品向量表示）。用户 – 物品的关联模型是目前研究最为活跃的部分，可以使用专家规则、内容模型、协同模型、深度学习等。

在推荐系统中，物品的表达是很重要的一个环节。对于物品尤其是资讯，挖掘其携带的文本信息，可以得到丰富的语义表达，进而为关联物品与物品、物品与用户提供重要参考。

2. 关键技术分析

冷启动是推荐系统经常要面对的问题，主要包括物品冷启动和用户冷启动。当一个新的内容进入推荐系统，由于此时没有任何用户反馈信息，因此推荐系统无法确切了解物品的质量。一般的做法是根据物品的内容特征（标签、类别、作者）信息，先将其推荐给一小部分可能感兴趣的用户，在获取到用户反馈之后，再确定下一步的流量投放占比。图 9-7 是物品冷启动的示例流程，可以看到对于新物品如何投放流量。

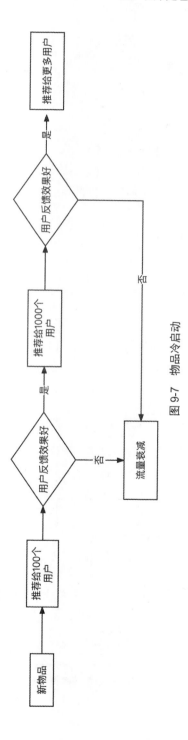

图 9-7 物品冷启动

用户冷启动一般发生在新用户刚刚进入应用程序时。由于用户没有产生什么行为，因此系统无法感知用户的兴趣偏好。此时通常的做法有以下几种。

(1) 利用用户注册应用程序时提供的性别、年龄、地域等信息，进行粗粒度的个性化推荐。

(2) 要求用户注册时选择一些兴趣标签或者关注一些平台已有用户（如微博大 V），根据收集到的标签信息或社交信息进行个性化推荐。

(3) 为新用户推荐系统中的热门榜单数据，然后持续收集用户的反馈，进而再根据用户反馈调整推荐内容，最终达到个性化推荐的效果。

9.2.2 智能推荐系统架构

智能推荐系统涉及大批量数据处理、离线和实时模型训练、线上高并发服务等流程。一个健壮、可扩展的架构是智能推荐系统必须考虑的。

1. 数据架构

图 9-8 所示的是推荐系统的数据架构。可以看到，整体架构可以分为数据采集层、数据处理层、数据分析层以及数据应用层。

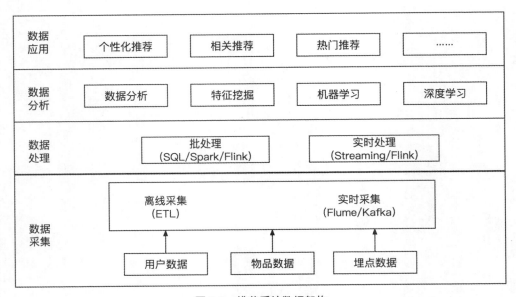

图 9-8　推荐系统数据架构

数据采集层通过离线数据 ETL 和实时数据收集，将用户数据、物品数据以及埋点数据导入系统。在数据处理层，可以通过离线处理框架处理离线采集的数据，通过实时处理框架处理实时采集的数据。数据经过处理之后，会存入对应的存储介质（SQL 或 NoSQL 数据库、搜索引擎等）。在数据分析层，数据分析师和算法工程师会对存储的数据进行分析、挖掘和建模，获取和业务强相关的数据，进而提供给数据应用层。数据应用层支持个性化推荐、相关推荐、热门推荐、最新推荐、地域推荐等应用，覆盖常见的推荐场景。

2. 算法架构

图 9-9 所示的是推荐系统算法架构，可分为数据基础层、组件处理层、画像模型层、算法模型层、推荐策略层以及服务应用层。

图 9-9　推荐系统算法架构

各层说明如下：

- □ 数据基础层：负责推荐系统的数据接收、清洗以及传输、存储。
- □ 组件处理层：对数据进行挖掘、处理，比如对文本信息进行分词、关键词提取和分类，抽取数据的索引并构建倒排表，对特征进行提取、衍生和扩展。
- □ 画像模型层：基于处理得到的数据，构建用户画像、物品画像，挖掘用户 – 物品关系。

- 算法模型层：使用传统的机器学习模型或深度学习模型，完成推荐系统的召回或排序。
- 推荐策略层：使用专家策略进行推荐系统的召回或排序。
- 服务应用层：推荐系统顶层应用，涉及各种推荐场景。

3. 系统架构

图 9-10 是达观智能推荐系统的"三级火箭"架构图。系统使用离线、近线和在线三层架构。三层架构互相补充，以保证整个推荐系统的效果及性能。

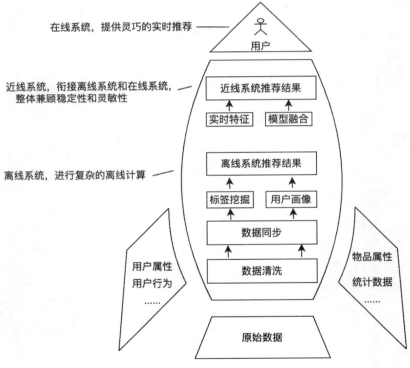

图 9-10 推荐系统"三级火箭"架构

离线层用来做大量的数据计算，包括协同过滤、标签挖掘、用户长期画像构建、模型训练等。计算好的数据会存入数据库中，供下游使用。

近线层可以理解为对离线层的优化，它使用离线层计算好的数据以及部分实时数据进行一些轻量化计算，比如实时统计用户近期画像、统计物品的实时点击/曝光量等。推荐系统中常常使用近线层来统计实时特征，并将实时特征提供给后续的排序模型。

在线层也称为服务层，实时接收用户请求，并进行实时的召回、排序，返回推荐数据。在线层使用离线层和近线层的数据，本身只进行少量计算，以保证线上服务的性能。

9.2.3 智能推荐中的文本挖掘算法

在推荐系统中，无论是用户还是物品，都有大量非结构化文字信息。这些文字信息经过不同的文本挖掘算法处理后，能够提升对用户或物品特征的表示效果，进而提升推荐系统的整体性能。本节将详细介绍推荐系统中一些常用的文本挖掘算法。

1. 标签提取算法

图 9-11 是标签提取算法的流程示意图。对于推荐物品中的文本信息，尤其是资讯中的标题、摘要和正文，利用 NLP 技术获取与物品相关的关键词、分类和 NER，这些信息是对物品的重要表示，可作为物品的属性特征。

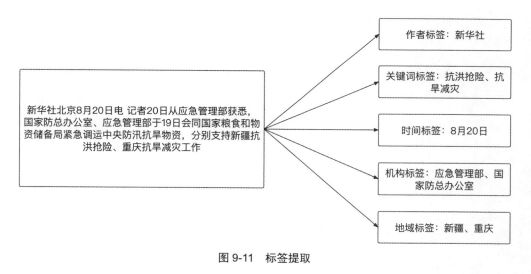

图 9-11 标签提取

通过对用户行为的统计分析，基于用户点击/收藏的物品以及物品的属性，构建用户的显式表示。例如一个用户浏览了 10 篇文章，其中 8 篇文章带有"篮球"标签，那么推荐系统可以将"篮球"作为用户的兴趣标签。又如用户浏览的文章大都是"某甲"发布的，推荐系统也可以将"某甲"作为用户的兴趣标签。

2. 基于内容的推荐

基于内容的推荐是指根据物品的显式语义信息进行推荐，可以分为 3 部分：根据物品推荐物品、根据用户推荐物品以及根据用户推荐用户。

根据物品推荐物品，是指利用物品的内容信息，计算（寻找）与之相关的物品，比如标签相似度高的物品、同一作者发布的物品、同类别下的物品、属于同一地区的物品等。

根据用户推荐物品，是指根据用户的兴趣标签为用户推荐相关物品。例如为喜欢篮球的用户推荐篮球相关的其他优质物品，为上海的用户推荐上海地区的热门物品。图 9-12 是基于内容推荐的流程图，通过对用户的标签化建模，可以进行相似物品推荐。

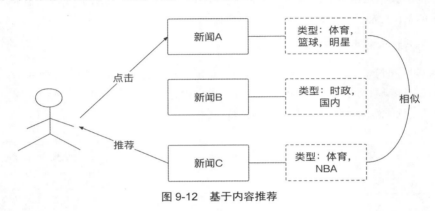

图 9-12　基于内容推荐

根据用户推荐用户，是指根据用户的标签，计算与之兴趣相似的用户，比如为喜欢篮球的用户推荐同样喜欢篮球的用户。对相似用户进行聚类，可以增强用户间的交互，从而提升整个社区的活跃度。

基于内容的推荐方法不依赖用户的行为数据，能在很大程度上缓解推荐系统的"冷启动"问题，尤其是当新内容刚上架时，基于内容的推荐算法往往能取得很好的效果。这种方法还有一个重要的优势。因为基于内容推荐直接使用了人类可以理解的语义信息，所以从结果中可以感受到明显的相关性，可解释性也相对较好。

3. 深度语义模型

深度语义模型（deep structured semantic model，DSSM）是另外一个起源于文本处理领域并最终在推荐系统中得到广泛应用的模型。

DSSM 由微软开发，利用深度神经网络把文本表示成向量，主要用于文本相似度匹配。模型结构如图 9-13 所示。

DSSM 包含两部分，query 网络和 document 网络。这两个网络将用户搜索 query 和文档映射到低维向量空间，并通过余弦相似度表示 query 和文档之间的关联。DSSM 结构非常简单且性能很好，在信息检索、知识问答、图片描述及机器翻译等领域中有较多应用。

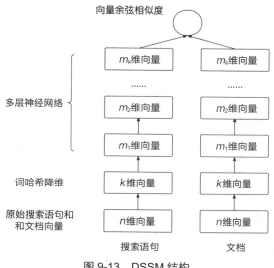

图 9-13　DSSM 结构

在 DSSM 中，query 网络和 document 网络是两个独立的子网络，和推荐系统的用户 - 物品模型很相似，于是 DSSM 便被移植到推荐系统中。在推荐系统中，通过 user 网络和 item 网络将用户和物品映射为低维稠密向量，并用余弦相似度表示用户对物品的感兴趣程度。

4. 词向量模型

item2vec 源于 word2vec 算法，是文本挖掘技术在推荐领域的一个重要应用。

word2vec 是谷歌推出的一个 NLP 工具，它的特点是能够将句子中的单词转化为数字化向量，并且可以通过向量之间的关系（余弦距离、向量和、向量差等）定量地表示词与词之间的关系。在 word2vec 推出之前，人们更多使用 one-hot 编码来将词转化为向量，但是这样得到的向量太过稀疏，而且向量之间彼此正交，不包含任何语义信息。word2vec 通过一个简单的神经网络，将单词映射到一个稠密的向量空间，并且在这个向量空间中，向量之间的关系可以表示单词之间的部分语义关系。

item2vec 由微软于 2016 年提出。item2vec 的具体处理过程就是将每个物品作为一个"词"，将每个用户的行为序列作为一个"句子"，从而利用 SGNS 方法（word2vec）提取 item 的隐式向量表示（embedding），并通过向量之间的距离来判断 item 的相关度。item2vec 使用了行为中的序列特征，在推荐系统中广泛使用。

第 10 章

办公机器人场景

现代企业在日常业务运营中，依赖多种多样的系统软件完成业务数据的获取、处理、记录和共享。但在很多场景中，工作人员处理重复性高、工作量大的业务需要花费大量时间和精力。而办公机器人可以代替人类处理这些业务，减轻人力压力。

10.1 办公机器人介绍

办公机器人与大家常识中的实体机器人不同，它本质上是一种运行在计算机上的智能办公软件，即模拟人类对计算机的手动操作，依照规则自动执行各种组合动作，辅助或代替人类完成业务流程。

10.1.1 什么是办公机器人

办公机器人的专业名称叫机器人流程自动化（robotic process automation，RPA）。机器人流程自动化软件一般在个人计算机或大型服务器上安装部署，基于对人类操作计算机鼠标、键盘行为的模拟技术实现办公自动化。如图 10-1 所示，机器人流程自动化可以代替人类处理 Office 及 PDF 文档、收发邮件、操作 ERP 软件等，完成日常办公工作。

图 10-1　机器人流程自动化

相比于人类，办公机器人在工作事务记忆和持续工作时间方面有着巨大优势。因此，面对大量单一、重复和烦琐的任务，办公机器人能够显著提升处理这些工作的准确度和效率。如图 10-2 所示，人类与办公机器人的周工作时长存在巨大差异。

5天×8小时/天=40小时　　　　7天×24小时/天=168小时

图 10-2　人类与办公机器人一周工作时长对比

近年来，随着计算机硬件成本的明显降低和企业数字化程度的提高，办公方式也在发生变化。以机器人流程自动化为代表的自动化办公技术迅速得到市场认可，成为各行各业为人类分担工作的重要力量。

10.1.2　办公机器人的组成

传统的办公机器人一般由设计器、控制器和执行器 3 部分组成，分别负责业务自动化流程的设计测试、资源管理和调度执行，如图 10-3 所示。

图 10-3　传统办公机器人产品架构

用户使用设计器开发业务自动化流程，就像是培训新员工执行相关业务操作。通过对可视化流程控件的拖曳组合和参数配置，可以设计出具有一定逻辑复杂度的业务自动化流程。这种自动化流程由机器人可以理解的语言编写，机器人会严格按照逻辑规则执行业务操作。

用户使用控制器管理和调度资源，可以类比为安排员工干活儿，即告诉机器人什么时候做什么事情、需要用到哪些资源、执行过程中要注意什么等。通过控制器，用户可以简单、快捷地操作机器人执行业务流程，安全、便捷地管理业务数据，以及通过可视化界面管理自动化业务。

执行器是流程的执行终端，负责接收来自控制器的调度指令，按计划执行各种自动化流程和上报执行状态、结果、日志、计算机环境信息等数据。执行器通常在无人值守和人机交互两种场景中工作，这两种场景的显著区别就在于是否需要人工干预流程执行。借助执行器，用户可以完成各种场景中的业务流程自动化或半自动化执行，极大地提高业务运营效率。

10.2 智能文本处理技术与办公机器人的结合

近年来，随着人工智能技术的飞速发展，计算机在处理复杂任务方面取得了突破，智能文本处理等技术的准确率相比传统方法大幅提升。这些技术正在应用于各行各业，并发挥着越来越重要的作用。

10.2.1 智能文本处理拓展了办公机器人的能力边界

传统概念中，办公机器人的应用场景通常局限于一些规则固定、重复且简单的工作，比如财务中的对账、核算，以及一些批量且烦琐的上传下载、数据填写、转录等。这些工作通常需要较少的人工经验和智慧。在传统企业中，初级员工、实习生或外包岗位经常承担这些工作。随着智能文本处理等人工智能技术的发展，机器人展现出了高效完成这些工作的潜力。例如，机器人可以自动从文档或系统中提取信息，并按照工作人员的需要完成填写或核对。

随着智能文本处理技术的日益普及，办公机器人和 NLP 技术的结合也掀起了一阵非常独特的智能化应用潮流，被称为 IPA（intelligent processing automation）技术，如图 10-4 所示。

图 10-4　AI + RPA = IPA

随着智能文本处理技术和 RPA 的深入结合，以及知识图谱等人工智能技术的加持，未来十年 IPA 将探索更多的应用场景，让更多规则不明确、判断过程复杂以及需要深厚行业经验才能完成的业务都实现流程自动化。很多业务需要领域知识和专家经验，比如复杂的财务核算、供应链自动调度、合同和报告审阅、法律文书起草、智能化行政审批等。而随着智能 RPA 技术的发展，这些业务已经逐步实现了智能的流程自动化。

10.2.2　办公机器人中的智能文本处理技术

许多行业需要将长篇文档中的关键数据录入软件系统中，但传统的办公机器人通常无法胜任。使用智能文本处理技术，办公机器人可以从多个维度分析文档，自动提取关键内容，比如从劳动合同中提取就业信息、岗位内容等关键要素，并按规则将这些内容填写到其他软件中。

智能文本处理技术基于海量文本语料库、审核规则和外界知识库（如法规库），由浅入深地全面审阅文档，以实现不同业务场景及专业文档（如采购合同、银行业贷款合同、民事判决书、债券募集说明书等）的审阅。智能文本处理技术能够帮助 RPA 实现智能文本分析功能，包括文本分类、审核、摘要、标签提取、观点提取、情感分析等。此外，有些还提供了简单易用的流程自动化控件和功能 API，以支持更加丰富的使用场景。

10.3　智能文本处理机器人应用场景示例

智能文本处理技术极大地拓展了办公机器人的应用范围，赋能机器人应对更复杂的业务场景。下面以供应商准入管理、人员招聘、文档管理、文档审核和文档写作 5 个典型场景为例，介绍智能文本处理机器人是如何发挥作用的。

10.3.1　供应商准入管理场景

供应商管理是企业物流管理的重要环节和企业竞争力的重要体现。在供应商准入管理环节，往往需要供应商提供相关文件和信息证明其资质等。

1. 准入管理材料审阅痛点

在供应商准入管理流程中，公司需要供应商或客户提供相关材料，比如企业营业执照、组织机构代码、税务登记证、财务报表、产品检测报告等（参见图 10-5），然后基于这些信息以及公司的预设公式和审核规则，判断供应商或客户是否有提供相应服务的资质。

图 10-5　供应商准入材料审阅

在企业的供应商准入管理流程中，收集各种报告中的关键信息、跨系统查询工商信息等工作需要大量的专业人力，而且更新往往不及时。这类问题在制造、零售、服务、快消等行业中普遍存在。

2. 材料智能解析机器人

在自动化流程中，传统的办公机器人可以高效地进行跨系统查询工作，查询的信息涵盖企业信息、法人失信情况、行政处罚记录等方面。如果需要提取财务报表或其他检测报告中的重要指标数据，通常会遇到以下问题。

(1) 由于各家企业报告的格式不尽相同，因此传统技术无法有效地识别和提取非固定模板的内容。

(2) 科目体系、科目名称和语义表达在不同企业间存在巨大差异，需要具备强大的中文和财务理解能力才能进行有效提取。

(3) 关键信息散落在报告的文本段落、主表、附表等不同位置，并且需要区分信息是单体公司的还是集团合并的数据。

(4) 难以实现对无边框表格的识别和数据抽取。

(5) 无法对财务报表内的数据进行智能校验，包括表内纠错、上下文以及表内和表外数据的一致性核对等。

如图 10-6 所示，NLP 技术可以快速解析各类报告中的信息，实现准确理解、关键信息抽取和智能审核。智能办公机器人利用 NLP 技术解析信息，按照预设规则自动填写文档，生成企业资质评分表，并发送邮件通知相关业务人员进行复核。然而，当前的 NLP 技术还无法实现对无边框表格的识别与数据抽取，也无法对财务报表内的数据进行智能校验。

图 10-6　材料智能解析机器人

3.成本、风险及收益

如图 10-7 所示，优化后的供应商准入管理流程可实现完全自动化，避免了一线员工烦琐的数据收集工作和操作疏忽导致的错误。同时，机器人高效的工作使得客户评分环节能够及时参考更多、更新的信息，从而降低评分不准确的风险。通过引入 NLP 技术，解决了传统的办公机器人不够自动化的问题，整体工作流程的耗时也从原来的数小时缩减至十几分钟。该流程在大幅减轻员工工作负担的同时，为客户的准入评分增加了更多的管理维度，使得整个管理过程更加科学、客观和严谨。

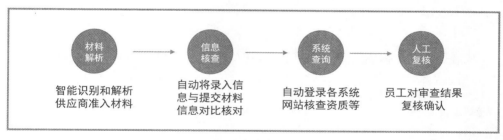

图 10-7　优化后的供应商准入管理流程

10.3.2　企业招聘场景

企业都配备有专门的招聘人员，他们需要根据每年的招聘名额及岗位要求招聘新员工。招聘工作涉及诸多环节，简历筛选是人力资源管理中的一个典型场景。

1.简历筛选难题

大中型企业内部岗位多，招聘需求大。为此，人事部门需要通过各大招聘网站及渠道查看收到的简历，进行人员筛选。初步筛选之后，人事部门会将简历发送给企业内部各用人部门，用人部门再次筛选后确定面试名单，并反馈给人事部门，接着人事部门通知面试者并安排面试。招聘流程如图 10-8 所示，整个过程耗时久，如果遇到大型招聘季，人事部门的工作压力将会很大。

流程优化前

图 10-8 优化前的招聘流程

2. 自动简历筛选机器人

在引入办公机器人自动化流程之前，招聘人员需要面对如下问题。

(1) 候选人简历数量多，招聘平台多，筛选简历的工作量大，需重复登录不同的招聘网站下载及发送简历。

(2) 需要打开并审阅每一份简历。

(3) 逐一告知每个面试者企业的地址信息。

(4) 大量时间花费在此类低附加值的工作上。

此外，用人部门需要逐一打开简历并进行筛选，这会耗费大量时间，而且还要逐一告知人事部门安排优质候选人进行面试，工作效率低下。

如图 10-9 所示，在引入 NLP + 办公机器人的自动化流程之后，可实现网站自动登录、简历自动筛选、人岗自动匹配等一系列流程。NLP 的语义分析能力让简历搜索更精准。

办公机器人自动化流程（基于自然语言处理 + 办公机器人实现流程自动化）

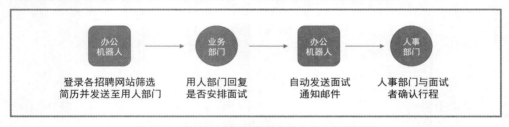

图 10-9 使用自动简历筛选机器人优化招聘流程

3. 招聘效率提升

自动简历筛选机器人不仅解决了人事部门与用人部门的痛点，还明显提高了工作效率。机器人将人事部门从烦琐的日常工作中解脱出来，使其可以从事更多更有价值的工作。机器人不仅提高了招聘效率，缩短了招聘周期，还消除了人工失误，降低了简历筛选误差率。同时，机器人也节省了各用人部门审阅简历的时间。

10.3.3　企业文档管理场景

在人工智能时代，企业知识将成为比数据更为重要的资产，因为它是数据的萃取物。如何高效利用企业知识，充分发挥其价值，是新一代企业知识管理需要解决的核心问题。

1. 企业文档管理的复杂性

企业知识管理的前提是对业务中沉淀的各种文档进行知识提炼。高效的企业文档管理对企业知识管理体系的建设起着非常关键的作用。目前企业在文档管理方面普遍存在三大问题，具体如下。

(1) 多：企业文档分布于各个业务系统，文件类型多。

(2) 低：查找获取效率低，使用效率低，应用价值也低。

(3) 缺：缺乏对知识的体系化管理，知识和业务缺乏有效关联，缺乏知识推演和创新。

很多大型企业和研究所会定期买入大量的研究报告并入库，如果在文档入库的同时没有进行科学的分类管理，那么之后用户便不能准确地搜索到相关文献。如图 10-10 所示，各个部门很难在一堆文档中找到对自己有用的知识。基于以上问题，文档分类审阅机器人利用 RPA 和 NLP 技术，可以有效解决知识采集过程中文档的分类管理问题，为日后的内容检索提供支撑。

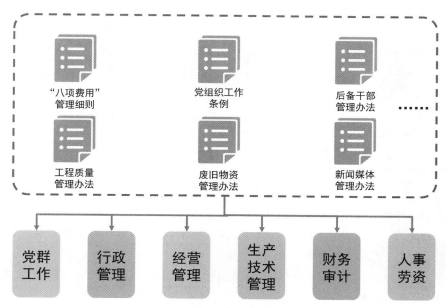

图 10-10　缺乏文档分类管理的示例

2. 文档分类审阅机器人

在文档分类审阅机器人出现之前，业务人员需要手动上传资料，阅读后将其放入合适的分类文件夹中。如果资料内容过多、数量巨大，人工上传及阅读、分类的工作量就会很大，这会导致分类不准确，后续其他员工很难搜索到相关资料。传统的人工分类流程如图 10-11 所示。

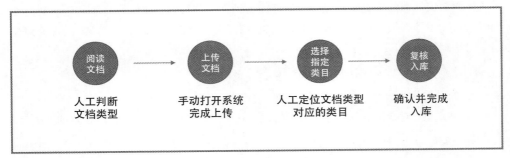

图 10-11　人工分类流程

文档分类审阅机器人采用 NLP 和办公机器人相结合的方式（参见图 10-12），可自动完成打开文档、判断文档类型、上传、找到指定类目等工作。这里的核心是如何利用 NLP 技术为新文档打标签、提取关键词，并据此找到最适合的一个甚至几个分类文件夹。

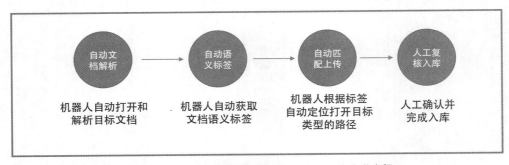

图 10-12　使用文档分类审阅机器人优化后的分类流程

文档的标签通常是几个词或短语，作为该文档主要内容的提要。设置标签是让读者快速了解文档内容、把握主题的重要方式，在科技论文、信息存储、新闻报道等领域广泛应用。标签提取方法多种多样，各有优缺点。针对不同的应用场景、数据和需求，可以结合多种方法，以保证文档标签提取的准确性和实用性。图 10-13 是自动语义标签的示例。企业可利用以上方法处理新增文档，快速完成批量上传及合理分类的工作，为高效使用知识库打下基础。

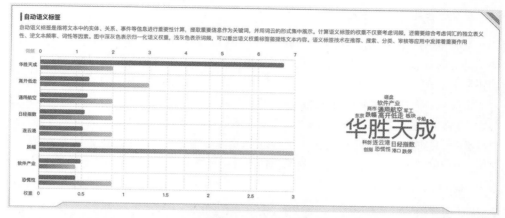

图 10-13　自动语义标签

3. 文档分类审阅机器人的特点

文档分类审阅机器人支持自定义分类模型，可以利用自定义标签对少量样本进行分类标注，快速生成相应的模型。同时，机器人在运行过程中会根据反馈进行自学习，逐渐迭代模型至最优状态。此外，机器人还可以利用 NLU 技术，通过深入分析文档的结构特征实现全自动的文档准确分类。针对不同的分类模型，机器人能够进行相应的标注训练，提高文档处理效率。文档分类审阅机器人还能对分类后的文档进行针对性的处理，根据不同类型和要素获取需要的信息。

10.3.4　证券业文档审核场景

证券业的文档审核有着文档数量多、文本处理场景多等特点，比如招股说明书、上市公司年报、审计报告等长篇文档的审核。

1. 证券业文档审核难点

以券商主营业务债券承销为例，该业务涉及大量的文件材料，主要用于报送监管机构和对外公告。采用 NLP 与办公机器人相结合的智能审核机器人，可以大幅降低人工成本，提升业务人员工作效率，快速完成复杂的审核任务。债券募集说明书通常有数百页，审核规则也很复杂，传统的人工审核费时费力，容易出错。智能审核机器人的出现，大大降低了业务风险，使报送内容更准确、更安全。

2. 文档智能审核机器人

智能审核机器人利用深度学习建立专门的语言模型，可以处理不同类型的文档（如债券募集说明书、招股说明书、年报、审计报告等），识别常见的错误（如多字、漏字、同音字、形近字等），准确率可达 90% 以上。如图 10-14 所示，利用视觉检测技术，文档智能审核机器人能够识别不同样式的表格内容，并结合语言模型和关键信息抽取来定位各类表格内容错误，比如单位缺失、标题不一致、语法错误等。金融类文档中包含大量财务数据，分布在文字段落和表格中。除了识别基本错误，智能审核机器人内置的模型还可以识别财务数据的指代关系，有效验证文件中上下文财务数据的一致性，实现表内、表表和表文纠错的功能。

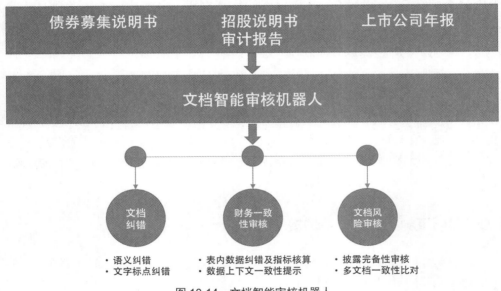

图 10-14　文档智能审核机器人

3. 流程改进收益

文档智能审核机器人采用 NLP、大数据分析等先进技术，根据预设的规则和要求，通过精确信息追溯、分析文本信息等手段自动审核文本，智能检查文字错误、数据遗漏等问题，从而实现对财务报表、债券募集说明书、上市公告等文档内容准确性和一致性的自动检测。与传统的人工审核相比，文档智能审核机器人可以避免更多低级错误。它可以快速进行自动审核并导出审核结果文档，平均审核时长约为 3 分钟。有了它，业务人员就有更多时间重点进行经验性审核，从而大大提高审核的质量和效率。

10.3.5　文档写作场景

文档智能写作市场广阔，涵盖内容资讯提供、金融财经分析、数字营销、行政办公等。在很多场景中，智能写作机器人可以解决人工写作效率低下的问题。

1. 文档智能写作需求的普遍性

智能写作机器人作为 NLP 的高阶应用，可分为自动写作和辅助写作两大类。自动写作是指计算机自主完成写作，不需要人工干预。辅助写作是指计算机协助人类进行写作。图 10-15 展示了智能写作机器人的技术路线。从技术层面来讲，自动写作还不具备和人一样的创作能力，但智能写作机器人非常擅长撰写主要信息，典型的例子有新闻快讯、体育战报等。辅助写作可协助业务人员起草一些规律性较强的文档，比如制式合同、文档摘要、财报、信贷报告、会议纪要等。

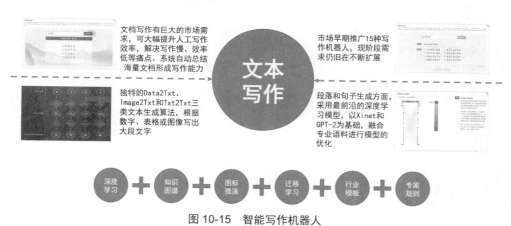

图 10-15　智能写作机器人

2. 债券募集说明书撰写机器人

债券募集说明书撰写机器人是一种典型的辅助写作机器人。一般来讲，各券商都有内部的债券募集说明书模板，一部分内容需要业务人员根据实际情况撰写，还有一部分内容框架完全固定，仅需从内部数据库或者审计报告中提取相关数据和字段填写即可。

债券募集说明书撰写机器人从数据库和审计报告中按照指定规则提取所需的字段和财务数据，再按照规则填入债券募集说明书的模板中，利用基于 NLP 技术的自动撰写功能协助业务人员完成报告的初稿，并提供辅助审核功能。完整的工作流程如图 10-16 所示。

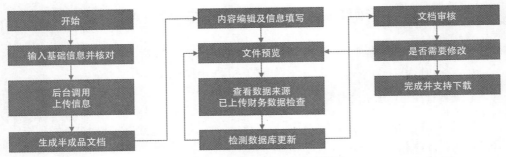

图 10-16　债券募集说明书自动撰写

3. 效率及准确性提升

债券募集说明书机器人内嵌财务指标计算公式，可以根据财务主要数据自动计算占比、增减变动和监管要求的财务指标，为债券承做人员分担大量计算工作。机器人还内嵌了债承业务规则，在业务人员审核时，可提供财务信息披露等重点关注事项的指标。债券募集说明书撰写机器人大幅节省了业务人员的时间，完成一份几百页的债券募集说明书由原来的 2 天缩短到 0.5 小时，效率提高了 30 倍以上。通过人工智能自动刷报，债券募集说明书各项数据的准确性也得到充分保障。

第 11 章

AIGC 与智能写作场景

人工智能内容生成（AI generated content，AIGC）技术作为人工智能领域的重要分支，有着很长的研究历史，相关应用包括 AI 绘画、AI 写作等。2022 年 11 月 OpenAI 发布 ChatGPT，其优异的问答效果惊艳众人。基于大型语言模型（large language model，LLM）的智能写作技术也由此成为 AIGC 的重要研究方向。不同于 2.6 节对 NLG 技术的整体介绍，本章将介绍前沿的智能写作技术。生成式智能写作指使用 NLP 技术自动生成文本内容。

11.1　智能写作任务

智能写作技术通过分析给定语料库，学习文本的结构和语法，然后利用这些信息生成新的文本。我们可以给智能写作任务一个数学上的形式化定义。智能写作任务的核心是生成一个由字符串组成的序列 $Y = \langle y_1, \cdots, y_i, \cdots, y_n \rangle$，其中 $y_i \in v$，v 是一个给定的词汇表。在大多数情况下，智能写作需要以输入作为条件生成内容，输入可以是文章主题或者文章的开头句等，我们用 X 表示。基于以上定义，智能写作任务可以用如下公式建模，其中 P 表示概率分布函数。

$$P(Y \mid X) = P(y_1, \cdots, y_i, \cdots, y_n \mid X)$$

11.1.1　智能写作应用场景

智能写作在日常办公中具有相当好的落地前景，比如新闻、广告、文案、金融报告、行政文书等的写作。智能写作技术能够为包括资讯、金融、广告、政法等在内的各行各业的从业者提供便捷且高质量的智能写作服务。

11.1.2　智能写作技术发展脉络

过去很长一段时间，智能写作技术以 RNN Seq2Seq 为主，发展迟缓。而当 Transformer 模型结构问世后，各种智能写作技术喷涌而出，微软亚洲研究院、谷歌、Facebook、

OpenAI 等诸多国际知名研究机构纷纷投入其中，先后诞生了 UniLM（2019 年）、T5（2020 年）、BART（2020 年）、GPT 系列（2018 年～）等众多颇具影响力的研究成果。智能写作技术发展脉络如图 11-1 所示。

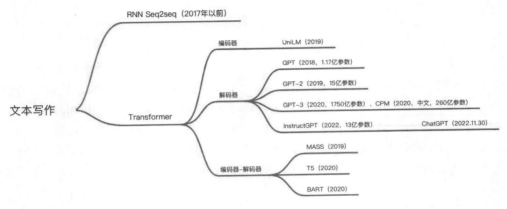

图 11-1 智能写作技术发展脉络

11.2 基于 RNN Seq2Seq 的文本生成

基于 RNN Seq2Seq 模型的智能写作技术在很长一段时间里占据了主流，它是在算法和算力取得大幅突破前的一种经典技术。

基本流程

RNN Seq2Seq 模型由两个 RNN 组成，第一个 RNN 是编码器，第二个 RNN 是解码器，其结构如图 11-2 所示。模型先以循环单元将输入文本编码为隐向量，再通过循环单元顺序逐字解码，顺序解码时将上一单元的输出和隐向量同时作为解码器的输入。

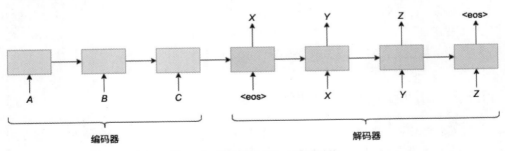

图 11-2 RNN Seq2Seq 模型结构

11.3 文本生成前沿技术

2017 年 Transformer 模型问世，其强大的捕捉超长距离依赖的特征表示能力令世人惊叹，并且由于 Transformer 可以并行处理序列，训练效率相比 RNN 大幅提升，于是对智能写作算法研究的投入极速向 Transformer 倾斜，随之孕育而生了一系列预训练模型。时至今日，这类技术已经成为智能写作技术的主流。表 11-1 对比了基于 Transformer 的各类 LLM，下文将一一阐述。

表 11-1　智能写作相关预训练模型概述

名　　称	模型类型	结构组件	预训练任务
UniLM	AE+AR+Seq2Seq	编码器	SLM+CTR+NSP
GPT 和 CPM	AR	解码器	SLM
T5	Seq2Seq	编码器－解码器	CTR
BART	Seq2Seq	编码器－解码器	FTR

注：AE＝自编码；AR＝自回归；SLM＝标准语言模型；CTR＝受损文本重建；NSP＝下一句预测；FTR＝全文重建

11.3.1 UniLM

UniLM 的全称是 Unified Language Model，是 2019 年微软亚洲研究院在论文"Unified Language Model Pre-training for Natural Language Understanding and Generation"中提出的生成式 BERT 模型。和传统的 Seq2Seq 不同的是，它只用了 Transformer 的编码器，没有用解码器。它集合了单向 LM（ELMo 和 GPT）、双向 LM（BERT）以及序列到序列 LM 等模型的训练方式，所以叫 Unified 语言模型，其结构如图 11-3 所示。

UniLM 的预训练分为 3 个部分：单向 LM、双向 LM 以及序列到序列 LM。这 3 种方式的差异只在于 Transformer 的自注意力掩码矩阵。

(1) 对于单向 LM，Transformer 的注意力只落在这个词本身及其前面的词上，不关注后面的词，所以掩码矩阵是下三角矩阵。

(2) 对于双向 LM，Transformer 的注意力落在所有的词上，并且包含 NSP 任务，和原始 BERT 一样。

(3) 对于序列到序列 LM，前一句对后一句的注意力被掩码。这样一来，前一句只能关注到自身，而不能关注到后一句；后一句每个词向其后的注意力被掩码，只能关注到之前的词。

在 UniLM 的预训练过程中，3 种方式各训练 1/3 的时间。相比原始 BERT，其添加的单向 LM 预训练增强了文本表示能力，而其添加的序列到序列 LM 预训练使 UniLM 能够胜任文本生成任务。

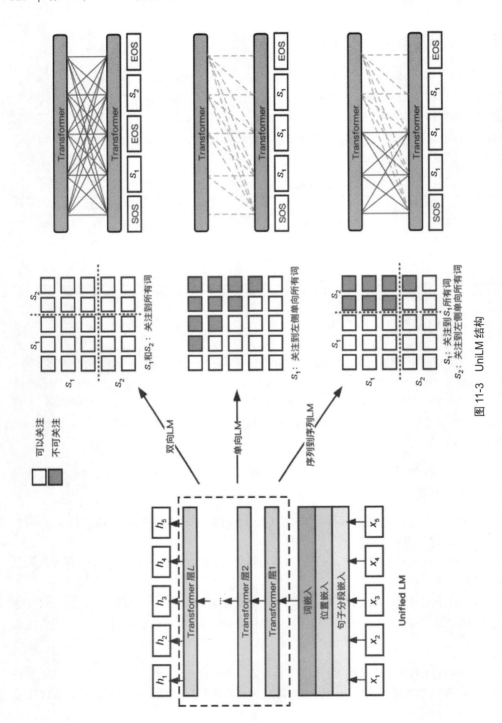

图 11-3 UniLM 结构

11.3.2 T5

　　T5 的全称是 Text-to-Text Transfer Transformer，是 2020 年谷歌在论文 "Exploring the Limits of Transfer Learning with a Unified Text-to-Text Transformer" 中提出的模型结构，其总体思路是用 Seq2Seq 文本生成来执行所有下游任务，比如问答、摘要、分类、翻译、匹配、续写、指代消解等。这种方式能够使所有任务共享模型、损失函数和超参数。图 11-4 展示了 T5 模型多任务建模的思想，其多任务包括机器翻译、续写、问答、摘要等 NLP 任务。

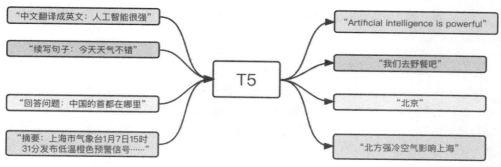

图 11-4　T5 多任务建模思想

　　T5 模型是基于多层 Transformer 的编码器－解码器结构。相比之下，GPT 系列是仅包含解码器结构的自回归语言模型（autoregressive LM），BERT 是仅包含编码器的自编码语言模型（autoencoder LM）。

　　T5 的预训练目标如图 11-5 所示，分为无监督和监督两个部分。

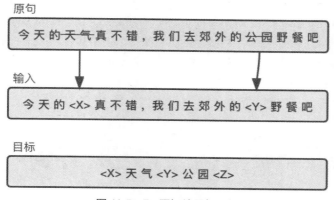

图 11-5　T5 预训练目标示例

1. 无监督部分

无监督部分采用类似于 BERT 的 MLM 方法，不同的是 BERT 掩码单个词，而 T5 掩码一段连续的词，也就是 text span。被掩盖的 text span 只用单个掩码字符替换，也就是说，对于掩码后的文本而言，掩盖的序列长度是不可知的。而在解码器部分，只输出被掩盖的 text span，其他词统一用设定的 <X>、<Y>、<Z> 符号替换。这样做有 3 个好处：一是加大了预训练难度，显然，预测一个长度未知的 text span 比预测单个词更难，这也使得训练的语言模型的文本表示能力更具普适性，仅需微调即可适应质量较差的数据；二是对生成任务而言，输出的序列长度未知，T5 的预训练很好地适配了这一特性；三是缩短了序列长度，使得预训练的成本降低。T5 所采用的预训练任务被称作 CTR（corrupted text reconstruction，受损文本重建）。

2. 监督部分

监督部分采用 GLUE 和 SuperGLUE 中包含的机器翻译、问答、摘要和分类四大类任务，其核心是微调时把这些数据集和任务合在一起作为一个任务。为了实现这一点，它的思路是给每个任务设计不同的"前缀"，与任务文本一同输入。举例来说，对于把中文的"人工智能很强"翻译为英语这一任务，训练时就输入"中文翻译成英文：人工智能很强。输出：Artificial intelligence is powerful."而预测时则输入"中文翻译成英文：人工智能很强。输出："模型输出预测"Artificial intelligence is powerful."其中"中文翻译成英文："便是为此项翻译任务添加的"前缀"。

11.3.3 BART

BART 的全称是 Bidirectional and Auto-Regressive Transformers，是 2020 年 Facebook 在论文"BART: Denoising Sequence-to-Sequence Pre-training for Natural Language Generation, Translation, and Comprehension"中提出的模型结构。正如其名，这是一种结合了双向编码和自回归解码结构的模型，其基本原理如图 11-6 所示。

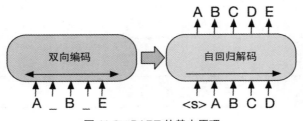

图 11-6 BART 的基本原理

BART 的模型结构吸收了 BERT 的双向编码器和 GPT 的单向解码器各自的特点，建立在标准的 Seq2Seq Transformer 模型的基础之上，这使得它比 BERT 更适用于文本生成的场景；同时相比于 GPT，多了双向上下文信息。

BART 的预训练任务采用的基本理念同样是还原文本中的 [noise]，如图 11-7 所示。BART 采用的 [noise] 具体如下。

- ❑ token 掩码：和 BERT 一样，随机选择 token 用 [MASK] 替换。
- ❑ token 删除：随机删除 token，模型必须确定哪些位置缺少输入。
- ❑ 文本填充：和 T5 做法类似，掩码一个 text span，用一个 [MASK] 标记替换。在 T5 做法的基础上，考虑了 text span 长度为 0 的情况，此时插入一个 [MASK] 标记。
- ❑ 句子排列：以标点符号作为分割符，将输入分成多个句子，并随机打乱句子顺序。
- ❑ 文档调转：随机选择一个 token，以这个 token 为中心，调转输入，选中的这个 token 作为新的开头，此任务训练模型识别文档的开头。

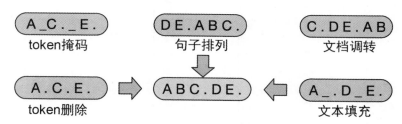

图 11-7　BART 预训练采用的 [noise]

可以发现，相比于 BERT 或 T5，BART 在编码器端尝试了多种 [noise]，其原因和目的也很简单。

(1) BERT 的这种简单替换导致编码器端的输入携带了有关序列结构的一些信息（如序列长度），而这些信息在文本生成任务中一般不会提供给模型。

(2) BART 采用更加多样的 [noise]，其意图是破坏这些有关序列结构的信息，防止模型产生"依赖"。针对不同的输入 [noise]，BART 在解码器端采用了统一的还原形式，即输出正确的原始整句。BART 所采用的预训练任务被称为 FTR（full text reconstruction，全文重建）。

11.3.4 GPT

GPT 的全称是 Generative Pre-trained Transformer，是 OpenAI 在 NLP 领域的一项极为重要的研究成果。GPT 是一个循序迭代的预训练模型，其家族主要成员包括初代 GPT、GPT-2、GPT-3、InstructGPT 和 ChatGPT 等。

初代 GPT 是 2018 年 OpenAI 在论文 "Improving Language Understanding by Generative Pre-training" 中提出的一种预训练语言模型，它的诞生早于 BERT。它的核心思想是基于大量无标注数据进行生成式预训练，然后在特定任务上进行微调。由于专注于生成式预训练，因此 GPT 的模型结构只使用了 Transformer 的解码器部分（其标准结构包含了掩码多头注意力和编码器－解码器注意力），对比标准版 Transformer 解码器的区别如图 11-8 所示。GPT 的预训练任务是 SLM（standard language model，标准语言模型），即基于上文（窗口）预测当前位置的词，因此要保留掩码多头注意力对词的下文的遮挡，防止信息泄露。因为没有使用编码器，所以 GPT 的结构中不含编码器－解码器注意力。

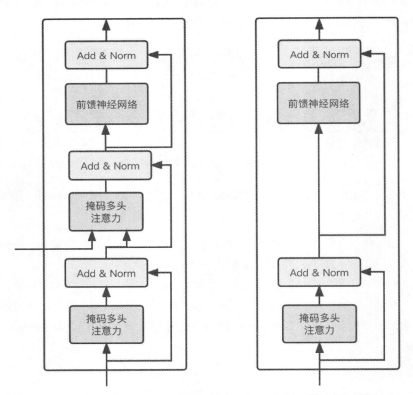

图 11-8 标准 Transformer 解码器（左）与 GPT 解码器（右）对比

11.3.5　GPT-2

初代 GPT 的问题是微调下游任务不具备迁移能力，微调层不共享。为了解决这个问题，2019 年 OpenAI 在论文 "Language Models are Unsupervised Multitask Learners" 中提出了 GPT-2。

GPT-2 的学习目标是使用无监督预训练模型做监督型任务。与初代 GPT 相比，GPT-2 有如下改动。

(1) 模型结构去除微调层，所有任务都设计成合理的语句供语言模型进行预训练，训练需保证每种任务的损失函数都收敛。

(2) 层规一化的位置移到了每个子块输入的地方，在最后一个自注意力后面也加了一个层规一化。

(3) 采用了修正后的初始化方法，在初始化时将残差层的权重缩放 N 倍，N 为残差层的数量。

(4) 词汇表规模扩大到了 50 257，输入的上文大小由 512 扩展到了 1024，使用更大的批大小进行训练。

GPT-2 的多任务训练使其拥有更强的泛化能力，当然，这也得益于其使用了多达 40 GB 的训练语料。GPT-2 的最大贡献是验证了通过海量数据和大量参数训练出来的模型可以迁移到其他类别的任务中，而不需要做额外的训练。

11.3.6　GPT-3

2020 年 OpenAI 在论文 "Language Models are Few-shot Learners" 中提出了 GPT-3。GPT-3 模型的整体结构和训练目标与 GPT-2 基本无异，但模型规模大增——包含 1750 亿参数（比 GPT-2 大 115 倍），并且使用 45 TB 数据进行训练。得益于庞大的参数量，GPT-3 可以在不做梯度更新的情况下使用零样本、少样本进行学习和预测。

11.3.7　InstructGPT 和 ChatGPT

超大规模的 GPT-3 在生成任务上达到了空前的效果，特别是在零样本和少样本的场景中表现最佳。但 GPT-3 面临一项新的挑战：模型的输出并不总是有用的，有可能输出不真实、有害或者反映不良情绪的结果。这是因为预训练的任务是构建语言模型，预训练的目标是根据既定输入输出最可能的自然语言结果，其中并没有"需要保证安全、有用"的要求。为了解决这个问题，2022 年 OpenAI 在论文"Training Language Models to Follow Instructions with Human Feedback"中发布了一项重要研究成果：InstructGPT，提出基于人类反馈的强化学习（reinforcement learning from human feedback，RLHF）技术。

InstructGPT 模型和 GPT-3 基本相同，主要变化在于训练策略，其总体思路是标注人员对调用示例给出示范回答，然后用这些数据微调模型，从而使模型能够输出更合适的回答。其训练分为 3 步，如图 11-9 所示。

(1) 收集示范数据，用监督学习的方式训练一个模型。从 prompt 数据集中采样一部分进行人工标注，然后将其用于模型微调。

(2) 收集对比数据，训练一个回报模型。采样一批数据输入第 (1) 步微调之后的模型，标注人员对模型的输出按照优劣进行排序，然后用这些数据训练一个回报模型。

(3) 使用强化学习优化模型输出。使用第 (2) 步得到的回报模型给模型的输出打分，将得分作为强化学习的奖励，基于 PPO（proximal policy optimization）算法微调生成模型。

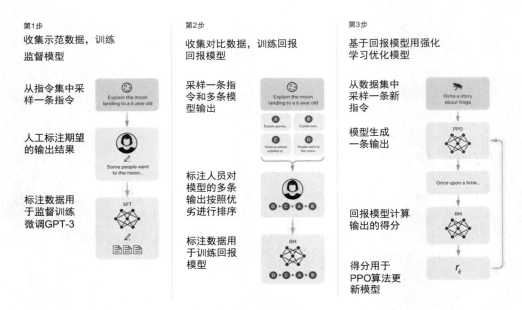

图 11-9　InstructGPT 的训练过程

由此产生的 InstructGPT 在遵循指令方面远好于 GPT-3，同时也较少凭空捏造事实，有害输出有所减少。

2022 年 11 月 OpenAI 发布了另一项研究成果 ChatGPT。ChatGPT 使用与 InstructGPT

相同的方法，通过基于人类反馈的强化学习来训练模型，改进之处在于数据收集方法（未具体公开）。

如图 11-10 所示，可以看到 ChatGPT 的训练过程与 InstructGPT 一致，差别只在于 InstructGPT 是在 GPT-3 上做微调，而 ChatGPT 是在 GPT-3.5 上做微调（GPT-3.5 是 OpenAI 在 2022 年推出的 InstructGPT 模型，在自动编写代码方面能力较强）。

纵观从初代 GPT 到 InstructGPT/ChatGPT 的发展历程，OpenAI 证明了用海量数据训练超大模型，由此得到的预训练语言模型足以应对 NLU 和 NLG 的各种下游任务，甚至不需要微调，零样本 / 少样本也不在话下。而在输出的安全可控性上，OpenAI 给出的解决方案是采用基于人工反馈的强化学习：雇用 40 名全职标注人员标注了万量级的数据，对模型的输出给予人工反馈，并利用这些数据进行强化学习，指导模型优化。Transformer+ 海量数据 + 超大模型 + 庞大人力 + 强化学习，造就了 InstructGPT/ChatGPT 的不俗表现。

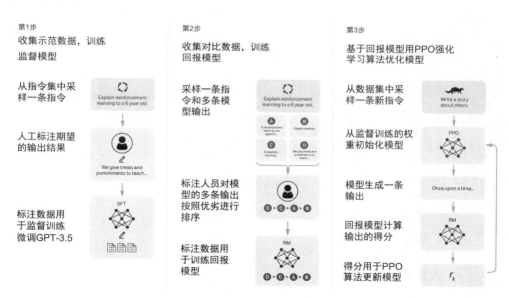

图 11-10 ChatGPT 的训练过程

11.4 智能写作算法评估

智能写作任务需要量身定制指标以对技术的优劣进行评测，通常写作的好坏会从以下 4 个角度进行度量。

(1) 流畅度（fluency）：生成文本的流畅程度。

(2) 真实性（factuality）：生成文本在多大程度上反映了语境。

(3) 语法（grammar）：生成文本的语法正确性。

(4) 多样性（diversity）：生成文本是否具有不同的类型或样式。

通常评测此类任务的最佳方式当属人工，然而人工评测的成本巨大。为此，业界设计了几种自动评测的量化指标，这些指标通常是量化生成文本和参考文本之间的相似度。比较常用的有基于词汇和基于语义的相似度度量。

11.4.1　基于词汇

基于词汇的方式衡量单词或短语单元的重合度，然后聚合得到句子级相似度。

❏ BLEU-N，计算生成文本和参考文本的 N-gram 单元的重合度，使用最为广泛的是 BLEU 和 BLEU-2。

❏ Self-BLEU，用来衡量生成文本的多样性，即在多条不同的生成文本之间计算 BLEU 值，Self-BLEU 值越小，多样性越高。

❏ ROUGE-N，同样是计算生成文本和参考文本的 N-gram 单元的重合度，不同点在于 BLEU 是重合 N-gram 数 / 生成文本 N-gram 数，而 ROUGE 是重合 N-gram 数 / 参考文本 N-gram 数，因此可以看作召回版本的 BLEU。

❏ PPL（困惑度）和反向 PPL，PPL 是在参考文本上训练语言概率模型，然后用它计算生成文本的概率，概率越高，表示生成文本越流畅；反向 PPL 则是在生成文本上训练语言概率模型，然后反过来计算参考文本的概率，概率越高，表示生成文本越多样。

11.4.2　基于语义

相比于基于词汇的方式，基于语义可以把字面不相似而语义相似的情况也纳入考量，更贴近人工评测，其中包括：

❏ DSSM，利用深层语义模型分别将生成文本和参考文本映射到一个低维语义表示空间，并计算生成文本向量和参考文本向量的距离；

❏ BERTScore、BERTr、YiSi 等，近年来涌现的基于预训练模型的评测方法，利用 BERT 的 embedding 表示代替 N-gram，计算生成文本和参考文本的相似度。

11.4.3 公开数据集

写作任务公开的评测数据集，在英文领域有 CommenGen、ROCStories、WritingPrompts 等，在中文领域有 Couplets、AdvertiseGen 等，具体信息如表 11-2 所示。

表 11-2 智能写作任务相关评测数据集

数 据 集	语 种	概 述	规 模
CommenGen	英文	CommenGen 是一个受约束的文本生成任务数据集，给定一组通用概念，生成一个连贯的句子来描述使用这些概念的日常场景	6.7 万
ROCStories	英文	ROCStories 是一部常识性短篇小说集。语料库由 100 000 个五句故事组成。这些故事包含日常事件之间的各种常识性因果关系和时间关系	10 万
WritingPrompts	英文	WritingPrompts 是一个大型数据集，包含 30 万人写的故事以及来自在线论坛的写作提示	30 万
Couplets	中文	包含大量中文对联的数据集	70 万
AdvertiseGen	中文	给定商品信息的关键词和属性列表，生成适合的广告文案	15 万

11.5 技术挑战与展望

智能写作技术当下依然面临许多挑战，如下所述。

(1) 缺乏创意：人工智能算法很难生成真正原创和有创意的内容。虽然人工智能算法可以产生语法正确且语句连贯的高质量内容，但它可能缺乏创造性写作所必需的洞察性见解。

(2) 对上下文的理解有限：人工智能算法很难完全理解给定情况的上下文的细微之处，比如可能无法准确理解书面内容的语气、情感或文化差异。

(3) 偏见问题：人工智能算法的表现好坏很大程度上取决于训练数据，如果训练数据存在偏差，那么人工智能算法的输出也会带有偏差。这可能会导致道德问题和政治敏感问题，比如输出结果包含刻板印象和歧视。

(4) 知识时效性问题：人类世界的知识日新月异，在需要引入外界知识的写作场景时，倘若模型输出了过时的内容，则可能会引起负面的舆论反响。

(5) 落地成本高：开发和落地人工智能算法及系统非常昂贵。以目前取得不错进展的技术来说，普遍需要庞大的数据、算力乃至人工支持，这将对面向工业的智能写作落地构成挑战。

　　总体而言，智能写作仍有极大的潜力尚未发挥出来，未来的研究工作也会着重于应对上述挑战。未来可能会在融入人工意见和强化学习的基础上，进一步通过设计相关维度的量化指标指导模型优化。随着技术的日益增强，相信会有更多研究者投入到智能写作的小样本学习和模型压缩技术的研究中，从而降低落地成本，使得智能写作产品能够服务于每个人的日常工作。

第三部分

行业案例经验

第 12 章

银行业与智能文本处理

伴随着国内经济近几十年的高速发展，银行业作为金融业的重要组成部分，也迎来了黄金期，银行业务的质和量都有了极大提升，大量金融科技也应用在了银行的各个业务场景中。

12.1 银行业务场景介绍

银行提供的产品基本可以分为存款、贷款和中间业务，所有业务场景都围绕它们展开。

存款业务是人们最熟悉的银行业务，是银行的负债业务。存款业务包括各类活期／定期存款产品、理财产品等。办理这类业务，需要去柜面递交相应的证件（如身份证、营业执照、公章等）。随着电子支付业务的大力发展，很多以前只能去柜面办理的业务已基本实现电子化，但柜面运营部门仍然有非常多的统计、报送等工作。

贷款业务是银行的资产业务，贷款的利差是银行利润的主要来源。贷款依据对象不同可分为个人贷款和对公贷款，其下又各有非常多的贷款品种，比如个人贷款下有房贷按揭、消费贷款等，对公贷款下有流动资金贷款、固定资产贷款等。贷款业务场景中涉及的部门最多，同时也最耗人力。

银行的中间业务收入占比较小，主要包括各种结算业务、代理业务、银行卡业务等。

针对这些业务，银行内部成立了相应的部门，包括公司业务部、零售金融部、风险管理部、信贷审批部、投行部、柜面运营部、合规部、审计部、科技部等。有些业务部门下设有更多子部门，部门之间的功能联系非常多，各个部门的有效运作保证了银行业务的正常运行。

随着银行业的快速发展，金融科技也呈现爆发态势，许多新技术优先在金融业中应用，比如各类 NLP、OCR、RPA、区块链、隐私计算等，这让金融和金融科技互相成就。

12.2　银行业数字化转型

数字化转型已经纳入国家战略之中，"十四五"规划中明确指出"加快金融机构数字化转型"，同时银行业数字化转型也是市场经济发展的必然结果。围绕各条业务线及相关职能部门，各家银行都持续加大对金融科技的投入。

12.2.1　银行业数字化转型现状

《金融科技发展规划（2022-2025年)》《关于银行业保险业数字化转型的指导意见》等相关政策指导文件都给银行业的数字化转型指明了方向，这也是银行业在近10年的高速发展后，在竞争加剧、业务分化和优胜劣汰的市场环境下必然要经历的一个阶段。

目前，各家银行在金融科技上的投入逐年增加，金融科技的应用已经遍布在银行各个部门的作业过程中，甚至已经改变银行业务的形态，重塑业务流程，并且取得了一些成绩。但是不同种类的商业银行的数字化程度不尽相同，甚至差距越来越大。例如某四大行在金融科技上的资金投入达到163.74亿元，金融科技人才数量达到3.48万，占全行员工的7.8%。又如某头部股份制银行在IT上的资金投入达到93.61亿元，年增速43.97%，占营业收入的3.72%。这是大银行的大投入，自然也取得了明显的业务效果。与此同时，中小银行也在奋力追赶，在金融科技上不断加大投入，力求做出与大银行有差异性的业务创新。

12.2.2　银行业数字化转型思路

银行业数字化转型的方向非常广，包含的内容及形态非常多。

首先体现在银行数字化的基础建设上，包含软件和硬件基础设施等。硬件上的体现非常直观，各种业务设备、银行大屏、移动办公设备等已经遍布在银行员工和客户的业务中，甚至许多硬件设备已经能代替员工的工作，比如现在的自助银行卡开户等。软件系统上的升级才是银行数字化飞跃发展的本质，比如内部各类数字化信贷作业系统、风控系统等悄悄改变了银行的业务形态，向更加智能化、场景更加复杂的方向拓展。

其次，数字化转型的落脚处往往见于各类作业场景中。例如在银行的信贷业务场景中，针对贷前、贷中、贷后各个流程的每一个作业细节，都有数字化转型的空间，大到整个流程的自动化执行，小到每份材料的自动审核与分析等，甚至相关技术能从业务本源上改变作业思路，同时业务形态的改变又能促使技术创新，形成业务和技术相互提高的良性发展模式。

12.3　银行业落地项目案例介绍

各类较新的金融科技在银行各类业务中的应用非常广泛，在同一类业务线中或同一个业务场景中往往综合使用各类人工智能技术。下面以银行业中一些已落地的具有代表性的业务场景为案例进行介绍。

12.3.1　智慧信贷案例介绍

银行信贷业务的智能化转型是金融科技应用最多的领域之一。由于各家银行的信贷种类多样、流程多样，因此涉及的智能化改造范围非常广。

1. 信贷业务流程现状

我国的信贷业务规模每年都保持稳健增长。尤其近几年，中国人民银行和银保监会（现为"国家金融监督管理总局"）都发布了相应的指导政策支持普惠金融、科技金融、绿色金融等。例如 2021 年 4 月银保监办发布的〔2021〕49 号《关于 2021 年进一步推动小微企业金融服务高质量发展的通知》等，政策上在转向支持专项领域。

信贷业务是银行资产业务中最重要的业务，是银行最重要的收入和利润来源之一，同时也是体量最大的业务，因此银行对其投入的人力、技术资源等都是最大的。原有的信贷业务流程基本是纯人工的作业方式贯穿贷前、贷中和贷后，作业效率非常低下，已不适应当前的业务节奏，因此信贷业务流程的数字化转型和智能化升级迫在眉睫。

2. 智慧信贷解决方案

信贷业务流程通常分为贷前、贷中和贷后，其中会涉及非常多的文本材料，比如借款客户的各类资质材料以及行内的各类制式和非制式文档。下面以流程中较重要的财务报表、银行流水、审批意见书等材料为例，介绍相关文本处理智能解决方案。

- **财务报表的智能处理**

财务报表的智能处理分为 4 个步骤：识别、解析、入库和分析，如图 12-1 所示。

(1) 识别：一键上传，无须拆表，自动识别上传文件中的财务主表信息，包括资产负债表、利润表以及现金流量表。

(2) 解析：实现财报、审计报告、年报、公告及其他文档中"三大表"的结构化提取与勾稽关系核查，可轻松处理各种复杂场景中的财报解析，比如无框表格、倾斜、变形、模糊等。

(3) 入库：实现数据的自动写入，与信贷系统对接，将结构化数据直接同步至信贷系统，最大程度地实现快速、准确的数据录入。

(4) 分析：内置财务知识库，提供可视化偿还能力分析、盈利能力分析、运营能力分析、成长能力分析、综合分析等模型。

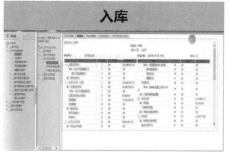

图 12-1 财务报表的智能处理流程

● **银行流水的智能处理**

银行流水的智能处理分为 4 个步骤：精确 OCR、解析入库、流水分析和生成报告，如图 12-2 所示。

(1) 精确 OCR：创建项目→打包上传→贷款主体。

(2) 解析入库：自动解析→基础字段校验→复核入库。

(3) 流水分析：指标分析、经营分析和风险提示。

(4) 生成报告：一键下载并导出分析报告。

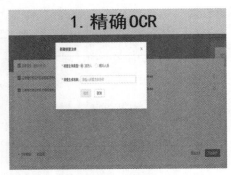
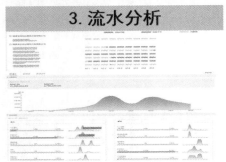
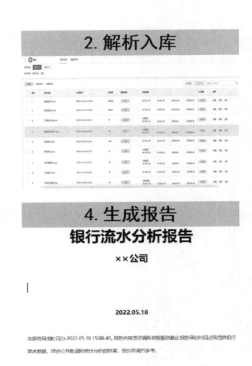

图 12-2　银行流水的智能处理流程

● 审批意见书解析

利用 NLP 技术对审批意见书进行自动解析，对解析出来的内容按优先级进行分类，并做好相应的提示及后续推进工作。具体步骤如下：上传审批意见书→系统自动抽取执行条款→基于上百种专家分类自动判断→按照高级、中级、低级自动分类→汇总执行内容并发送至相关人员→业务人员根据任务定期更新执行情况。

3. 某四大行的案例介绍

近年来，行内为了改善客户服务质量，提升金融服务的满意度，一直在优化网点布局和服务流程。2019 年以前信贷管理体系以人工为主，需要人工审阅大量文书、数据等信息，效率低下。2021 年受大环境的影响，对非接触式线上服务模式提出了新要求。如何提升线上线下一体化水平，更好地满足人民群众的金融服务需求，是行内一直在探索的课题。

党的十八大以来，普惠金融发展受到党中央和国务院的高度重视，中国人民银行和银保监会多次联合多部委出台支持普惠金融发展的指导政策，大力倡导服务小微企业和实体经济。如何利用最新的人工智能技术，发掘优质小微企业，助力实体经济发展，让社会发展的重要领域和薄弱环节能够获得更多金融资源；如何自动化、智能化地监测贷款风险，维护经济稳定，提高资源使用效率，都对行内的信贷系统提出了更高的要求。

由此，行内建设智慧信贷系统，解决贷前智能收集资料，贷后管理环节中线下无法监管的问题，全面提升信贷管理流程智能化水平。针对智能化的建设需求，建设内容主要包括贷前智能尽调和贷后智能跟踪两个系统。

- **贷前智能尽调系统**

贷前收集的资料种类较多，比如身份证、营业执照等基本卡证，可以用标准卡证OCR模板进行信息识别和提取。同时前端还需收集财务报表和银行流水数据，该部分不能用统一的模板进行OCR提取。这里的难点是各企业的财务报表样式繁多、科目名称不统一，各家银行的流水模板也都不同。

针对这些问题，前端内置了财会相关知识库，做财报识别时可自动映射多种会计准则。

流水识别系统内置了市面上主流银行的流水模板，同时可用OCR的标注平台扩展新模板。因同一家银行的流水模板基本是标准且固定的，故只需一份标准的流水模板就可进行模板标注训练，从而生成新模板。

项目落地成果部分展示如下。

(1) 移动端：实地调查签到，尽调材料采集，如图12-3所示。

图12-3　系统移动端功能展示

(2) PC端：尽调材料采集，智能识别与校验，企业经营情况智能分析，如图12-4所示。

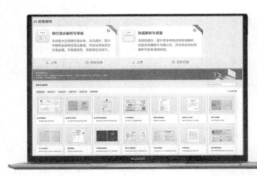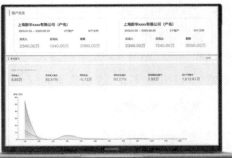

图 12-4　系统 PC 端功能展示

项目价值：将原本需要人工操作的录入各类卡证信息、财务报表等烦琐工作自动化，同时对报表中各科目的勾稽关系进行了校验，确保财报信息真实有效，实现了流水材料的自动识别，并对流水进行了真伪校验，为后续的业务分析提供基础。

● **贷后智能追踪系统**

多数银行的信贷业务有专业的审批意见书，对贷款审批和贷后管理有针对性的管理措施，银行信贷人员和贷后管理人员需在贷后严格落实审批意见书中的条款。审批意见书落实到行内系统中时，有"前提条件、管理要求和审批意见"3 处长文本字段，其描述内容格式不统一，同时不同人对内容的解读维度不一致，导致管理部门对分支行的贷后落实情况难以做到有效管理。

针对这种现状，采用 NLP 技术对审批意见书进行专业的分析解读，将审批意见书内容进行分级分类，以便更好地进行贷后追踪。

项目落地成果部分如图 12-5 所示。

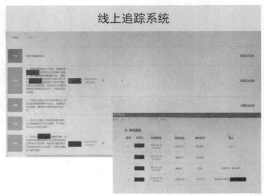

图 12-5　贷后追踪系统

项目价值：充分解读审批意见书，对各项措施进行线上化管理，确保业务人员和贷后管理人员安全、有效地落实审批意见。

12.3.2　国际业务中的智能审单案例介绍

随着我国进出口业务量的逐年增加，国家出台了针对国际贸易的相关政策，比如《关于推进对外贸易创新发展的实施意见》《关于进一步优化跨境人民币政策支持稳外贸稳外资的通知》等。同时，各银行在国际业务上不断加大投入，相应的业务产品和业务规模都大幅增加。

相比于传统信贷业务，银行的国际业务对员工的专业知识及语言的要求大大提高。业务办理过程中涉及的材料繁多，比如信用证、国际发票、国际合同、报关单、装箱单、提单、报文、原产地证书等多达几十种，每种材料需要关注的内容又多，给业务带来了很大挑战。总体来说，国际业务的痛点主要体现在这几个方面：

- ❑ 业务量不断提升，全人工审核效率不高；
- ❑ 审核单据种类多，审核标准难统一；
- ❑ 审核规则复杂，新人培养周期长；
- ❑ 单据数据未结构化，难以再利用；
- ❑ 国际政策变动频繁，业务系统升级必要性高。

1.国际业务智能审单方案

以国际业务办理流程为例，智能审单方案主要包含下面几个部分。

- ● **贸易单据智能分类，精准判断单据类型**

基于深度学习、机器学习等算法，针对业务涉及的单证类型训练分类模型。系统可对打包后的文件进行智能分类，判断出单证类型。

- ● **关键信息自动提取**

对业务涉及的各类票据进行系统的研究分析。针对不同的单证、票据类型设置不同的抽取策略，定向训练抽取模型。利用 NLP 技术和多模态机器学习对抽取后的内容做文本纠错，如果发现疑似错误，系统自动进行矫正并标记。采取多种人机协作模式，对于局部识别出错，可重新划选并进行 OCR，减少业务人员手动输入，同时也可直接编辑抽取的文本。

● **内置国际贸易通用审核规则**

单证完整性审核规则：抽取信用证中规定的单证类型来判断上传的单证类型是否完整。

单证审核规则：比如信用证与发票审核规则、信用证与保险单审核规则、信用证与运输单审核规则等。

单单审核规则：比如商业发票与检验证书审核规则、商业发票与国际运单审核规则、商业发票与装箱单审核规则等。

单内审核规则：比如信用证单内审核、商业发票单内审核、装箱单单内审核等。

2. 智能审单在银行业中的落地实践

我们通过某头部城商行落地的案例来介绍智能审单系统的具体应用场景。

国际业务凭证是某银行运营管理流程的重要监督依据。目前行内业务凭证由后台人工录入系统，存在信息录入耗时、人工审单成本较大、系统智能化程度低、用户体验不佳等诸多问题。另外，一名熟练的审单人员的培养周期至少要 3 年，并且要求审单人员具有较高素质，因此维持一个庞大的审单团队面临成本高、管理难度大等问题。

本项目根据已审批通过的客户开证申请书，对申请书中的栏位进行 OCR 要素提取，并且支持不同企业填写复杂、固定格式的申请书，实现进口开证的智能 OCR 要素提取、智能纠错和格式转译，将关键要素自动填入国际结算业务系统的进口开证交易页面。

以开证申请书为例，图 12-6 展示了结构化抽取及与国结系统对接流程。

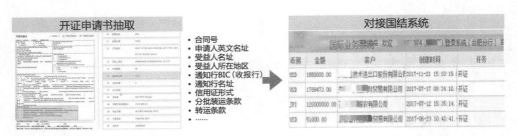

图 12-6 开证申请书抽取及与国结系统对接流程

项目难点主要是样本质量不高且复杂。图 12-7 展示了实际业务中各类复杂文档样例，如何以较高精度处理样本是保证项目成功的关键因素。

难点 1：拍照或扫描而来的文件存在变形、倾斜、模糊、噪点、折痕等复杂情况。

难点 2：需要判断纸质扫描件中哪些选项是勾选过的，并抽取被勾选的选项。

难点 3：从文档中抽取出来的字段格式不一致，需要对字段重新编译。

图 12-7　复杂文档样例

针对这些难点的对策如下。

对策 1：基于语言模型及 NLP 技术，通过图像矫正、文字检测、文字特征提取、语义修正等人工智能技术实现对文档的高精度识别。

对策 2：利用深度学习、计算机视觉、目标检测、位置分析等识别出被勾选的选项，抽取关键信息。

对策 3：如果格式不一样，则通过 NLP 技术对抽取出来的字段做归一化处理，另外利用编码与国结系统做映射。

项目最终价值总结如下。

(1) 缩短录入时长：单据录入时间从原先的 20 分钟缩短到 5 秒，提高了业务凭证处理的质量与效率。

(2) 提升科研创新水平：帮助客户成立了国际结算人工智能审单研究团队，致力于将人工智能技术应用于国际结算领域。

(3) 降低人员培训成本：快速提升业务人员专业素质，计算机按照行业规范和业务规则进行智能审核，辅以人工即可快速完成审核任务。

12.3.3　智能审贷案例介绍

在信贷业务流程中，贸易合同是一项重要的材料，能辅助刻画客户的经营画像。不同场景中对贸易合同的审核都是一项硬性需求。

监管机构也多次发文明确要求在信贷业务流程中加强对合同的审核。例如北京银保监局发布的〔2019〕248 号《关于规范银行业金融机构票据业务的监管意见》，明确要求"规范票据业务贸易背景审查。严禁辖内银行业金融机构为成立时间、实缴资本、营业收入等与业务金额严重不匹配的客户办理票据承兑和直贴业务。""已办结的票据承兑和商票直贴业务无法证明贸易背景实性的，不得叙作业务。严禁为存在购销合同关键要素表述错误、购销合同与发票或其他单据逻辑不一致等情形的企业办理票据承兑和商票直贴业务。"

1. 智能审贷解决方案

不同场景对贸易合同均有相应的审核要求，解决方案里不同业务流程有相应的作业步骤。

(1) 贸易合同、票据自动分类：基于深度学习、机器学习、随机森林等算法，针对业务涉及的单证类型训练分类模型，系统可对打包后的文件进行智能分类，判断出单证类型。

(2) 审核要素自动识别：对业务涉及的各类合同、发票进行系统的研究分析，定向训练抽取模型；利用 NLP 技术和多模态机器学习对关键信息进行抽取，并对抽取后的内容做文本纠错，如果发现疑似错误，系统自动进行矫正并标记；采取多种人机协作模式，对于局部识别出错，可重新划选并进行 OCR，减少业务人员手动输入，同时也可直接编辑抽取的文本。

(3) 针对不同场景的机器预审：对于银行票据业务（承兑贴现）、放款业务，根据贸易合同、增值税发票、借款合同和系统信贷要素间的交叉校验规则，机器自动预审。系统展示审核不通过 / 通过项，以及各项要素所对应原文位置，并针对审核点展示详情，支持人工复核。

(4) 生成审核报告：审核结果一键生成报告，便于部门间业务流转以及审核留档。

2. 智能审贷案例及场景扩展

某城商行为便利客户融资，拟允许客户在渠道端上传贸易背景资料（包括但不限于合同、发票等），通过 OCR 提取贸易合同和发票中的要素，并根据规则设计系统控制功能，提高客户融资效率，同时在相应业务申请及放款流程中对客户提供的合同、发票等材料使用 OCR 技术，并对识别后的内容进行业务校验及控制管理。

项目建设中有几个难点：合同样式非行内模板，描述方式不统一；一个扫描件中包含多种合同类型且顺序不固定；存在手写体、扫描不清晰等复杂情况。为此，对合同模板采用了较大的样本量进行标注和训练。项目中涉及的业务流程如图 12-8 所示。

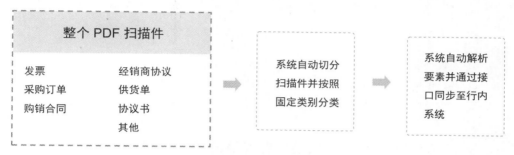

图 12-8　业务流程

通过贸易合同模型自动抽取出来的字段如表 12-1 所示。

表 12-1　贸易合同抽取字段定义

字　　段	字段定义
合同买方	需方
合同卖方	供方
合同金额	金额，需要转换金额单位，如万元转换成 10 000 元
合同标的	合同内容，品名细项 – 与单价对应
合同签署日期	签署日期（双方都有签署日期的，以最晚的为准）
合同款项支付日期	支付日期
合同账期	付款方式 / 付款期限 / 支付条款等
计算合同中各产品单价	每个产品的单价，品名细项 – 与单价对应
合同编号	合同编号
结算方式	结算方式（有时合同账期内容也会写在结算方式里）
币种	采购合同中的币种单位。允许为空

对样式不统一的贸易合同进行精确抽取的难度最大，抽取后可将关键字段与其他标准文档的字段或结构化数据进行比对，得出业务上需要的一致性或合规性结果。

项目亮点如下。

❑ 多模态技术融合，泛化能力强：将 NLP 与 OCR 技术相融合，在准确识别文字的同时，结合上下文进行语义理解，实现非标准版式合同的要素识别。

❑ 支持版面分析，自动拆分：根据合同标题、章节、落款等特征进行版本分析，可自动拆分整份扫描件中不同种类的合同文本。

❑ 支持审核规则配置，模型可复用：在不同的业务场景中，根据审贷需求灵活配置规则，同一个识别模型可复用于在线放款、信贷审批、信贷放款等场景。

项目价值如下。

❑ 实现小额贷款的线上快速放款，提升客户体验。

❑ 自动识别各式各样的贸易合同的各项要素，准确率在 90% 以上。

❑ 一个模型可复用于多个审贷场景，比如在线放款、信贷审批、信贷放款等。

12.3.4　RPA+IDP 在银行业中的应用案例介绍

银行的许多业务流程和内部工作流程繁杂且重复。各大银行为打造极致的数字化体验，已普遍采用 RPA 技术，优先对高标准化、业务量大和重复性强的工作进行自动化处理。但随着银行业务应用的发展，处理各类业务中的文本还急需智能化手段加持，以弥补传统 RPA 能力弱的缺陷。这就需要将 RPA 与 IDP 相结合，来应对银行业务中的各种复杂场景。

目前各类银行的不同业务部门都有相应的 RPA+IDP 的落地场景，且场景相对标准化，在不同银行间具备可复制的价值。下面挑一些相对典型的落地场景进行介绍。

1. 银行运营管理部询证函审核

● **业务背景**

银行运营管理部在受理询证函业务时，需要人工核对客户提交的询证函原件和行内业务系统返回的询证函数据是否吻合，但询证函原件的数据顺序与行内数据的顺序并不一致，这给数据核对工作带来了较大挑战。根据客户与行内业务往来的情况及数据内容不同，完成一笔业务的数据核对需 0.5~5 小时。

● **RPA+IDP 实施方案**

基于 RPA 平台，再结合 OCR 和 NLP 技术，对询证函进行结构化解析，根据业务需求提取关键信息，自动录入业务系统，实现询证函智能审核，便于业务人员进行快速核验，并辅助生成回函文件。图 12-9 所示的是改进后的询证函审核流程。

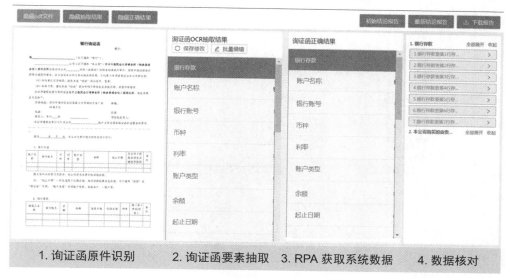

1. 询证函原件识别　　2. 询证函要素抽取　　3. RPA 获取系统数据　　4. 数据核对

图 12-9　改进后的询证函审核流程

- **项目价值**

原来审核一份询证函需要 0.5~1 小时，新系统上线以后，审核效率能够提升 70% 左右。同时，只要审核发现超过 3 处数据错误，就不再需要人工审核全文，而是打回给客户由其自行处理，极大地提高了业务处理效率。

2. 银行内部合同智能审核

- **业务背景**

银行法务部、办公室等机要部门，在处理业务流程中的合同材料时，需要确保数据的真实性，避免阴阳文档，降低操作风险。同时，需要比对文件格式（包括扫描件格式、OFD、图片格式、常规电子版格式等）以及合同类型（包括采购合同、销售合同等）。人工核对起来耗时费力，同时还容易出现疏忽错漏。

- **RPA+IDP 实施方案**

通过 IDP 的处理流程，对合同进行 OCR 后，利用 NLP 实现精确抽取，同时结合版面分析及计算机视觉技术，快速比对多个文本文件中增加、删除或修改的内容。该方案支持英文、中文和中英混合比对，支持判断条款级别的内容差异（如标点符号、文字等），支持自动去除或比对印章、水印等，可以实现全方位的合同审核智能化。图 12-10 所示的是合同智能审核流程。

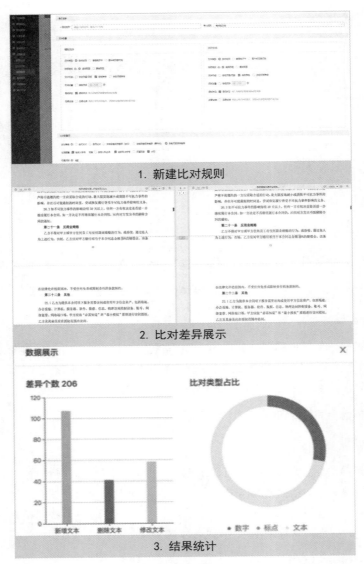

图 12-10 银行内部合同智能审核

● 项目价值

改进后的合同智能审核流程将机器和人工相结合。原先人工审核一份合同需要 40 分钟，现在仅需 5 分钟。基于 20 份合同训练模型，抽取合同关键内容的准确率可达 90% 以上，涵盖服务咨询合同、技术开发合同、技术服务合同、采购合同等多种类型。

第 13 章

证券业与智能文本处理

证券业是文本密集型行业，存在大量的文本工作。围绕"读、写、审、搜"4 类文本处理活动，综合运用 IDP（智能文档处理）、OCR、NLP、RPA、搜索、推荐等智能文本处理技术，将大幅提升证券业风控、合规管理水平及流程运行效率。

13.1 证券业数字化转型现状

当前证券业在数字化转型上存在 IT 投入不足、人才支撑不足、业务与技术的融合不足等问题。

13.1.1 IT 投入不足

随着新一代科技革命的演化，以 A（人工智能）、B（大数据）、C（云计算）等为代表的数字技术在证券领域的应用不断深化，也深刻改变着该行业的业务开展、风控、合规监督等。证券业，特别是头部券商，对 IT 的重视程度日益提高，投入也逐年增长。图 13-1 展示了近年来证券业对 IT 的投入情况。自 2017 年至 2020 年，证券业对 IT 的投入力度持续加大，年平均增长率为 14.49%，累计投入达 790.34 亿元。多家上市证券公司的数据显示，2021 年该行业对 IT 的整体投入高达 141.78 亿元。

但同时，我国证券业对 IT 的投入依然处于较低水平。与国内的银行和保险行业相比，证券业对 IT 的投入明显不足，尤其是非头部券商，IT 投入仅能覆盖基础运维成本，对科技创新和前沿技术研发的投入少之又少。如图 13-2 所示，以 2019 年为例，证券业的 IT 投入仅为 205 亿元，而保险业的 IT 投入达到 330 亿元，银行业的 IT 投入更是多达 1730 亿元，其中建设银行的 IT 投入达 176 亿之多，接近证券业的 IT 投入。

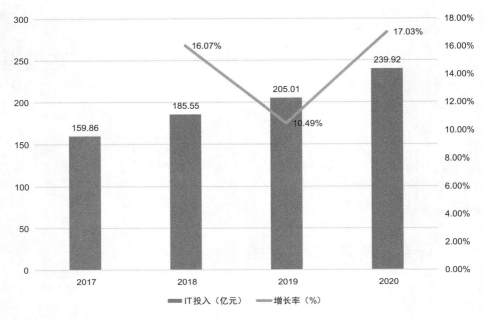

图 13-1　证券业 IT 投入趋势（数据来源：中国证券业协会）

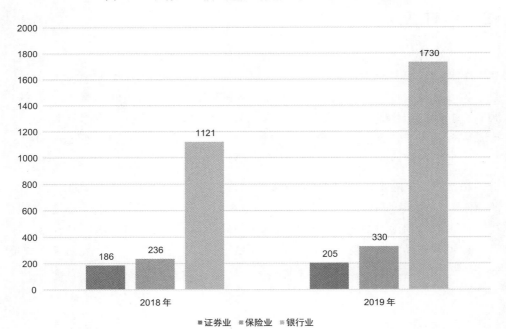

图 13-2　证券业、保险业和银行业 IT 投入对比

国内证券业与国外同行在 IT 投入上的差距则更为显著。如图 13-3 所示，以 2019 年为例，摩根大通和花旗集团的 IT 投入折合人民币分别为 685.13 亿元和 493.71 亿元，超过国内证券业的 IT 投入。

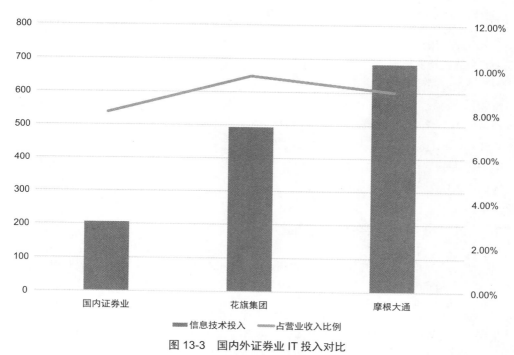

图 13-3　国内外证券业 IT 投入对比

13.1.2　人才支撑不足

证券业也是知识密集型行业，人才数量和业务发展息息相关。国内证券业数字化转型尚处于初期，数字化人才严重不足的问题依然存在。截至 2019 年年底，国内证券业 IT 人员在全行业注册人员数量中的占比只有 3.75%，而高盛集团有工程师背景的人才数量占比已超过 25%。在人才数量和重视程度方面，国内证券业和国际顶尖投行相比有巨大的差距。

同时，与国际一流投行相比，国内证券业一直存在"重业务而不重技术"的情况。IT 部门在行业内被普遍定义为辅助和支持部门，对相关人员的激励与领先的科技公司相比也明显落后。

13.1.3 业务与技术的融合不足

数字化转型需要业务和技术深度融合，即将各个元素整合在一起，形成一个有机整体，推动技术应用于业务的各个环节，提升业务的质量和效果，驱动业务模式转型。

然而，从整个行业来说，业务和技术的深度融合还远远没有实现。首先，信息技术未能有效推动业务模式转型。绝大部分的业务系统只停留在将业务线上化、信息化的水平，较过去固然提升了工作效率，但业务模式转型还未达到预期。其次，受限于当前国内证券公司的组织架构，信息技术部门和业务部门之间存在较大的隔阂，互不了解。两种角色的思维方式、交流语言和工作目标也不相同。业务部门希望短期见效，往往倾向于针对业务上的局部需求从外部购买成熟系统。但不同的外部系统有着不同的架构和标准，在券商整体 IT 基础设施建设层面上就形成了一个个的烟囱架构，既不利于管理，也无法最大程度地利用。

13.1.4 证券业数字化转型思路

参考海外领先投行的数字化转型经验，以数字化手段赋能国内证券公司各项业务存在巨大的空间。

在人才建设方面，科技人才队伍越来越成为推动券商数字化转型的重要因素之一。证券公司需要完善自己的人才培养体系，创新内部激励手段，吸引高水平复合型人才加入；同时提升现有员工的能力，培养业务人员的科技意识；更重要的是，让技术人员从后台主动走向前线，发挥复合型人才优势，推动公司数字化转型。

13.2 证券业的文本处理应用场景

在应用场景方面，国内券商可聚焦经纪业务、资产托管业务、投资银行业务和投研业务，围绕数智投行、智能投研、客户洞察、投资分析、数字营销、智慧风控等方面寻找数字化赋能机会，着手开展转型工作。通过深度挖掘数字化赋能场景、加强大数据分析与运用、完善配套数字化工具等手段，全面提升证券业数字化水平。

13.2.1 经纪业务：智能资讯

经纪业务即为投资者提供代理买卖证券服务，最为广大投资者所熟悉，也是证券公司较为稳定的业务。

1. 资讯场景现状与痛点

如今，越来越多的用户形成了在投资交易前阅读资讯的习惯，证券公司也开始重视 App 端内容的布局，向广大用户提供个性化的资讯已逐渐成为提高用户活跃度的有效抓手和存量用户精细化运营的可靠手段。面对大量的财经资讯，为了更好地筛选和推送优质内容，企业运营人员往往需要花费大量时间阅读、审核以及处理资讯。

2. 基于标签、搜索和推荐的智能资讯运营解决方案

针对上述痛点，金融科技企业提出了基于 NLP 技术的智能资讯运营解决方案。图 13-4 展示了从资讯入库到 App 端发布的整个业务流程，包含资讯分类、资讯打标（签）、新词发现、事件聚合、敏感信息识别、文章摘要生成等一系列智能化处理过程，以加速内容资讯向内容资产的转化，提升企业资讯运营人员的工作效率，为 App 个性化推荐业务提供有力的数据支撑，提高用户黏性，最终促进营销转化。

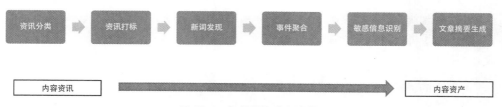

图 13-4　智能资讯业务流程

在资讯分类任务中，对历史资讯应用学习机器，然后对平台中的新资讯进行自动识别与分类，明确每篇资讯内容涉及的领域和方向，协助运营人员对资讯进行分类管理与维护。

在资讯打标任务中，利用机器学习基于事先定义的标签体系为资讯打上标签，比如关联的上市公司名称、涉及的行业概念、发生的事件类型等。这些标签将为后续开展资讯个性化推荐业务提供支持，同时标签也能与资讯内容一并在 App 前端展示，方便用户快速阅读资讯。

在新词发现任务中，会对最近一段时间的资讯进行分析，提取热词与历史词汇进行比对，并向运营人员推荐新的概念和词汇作为新标签。

在事件聚合任务中，对大量的财经资讯进行重复性判别，避免类似的资讯在 App 端重复发布；对于一些热点事件，还能形成随时间推移的周期性事件脉络，展示事件的发展变化，这能为运营人员开展热点专题分析提供数据支持。

在敏感信息识别任务中，主要对资讯中的违规用词和存在同类竞争意味的词进行检测并给出提示，辅助运营人员开展资讯合规性审核。

在文章摘要生成任务中，会提取长篇资讯的核心要素生成文章摘要。运营人员能将摘要作为附加内容发布，方便用户快速阅读资讯。

3. 应用案例：手机资讯中台项目

证券公司通常会采购多家权威财经媒体和公众号的内容版权，经由公司内部投研部门输出日常资讯和研报摘要。但由于目前内容分发系统薄弱，部分模块几近空白，导致大量的日更资讯无法根据用户画像在 App 终端有效触达用户。在资讯沉淀已然过载的客观背景下，围绕证券公司要获取的资讯及广告、图片、表格、外链等，综合运用文本处理、文档解析、图片识别、外链识别和文本相似度计算技术，形成资讯自动获取、清洗和输出的全流程解决方案，实现"千人千面"的信息有效触达。

13.2.2　资产托管业务：智能文档处理

资产托管业务主要指为基金管理人提供资产保管、投资监督、信息披露、核算估值等服务，满足机构客户交易结算、产品代销、研究咨询等多元化业务需求，是证券公司业务体系建设中的重要板块。

1. 当前的资产托管业务文档处理现状

资产管理运营部门每天需要处理大量的划款单、邮件或传真指令、开户表单、对账单、基金宣传材料、基金合同、托管协议、公司行动公告等非结构化文档。如图 13-5 所示，当前的资产托管业务文档处理过程中存在大量的重复劳动，且传统的人工处理往往导致业务死角无法监控、线上流程割裂断档、数据价值难以发挥等问题。

图 13-5　资产托管业务文档处理现状

2. 融合 OCR+NLP+RPA 技术的全流程文档处理解决方案

针对资产托管业务中存在的大量非结构化文档及流程优化需求，图 13-6 展示了智能化解决方案。融合 OCR+NLP+RPA 技术的智能文档处理系统，借助深度学习算法，赋予机器阅读和理解划款单、传真指令、开户表单、对账单、基金合同、托管协议等业务文档的能力，从各类文档中提取关键交易信息并分发到业务系统中，实现降本增效。

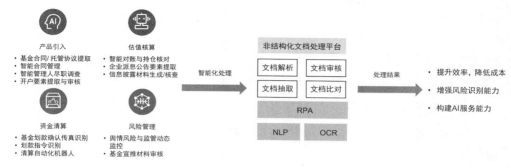

图 13-6 智能资产托管应用场景

3.应用案例：资产托管运营智能文档处理融合平台

某头部券商搭建的资产托管运营智能文档处理融合平台综合运用 OCR 及 NLP 技术，处理范围涵盖各条业务线大量的非结构化文档，包括 Word、PDF、图片、传真等。对非结构化文档进行识别、提取关键要素，对合同、公告等文本进行差异化对比，处理效率整体提升 60% 以上，将员工从低层次、低价值的机械性文档处理工作中解脱出来，转向专业性和服务性的工作。

图 13-7 展示了某头部券商基金合同智能提取的应用场景，通过智能文档处理技术实现了对基金合同中关键字段的结构化抽取，并将抽取结果直接分发到业务系统，避免人工录入出错。过去处理一份基金合同需要半天，现在只需 20 分钟左右，极大地提升了工作效率并保障了准确度。

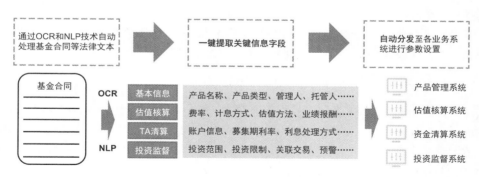

图 13-7 某头部券商基金合同智能提取系统

13.2.3 投资银行业务：智能底稿系统

自 2020 年初中证协发布实施《证券公司投资银行类业务工作底稿电子化管理系统建设

指引》以来，各证券公司均已陆续上线投行业务的工作底稿系统，可对投行业务处理过程的质量控制、内核监督、监管审查等环节产生的工作底稿进行电子化管理，具备文件上传 / 下载、目录管理、权限控制、在线审批、安全与日志审计等基础功能。但现有的电子底稿系统功能简单，一些基础的文档处理能力尚欠缺，无法满足投行业务全流程的作业需求。

1. 什么是投行工作底稿

工作底稿是投行部门的各个项目组在做尽职调查的过程中搜集和整理的各类文档。工作底稿记录了整个项目过程，每条披露信息的出处，债券募集书 / 招股书里的每一句话、每一个数字，都需要在底稿中有迹可循。在投行项目尽调、受托管理或持续督导阶段，工作留痕及底稿归档是贯穿始终的重要工作内容，也是项目组勤勉尽责的重要依据。

2. 智能底稿系统的必要性及可行性

在实际工作中，投行绝大部分的工作集中在整理底稿环节。底稿中大量文档为 PDF、扫描件、图片等非结构化文档，格式多种多样，加之电子文件和纸质文件存在数据共通难的问题，给文件内容审核及底稿归档带来了极大挑战。一个重要的场景是提取底稿中的关键信息，比如银行流水中的卡号和转账金额，合同中的甲乙双方、条款、印章等信息。之前需要项目组成员手动把信息填入一个 Excel 文件里，然而这种工作方式经常出错、效率低下，且存在无法回溯及关联检查等问题。

另外，投行智能底稿系统的建设具备可行性：在技术层面上，OCR、IDP、智能搜索等先进技术可提供底稿结构化、信息抽取、场景化搜索等底层能力；在业务需求层面上，关于投行底稿方面的要求均为强监管要求。证监会、上交所、深交所等监管机构已就投行底稿提出了明确的监管要求，以及可供参考的工作底稿目录和工作规范。强监管下的同质化需求，为 AI 公司打造一个适用于投行业务的智能底稿系统提供了明确的需求指引。

3. 融合 OCR+NLP 技术的智能底稿处理解决方案

投行底稿结构化抽取平台，基于 OCR 技术，融合 NLP 技术及 RPA 技术，将债券承做、股权 IPO 底稿中的各类文档进行结构化解析；基于业务需求提取底稿文档中的关键信息，便于业务人员进行底稿归档及快速检索；实现数据结构化及核查记录自动生成；并可以与投行内部的项目管理及底稿管理系统打通，自动获取底稿文档并将审核结果回传，辅助业务人员处理复杂的底稿文档，提升工作效率及准确度。

- **底稿结构化解析**

投行底稿结构化抽取平台支持的底稿文档类型包括但不限于：征信报告、借款合同、融资租赁合同、土地证、房产证、保证担保合同、抵押担保合同、不动产评估报告、转账凭证、审计报告等，解析效果如图 13-8 所示。基于以上各项基础文档处理能力，对股权 IPO 和债券承做底稿中的各类文档进行结构化解析，为后续实现核查记录自动生成提供数据基础。

图 13-8　投行底稿结构化解析效果

● **底稿智能检索**

基于底稿文档版面分析及内容结构化解析结果，按照用户角色相关度、业务内容相关度优化排序结果及展示方式，实现底稿智能搜索。

● **核查记录生成**

基于底稿结构化解析结果，将所需生成的"控制表"或核查记录文件内嵌到底稿工作平台中，系统将抽取到的关键信息按照投行底稿编制要求，自动生成核查过程相应的工作底稿，如图 13-9 所示，包括对外担保、资产受限、有息债务及募集资金使用、发行人资产情况等方面的核查。

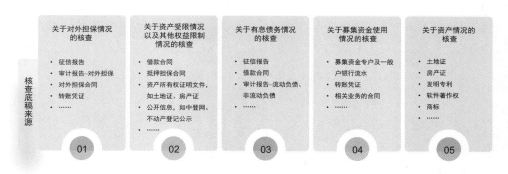

图 13-9　底稿核查记录生成应用场景

4. 应用案例：资产信息智能撰稿项目

在IPO业务中，对发行人的资产类文件（如房产证、土地证、著作证明、商标注册证、专利证书等）进行核查并准确披露是一个高频的需求。图13-10展示了某头部券商的资产信息智能撰稿系统，可对各种资产类证照进行智能抽取，将结构化数据智能写入模板，并通过对接知识产权数据库的方式对商标、专利、名称等信息进行校验，核验无误后自动填入IPO申报文件中的披露附表，保证了资产信息填报的准确性，同时提升了工作效率。

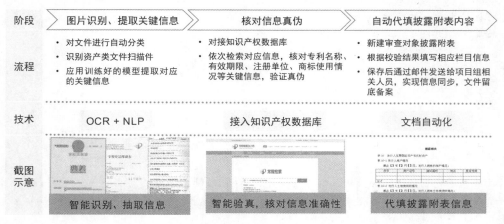

图13-10 某头部券商资产信息智能撰稿系统业务流程

13.2.4 投资银行业务：银行流水智能核查

在投行项目组的实际工作中，所收集的银行流水数据量大、时间跨度大，各家银行的版式不统一，且大多为扫描件或照片，单纯处理流水的时间可能长达几个月，耗时耗力。银行流水智能核查系统运用OCR+NLP技术，覆盖流水解析、流水校验和智能核查全流程，辅助项目组处理复杂的流水文档，并快速识别资金流水风险。

1. 阵痛中的IPO注册制改革，流水核查成监管处罚重灾区

证监会最新修订的《首发业务若干问题解答》，对银行流水核查提出了更高的要求。已有多家券商因关联交易、关联方资金占用、资金体外循环、银行账户核查不完整等与发行人银行流水相关的问题被罚。

- **明确要求前往银行打印加盖公章的交易流水**

发行人及重要人员的银行流水，需要保荐人陪同其前往主要开户银行现场打印报告

期内所有已开立账户及已注销账户的交易流水。通常建议对获取银行流水的过程进行拍照留档。

- **银行流水的核查范围越来越大、粒度越来越细已成惯例**

现场验收时，证监会通过自己的渠道确认银行卡提供的完整性，如发现银行卡提供不齐全，会中止验收程序。要求补充核查实际控制人"前妻"资金流水的案例在短时间内就出现了多个。

- **申报即担责，新一轮 IPO 专项检查风暴来袭**

监管机构除了开出多张投行业务罚单，还制定并发布了指导意见，坚持申报即担责，压实投行责任，对保荐机构的监管力度又上了"新台阶"。

投行 IPO 业务中银行流水核查已成为监管处罚的重灾区。因此，如何高效完成银行流水的真实性和完备性校验、对重要数据进行统计和分析，以及准确识别其中的风险，成为投行从业人员面临的重要挑战。

2. 从解析识别到数据分析，全面探测流水风险

银行流水智能核查平台运用 OCR 技术，覆盖流水解析、归一化处理、流水校验、流水审核和经营分析全流程，如图 13-11 所示。基于大量标注数据训练的多银行多流水模板可实现自动匹配，对扫描版流水和电子版流水解析后的结构化数据进行标准化处理，并支持以人机交互方式对解析结果进行数据校验及修正，结合流水分析系统核查流水数据的完整性与真实性，审核交易对手与交易金额的合理性，挖掘潜在关联交易，分析企业经营情况，全面、自动化地探测尽调风险。

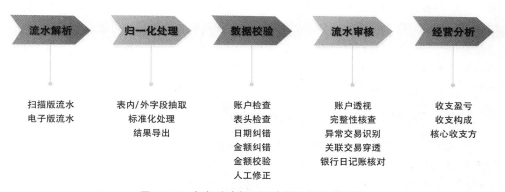

图 13-11　银行流水识别及审核业务处理流程

3. 应用案例：股权资金流水辅助核查项目

某头部券商携手达观数据，针对银行流水智能识别这样具有较高难度的应用场景，不断优化图像处理相关技术，可以智能适配各个银行的各种流水模板，高精度识别扫描文件或拍照文件中的银行流水信息。同时，通过对投行业务专家的经验进行建模，可以将完整性核查、关联交易核查、资金流向追踪、企业经营分析、银企日记账核对等核查要点可视化（参见图 13-12），提高投行项目组的流水分析及风险控制能力。

图 13-12　某头部券商银行流水核查项目－智能核查维度

13.2.5　投资银行业务：申报材料智能审核

在投行项目申报过程中，申报文件及问询回复文档质量问题是监管部门的常见处罚点之一。监管部门要求保荐代表人与其他中介机构在撰写申报材料时仔细核对，切实提高申报材料的质量。

1. 申报材料质量问题备受监管部门关注

针对多个投行项目的招股说明书和问询回函出现一些初级错误，比如数据前后不一致、披露内容前后矛盾、多处笔误或错别字，或未按照《招股说明书准则》要求披露等申报材料质量问题，证券业协会于 2022 年 12 月 2 日发布《证券公司投行业务质量评价办法（试行）》，将申报材料的质量与保荐机构的执业质量评价进行关联，进一步加大监管力度。项目组需花费更多时间完成以招股说明书和债券募集说明书为核心的全套申报材料，以及问询回函的撰写、校对和交叉比对工作，确保申报材料的质量。

2. 财务 + 文本审核，全面保障申报材料质量

在人工智能技术快速发展的今天，这项工作可以交由计算机代劳。借用可模拟人脑阅读与理解的 NLP 技术，搭载适用于招股说明书、债券募集说明书、法律意见书、问询函等投行文档的语料信息，基于深度学习理解文本语义，并依据预设的业务规则，对债券募集说明书、招股说明书、年报 / 半年报等文档内的财务信息、财务逻辑、文字合规性

与合理性等进行全面检查，审核范围如图 13-13 所示。系统自动提示错别字、格式错误、数值冲突、财务指标计算错误等，并给出更正和修改建议，实现投行申报材料的智能审核。

图 13-13 投行文档质控系统审核范围

3. 应用案例：债券文档智能审核项目

目前监管机构对报送文档质量的要求越来越高。质控人员的主要工作是审核材料。由于文档数量巨大，而质控人员少，人工审核只能专注于业务专业知识错误，很难顾及一些低级错误。因此需要引入人工智能技术，对文档进行纠错，提高质控效率，提升文档质量，降低送审被驳回的风险。

(1) 债承报送文档智能审核：完成以债券募集说明书为核心的整套报送文档的智能审核，涵盖文字、表格和财务钩稽关系方面的各项审核点。

(2) 债承底稿文件结构化抽取：实现对征信报告、合同（借款、融资、租赁）、房产证、银行流水、转账凭证等 10 类底稿文件的结构化抽取，将电子底稿结构化解析系统与底稿预处理系统相结合，实现数据结构化及核查记录等文件的自动生成。

(3) 债承文档智能比对：完成整套债承文档内的智能交叉比对，比如主承销商核查意见与内核意见的交叉比对，确保全套材料的一致性。

(4) 结构化融资部 ABS 智能审核：对 ABS 计划说明书进行智能审核、纠错、校验及核对，比如计划说明书封面及扉页的制式文本审核、主体机构描述的全文一致性审核，以及与《资产支持专项计划标准条款》的交叉审核。

13.2.6　投研业务：智能投研一体化管理平台

智能投研是指在金融市场数据的支持下，基于 NLP、深度学习、知识图谱等 AI 技术，实现数据的获取、挖掘、分析等，并对数据、事件和结论进行自动化处理和分析，助力传统投研实现自动化和智能化，为投资机构的专业分析人员提供辅助。

1. 投研业务场景需求及痛点

智能投研在传统投研业务流程的基础上，运用 NLP、OCR、计算机视觉、搜索推荐、流程自动化、知识图谱等先进技术，通过自动获取、处理及分析海量数据来优化研究分析过程，辅助投研人员完成行业分析、宏观分析等工作。投研业务的主要流程如图 13-14 所示，主要有数据获取、数据处理、数据分析和观点呈现 4 个环节。

图 13-14　投研业务主要流程

(1) 数据获取：数据获取是投研的基础，数据获取的准确性、及时性和完整性直接决定了投研水平的高低。目前国内二级市场的金融数据服务已经较为丰富。相比之下，一级市场及部分行业的专业数据库存在数据来源不稳定、数据质量较差等问题，导致金融机构在投研工作中，想持续、稳定地获取高质量投研数据依然需要很高的成本。

(2) 数据处理：不同渠道的数据因为结构、标准的不同，通常难以整合，因此需要对数据进行深入的加工处理，找到与研究对象直接及间接相关的数据。另外，如何准确、高效地处理非结构化数据，也是智能投研平台需要攻克的技术难点之一。

(3) 数据分析：基于上述有价值的数据进行分析，根据需要借助特定模型，最终形成各个方面的基本观点。在分析过程中，需要借助机器学习方法从复杂的历史数据中提炼更加复杂的非线性关系，以提高投资决策胜率。

(4) 观点呈现：基于数据分析得出的研究观点，形成如调研文章、业绩点评、行业研究、深度研究等各类报告，并持续完善行业模型与行业数据库。

整个过程的各个环节，都要求投研人员具备较高的数据搜集、处理、分析及逻辑思维能力，而且有些步骤往往需要花费大量时间和精力，但资本市场瞬息万变，一些投资机会往往只有极短的窗口期。

2. 运用 AI 技术对数据进行获取、挖掘和分析，提升投研效率

智能投研运用科技手段赋能前述 4 个业务环节，在金融市场数据的支持下，通过 NLP 技术对资讯、公告、研报等各类非结构化数据进行自动化处理和分析，为金融机构的专业投研人员提供辅助。

● **智能文本处理在智能投研领域的应用**

数据获取的准确性、及时性和完整性直接决定了投研水平的高低。传统投研除了通过现场调研获取信息以外，还需要从一些专业的金融数据库（如万得资讯、彭博等）、互联网搜索引擎、信息披露网站、券商研报等渠道获取数据，其中涉及大量的 PDF、图片等非结构化数据，因此需要运用智能文本处理技术完成对非结构化数据的准确解析、识别及抽取。

智能投研领域涉及的文本处理环节如图 13-15 所示，主要包括文档标注、通用模型训练、智能抽取、抽取结果结构化及人工审核。

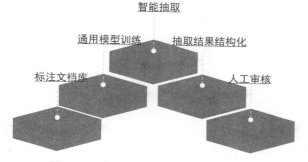

图 13-15　智能投研领域涉及的文本处理环节

(1) 文档标注：在标注页面中直接对文本内容进行划选或框选，并定义对应的标注字段，保存标注结果后，用于通用模型训练。

(2) 通用模型训练：从标注文档库中调用标注数据进行融合、清洗后，进行离线模型训练，产出自动抽取所需的模型。

(3) 智能抽取：根据业务需求调用构建好的模型抽取关键信息，包括多种文本格式的识别和提取。

(4) 抽取结果结构化：根据业务需要定制输出格式，存储在数据库或服务器中。

(5) 人工审核：结合智能文本审阅技术，辅助业务人员对抽取结果数据进行校验和检查。

● **知识图谱在智能投研领域的应用**

在智能投研场景中，借助智能文本处理技术从各类非结构化数据中提取关键要素和关联关系信息，建立投研知识图谱，比如产业链图谱、供应链图谱、股权关系图谱等。将投研人员的专业经验沉淀到系统当中，协助投研人员进行深度的投研分析和投资决策。知识图谱构建工具及流程如图13-16所示。

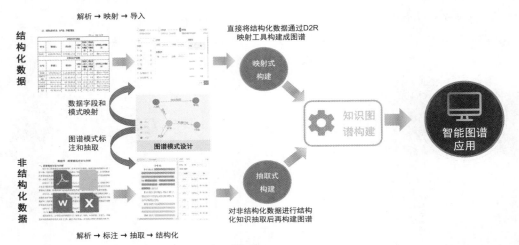

图13-16 知识图谱构建工具及流程

投研知识图谱可以包括企业、人物、产品、原材料等各类实体，节点之间的关系主要包括工商股权关系、任职关系、企业上下游关系、供需关系等，这考验技术公司对于金融应用场景的理解。在这一过程中，综合运用NLP、智能文本处理、深度学习等技术，在对原始文档数据进行信息提取、实体对齐及图谱融合后，加入投研整体的知识图谱模型当中。

● **机器学习在智能投研领域的应用**

近年来，随着人工智能技术的不断发展和普及，机器学习在投资领域中的应用越来越广泛。机器学习是一种基于数据和算法的人工智能技术，可以通过训练模型来预测未来的趋势和变化，帮助投资者做出更好的决策。

在智能投研领域中，机器学习的应用有两个主要方向：股票分析和市场研究。股票分析是指通过收集和分析大量的历史数据，使用机器学习算法识别公司的财务状况、业绩前景等关键因素，从而评估一家公司的投资价值。市场研究则是指通过对市场动态的监测和分析，利用机器学习算法发现市场的规律和趋势，从而制定相应的投资策略。

除了以上两个主要方向外，机器学习还可以应用于量化交易中。量化的交易方法是通过一系列的数学公式和程序来实现买卖操作，而这些程序都需要用到大量的历史数据来进行参数调整和优化。因此，在实际运用时，机器学习可以帮助量化交易团队更好地利用海量的历史数据进行分析和建模，提高交易的效率和精度。

3. 应用案例：国家级金融信息平台

某国家级金融信息平台综合运用各类先进的人工智能技术，打造集智能资讯采集与处理、搜索推荐、信息监测、智能标签、算法建模等能力于一体的金融信息平台，并进行了功能整合和优化，以数据为驱动，可生成直观的可视化指标，解决了客户在投研场景中产业、企业投研信息分散，利用难的问题，最终给决策提供有价值的投研情报。

● **采集加工平台**

金融市场资讯采集加工平台自有资讯采集能力，服务于社内的业务数据需求。图 13-17 展示了平台的功能模块，包括泛采管理、采集任务分配和统计、微信数据采集、用户管理、人工录入等。这是一个功能强大、扩展灵活的数据采集加工平台，可通过图形化配置支持具有较强特殊页面爬取能力的爬虫和人工录入系统，实现对金融数据中资讯类数据、结构化数据和音视频数据的智能采集与加工，为金融信息平台提供更加全面的资源数据接入。

图 13-17　数据采集加工平台

● **智能算法平台**

通过构建机器学习算法平台，提供 NLP 算法、推荐算法等 API 服务。平台架构如图 13-18 所示，包括计算资源层、计算框架层、机器学习算法层、引擎层以及接口服务层。

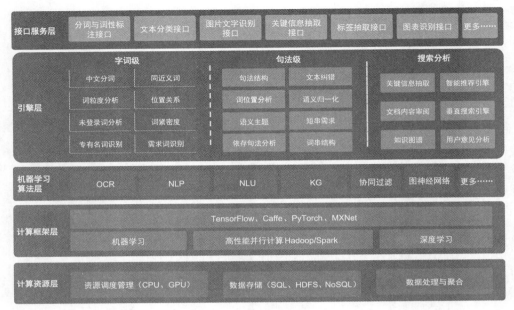

图 13-18　智能算法平台架构

- **智能标签体系**

针对资讯类文章，根据行业情况和专家经验，构建一套金融体系标签，给金融资讯、公告、研报等非结构化数据打标签。业务流程及实现方式如图 13-19 所示，各类业务标签用于后续资讯的搜索、展示以及企业舆情的监控、分析。

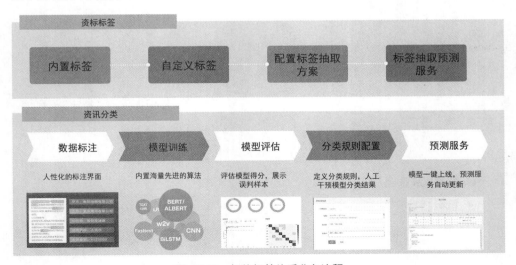

图 13-19　智能标签体系业务流程

智能标签模块的功能包括标签生成和自动标注。标签生成通过 API 提供服务，输入是待提取标签的文本，输出是从不同维度提取的标签值。同时，智能标签模块提供自定义构建标签体系的功能，可人工干预标签生成模型。

● **智能应用**

通过提供企业洞察、智能搜索、产业链平台、PDF 识别和智能文本助手 5 个应用平台，服务内外部用户。

以产业链平台为例，产业链平台是一款对社会经济中各产业上下游情况及相关企业进行研究分析的应用，其架构如图 13-20 所示。数据层对接了产业链上下游数据、企业数据、行业数据、新闻数据和研报数据，经过采集及清洗，为平台应用夯实数据基础；图谱层通过挖掘产业相关数据间的逻辑关联关系，形成产业链知识图谱；应用层围绕产业链形成了若干细分应用，满足智能投研等需求。

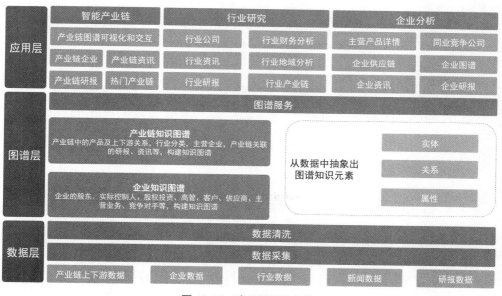

图 13-20　产业链平台架构

第 14 章

保险业与智能文本处理

保险业一直致力于数字化转型，近年来特别注重文本处理技术的发展。在这样的背景下，保险业每年都会提出科技发展战略与规划，以确保其在数字化时代的竞争优势。现代保险业务涉及大量文档和信息的处理，比如保险合同、理赔申请、保单文件、客户资料等。在过去，这些文档通常需要大量人工来处理，费时费力且容易出错。随着文本处理技术的不断发展，保险公司逐渐引入人工智能技术来自动化和优化文档处理流程。

本章从行业背景和现状分析保险业数字化建设思路，探讨人工智能尤其是智能文本处理技术如何应用于业务场景中。通过介绍营销、医疗票据识别、运营管理等保险业常见业务场景的智能升级方案，展现智能文本处理技术给保险业带来的价值提升。

14.1 行业背景与现状

保险业的数字化转型升级需求涉及企业内外两个维度。

从企业内部看，数字化转型主要涉及产品设计、产品销售、保单核保、产品售后等全业务环节，需要从打通生产要素链条的层面做战略规划，从而进一步破除业务之间的壁垒，提升整体业务的效率。

从企业外部看，数字化转型的重点是如何在业态竞争中凸显产品、技术、服务等的差异。在以往的经验中，机构之间的协作主要以传统业务模式开展，可想而知，这会导致效率低、成本高的现象，无法实现高效互通信息和往来。保险全域数字化场景的构建，依赖多家企业共享数据、技术，进而实现企业生态层面的深度合作，以及产业链的创新改造与业务模式升级。

从成本构成来看，保险公司主要考虑销售成本、管理成本、赔付成本等综合影响因素。从既往公开业务数据趋势来看，居高不下的经营成本是影响保险公司利润的关键部分。随着数字化转型的逐步深入，如何有效优化成本结构，实现费用管理的创新变革，是保险公司的核心考虑方向之一。

14.2　数字化建设思路

保险业数字化建设从两个角度出发：一是科技与保险深度融合，二是开展全域数字化建设。

14.2.1　科技与保险深度融合

"保险＋科技"的持续性探索，还是以保险为主体，需要研究保险业特有的行业属性，并不是仅仅将技术服务能力运用于某一个经营子环节中。将保险科技的思路融入创新的经营方式中，不仅要在产品的设计开发、销售、核保、承保、理赔等基本的运营环节中加入人工智能技术的能力，更要在整个保险生态圈里体现科技化的战略思维，才能真正发挥人工智能技术推动保险业升级的价值。

14.2.2　开展全域数字化建设

全域数字化建设贯穿保险业务流程的产品设计、产品营销、后续理赔、售后运营等各个方面，并覆盖大多数业务流程涉及的重要业务场景。数据是数字化建设的基础，不仅要整合公司内部各业务系统自身可用的数据集合，也要通过多种数据采集方式获取外部非敏感数据，比如将基于物联网技术采集的用户维度数据补充到原有数据集合中。

图 14-1 展示了保险业全域数字化建设的流程，包括产品设计、销售、承保、理赔和运营几个主要业务流程中人工智能技术的典型应用场景。智能保险综合解决方案提供办公文档抽取解析、数据挖掘建模与办公流程自动化服务，综合应用 NLP、OCR、文本语义分析、知识图谱等 AI 技术，强化数据协同，为承保、理赔、财务、法务、客服等部门提供服务，降低多个环节的人工成本并提高运营效率，在数字化经济时代大背景下助力保险公司实现数字化转型。

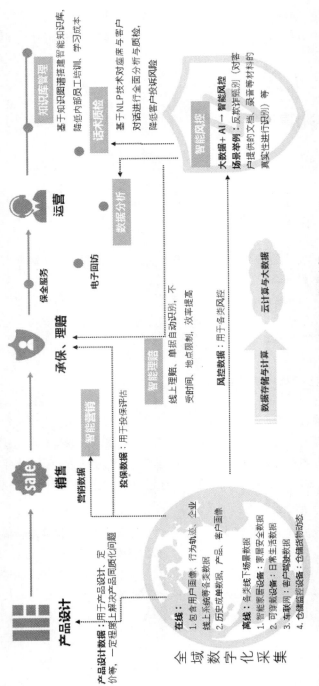

图 14-1 保险业全域数字化建设流程

14.3　智能解决方案

从保险产品营销、核保、理赔到运营管理、客服语义分析、知识管理，如何将文本处理技术与业务场景结合，实现原有流程的改造和升级，是本节将要探讨的内容。

14.3.1　智慧营销

随着人工智能技术的普及，营销策略与方式也需要与时俱进，一方面要专注于保险代理人的能力提升，另一方面要运用好工具，在从业人员流动性大的前提下保障消费者权益。

1. 数字化背景下的营销痛点

2015 年保险代理人取消考试，准入难度大幅下降，行业人员短期内迅速增长，之后增长逐渐放缓，从 2015 年的 45% 降到 2017 年的 23%，但整体仍呈小幅增长。LIMRA LOMA Global 发布的《中国保险代理人渠道调查报告·2019》显示，截至 2018 年年底，中国现有保险公司在册个人代理人超过 800 万。但是我国保险代理人的人均服务年限仅 1.57 年，2019 年提升至 1.65 年。这些数据体现了保险从业人员的不稳定性：有些人将这份工作当成跳板，一旦出现收益下滑或其他风险就会转行，这无疑会造成客服质量下降。

报告还显示，截至 2019 年末，受访公司的代理人中高中及以下学历占比为 56.9%，而 2019 年新增代理人的学历不升反降，其中 65% 为高中及以下学历。近年来，保险代理人整体素质呈现下降趋势。人员培训成本巨大，而这些投入又很难转化为实际的保费收入，这对保险公司的销售体系而言是一个较大的难题和挑战。

2. 基于文本智能分析的智慧营销

科技作为第一生产力，是助力保险业全流程升级的重要因素。将保险科技应用于销售场景中，真实、准确地掌握潜在客户的重要信息和预期需求，同时为消费者提供安全可靠的营销服务，是保险科技落地到业务场景的关键步骤。

在保险精准营销解决方案中，综合运用"人工智能 + 大数据"，通过挖掘热线语音文本、客户消费记录等数据，精准分析用户使用习惯、选择保险的方式、潜在的客户保险需求以及流失客户的转保原因。

如图 14-2 所示，保险精准营销解决方案细分为事前、事中和事后 3 个主要阶段。结合线上渠道及互联网坐席的业务场景和诉求，利用机器学习及文本挖掘技术，实现事前客户诉求预测和产品适配，事中客户标签提醒、精准营销及话术智能推荐，事后闭环分析

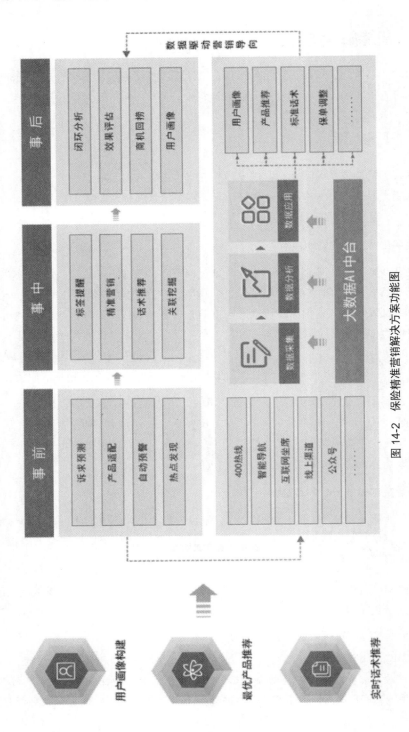

图 14-2　保险精准营销解决方案功能图

和商机回捞，构建精准营销全流程解决方案，提高坐席营销效率和技能，减少无效营销，提升营销转化率。

- **用户数据全面整合，多维度构建用户画像**

多维度整合用户数据（包括官网 Web 数据、App、小程序、H5 等），基于唯一的 ID 标识，将来自不同渠道分散的用户数据进行聚合处理，最大程度丰富用户画像的分析维度。基于用户特征，多维度构建用户标签体系，通过机器学习技术及相关分类算法实现海量用户数据的自动分类。最后，根据不同的应用场景对用户进行画像分析，洞察用户特征，快速确定营销目标人群，从而有针对性地进行精准营销。

- **构建最优推荐模型，实现精准营销**

基于历史成单数据，深度分析和总结不同用户画像所匹配的最优产品，构建最优推荐模型。在坐席与用户沟通的过程中，根据语音文本数据输入，实时构建用户画像并匹配最优产品。同时，应用该模型还可直接促进交叉营销执行效果提升，从而提高成单率。

- **最优话术实时推荐，有效提升坐席表现**

在整个精准营销解决方案中，还可通过精准话术推荐有效提升末尾坐席的表现。在产品本身的标准话术基础上，借助大数据文本挖掘技术对优秀坐席以及成单语音文本进行深度挖掘和分析，总结出向不同类型用户推荐不同产品时的最优话术。

同时，也可基于历史成单情况及对语音文本的分析，快速识别热线营销表现不佳、技能差的坐席，并针对性地对其进行培训。

3. A 互联网保险公司自动化运营平台

A 互联网保险公司的数字化营销制定了以客户为中心的服务方针，对海量数据进行解读和分析，将线上投保和线下拓展业务数据联通，打造多种场景中的保险营销新形态。

在微信运营侧，A 保险公司通过定期投放产品宣传广告、裂变拉新等方式引流，但用户留存率和投保转化率一度低迷，微信运营提效不明显。A 保险公司进行了数字化改造，引入自动化运营平台技术，先通过分群构建标签来区分不同的用户，再针对用户的特征进行精细运营，比如向新关注保险产品的用户推送新人优惠活动、向未绑定账户的用户推送赠险的优惠产品等。A 保险公司官网数据显示，微信运营活动在使用新的自动化运营策略后，增强了自动化定向营销能力并吸引部分流失客户再次关注，公众号 7 天关注的留存率达到 47.5% 以上，客户转化率提升至少 1.2%。

在分期产品续费的场景中，传统保险公司的做法通常是从观念上引导客户，全年的运营活动要保持高强度且不中断，在市场高度竞争的情况下需要不断创新营销手段。A保险公司的自动化运营平台支持多决策因素响应机制，能够根据机构、渠道、触达频率、出险过程分析、放宽限期等建立客户标签，设置续保节点商机提醒，基于用户标签体系及模型分析降低客户流失率，为营销决策提供优质的数据支持，再结合内部运营团队的数据分析及策略，在自动化运营的过程中客户续期率提升约 9.6%。另外，为解决过度重复营销问题，该平台还建立了反欺诈规则引擎，在复杂的网络运营环境中，可以有效帮助客户隔离无效信息和违规信息。

14.3.2 医疗票据识别

现阶段医疗票据电子化普及任重道远，在核保、理赔等多个环节涉及大量纸质扫描件及拍照件的人工录入和校验工作。本节将介绍如何运用新技术实现医疗票据的识别、审核和管理。

1. 核保、理赔等多个环节票据识别难

客户保单生命周期最前端的核心业务通常是承保的管理工作，在保险公司审核风险并做出承保决策的过程中，承载了整个保险核心业务较大的业务交互及工作量。保险公司对投保人的投保并非照单全收，而必须先审核其资质，只有符合条件的投保人，保险公司才会承保。

在保单审核的过程中，承保业务人员需要针对投保人提交的材料进行个人信息和证件的录入、比对及审核，耗时多、效率低并且容易出错。一个新保单的生成通常经历如下流程：填写保单、核验材料、核保（非标准件）、核对保单、生成保单等。在这个过程中，涉及大量票据和卡证的识别、分析及录入，会花费业务人员大量的时间和精力，急需运用新技术进行业务升级。

同样，在理赔业务场景中也涉及大量材料的审核。随着人身险保费规模迅速增长，理赔案件数量和赔付金额也随之大幅增长，保险公司急需解决的问题是如何提升理赔效率并提高用户满意度。

从 2015 年开始，健康险业务突飞猛进，健康险理赔案件数量和赔付金额以年均 20%的速度增长，其中理赔案件数量已经达到百万量级。而我国医疗机构的数据暂时不对商业医保平台开放，保险公司无法即时共享或直接获取投保用户的医疗信息。由于信息不对称和信息差的问题，在每家保险公司内，核赔和理算都需要投入大量时间和精力审核保单、票据、身份证件等资料，并将相关信息逐项录入理算系统，单个案例需要录入的

信息最多会超过 100 个项目字段和要素。如果采用传统手动录入信息的方式，那么将会面临高强度重复作业、医疗单据录入量大、人员疲劳走神导致漏看错录情况增多、人力成本居高不下、管理难度增加等问题。面对快速增长的业务体量，大量重复性工作给业务人员带来了巨大的压力。

2. 基于 OCR 技术的医疗票据识别

OCR 技术恰恰能够解决人工审核海量票据的痛点，大大减少承保和理赔过程中重复的数据录入及核对工作。

从保单生成的业务流程来看，OCR 技术能够在保单填写、投保信息核验、核保材料审核、保单生成等环节提供技术支持。

- **智能 OCR 技术辅助保单填写**

针对 C 端用户的保单填写环节，投保人可通过手机拍照并上传证件信息，通过 OCR 技术对图片进行全文识别，自动提取身份证、银行卡等身份证件中的关键字段信息，一方面提升 C 端用户填写保单过程的体验，另一方面可以降低投保人的信息误填率。

- **投保信息自动核验**

投保人填写保单后，业务流转到后台进行审批。后端承保部门业务人员通常会对提交信息进行快速校验，确保投保人信息填写无误。但待审批的数据规模大，因此可以运用人工智能技术自动核验信息。在自动化解决方案中，可以结合 OCR 和 NLP 语义分析技术，对提取的要素进行完整性、一致性和合规性审核，自动校验投保人所填内容与证件信息是否一致，同时自动识别和提取投保人提交的其他材料中的关键要素，完成跨材料相同字段的一致性校验，同时存储处理过的准确数据，完成数据的结构化处理。

- **核保材料解析与自动分类**

前面提到的身份证等卡证属于标准件，但审核往往需要处理大量的非标准件。例如，投保人需要额外提供体检报告、化验单、历史投保信息、病例单、证明等大量材料，核保人员在线上线下获得核保材料后，进一步进行人工分类和信息提取，这个过程通常需要耗费大量时间。在自动化解决方案中，通过 OCR 和 NLP 语义分析技术，针对不同材料训练模型，构建不同的文档分类体系，训练得到的模型可以实现核保材料的自动分类和关键要素提取。

- **保单模板一致性比对**

保单确认过程中需要与消费者确认条款和要素细节，不可避免地会因为人为因素或系统因素导致保单部分条款或内容与产品模板条款不一致，从而为该份保单的未来保障带来一定的风险，而目前大多数保险公司采用事后抽查的方式，未能做到事前规避风险。因此，在保单正式生成之前，系统会对投保人保单和投保产品初始样张进行全文一致性比对，辅助承保和契约部门优化业务流程，将保单的事后抽检核验转变为事前风险规避，确保新生成的保单条款与产品对应条款一致。

针对保险公司理赔服务材料审核过程中的痛点，可通过卡证 OCR、医疗票据 OCR、保单 OCR 等人工智能技术解决方案，满足保险理赔场景中个性化的处理需求。

相比于常见的卡证和票据识别场景中 OCR 的应用，保险理赔环节面临着需求更加个性化的技术挑战。

(1) 保单种类多、格式不一。

(2) 扫描或者拍摄保单时可能出现图像模糊、褶皱、倾斜、错位等问题；

(3) 不同医院甚至科室出具的材料（医疗报销发票、单据、化验单、体检报告等）样式差异大、不统一，机打票据文字分辨率不高，存在底纹、盖章、偏移等干扰因素。

面对这些高度复杂的情况，传统通用的 OCR 技术方案很难满足保险理赔场景中的个性化处理需求。智能 OCR 标注平台可通过模板标注和模型训练相结合的方式，全面覆盖理赔过程中各种票据的识别和结构化抽取。

对于常见的固定票据类型，通过一两份票据的可视化标注，即可快速实现模板上线。如图 14-3 所示，通过提供保险票据识别和抽取的标注示意说明，可以快速进行批量标注。

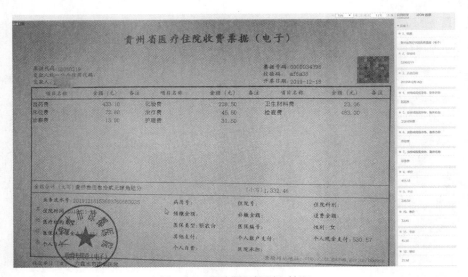

图 14-3　保险票据识别和抽取

对于非常见、无法穷举的票据类型，则可通过训练模型实现结构化识别。达观 OCR 首创无锚点文字提取算法，支持可视化拖曳建模，无须人工版式配置或代码开发，通过鼠标拖曳即可训练模型。模型可自动对拍照图像扭曲、二次打印偏移等情形进行识别和矫正，自适应多种变化样式，一个模型即可覆盖同种票据的多种变化。

运用智能 OCR 技术，可大幅提升承保和理赔业务处理效率。OCR 信息自动化录入可减少约 60% 的人力作业，优化实际业务流程，帮助保险公司相关业务部门实现人力资源优化，同时大幅缩短承保和理赔周期，提升用户体验。

3. 某人寿保险公司影像处理平台

某人寿保险公司影像处理平台的定位是提供统一、完整且独立的非结构化数据的内部管理及应用服务，从系统的视角解决因公司业务发展出现的各类新需求和场景落地问题，以及管理海量非结构化数据的技术难题，实现公司对非结构化数据科学、高效的管理与利用。

在影像前端操作子系统中，进入平台的影像将经过合规性检查、优化处理、分类识别、OCR、索引建立等业务流程。平台将通过 OCR 技术自动对影像进行版面分析和特征提取，判断该影像是否属于平台内已设定的版面，如果是，就按照该类别票据的情况自动进行结构化抽取，识别不成功或不属于已设定版面的影像将进入人工确认环节。

某人寿保险公司通过建设影像处理平台，实现了对影像资源的统一管理、存储和应用，以及数字资产的长期存储和规范化管理。结合票据 OCR 技术，大大减少了人工处理票据的工作量，提高了业务流转效率和票据利用效率，为实现 IT 集约化业务运营提供了强有力的数据平台支撑。

14.3.3 智慧运营管理

在保险业运营管理中，法务、财务、办公室等部门同样需要对合同文档进行大量重复的审核、比对等工作。尤其是国内的一些头部保险公司，由于本身业务体量大，每年经手和处理的合同数量巨大。

在合同处理环节，利用 NLP 技术辅助合同审核的业务场景前面已经做过详细介绍，这里不再赘述。

目前，国内已有不少头部保险公司引入了合同智能审核系统，实现了合同的半自动化智能审核。例如，国内某头部保险公司的法务部门引入合同智能审核系统，覆盖了保险代理合同、房屋租赁合同、一般买卖合同、培训合同等多种合同类型，实现了合同信息抽取、风险提示、智能校验、数据分析等，大大减少了业务人员的工作量，同时减少了基础类风险的漏判，提高了法务部门合同合规性审核效率和质量。

14.3.4　客服语义分析

客服语义分析运用 ASR、NLP 等技术，主要用于识别用户意图、提高用户满意度以及挖掘用户潜在需求。

1. 保险业客服数据分析难度大

客服人员每日接收来自不同客户的电话、微信或转办渠道的反馈信息，基于传统的人工或开源数据分析模型，得出基本的用户诉求分类，然后统计并归档，其中主要存在如下两类问题导致数据分析难度大。

(1) 模型精准度不高，导致部分数据的趋势对分析结果有负面影响。

(2) 数据分类体系相对独立性差，分入的数据类型存在误差，容易出现漏分和错分的情况。

如果想更好地解决上述技术难题，更高效地生成精准的用户画像，就需要适配度高的算法模型和经验体系。

2. 基于自然语义分析的客服数据分析

图 14-4 所示的是风险预警特征，基于客户数据分析形成风险预警库，风险等级不同、阈值不同，通过 NLP 分析得到的风险指征也会有区别。基于相同类型词生成的特征库，用于后续的自动分类处理和聚类能力延伸。通常为客户提供如下 UI 展示效果：

- ❑ 客户关注热点 TOP10 分布图；
- ❑ 客户关注热点 TOP10 占比图；
- ❑ 客户关注热点趋势变化图；
- ❑ 支持按照公司、产品和业务环节对图表进行筛选；
- ❑ 区分电话呼入和呼出；
- ❑ 支持图表导出；
- ❑ 支持原始数据及对应热点导出。

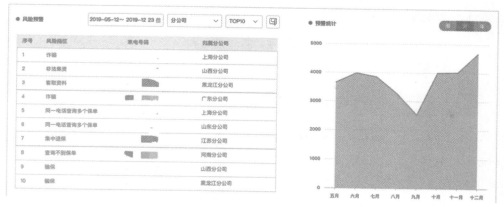

图 14-4　风险预警特征

3. 某保险公司智能语义分析平台

某保险公司每天需要对海量客户电话录音、微信聊天记录或转办渠道反馈的信息进行分析、归类和统计。通过 NLP 技术和深度学习算法模型体系，为客户提供如下服务。

(1) 机器挖掘新类别：从业务视角出发，基于原有投保、交费、领取、贷/还款等 70 多种类别，采用聚类分析，结合人工处理，增加 200 多种新类别。

(2) 风险预警：基于上万份训练数据，采用融合文本分类模型，精准挖掘高频、突发及高危问题，大幅降低漏分和错分的概率，提升风险预警准确率。

通过两期项目建设，实现了如下价值。

(1) 从无到有地构建了一个针对客服数据的语义分析平台，对客服数据进行了有效的分析和利用。

(2) 通过构建风险模型对客服电话进行风险监测、套取信息类风险预警以及语音数据热点挖掘分析，提升了业务部门的风险管控能力和客户满意度。

(3) 基于对话数据，结合 AI 能力，挖掘高危、高频、突发及热点问题的预警落地场景。

14.3.5　智能知识管理

本节将讨论如何应用知识图谱技术解决保险业知识管理痛点。同时基于对业务的深刻理解及洞察，打造一个智能知识库系统。

1. 保险业知识管理现状及痛点

保险业的知识管理具有知识专业度高、业务流程复杂、涉及面广、数据约束定义不规范、结构化程度不高等特点，在日常知识管理及业务处理过程中，往往存在以下难点和痛点。

● **员工培训成本高**

保险业务知识体系庞大，条款相关数据涉及面广，需要业务人员了解医疗医药相关知识、法规条款、不同产品的差异等。同时，保险代理人基数大、人员流动频率高，导致保险公司前期的员工培训成本巨大，沉没成本居高不下。

● **产品差异性难以掌握**

保险产品同质化程度高，业务人员很难全面掌握不同公司的产品差异以及本公司产品的优势，在面对客户时，不容易体现身为代理人的专业度。

● **行业知识壁垒高**

C 端用户一般保险知识储备薄弱。一方面，承保信息在消费者和保险代理人之间不对称，容易产生逆向选择和道德风险，进而损害投保人的权益。另一方面，由于保险的专业度高、技术性强，保险合同条款内容等都是保险公司单方面制定的，投保人在短时间内不易理解，很难对不熟悉的代理人产生信任感，从而影响成单率。

● **保险理赔效率低**

保险理赔涉及信息录入、材料初审、材料复核、保险理算等多个业务流程，复杂度高，同时对理赔业务人员的专业水平要求高，理赔时效难以保障。

2. 基于知识图谱的智能知识库构建

针对以上几个常见的业务场景，智能保险知识图谱解决方案提供了基于知识图谱的知识库智能检索、竞品分析、智能问答、智能理赔分析等功能，全面赋能保险知识管理，实现各业务环节的降本增效。

● **基于知识图谱的知识库智能检索**

传统关键词检索往往存在检索效率低、内容无关联、数据维护难等痛点，现在基于知识图谱技术构建知识库后，可以利用 NLU、知识溯源、知识推理等技术，在检索过程中智能匹配检索意图，在检索结果展示中关联多模态数据，实现问答式、跨媒体且提供关联知识推荐的智能语义检索，帮助保险代理人快速、准确定位检索结果，并基于关联知识推荐帮助代理人快速掌握相关知识体系，适应保险公司数据量日益增长、数据分布零散等情况，彻底唤醒"沉睡"的知识。

检索结果可通过图谱关联相关实体和属性信息，同时可深度溯源至原文件，以对相关问题进行深度了解。如图 14-5 所示，基于知识图谱的智能检索可以给出精准的答案合集，同时通过深度溯源可以快速从源头验证对应的知识。

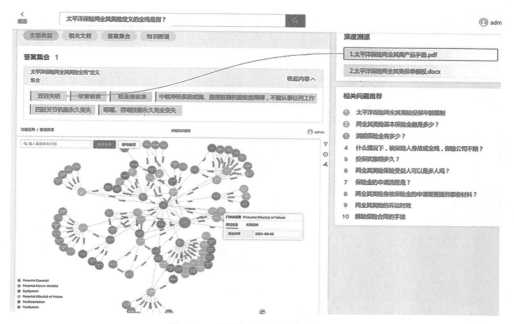

图 14-5　基于知识图谱的智能检索

● **基于知识图谱的竞品分析**

市场上的保险产品众多，投保人在投保之前，囿于保险知识的匮乏，通常无法直观地了解各家保险公司产品的差异。基于保险知识图谱，可直观定位不同保险公司同类型产品之间的差异，从而为目标客户提供更专业的用户体验，推荐最适合的保险产品，帮助保险销售人员从普通代理人向保险经纪人的角色转换。在图 14-6 中，通过对搜索框内的问题进行语义分析，在保险知识图谱内快速查询到两种保险竞品的差异。

● **基于知识图谱的智能问答**

保险相关业务具有专业性强、涉及面广、产品更新快等特点，而传统的基于 FAQ 的问答体系不能满足实际保险业务场景的问答需求。基于知识图谱的智能问答系统，将保险条款中的保险与违约责任、覆盖疾病、保费履约、保险金额等信息图谱化，通过问题匹配映射和知识推理，快速实现知识查询，有效且合理地降低消费者获取产品信息的成本，同时大幅降低客服人员的运营成本，极大地提升客服系统的运营效率和用户体验。

图 14-6　基于知识图谱的竞品分析

● **基于知识图谱的智能理赔分析**

在实际的保险理赔过程中，业务人员需要根据客户的病历数据、诊断说明书、出入院记录表单等，判断客户理赔的首要疾病是否在所购买保险的保障范围内。为此，他们需要整合客户购买的保险产品、产品承诺的责任、责任保障的疾病等多个维度的信息以进行判断，从而得出结论。

在图 14-7 中，基于用户知识图谱和医疗知识图谱之间的映射关系判断是否在保险产品的保障范围内。基于知识图谱的保险理赔系统，可通过对被投保人投保信息的识别和分析，自动关联到投保产品的保险责任及保障范围，通过溯源快速推理得出理赔建议和结论。同时，还可通过客户发票中的医疗费用和医疗保险责任之间的映射关系，自动筛选出保险产品保障范围内的医疗项目，快速计算出赔付金额，一方面提升了理赔效率和用户体验，另一方面可以有效预测和发现理赔风险，降低误赔发生的概率。

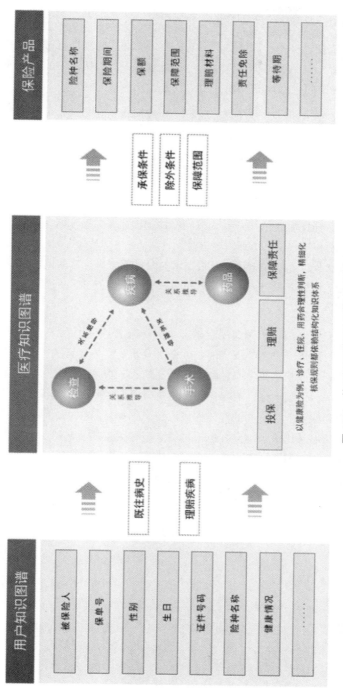

图 14-7 基于知识图谱的智能理赔分析

3. 某保险公司行业健康险产品图谱

某保险公司依托自身的大数据平台,结合公司发展战略规划,对售卖中的行业健康险条款进行了收集、归纳和整理,构建了一套覆盖重疾、大病、失能和护理四大类型的健康险及热门附加险的产品知识图谱。

某保险公司的知识图谱平台针对不同类型的数据,尤其是包含保险条款的文档,使用光 OCR 技术进行统一的格式化识别和校准,再通过 NLP 语义分析模型进行结构化处理。对于含有表格的结构化数据和半结构化数据,以及文本类的非结构化数据,分别采用表格提取和 NLP 模型抽取方式,转化成以图数据库为主的知识图谱。

在某保险公司的业务流程中,知识图谱最直观的应用是缩短短期健康险产品的研发周期。传统的产品开发主要依赖开发人员的经验知识体系,基于人工收集归纳、摘录文献、对比不同竞品和条款中的重点内容进行设计,不利于产品迭代及知识的迁移和积累。而引入知识图谱技术,通过 NLP 语义分析技术对海量数据进行自动识别入库和精准检索,大幅减少基础性工作的人工投入,开发人员只需查询和复核重点内容,然后将精力投入到复杂逻辑设计上。

另外,为了充分利用知识图谱平台的能力,保险公司还引入了垂直搜索引擎技术,客户及内部的用户群体可以对解析后的条款全文及重要实体要素进行检索,并通过知识图谱技术,将不同的搜索结果关联至相关的产品信息,根据实体、属性和关系的三元组内容形成健康险产品关系网络,对实体和关系进行横向关联映射及深度的关键点识别查询,从而在广度和深度上为不同的群体提供服务。例如,以往人工结合工具的手段很难对某些疾病从多角度对比重点信息,也较难关联至相关疾病及其治疗手段的条款约定信息。通过图谱探索查询模式,既可以横向对比同类产品的相关信息,也可以进行知识下钻查询研究,对相关疾病及治疗手段的约定信息进行综合分析研判。

第 15 章

大型企业创新应用实战

面对全球经济疲软，消费规模与贸易量持续走低，企业如何更好地应对风险，缓解因人员流失造成的业务不稳定，需要统筹规划。越来越多的企业选择数字化转型，旨在提升自身竞争力。在数字化转型中，信息化系统建设需要匹配战略管理需求。现阶段，在大型企业的管理与业务处理环节中，信息流与文档规模庞大，办公人员要花费很多时间处理文档工作。日常办公中将长文本数据结构化、知识化的需求日益旺盛。大量项目的成功实践表明，引入"数字员工"批量处理文档业务，可以减少员工重复劳动，提高办公效率，辅助企业进行精细化管理，进而带来丰厚的收益。至于如何实现，需要针对不同企业的情况，在业务场景与技术路线方面量身定制。

本章介绍大型企业中法务、报关、询报价等相对通用的业务场景的智能化改造方案，希望能够抛砖引玉，帮助企业挖掘更多文档密集型业务场景，并升级改造方案，提升企业整体运营效率。

15.1　大型企业科技创新前景与挑战

近些年 NLP 技术的长足进步和大模型技术的革命性突破在社会层面引起了热烈的讨论和展望。我们认为，NLP 与大模型技术的迭代速度将大幅提升，面向企业的落地实践应用会得到更大发展。尤其在银行、证券、保险、律所等文字密集型行业，之前积累的产品、方案和技术体系已经比较成熟，可以逐步拓展、迁移到大型企业更垂直的应用场景，推动人工智能技术落地。

15.1.1　创新应用背景

在不同的业务处理环节中引入人工智能技术，可以大幅提高办公效率，降低人员成本，提升企业竞争力。

1. 经济因素驱动科技创新

随着用户需求的变化加速，企业竞争对产品适配性提出了更高的要求。在产业升级转型过程中，不同环节均在逐步实现自动化，产业经济效应产生的显著价值正驱使企业加大对人工智能的投入。

2. 产业政策鼓励技术升级

不同行业陆续提出产业升级与发展的战略指导思想，从顶层设计角度指导企业递进式转型。例如对于制造业，2020 年 4 月，国家发改委对新型基础设施进行了定义：以新发展理念为引领，以技术创新为驱动，以信息网络为基础，面向高质量发展需要，提供数字转型、智能升级、融合创新等服务的基础设施体系。

相比于传统的基础设施建设，新基建的特色是"重创新、补短板"，主要面向新产业、新业态和新模式，提升经济结构的优化能力和意识；同时与传统基础设施建设形成有效的互补，帮助其实现智能化升级改造，提高运行效率。

3. AI 技术逐步替代传统流程

在数字化转型过程中，需要解决更多技术难题，通盘考虑技术架构体系，满足业务需求的同时，降低技术维护成本。以信息收集、存储、检索和共享为目标，利用 NLP、图片文字处理及分析、知识图谱、机器学习等前沿技术应对新的挑战。在数字化转型过程中，这样做更匹配行业发展与企业效能提升。

NLP 技术经过了几十年的发展，尤其近几年取得显著进步，在许多行业的文本密集型业务场景中产生了丰富的应用，更易于推广。

15.1.2　数字化转型难点

数字化转型面临企业内外部的挑战。文字信息处理工作量大、科技投入与人才支撑不足，以及通用 AI 技术不适应业务变化都是摆在企业面前的难题。

1. 文字信息处理工作量大

根据对不同行业日常办公场景的调研，文本处理在日均工作时长中的占比从 10% 到 70% 不等。在不同业务系统或管理系统中，文字理解和文本处理及流转消耗了办公人士大量的精力与时间。同时，用户需求变化频繁，业务流程中存在大量重复、低效且高频的操作，而知识沉淀难以有效继承与传播，这造成在人员流失、业务加速拓展的过程中，存在较多冗余的文本处理工作。

2. 科技投入与人才支撑不足

NLP 技术本身难度较大，企业需要培养算法工程师、开发工程师并且保持团队稳定产出，投入成本居高不下。由于文字信息处理规模大、不规则，加上业务需求转换为技术的落地过程中沟通成本较大，导致人才投入不足。

3. 通用 AI 技术不适应业务变化

在实际的技术开发过程中，现有的 NLU 技术仅能处理较浅的语义，并且需要一定量的语料标注，加之自然语言特别是中文的很多表述语义并不是特别清晰，不同的人有不同的理解，给构建大规模、高质量的数据集造成了一定的障碍。面对实际的业务场景，仅通过通用 AI 技术进行处理，难以保证效果。因此在文本处理过程中，需要引入一种封装集成好的系统平台，方便技术开发团队更好地理解业务人员的需求，灵活运用由大规模语料训练的模型，结合行业领域语料进行优化，方可解决特定的场景难题。

15.1.3　如何做好人工智能项目

作为人工智能三大赛道之一的文本处理，业务需求量大、落地难度高，尤其需要做好场景调研与价值论证，确认需求范围及方案设计，让技术深度融入业务场景，才能拉近业务方与人工智能的距离，更好地开展人工智能项目。

1. 场景调研与价值论证

企业在发展的不同阶段，对于人工智能的应用价值有不同的认知和期望。通常客户希望通过引入人工智能技术创造明显的效益，比如实现降本增效、风险预警、盈利创收等。根据企业的决策风格，一般包含如下引入模式。

(1) 平台模式：购买产品或搭建平台，未来扩展到不同的业务部门及场景中。

(2) 场景模式：基于某种业务形态设置试点，当投入产出比有明显提升时，可以在内部宣传推广，并在未来综合若干部门或场景引入更多功能和能力。

在与客户沟通的过程中，更多地站在业务的视角，了解用户真实的痛点，分析可以改进的方向，做好充分的价值论证，为后续立项提供支撑。

2. 确认需求范围与方案设计

作为人工智能技术的重要分支，文本处理方向包括抽取、比对、审核、版面分析、表格识别、分类、情感分析、自动标签、摘要、聚类分析、智能推荐、语义搜索、知识图谱等重要技术与功能。在客户丰富的应用场景中，通常会综合不同技术进行方案设计。

人工智能研究相比于应用程序开发的不同点在于，结果的准确率和召回率无法同时保证高指标。因此通常会引入人工复核机制矫正最后的准确率指标，同时可以将人类经验融入机器学习模型，用于后续持续优化。

在与客户探讨方案设计时，需明确具体的业务场景，了解用户的真实痛点，现阶段的流程及频繁的人工操作中哪些可以用 AI 替代，哪些需要客户介入执行。了解企业、一线工作人员或管理者的价值落点，方案设计过程中和客户保持密切沟通。

3. 技术深度融入业务场景

技术需要深入业务场景中，与之衔接得当，才能更好地发挥价值。通过业务流程图、数据样例及复杂度分析、指标要求、技术实现能力匹配说明等，进行技术和业务的融合。

综合我们实施大量项目总结的经验，基于 NLP、知识图谱、机器学习等人工智能技术，可对各行业的文本数据进行智能化处理。而其中运用 NLP 的基础能力，包括文本智能摘要、关键词提取、情感分类、观点抽取、智能校对、敏感信息发现、命名实体抽取、智能分类、标签抽取等，夯实智能化和数字化的数据基础。

15.2　人工智能技术与业务融合场景

在企业的日常办公中，常见的需要处理的文本类型包括不同样式的法务合同、各类不可穷举的票据、各家自定义的不同格式的数据模板、营销和客服的问答与知识库等。要想有效提取关键知识点，需要用到文本处理技术。

通过数据和算法进行技术创新，在信息自动识别录入、公文智能审核处理、智能问答、辅助决策等场景中，提升企业效能，缓解人力匮乏，提高决策水平，进而提高业务数据和管理决策的智能化融合程度，引导产业链跨企业、跨系统、跨业务数据资源整合开发利用，提升数据管理能力，提升产业链上各方价值。

15.2.1　法务智能辅助审核

法务审核经常需要咬文嚼字，避免因为文字游戏导致不必要的法律风险。法务审核应从法务实际业务出发，了解真实的使用场景，基于信息抽取与审核技术辅助法审环节，提高办公质量，减少重复性和低质量的文字工作，让法务人员能将更多精力投入到条款设计、法审规范等高效益工作中。

1. 法务审核常见三大痛点

- **痛点 1：每份合同都需要仔细审查，耗时长**

合同内的重要信息如金额、交付周期、付款条件等散落在文档各处，每次都要查看很多无关信息，无形中消耗大量时间。

- **痛点 2：文档格式多样化，需要检查关键信息和录入信息是否一致**

文档包含扫描件、图片、PDF、Word、txt 等格式，人工提取数据后需要反复查看，确认与录入信息是否一致，工作耗时且重复性较高。

- **痛点 3：文档在多个审批角色间流转，多版本修改文档需要反复检查**

传统的 Office 支持 Word 之间比较，但不支持跨格式比较；通过批注修改的版本或全覆盖修改版本无法在某些系统中直观地看到修改前后的差异，查找不一致之处耗时且低效。

2. 基于信息抽取与审核技术改良流程

案头工作中常见的各类文档以及在系统中流转的文件，需要从大量文字中提炼知识点，也就是审核流程中关心的字段，比如合同的甲方、乙方、金额等。如果想获取审核条款之间的差异，则涉及跨格式、跨版本文本的处理。

这主要针对如下业务场景：在法务审核合同的过程中，从商务、商务领导、财务、法务等不同条线处理时，需要反复查看文档关键信息是否与录入内容一致，盖章合同文件和电子版合同是否相同，约定的条款是否潜藏法律风险等。

- **文档关键信息抽取**

图 15-1 展示了文档关键信息抽取的流程。通过解析不同的业务文档，完成文档关键信息抽取，改善扫描件、图片等非结构化数据解析困难的问题，提高文档查看效率。

- **文档风险审核**

如图 15-2 所示，基于海量文本语料库、审核规则和外部知识库（法规库），由浅入深地全面审核文档。针对不同行业、业务和场景有多种审核模型，能够提高文档审核效率，降低审核风险，实现文档审核智能化、流程化。

- **文档智能比对**

图 15-3 简要总结了不同格式的文档之间进行比对的方法。基于文档比对功能，可以快速检测不同文件版本之间的差异，智能地完成字符级、篇章级和语义层面的文档比对，并且高亮显示差异内容，非常方便用户查看，从而能够降低风险。

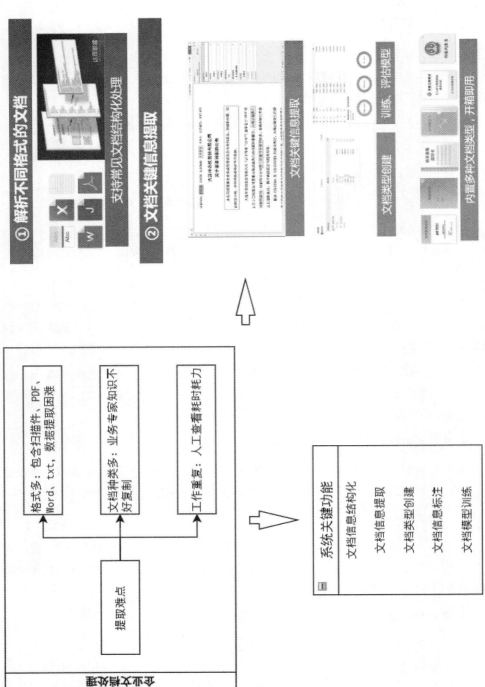

图 15-1 文档关键信息抽取流程

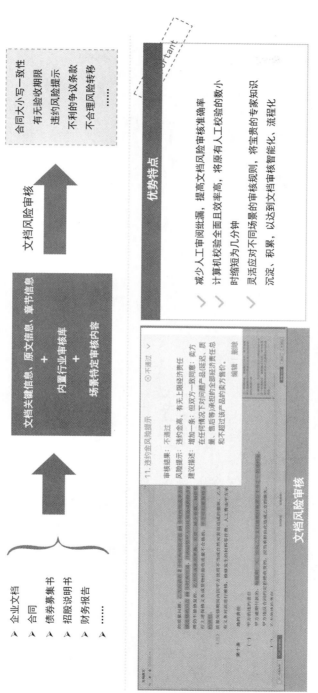

图 15-2 文档风险审核流程

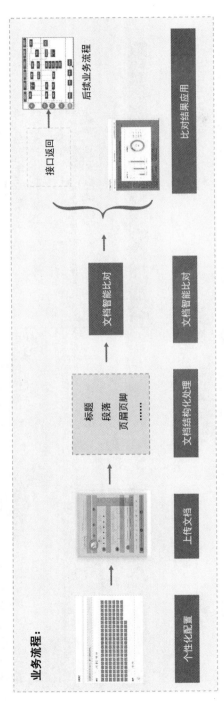

图 15-3 文档比对

3. 辅助"法审"高质量办公

一方面，采用全新的语义比对和章节段落比对技术，实现更高效的文档比对，代替原有的人工逐字逐句比对模式，弥补人工审阅的疏漏之处，提高审核准确率。通过智能比对技术，防范阴阳合同，降低合同篡改风险。

另一方面，利用专家经验预制上千条法律审核规则，完成合同文件初步审核。同时灵活支持不同场景的审核规则，将宝贵的专家知识经验沉淀到系统内，提升企业整体法务管理水平。

15.2.2　智能报关票据审核

每家企业出具的报关票据类型和样式均不同，无法穷举。下面简单介绍一下报关与制单流程，帮助企业更快通关，辅助报关行提高制单效率、扩大产能，更好地推广业务。

1. 什么是报关与制单

通常对报关流程的解释为：进出口货物装船出运前向海关申报的手续。报关涉及的对象可分为出入境的运输工具和货物（物品）两大类。由于性质不同，报关程序各异。在货物流转过程中涉及报关单制作，其中载货清单、空运单、海运单等单证需要向海关进行申报，作为海关对装卸货物实施监管的依据。货物或物品应由对应的收发货人，按照货物的贸易性质或物品的类别填写报关单，并随附有关的法定单证及商业和运输单证。

空运单、报关单、货物发票、陆运单、提货单、装货单、贸易合同、货物装箱、货物产地证书等都属于报关过程涉及的单证类型，需要按货、证、船、款的程序进行制单。

随着行业发展，除了服务能力不断提升外，在实际的投入产出方面，企业仍存在以下痛点。

● **痛点 1：单证量大，处理耗时**

报关流程涉及的单证、票据和结构化数据内容多且需要大量人工处理。

● **痛点 2：预归类存在争议**

不同的报关项对应何种类别大多需要根据经验判断，无法统一量化，关税计算准确性需要提升。

● **痛点 3：数据难以回溯**

报关前后相关数据散落在各处，没有形成知识体系，报关时数据关联性不佳。

2. 无锚点模板和 RPA 技术体系

通过无锚点模板技术对不同类型的单证进行模板适配和要素识别抽取，快速制作可复用的模板，当后续新数据进来时用于实时抽取关键要素。这涉及数据在不同系统间流转，结合 RPA 技术可以实现系统间数据无缝迁移。

上述技术整体实现的功能包括单证识别、单证自动分类、邮件自动接发、商品属性自动填写、自动拆单、自动下载通知、自动计算关税、预分类知识图谱等。

3. 提高制单效率，扩大产能

图 15-4 展示了从票据智能识别、机器代替人工到完成批量自动化操作的过程。采用人机协作的技术解决方案，可以快速制作模板，无须技术开发投入，业务人员也可以灵活方便地操作。

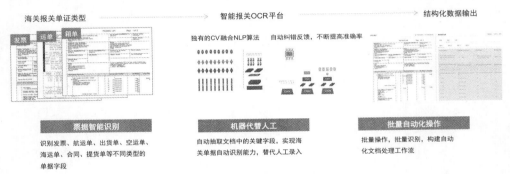

图 15-4 票据识别与自动化操作

应用图 15-5 所示的单证扩展配置功能，业务人员在对新单证类型进行识别与信息抽取时，能更灵活地新增模板和字段，快速响应客户需求。这在帮助企业扩大产能的同时，也可以灵活支持不同单证的制作和加速报关流程，从而提升客户体验。

图 15-5 单证扩展配置

15.2.3 商务智能询报价

"一站式"询报价通过智能语义分析与搜索技术帮助业务团队从业务出发，推动行业进步。

1."一站式"询报价

"一站式"询报价为企业提供了数据预处理、同义词分析、智能搜索以及自动快速生成报价单的综合解决方案，进一步提高了客户的行业竞争力，扩大了产能。当用户上传自己需要采购的产品及其型号时，在系统内可以一键查询到所有对应产品的报价，大幅减少了客服人员的工作量，提升了用户体验。

目前企业存在的痛点如下：

- ❑ 数据格式不统一，包括 PDF、Word、Excel、txt 等；
- ❑ 输出内容描述多样化，产品别称、简称、型号等混杂；
- ❑ 无法有效响应客户大量询报价的时效要求。

2. 基于语义分析及搜索综合技术

图 15-6 展示了智能询报价系统相比于传统询报价流程的技术优势。系统从使用体验的角度，主要实现了如下功能：格式自动转换、品牌型号识别、同义词扩展、智能搜索、相似度排序、特征挖掘、价格预测等。

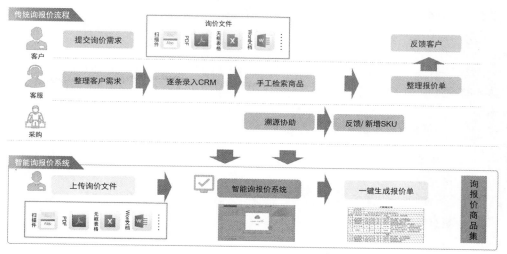

图 15-6 智能询报价与传统询报价对比

3. 业务价值推动行业进步

询报价服务可拓展适配售前侧更多服务形式。整体项目可以实现如下价值，并在行业内推进数字化转型：

- ❑ 提升商品的流转效率和经济收益；
- ❑ 形成各类词库，知识沉淀结构化，筑高行业壁垒；
- ❑ 提高数据治理能力与办公效能。

15.3 行业落地案例分享

本节将通过安防企业、报关行和工业品超市 3 个实际落地案例，展示人工智能为各企业带来的真实价值。

15.3.1 某头部安防企业智能文本审阅系统项目

某民营企业不仅追求办公效率提升，也希望引入智能文本审核技术，以降低企业运营风险。试点成功后，得到企业内部的广泛认可，次年开始大力推广。

1. 智能化升级背景

该企业的销售部需要审核每一份合同的要素是否和已录入数据一致。以往合同录入和校对工作都是由人工完成，效率低下，无法及时解决需求。

2. 加速审核，降低风险

图 15-7 展示了相比于传统的人工处理方式，在同时审核 10 个要素的情况下，采用人工智能技术，通过人机协作模式，全文审核的准确率显著提升，审核大幅加速，从而解放了人力，让员工有更多时间专注于高风险事项审核。在项目的实施和交付过程中，为了达到业务预期，重点攻克了如下技术难点：

- ❑ 实现了多种类型合同的关键信息秒级全量抽取，支持 Word、PDF、扫描件等多种格式；
- ❑ 在合同照片采集源头规避不合格文件，进行定制化 OCR 优化训练，同时可以解析有框表格、无框表格以及不规范表述。

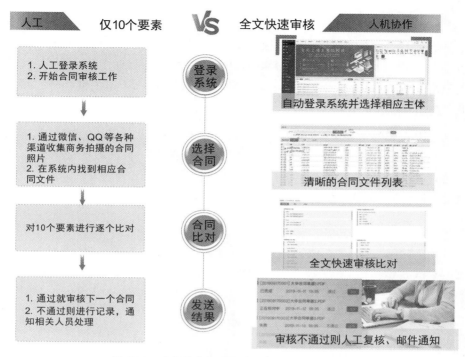

图 15-7 人机协作实现自动化审核的流程与效果

3. 企业内推广

通过引入 NLP 技术及合同智能审阅系统，大幅提升了办公效率。其主要实现了如下价值。

(1) 使用 OCR 技术和 IDPS 产品，将评审通过的合同和实际签回的合同图片进行全文校对，确保实际执行结果与审核结果一致，减少因人为失误造成的风险。

(2) 全流程从原先几十人的部门工作转变成人机协作。纯人工审阅商务现场传回的合同照片和系统中的电子版合同，难度大、精度低、效率低。人机协作则只需人工复审未通过机器审核的文件，时间成本降低，效率提升百倍。

15.3.2 某大型报关行智能数据处理系统

随着业内同类型企业增加与业务版图重叠导致竞争加剧，报关行面临更大的生存压力。通过引入人工智能技术可规避同质化竞争，辅助自身产品更好地为企业服务，增强企业硬科技实力。

1. 规避同质化竞争

某报关行是一家资深的报关服务供应商，20 余年专注于报关领域。业务人员每天需要处理大量客户数据，并根据海关要求整理成规范的报关单，工作量大、业务逻辑复杂且易出错，急需通过自动化流程提高效率，扩大产能。如何提升服务质量，避免服务同质化，更好地赢得新的客户合作？

通过引入 RPA+AI 技术体系，实现报关单证自动分类及识别抽取服务能力。基于 OCR 技术识别单证信息，快速生成模板，并支持模板动态匹配，结合行业字段与经验积累，进行信息智能抽取与纠错。同时，结合 RPA 自动进行信息归类、合并、拆单、排序等处理，最终在海关单一窗口客户端自动上传报关单和相关单证信息。

2. 三大技术难题及解决方案

在实际的业务操作及报关过程中，主要存在 3 种技术难题，分别是单证自动分类、关键要素散落不同位置，以及对于识别有误的内容进行提示。采用图 15-8 所示的人机协作模式，通过人工智能预抽取和预审、人工对关键信息复审的方式解决上述问题。

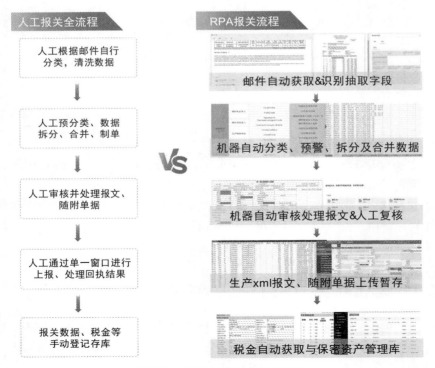

图 15-8　人工报关与智能报关对比

3. 产品持续优化改进

通过实施两期项目，实现了如下价值。

- 在合理的流程规划下，20多台达观RPA机器人为报关公司30多位制单人员分担了近70%的工作量。
- 从通关一体化的角度，实现了自动跟踪邮件、自动识别全量要素、适配报关公司独特数据库，以及人机无缝配合的模式。
- 解决了数据拆分、合并和排序的技术难题。
- 基于知识图谱，采用RPA通过邮件实时预警。
- 为公司快速拓展商业版图、扩大产能提供技术支撑。

15.3.3 某大型工业品超市智能询报价系统

智能询报价系统秒级响应服务可以为用户带来极速感受，提升售前服务体验。

1. 升级售前服务体验

面对SKU在百万级的场景，用自动询报价系统代替人工处理客户发来的询报价单，自动搜索出配件信息并填入表格，大幅提高效率。客户等待时间从原来的几小时缩短到2~3分钟。在售前阶段，客服可以大幅减少无效时间消耗，同时也提升了用户体验。

2. 攻克四大技术难题

如图15-9所示，通过实施本项目，可以实现秒级报价，提供匹配用户搜索意图的答案且图文并茂。在项目实施与上线过程中，主要帮助企业解决了如下核心技术难题。

(1) 支持多种数据类型：达观支持Office、邮件、MySQL数据库等十几种数据类型与来源。

(2) 数据自动同步：提供商品库数据同步接口，实现SKU商品信息的自动同步。

(3) 识别准确率高：构建专业算法模型，报价单经过逐条识别、判断、名称型号变换、检索等数据处理流程，准确率高达91%。

(4) 语义泛化智能搜索：通过语义理解和数据归一化，解决了产品名称及参数不统一的问题。

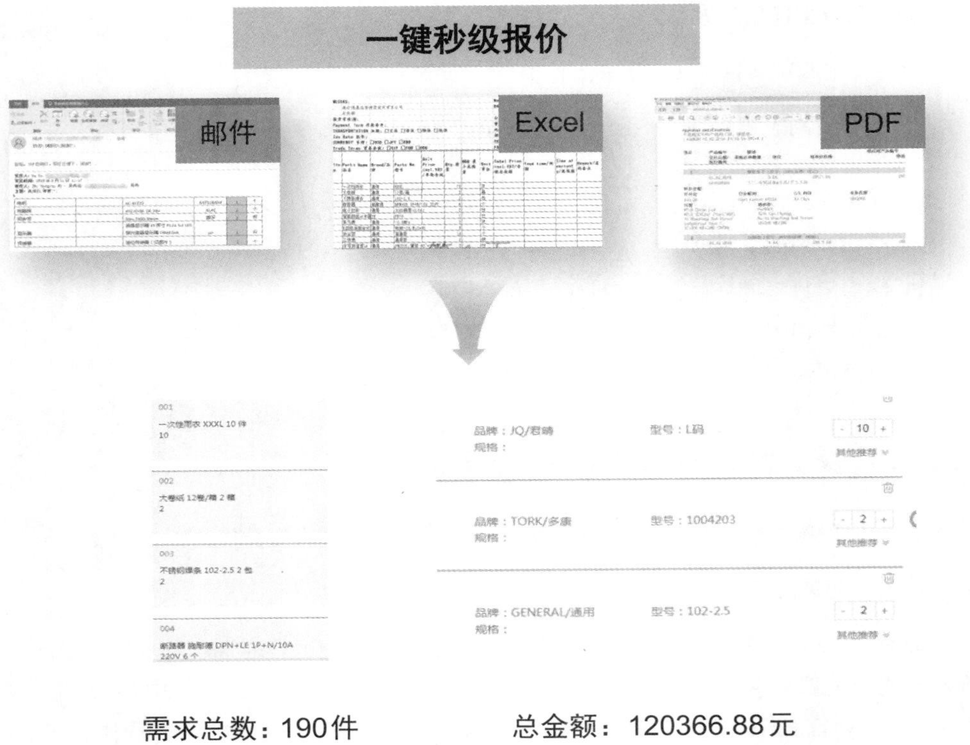

图 15-9 智能询报价

3. 助力客户自主研发

在带给客户明显的业务价值提升的同时，将重要的询报价技术能力沉淀到客户公司内部，培养了团队的联合开发能力，其后续的自主研发能更好地提升效能，具体如下。

(1) 良好的线上询报价体验，提升品牌价值。询报价秒级响应，快速生成订单，极大地节省了客户的时间，同时提升了库存商品的流转效率和经济收益。

(2) 提升效率，节省人力成本。精简了原本数十人的客服团队，将主要精力集中在商品库的运营和维护上，有助于扩展业务条线，巩固行业领跑者地位。

(3) 积累经验，沉淀知识。在项目建设过程中，构建了行业产品同义词库和品牌同义词库，形成了知识的积累和沉淀，为客户创造了宝贵的无形资产。

第 16 章

智能制造与智能文本处理

制造业作为一个关键的经济领域，一直在追求提高生产效率和产品质量。随着技术的不断进步，制造业也逐渐将智能文本处理技术和知识图谱技术纳入其数字化转型的战略中，以实现对质量与可靠性工具 FMEA（失效模式与影响分析）的高效赋能。FMEA 是制造业中常用的一种风险评估方法，通过对潜在失效模式及其对产品性能和可靠性的影响进行分析，帮助制造企业预防和减少产品质量问题，提高产品的可靠性和安全性。然而，传统的 FMEA 过程通常需要大量的人工参与，对文本信息的处理和分析需要耗费大量的时间和资源，而且可能会受到主观因素的影响，存在一定的误差。通过智能文本处理技术和知识图谱技术的赋能，制造业在进行 FMEA 时可以极大地提高执行效率，同时降低人员成本。

本章将详细介绍知识图谱技术如何实现对质量与可靠性工具 FMEA 的高效赋能，尤其是 FMEA 中对知识的自动化抽取、分类、匹配、审核、比对、纠错、生成等各种智能文本处理，可以极大地提升执行效率。自动化的文本处理过程减少了人工操作的介入，从而减少了人为因素对结果的影响。智能化的分析和纠错能力使得 FMEA 更加准确可信，有助于制造企业更好地应对潜在的风险和挑战。

16.1　智能制造中的质量与可靠性工程

产品质量与生产可靠性是制造业的生命线。产品制造如同攀岩，在任何一个地方出现微小的疏忽和差池，都可能导致产品质量不过关，进而导致产品在市场上失去竞争力。

16.1.1　智能制造

智能制造的本质就是虚拟网络和实体生产的相互渗透与融合，把专家的知识与经验融入感知、决策、执行等生产活动中，从而大大提高生产效率，减少对传统劳动力的需求。

智能制造的关键在于知识

在传统的机械工业时代，制造技术指的是根据市场需求，利用物料、技术、设备、工具、信息、人力等资源，通过生产过程产出大型工具、工业产品和日用消费品。近年来，全球制造业进入了数字化、智能化时代。为了应对国际竞争，发达国家纷纷将智能制造作为未来制造业发展的重要方向。

在前 3 次工业革命中，传统的制造系统主要围绕 5 个核心要素进行技术升级，即物料、机器、方法、测量和维护。无论制造系统在技术上如何进步，其运行逻辑始终是：出现问题，人根据经验分析问题，人根据经验调整 5 个要素，解决问题，人积累经验。而智能制造的核心是综合利用质量与可靠性工具，解决人类经验和知识的产生、传承、应用等问题。

16.1.2 质量与可靠性工程

质量与可靠性工程的目标是持续改进产品设计和生产工艺，提高设备描述、仿真诊断以及预测性维护的精密度和准确率，预防失效，达到如疫苗一般"治未病"的效果。

1. 质量与可靠性工程中的关键技术

企业在数字化变革中，业务对知识的需求范围不断扩大，业务复杂程度不断提高，质量与可靠性工程显得尤为重要。实践证明，在采用先进技术的复杂工程系统中，实施质量与可靠性系统工程不仅是可行的，而且会带来显著的效益：提高产品的使用效能和减少寿命周期内的费用。质量与可靠性工程中常用的工具包括测量系统分析（MSA）、产品质量先期策划（APQP）、失效模式与影响分析（FMEA）、统计过程控制（SPC）和生产件批准程序（PPAP），其他工具及关键技术还包括事件树分析（ETA）、潜在通路分析（SCA）、可靠性框图（RBD）、失效树分析（FTA）等。

2. 质量与可靠性工程中的关键数据

质量与可靠性工程包含各类型的工具，但还是围绕"人机料法环测"产生的数据进行设计。从内部数据源来看，主要包含人员、设备、物料、工艺、环境和故障数据；从外部数据源来看，主要是国家标准、行业标准、法律法规等。以制造业中广泛使用和认可的工具 FMEA 为例，FMEA 通常以半结构化的表格呈现上述各类文本数据。图 16-1 展示了 FMEA 文件中常见的"人机料法环测"数据。

人员数据	人员组织架构数据、产品组织架构数据（产品专家、产品工艺专家、设备专家等）
设备数据	产品生产设备（电机、冲压机等，设备型号和具体设备示例需要区分）、设备使用手册
物料数据	BOM（物料清单，层级设备−材料体系数据）、采购清单
工艺数据	作业指导书、工艺流程书、验证报告、技术标准
环境数据	规章制度文件、用户手册
故障数据	故障分析报告、故障案例、FTA、FMEA

图 16-1 "人机料法环测"数据

3. 关键文本数据如何成为知识

处理和理解语言文字是制造业的日常重要活动之一。然而，计算机进行文字阅读和理解时面临 3 个主要挑战。

(1) 缺乏知识体系：由于缺乏完备的知识体系，计算机很难深入理解和推导文字背后的含义。

(2) 缺乏领域专家经验：与拥有行业知识的业务、法律和财务专家不同，计算机无法在阅读文字并与知识进行比较后形成专业见解。

(3) 模糊、歧义和抽象会增加困难：语言中存在很多模糊不清、歧义和抽象的现象，需要结合上下文来理解。

知识图谱是为了应对上述挑战而提出的方案之一，它可以将人类的各种知识以符号形式描述并沉淀下来，形成结构化的语义知识库。计算机可以利用这个语义知识库去理解更加复杂的含义，实现对质量与可靠性工具，尤其是 FMEA 中各类知识的自动化抽取、分类、匹配、审核、比对、纠错、生成等各种智能处理，从而极大地提升执行效率，同时显著降低人员成本。

16.1.3 FMEA

FMEA 的设计初衷是预防失效。

1. 什么是 FMEA

FMEA 通常是在生产制造之前预估可能发生失效的地方，寻找避免潜在失效发生的措施，提前做好预案。最终全部过程以文件形式存档。由此可达到以下目的：提高产品的可靠性，减少质量问题，节省维修费用，缩短开发周期，降低设计、生产和制造过程中的风险。从 20 世纪 50 年代开始，FMEA 就广泛应用于航空航天、船舶、汽车、医疗设备、微电子等工业领域。

2. FMEA 的分类

FMEA 在生产质量体系中的应用涵盖了产品规划、设计开发、生产制造和客户反馈的全流程。常见的 FMEA 类型有 DFMEA（设计 FMEA）和 PFMEA（过程 FMEA），其他的还有 SFMEA（系统 FMEA）、MFMEA（设备 FMEA）等。通常在规划新产品类型、系统结构和生产工艺时，需收集以往产品的相关 DFMEA 文档，梳理产品可能存在的失效因素，依据历史经验制定预防和改善措施，并制作新产品 DFMEA。在产品制造的工艺研发阶段，则会用类似的流程，依据工艺工程师的经验和 know-how 知识制作 PFMEA，基于 PFMEA 形成生产线管理的标准作业程序（standard operating procedure，SOP）。在产品制造和使用过程中，如果出现失效，则可以参考 DFMEA 和 PFMEA 进行失效分析。如果有新的失效发生，则需要根据失效分析的结果更新 DFMEA 或 PFMEA，定位失效的原因并解决。同时，当失效发生的频度、严重程度、检测难度（risk priority number，RPN）和 FMEA 中的估计值不一致时，也需要更新相应内容。图 16-2 展示了常见的 DFMEA 文件的形式。

3. 为什么 FMEA 在质量与可靠性工程中处于关键位置

由上述不同类型 FMEA 的定义及目的可以清晰地看出，FMEA 是设计、研发、制造等工程师用来在最大范围内预防故障发生，并针对性地进行改善或者增加测试手段的一种方式。作为质量与可靠性工程中最关键的一环，其作用和意义大致如下。

(1) FMEA 与以质量问题预防为主的原则保持一致。要确保高质量的产品在出现问题之前就得到有效的管理，而非出现问题时或出现问题后才进行纠正。FMEA 的核心理念就是把问题消灭在萌芽状态。

(2) FMEA 应用涵盖了产品规划、设计开发、生产制造和客户反馈的产品全生命周期。

FMEA 还承担着领域知识和专家经验（know-how 经验）的沉淀、使用、传承等任务。一方面，FMEA 的制作和使用通常包含设计、制造、品质、项目管理、工艺等各个方面，是各领域专业人才集体智慧的结晶。另一方面，对应用 FMEA 较好的企业来说，FMEA 提供了标准化的方法，使得知识在各部门间顺畅流动，在产品或工艺的代际之间传承。

设计失效模式与影响分析（设计FMEA）

编号：

项目编号	WBHX-0000-A 汽车	车型号	编制
总成/零部件名称	图号 #P3455967		审核
主要参与人员	总装配、车身工程师、制动工程师、工艺工程师		
	编制日期 2020/12/10		批准 2021/1/10

项目/功能	要求	潜在失效模式	失效的潜在影响后果	严重度	分类	失效的潜在起因	发生率	现有设计控制预防	现有设计控制探测	探测率	RPN	建议措施	职责&目标完成日期	采取的措施和生效日期	严重度	发生率	探测度	RPN
前门 WBHX-0000-A	维护内饰完整，防门板内完整	门内板下部腐蚀	车门内板下部腐蚀面，门本命漆低，导致漆面生锈，使顾客对外观不满；损害车门附件功能	5	外观	内门板上边缘规定的保护蜡喷涂太低	3	设计要求(#31268)和最好蜡(BP3455)	车辆耐久性试验 T-118(7)	7	105	试验室加速腐蚀试验	A. Tate 车身工程960X 09 03	基于试验结果(试验编号1481)，上边缘规范5上升到1250X 09 30	5	2	3	30
						蜡厚度规定不足	3	设计要求(#31268)和最好蜡(BP3455)	车辆耐久性试验 T-118(7)	7	105	试验室加速腐蚀试验	A. Tate 车身工程960X 09 03	试验结果基于规范厚度是无足够的0X 09 03	5	2	3	30
						规定的蜡层厚度不足	2	MS-1983工业标准	物理实验和化学实验室试验—报告编号:1265 (5)车辆耐久性试验(7) 试验T-118(7)		50	无		在规定厚度上显示了设计试验分析 车身工程师 OX 25%的变异，是可接受的 1018	5	2	3	30
						角落设计不预防喷嘴头进入到所有前面积	5	31939设计规范	用功能不部件喷蜡的头进行设计辅助调查(8)车辆和总久性 试验 T-118(7)	5	175	利用正式喷蜡严密喷涨和特定辅助头进行小批评细K10X1115评价	车身工程师OX1115	基于工程和总装身工程OX1115孔	5	1	1	5
						车门内板之间空间不足，导不下喷蜡作业	4	3193设计规范	喷头入口图纸评估(4)车辆耐久性 试验 T-118(7)	4	80	利用辅助喷蜡计划喷蜡和喷头头和评估	车身工程和总装 部门OX1215	评价图显示入口合适0X1215	5	2	4	40
BX汽车制动系统BWX-0000-Y	保证制动性能符合标准	车辆不能停止	车辆制动车辆功能异常，导致车辆无法减速，造成安全隐患，汽车主要使用功能，造成安全法规	9	功能	阶降蚀保护不够、机械断裂	4	MS845材料标准	03-9963试验	7	80	材料改为双相不锈钢、耐点腐蚀能力提高5升级	制动工程师和材料工程师	材料换为双相不锈钢、耐点腐蚀能力指数5	5	2	3	30
						不合适的主油封真空密封设计，造成密封失效、油路失效	4	3193设计规范	压力变化试验	5	105	使用原有设计	制动工程师	采用现有设计达真空密封要求、液压油路失效在正常范围内	5	2	3	30
						不正确的链接原理、液压压力异常	3	3593设计规范	振动试验18-1950	4	120	改善订连接为快速连接	制动工程师和总装配	改善订连接快速连接、液压压力正常	5	1	3	30
						使用了不符合要求的管路材料	2	MS1178材料标准	管子弹性的DOE	5	80	增加体管路液体弹性为为度	材料工程师	应用弹性连接改善成的耐低螺旋压压力为力	5	1	1	5

图 16-2 DFMEA 表格

16.2　FMEA 知识图谱

本节从 FMEA 知识图谱相关概念出发，将介绍为何 FMEA 未能在制造业中很好地发挥作用，以及如何设计图谱模式和构建图谱。

16.2.1　FMEA 知识图谱的定义与价值

FMEA 知识图谱是一种对制造业核心知识间的关联进行建模的方法，目的是将这些关联关系的逻辑显式表达出来，并解决以往 FMEA 应用中的一些痛点。

1. 什么是 FMEA 知识图谱

知识图谱可以将数据信息表达成更符合人类认知模式的形式，同时提供一种更优秀的组织、管理和理解海量信息的能力。知识图谱不仅为语义搜索带来活力，而且在智能问答中显示出强大威力，已经成为以知识为驱动的智能应用的基础设施。利用知识图谱和 NLP 技术，基于制造企业对质量与可靠性要求打造的 FMEA 知识图谱系统，以 FMEA 为核心，实现了产品结构、功能、工艺、失效模式、失效原因、失效影响、改善措施等核心知识的连接，打通了设计研发、生产制造、工艺改良、产品售后等环节。知识图谱平台可以对 FMEA、FMECA、FMEDA 等文档进行解析并构建出质量知识体系，实现智能化、全面、高效和准确的故障诊断与失效归因分析，助力先进制造企业打造基于认知智能的生产质量体系，持续提升产品质量和可靠性。

2. 为什么使用 FMEA 知识图谱

我们对设备生产制造厂商的调研结果表明，大多数企业没有充分利用 FMEA 来提高产品生产过程中的良品率，主要原因如下。

(1) FMEA 知识查找烦琐。部分信息化发展程度比较低的企业，其 FMEA 文档往往分散在各处，不便于统一查询和使用。部分企业会使用 PLM（产品生命周期管理）系统对文件进行管理，但文件数据无法全文检索，往往需要下载原文件再线下查找。

(2) FMEA 文档比对耗时。FMEA 文件版本更新不支持清晰的内容比对，新增了哪些故障模式，以及同一故障模式的 RPN 数据变化无法清晰感知。

(3) FMEA 更新知识共享难。设备核心知识主要存储在 PLM 系统中，但因为数据安全性等要求，各项目文档仅项目相关人员可以查阅。同类型产品故障模式内容更新，无法进行知识的分享和复用，从而造成重复造轮子和成本浪费。

(4) FMEA 制作周期长。无论是新产品 FMEA 制作还是历史版本更新，都需要 FMEA

小组（工艺、品质和产品专家）花费数周时间完成，文档的先进性无法保障，用户使用积极性不高。

16.2.2　FMEA 知识图谱模式

FMEA 知识图谱模式（schema）的设计需要综合考虑研发、生产、管理、售前、售后等环节，涉及制造流程中多个维度的数据，同时需要结合实际的业务场景不断打磨、迭代。

1. FMEA 中的"人机料法环测"

"人机料法环测"是制造流程中的几个重要维度，是故障或者失效分析中的重要因素。失效模式是指设计或制造问题导致产品无法提供预期功能。失效模式来源于功能，潜在的失效模式按功能分类包括功能丧失、功能退化（性能随时间损失）和功能间歇。通常情况下，这些都可能是失效产生的原因。

(1) 人的因素。例如操作员在产品生产过程中的操作步骤有误。

(2) 机械、机器、电气和设备因素。例如电子元器件损坏，机械臂某个固件松动，钻头变钝。

(3) 材料因素。例如供应商提供的原材料质量不达标。

(4) 工艺方法。例如采用的工艺无法达到生产线要求的质量和良品率。

(5) 环境因素。例如环境的温度、湿度，厂房的长、宽、高，AQI（空气质量指数），消防设施等。

(6) 检测手段。例如测量产品的长度，由于测量仪器本身出了问题引起的失效。

2. 什么是 FMEA 知识图谱模式

schema 这个概念在很多领域中广泛使用。对知识图谱而言，schema 就是对其中实体、属性及关系进行明确的界定，确定其可行的范畴，因此部分学者将知识图谱划分成两个层级：模式层和数据层。实际上本体的概念也是如此，因此也有部分学者将知识图谱划分成本体层和实体层。这两种划分方式本质上是等价的，即定义知识图谱的 schema 等价于构建知识图谱的本体。

知识图谱构建平台提供了一套可视化工具来帮助企业的业务专家和知识图谱专家一起梳理和设计图谱模式，其中图谱模式设计通常包含两个步骤。第一步，需要知识图谱专家和业务专家协同梳理业务知识，结合企业自身的业务逻辑形成知识体系。第二步，以业务知识体系为基础，根据业务需求和功能设计，由知识图谱专家和业务专家讨论、抽象出实体类型及其属性和关系类型及其属性，设计知识图谱模式。

3. FMEA 知识图谱模式实例

图 16-3 展示了一个知识图谱的简化版 schema，可以看出研发、生产、管理、售前、售后等环节都与失效有关。除了常见的"人机料法环测"等主要维度，故障和失效还与人力资源、成本以及 BOM 数据相关联；而 BOM 数据与设计变更、供应商、客户、营销等因素可产生进一步的关联。在研发端，研发的相关知识，包括论文、专利、舆情以及竞品相关的说明文档等，都可以与故障和失效进行关联，从而全方位地完善 FMEA 知识图谱中的核心知识和基础知识，实现失效知识的融会贯通。

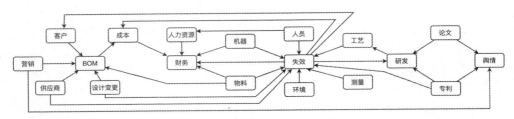

图 16-3　知识图谱 schema 实例

16.2.3　构建 FMEA 知识图谱

本节将介绍构建 FEMA 知识图谱的基本流程和关键技术。

1. 基本流程

在构建 FMEA 知识图谱之前，首先会由知识图谱专家主导，企业业务专家协同，双方共同梳理企业 FMEA 产品知识和经验，结合企业自身的业务应用场景形成完整的 FMEA 知识体系；其次，平台提供一系列可视化图谱建模工具来帮助企业业务专家和知识图谱专家一起梳理和设计图谱模式。当图谱模式设计完成后，可以利用映射式构建工具和抽取式构建工具把结构化数据和非结构化数据构建成图谱。

2. 关键技术

FMEA 文档主要由表头和表格内容构成，对 FMEA 表格内的文本信息进行解析是知识图谱构建的首要任务。通过自动化或半自动化的知识抽取技术，从原始半结构化数据中获得实体、关系、属性等可用知识单元，为 FMEA 知识图谱的构建及应用提供知识基础。

传统的知识抽取主要基于规则方式，根据人类专家预先定义的知识抽取规则，从 FMEA 文本中抽取知识的三元组信息。但是这种方法主要依赖具备行业领域知识的专家人工定义规则，当数据量增大时，规则构建耗时、可移植性差。相比之下，基于神经网络的知识抽取将 FMEA 文本作为向量输入，能够自动发现实体、关系和属性特征，适用于处理大规模知识，已成为知识抽取的主流方法。

FMEA 知识融合是融合各个层面的知识，包括来自不同知识库的同一实体、多个不同的知识图谱、多源异构的外部知识等，并确定知识图谱中的等价实体、等价关系及等价属性，实现对现有知识图谱的更新。

通过信息抽取技术，我们可以从非结构化数据和半结构化数据中获取实体、关系以及属性信息，但是这些结果中可能存在大量冗余和错误信息，并且数据之间的关系也是扁平化的，缺乏逻辑性和层次性。因此，有必要通过知识融合技术对其进行清理和整合，从而消除概念的歧义，剔除冗余和错误概念，确保知识的质量。

16.3　FMEA 知识图谱应用示范

本节从应用功能和应用案例的角度出发，将详细介绍 FMEA 知识图谱如何方便企业的研发、品质、工艺等工程师快速了解类似产品的 FMEA 全景知识。

16.3.1　FMEA 应用功能介绍

本节将介绍 FMEA 在制造业中的几个典型应用。

1.FMEA 辅助制作

平台可基于构建的知识图谱生成不同类型的 FMEA 文件，包括 DFMEA、PFMEA、SFMEA 等。生成 FMEA 文件时，可通过筛选功能搜索指定范围内的 FMEA 数据，包含单一产品的故障模式以及多个产品同一故障模式的知识内容，大大提高了 FMEA 制作人员检索和完善资料的效率。

FMEA 知识图谱将失效模式与产品、功能、工序、设备等多类要素关联，并打上"人""机""料""法""环""测"多个维度的标签。如图 16-4 所示，当需要制作一个新产品设计 FMEA 时，输入产品类型、产品层级结构及对应功能，系统利用知识图谱推理技术自动收集和整理该产品类型下产品物料、功能关联的失效模式及对应的 FMEA 条目；当需要制作一个新工艺过程 FMEA 时，输入产品类型、工序和设备，系统自动收集和整理该产品类型下工序和设备关联的失效模式及对应的 FMEA 条目。工程师可直接对收集整理好的 FMEA 进行编辑，提高 FMEA 制作的质量和效率，同时更全面地利用历史经验。

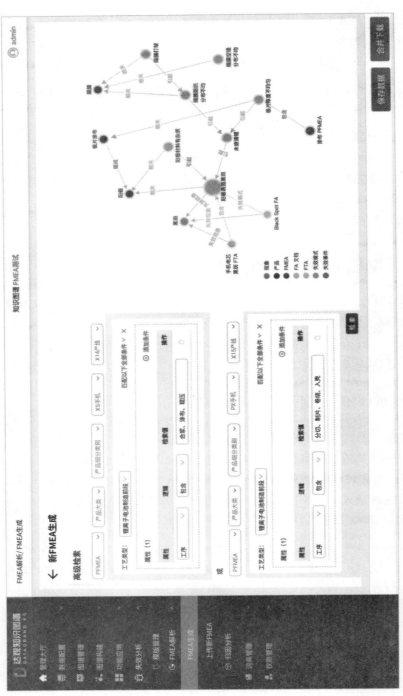

图 16-4 FMEA 辅助制作

2. 基于 FMEA 知识图谱的失效归因分析

归因分析是对特定事件的过程进行因果解释和推理。归因分析在数据分析、广告营销、投资、心理学等领域都有相关的理论研究，在制造业中主要应用于设备和生产线的故障分析，通过分析结果反哺产品设计，以此提升产品质量和工艺水平。

失效归因分析对输入的失效模式、位置、现象等内容进行解析，生成与知识图谱关联的失效信息，可手动添加信息辅助分析使结果更准确，以此排查深度原因，如图 16-5所示。归因分析结果页提供所有可能的原因，这些原因相互独立、完全穷尽，每一条结果支持查看失效原因的图谱，并提供原始 FMEA 数据的溯源信息。

3. FMEA 更新提醒

通过 FMEA 知识图谱系统，能够与企业其他和生产相关的知识关联起来，比如失效树分析 FTA、失效分析 FA、物料清单 BOM 等。将失效模式与产品、物料、设备、工艺等要素相关联后，一个知识的更新可能引起其他相关知识的更新。

例如，从新上传的失效分析案例 FA 中可以挖掘失效产品、失效模式、失效原因、检测方法、改善措施等知识，系统自动匹配对应的 FMEA 和失效模式。若匹配不上，可以提示相关 FMEA 维护工程师可能需要新增失效模式；若匹配上了，则对比该 FMEA 条目中的内容和 FA 内容，FA 中也许会有新原因、新解决方法、新检测方法或新改善措施，可以提示相关 FMEA 维护工程师可能需要更新和完善 FMEA。

图 16-6 中，右侧从基于 8D 方法分析的案例中抽取出的失效模式"雨刷常转"可能的原因中，"开关到仪表板下保险丝 / 继电器盒的线束有短路"在对应的 FMEA 中都没有，可以提示工程师将其更新到 FMEA 中，智能化维护 FMEA 等类型指导文档的先进性，推动完善产品制造过程控制方法，提高生产良品率。

4. FMEA 知识问答

智能问答基于语义解析，将用户提出的自然语言问题转化成逻辑形式在知识图谱上查询。相比于基于字符匹配的传统搜索引擎，基于知识图谱的问答搜索，可以进一步理解用户输入的语义信息，并推荐与搜索结果相关联的知识。

如图 16-7 所示，维修工程师搜索"发动机发生故障会有什么显示"，达观知识图谱理解用户的搜索意图实际为发动机故障指示灯的图例，因而优先返回文档中的截图和相关维修案例，而不仅仅返回包含"发动机""故障""显示"等关键词的文档信息。部分问题的答案会直接以图谱的形式展示，提供可解释性，并且可选择图谱上的答案追溯到相关历史文档。此外，知识图谱可推荐"发动机故障指示灯"相关的其他图例和维修案例，帮助维修工程师拓展知识。

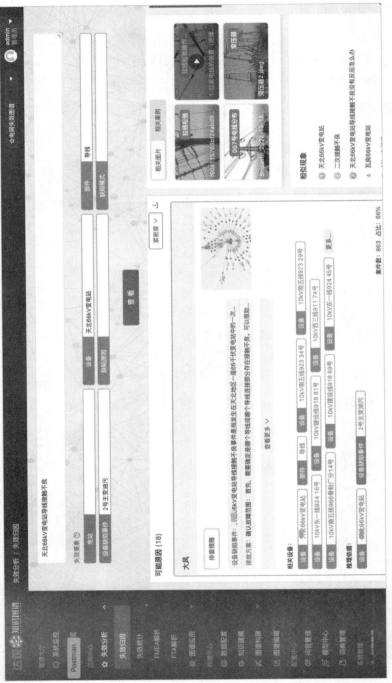

图 16-5 失效归因分析

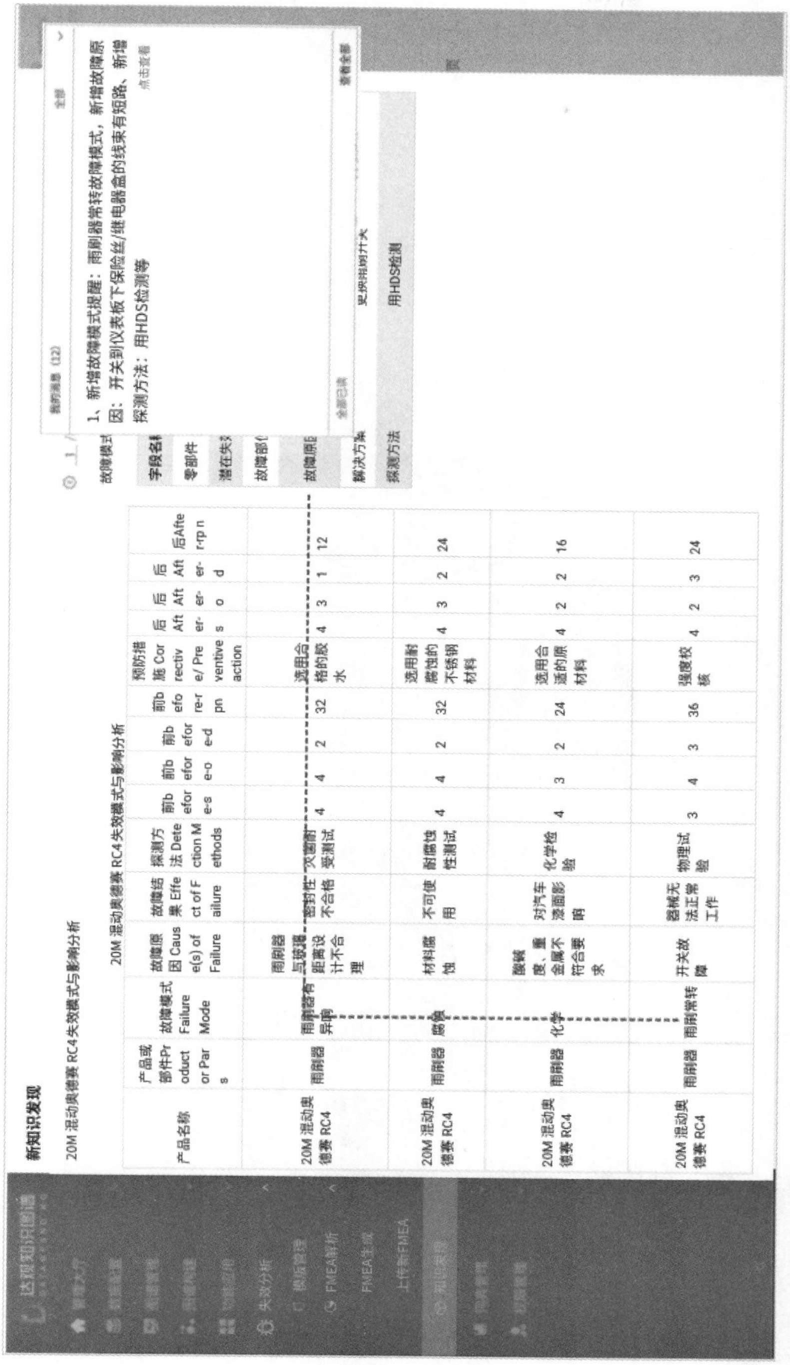

新知识发现

20M 混动奥德赛 RC4 失效模式与影响分析

20M 混动奥德赛 RC4 失效模式与影响分析

产品名称	产品或部件 Product or Parts	故障模式 Failure Mode	故障原因 Cause(s) of Failure	故障后果 Effect of Failure	探测方法 Detection Methods	前 before-s	前 before-o	前 before-d rpn	预防措施 Corrective/Preventive action	施后 After-s o	后 After-o	后 After-d	后 After-rpn
20M 混动奥德赛 RC4	雨刷器	雨刷器转向异常	雨刷器与球头连接距离设计不合理	密封性"失"/不合格 要测试	4	4	32		通风合格的胶水	4	3	1	12
20M 混动奥德赛 RC4	雨刷器	腐蚀	材料腐蚀	不可使用	耐腐蚀性测试	4	2	32	选用耐腐蚀的不锈钢材料	4	3	2	24
20M 混动奥德赛 RC4	雨刷器	化学	酸碱度、重金属不符合要求	对汽车漆面影响	化学检验	4	3	24	选用合适的原材料	4	2	2	16
20M 混动奥德赛 RC4	雨刷器	雨刷编转障	开关故障	器械无法正常工作	物理试验	3	4	36	强度校核	4	2	3	24

我的消息（12）

1、新增故障模式提醒：雨刷器常卡转故障模式，新增故障原因：开关到仪表板下保险丝/继电器盒的线束有短路，新增探测方法：用 HDS 检测原……
点击查看

字段名称	
零部件	
潜在失效	
故障部	
故障原因	
解决方案	更换相别开关
探测方法	用 HDS 检测

查看全部　　返回目录

图 16-6　FMEA 更新提醒

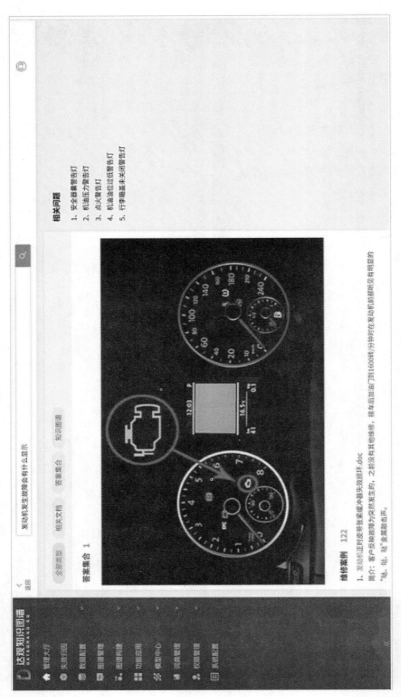

图 16-7　FMEA 知识问答

16.3.2　具体应用案例分析

本节将介绍知识图谱在医疗器械企业、航天航空单位和汽车主机厂 3 个场景中具体的业务应用和产生的价值。

1. 某医疗器械企业应用案例

某医疗器械企业出于安全性考虑，在知识管理环节，各项目文档仅项目相关人员可以查阅，存在重复造轮子的情况，知识和经验无法得到有效的复用和共享。如图 16-8 所示，医疗器械研发图谱平台通过对医疗器械数据的分析与挖掘，精准获取医疗器械研发相关知识，从而辅助医疗器械产品快速创新，使企业自身的知识应用水平显著提升，对促进医疗器械行业专业知识共享和复用有着重要的实践价值。

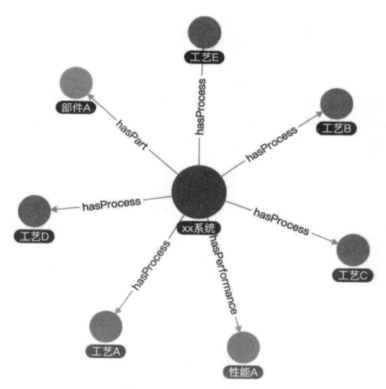

图 16-8　医疗器械研发图谱

2. 某航天航空单位应用案例

某航天航空单位在装备故障检修业务领域，由于航空装备结构复杂，涉及的系统、部件多样，对应的故障模式及其间的关联维度繁杂等，存在故障根因定位困难、高度依赖工程师自身经验、信息获取效率低、故障处理不全面等痛点。依托智能制造知识图谱平台，如图 16-9 所示，对航空装备事故报告、事故征候报告、故障维修报告、FMECA 报告、航空装备保障教材等资料进行结构化处理，构建航空装备故障知识图谱，形成故障知识多维度关联网络，搭建智能问答和智能故障归因分析应用，极大提升了知识、经验获取的便捷性和效率，辅助检修工程师高效、准确、全面地诊断故障根因，推荐解决措施，对于多点故障问题尤其有效。最终通过航空装备故障知识图谱与智能问答系统实现了知识、经验和资料应用价值最大化。

3. 某汽车主机厂应用案例

某汽车行业龙头企业生产过程中的故障诊断高度依赖个人经验。在车辆交互问答方面，系统无法准确理解用户的表达并给予正确的反馈指引。基于 MFMEA 知识图谱实现设备维修助手，使得故障诊断效率提升两倍、人力成本节省 40%、故障重复发生率降低 70%，并且将历史经验沉淀为知识库，成为驱动质量管理升级的核心动力。如图 16-10 所示，借助知识图谱和自然语义分析技术构建汽车使用手册知识图谱，并基于图谱提供文字 / 语音检索问答服务，使得车辆中控系统能准确理解用户需求并快速提供相关功能操作指引。

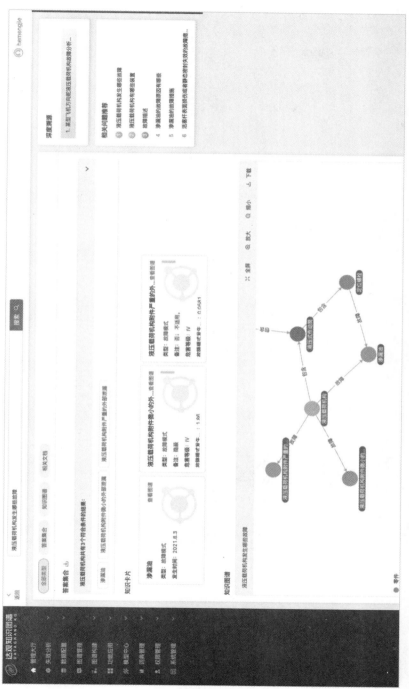

图16-9　航空装备检修问答

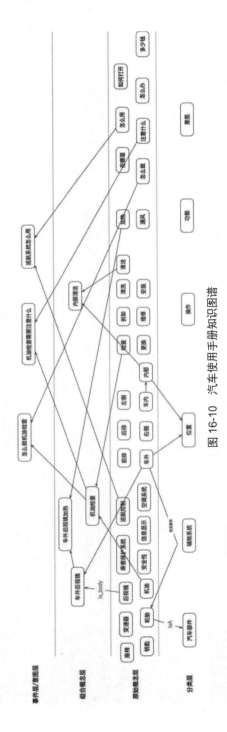

图 16-10 汽车使用手册知识图谱

第 17 章

建工行业与智能文本处理

宏观环境的变化对工程建设市场产生了深远影响，引起了人们对建工企业期望和需求的调整。在这样的背景下，建工企业必须不断适应市场变化，升级和改进自身的经营和管理体系，以满足市场和客户不断变动的需求和要求，采用智能文本处理技术可以有所助益。

利用智能文本处理技术，建工企业可以更高效地处理大量的文档和信息。从合同、图纸、规范到工程报告，智能文本处理技术可以实现自动化的文本抽取、分析和归类，大大减少人工处理的时间和成本。同时，应用智能文本处理技术可以提高建工企业的管理效率和决策水平。通过对文本数据的智能化分析，可以快速获取项目进度、质量评估、成本分析等关键信息，帮助管理层做出更明智的决策，帮助企业识别潜在风险和问题，及时采取措施进行调整和防范。

"十四五"规划中，企业全面数字化转型成为重要趋势，为建工企业带来了新的挑战和机遇。建工企业应积极拥抱智能文本处理技术，将其融入企业的数字化转型战略，实现更加智能、高效的运营模式。

17.1 数字化建设思路

数字化转型往往能够带来革命性的效率提升，但前提一定是准确找到切入点。从现阶段实际的技术发展情况来看，大多数可落地的场景只能作为正常流程的辅助功能去实现。由此，我们着力从建工行业一线业务和高层管理两个层面探寻可能的思路。

17.1.1 从一线业务角度思考

从业务侧考量：建工行业壁垒较高，长期以来工程师亲力亲为已经形成一种习惯，编写一些专业文档被视作资历和阅历的一种体现，所以他们对于推进机器代替人工，利用 NLG 技术撰写文章的行为较为抵触，认为可行性很差，不如"老师傅"的手笔。

实际的项目经验表明，情况确实如是。由于文档都是大块、长篇且人为编写的，因此风格存在差异。目前尝试过对项目信息进行 IDPS 抽取、利用 NLP 进行解析等，都不能达到满意的效果。

所以，过多地宣扬新工具有多么便捷，能够解决多么核心的问题，往往只能招致抵触心理，而一个辅助性质的工具更易于接受。

把大块的文章进行拆解，按照维度重新呈现，以道路工程为例，就是道路工程信息、造材、排水、财务报告等维度。将动辄几十页乃至上百页的报告拆解，利用每段的关键词重组这篇文章的结构，在"老师傅"撰写相关模块的时候，只需要一页左右的多个块状原文内容，即可针对各模块很快完成报告撰写。

17.1.2 从高层管理角度思考

从数据和管理侧考量：建工企业也应当响应国家"十四五"规划中号召的数字化转型，其中有关"企业管理和数据考量"就成了一个触及数字化转型痛点的场景。文档比对、合同处理、公文纠错等都是常见的办公需求。如前所述，因为建工企业的所有项目文档都依赖"老师傅"亲力亲为，所以产生了一个对"老师傅"的评价需求。评价基于实际的工作内容，对工作内容的分类便是一个需求。

对于业务部门产出的报告和文本，按照国家制定的《工程咨询行业管理办法》可分为 21 类，分别为：（一）农业、林业；（二）水利水电；（三）电力（含火电、水电、核电、新能源）；（四）煤炭；（五）石油天然气；（六）公路；（七）铁路、城市轨道交通；（八）民航；（九）水运（含港口河海工程）；（十）电子、信息工程（含通信、广电、信息化）；（十一）冶金（含钢铁、有色）；（十二）石化、化工、医药；（十三）核工业；（十四）机械（含智能制造）；（十五）轻工、纺织；（十六）建材；（十七）建筑；（十八）市政公用工程；（十九）生态建设和环境工程；（二十）水文地质、工程测量、岩土工程；（二十一）其他（以实际专业为准）。

对于业务部门产出的报告和文本，按照国家制定的国民经济行业分类可分为 18 类，分别为：（一）农、林、牧、渔业；（二）采矿业；（三）制造业；（四）电力、热力、燃气及水生产和供应业；（五）建筑业；（六）交通运输、仓储和邮政业、信息传输、软件和信息技术服务业；（七）批发和零售业；（八）住宿和餐饮业；（九）金融业；房地产业；（十）租赁和商务服务业；（十一）科学研究和技术服务业；（十二）水利、环境和公共设施管理业；（十三）居民服务、修理和其他服务业；（十四）教育；（十五）卫生和社会工作；（十六）文化、体育和娱乐业；（十七）公共管理、社会保障和社会组织；（十八）国际组织。

　　根据以上分类标准，通过一定的标注训练，可给各种文档打标签，方便后续的项目管理。

17.2　智能解决方案

　　建工企业未来的纵向发展主要有 3 个方向，分别是工程总承包、投建运一体化和以"BIM+"技术为核心的全流程数字化建造。工程总承包注重项目全过程管理和协调，以提高项目质量和效益；投建运一体化将建造过程和后续运营相结合，实现从规划设计到运营及维护的一体化服务；"BIM+"业务则依靠信息技术和数字化手段，对建造过程中的各个环节进行全面优化，实现高效、智能的建造模式。

　　这些纵向发展模式有助于建工企业在竞争中占据更多优势，满足客户多样化的需求，推动建工行业可持续发展。

　　在"十四五"规划期间，真正关键的点并不在于选择哪个纵向发展模式，而在于深刻理解新业务模式的特点。通过制定符合新业务特点的转型策略，储备新业务发展所需的资源和能力，调整内部组织和管理体系，以增强新业务实力和市场竞争力。对于上述价值融合，前沿的 AI 技术又能从哪些角度带来创新呢？

17.2.1　智慧建工项目管理

　　以建工项目管理为例，数字化项目管理模式需要与传统管理方式有实质性不同的技术能力、数据资源、组织架构、激励机制和业务理念。

　　(1) 技术能力：数字化项目管理模式需要相关人员熟练掌握数字技术、信息系统和数据分析，以便充分利用现代化的技术工具和平台，提高工作效率和精度。

　　(2) 数据资源：数字化项目管理模式需要大量、可靠且有效的数据资源支持，以便在项目管理过程中进行综合分析、评估和决策，保证项目成功实施。

　　(3) 组织架构：数字化项目管理模式需要建立职责明确、流程合理和利于团队协作的组织架构，以确保项目管理过程高效运转，并且能够及时应对变化和风险。

　　(4) 激励机制：数字化项目管理模式需要引进新的激励机制，使组织成员能够积极参与、创新思维和实践，从而共同实现目标。

　　(5) 业务理念：数字化项目管理模式需要充分体现"客户导向""价值导向"和"持续改进"的业务理念，以便在实施项目的过程中不断提升客户满意度和绩效，同时保持创新精神和保证质量。

1. 建工项目管理要点

对建工行业来说，大规模推进项目体系化管理是非常必要的。一般的管理方式主要有两点。

(1) 对项目中产生的大量文件进行分类，其中可能涉及多个维度，比如项目阶段、项目类型、项目内容等。不同的分类可以为不同的目的服务。

(2) 除了对项目本身进行管理，对相关人员进行管理也是常见需求。对于设计师、撰稿人、项目经理等不同身份的员工也需要进行体系化管理。

2. 基于项目文档解析的"一页纸"管理

在每个项目的运作过程中，会产出大量项目文档，其中各类文档的产出时间不同，对应项目阶段不同，对项目的记录维度也不尽相同。如果想对项目进行综合维度的评估和记录，则需要对各类文档进行统一处理，提取其中有价值的信息。

基于以上两个要点，建议分两种方式处理项目中的各种文档。

● 文档分类

一篇文档最基本的属性之一便是它的分类。分类标准可以是多维度的。从项目维度，可以分为需求调研文档、施工说明书、工程可行性研究报告、评估报告等；从行业类别维度，可以是《工程咨询行业管理办法》中提到的类型，也可以是 18 类国民经济行业中的类型；从专业类别维度，可以分为市政工程可行性报告、道路工程可行性报告等。图 17-1展示了对一段评估报告进行语义分析后得到的分类结果。

图 17-1　文档分类

按照特定行业的文档分类体系，计算机可以自动阅读文档内容并将其划归到相应类目。其典型的处理过程分为训练和运转两个步骤，即计算机预先阅读各个类目的文档并提取特征，完成监督学习训练，然后识别新文档的内容并完成归类。

分类好的文档可用于后续管理。例如对于项目成本管理，所处理的文件主要包括项目前期的文档、预算相关文档等，可根据分类做针对性分析。

● 文档标签

文档全文可以拆分成多种词段。中文分词是计算机根据语义模型自动将汉字串切分为人类能够理解的词汇，并运用 POS 技术自动识别相应的词性。使用动态词汇建模算法获得的词性，可为上层的语义理解打下基础。

自动语义标签是指对文本中的实体、关系、事件等信息进行重要性计算，提取重要信息作为关键词，并以词云的形式集中展示。其所呈现的效果如图 17-2 所示，我们从一段评估报告中提取出了较为有价值的词云。计算语义标签的权重不仅要考虑词频，还要综合考虑词汇的独立表义性、逆文本频率、词性等因素。提取出来的关键词会作为文档的重要标签。

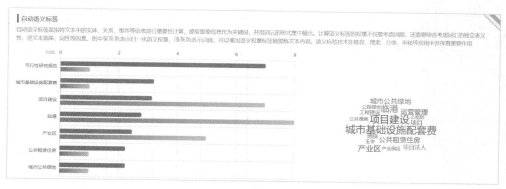

图 17-2　文档关键词提取

由此就得到了一份项目文档最关键的分类和标签，结合文档中的图片、表格、摘要等汇总形成项目"一页纸"，从而实现对于分散项目文件的集中化存储管理，方便后续查阅。

3. 某建工咨询集团项目应用案例

上海某建工企业希望联合其 OA 系统，对每个员工的工作内容和工作成果进行评估。采用的方式是：利用 NLP 能力，对项目产生的大大小小的文件进行解析、分类和打标签。如图 17-3 所示，整个项目的流程分为以下 7 个步骤。

(1) 每个项目有一个固定的集团项目统一代码作为标准代号，方便统一管理。

(2) 关键字段包括项目完成时间和项目名称。这两个字段相对固定，作为项目的基本属性描述。

(3) 项目图片是通过云文档系统，从各项目文档中抽取出来并单独保存为图片文件的。

(4) 经过分类和打标签两个层次的处理后对文档属性进行赋值。

(5) 抽取形成报告的目录。

(6) 生成报告的摘要。

(7) 从 OA 系统接口获取与文档相关的人员，包括负责人、参与人等。

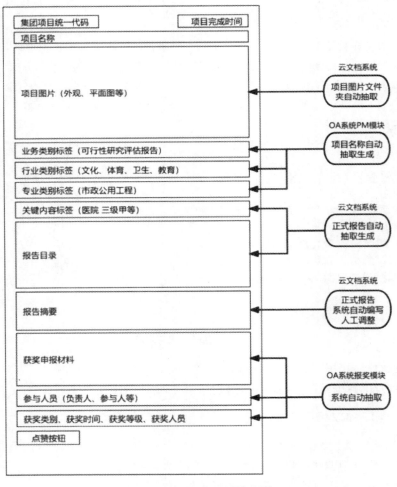

图 17-3 项目"一页纸"概览

由此，抽取行业文档形成词云，取 TOP15 词汇，给每一位文档经手人打标签，形成员工画像。员工画像可作为评估标准，在月末、季度末和年末使用。同时，"一页纸"的方式也可以对项目的关键点进行简洁、深入的管理。

17.2.2　智慧工程图纸应用

建工行业最核心的内部资源是各类专业人才队伍。在成熟的组织中，设计人员和设计管理人员是最重要的，也是占比最大的。绘制图纸是每个设计师日常进行的尖端工作。可以针对相关专业人员和能产出更大价值的设计人员的日常办公场景进行机械操作高效化替代设计。

1. 工程图纸隐藏风险

在设计人员绘制图纸的时候，施工说明是其中必不可少的项目，它的特点是数量大、种类多且杂，可能散落在全文各处或者存在于表格当中且形式各异。

施工说明一旦出错，不仅检查困难、容易被忽视，而且被监管机构发现后，会被遣回进行修订和更改，从而给设计工作及项目工期带来较大风险。

2. 基于 OCR 技术的工程图纸标准审核

针对工程图纸施工说明的识别和检测，可以赋能设计部、评估中心等，具体功能如下：

- ❑ 支持 PDF、png、jpg、jpeg、bmp、tiff 等格式；
- ❑ 支持桥梁、道路等各种建筑类型图纸的识别；
- ❑ 支持工程图纸分册的识别与合并；
- ❑ 支持工程图纸中模块化表单数据识别；
- ❑ 支持无框表格数据识别、导出及还原；
- ❑ 支持根据不同的建工标准定制审核模板；
- ❑ 与最新国家数据库进行比对得到审核结果。

如图 17-4 所示，左侧为实际图纸文件的一部分，右侧为系统识别出的结果，左右对照的方式方便查看和校对。系统可以通过 OCR 技术对图纸进行全文扫描，并抓取施工说明相关的特征进行定位，随后与国家施工标准库进行比对，将不满足条件的说明高亮显示。

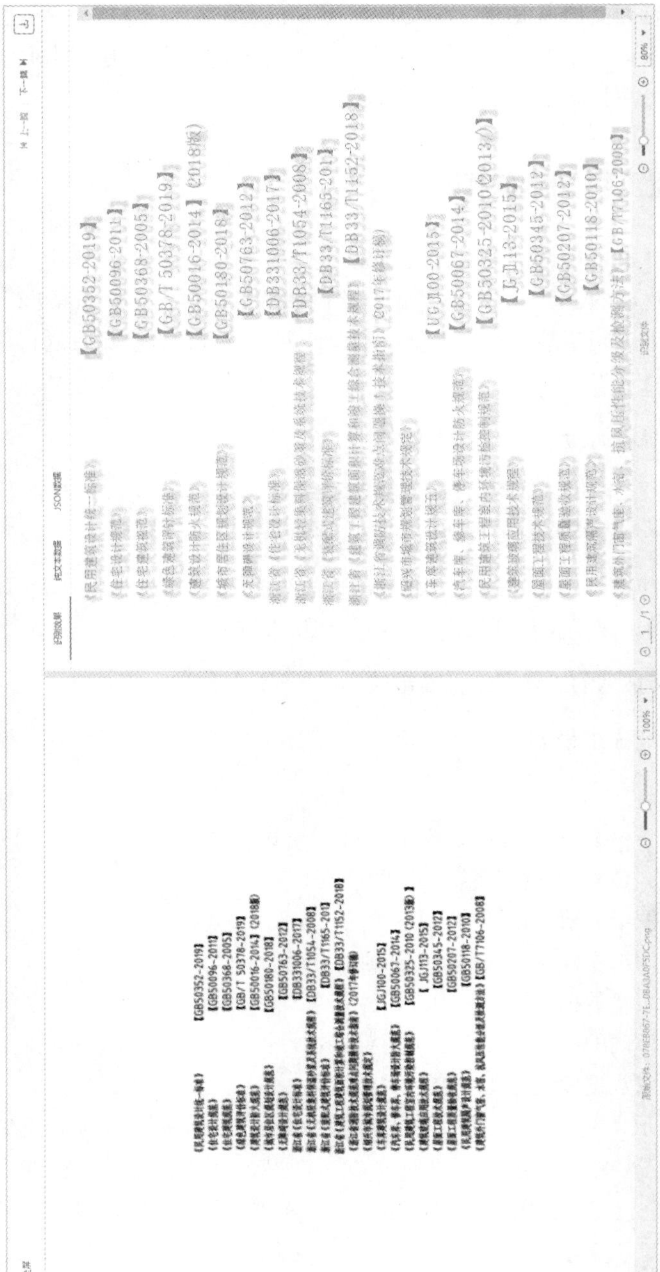

图 17-4 工程图纸标准审核

3.某知名设计院图纸审核平台

国内某知名设计院针对设计师的痛点，建立了专用的图纸审核平台。

首先，对图纸的识别存在较大挑战，整体施工说明分栏数较多、文字密集且字号较小，对识别的精确度有一定影响。

其次，一般来说施工说明在页面左上角，但是也存在分散在全文其他处和表格中的情况。

最后，施工说明格式多样，文件名、编号和关键词均不尽相同，还有一部分施工说明来源于公安部等部门发布的文件。

对于以上难点，如图 17-5 所示，需要先抓住施工说明的特征：

❑ 录入"标准""规范""指南"等关键词，建立字典；
❑ 对施工说明前后段落描述（如"相关文件""文件说明"等）进行检测；
❑ 添加对书名号"《》"、方头括号"【】"等可能的特征进行抽取的指令。

不同施工说明样式

施工说明样式繁多且分布不固定

图 17-5 施工说明难点

接着对图纸中的段落进行语义拆分，对 200 份以上文件进行数据标注，并进行定制化模型训练，从而达到更为精确的识别效果。效果优化后，平台即可上线。

根据该设计院实际需求进行定制化开发，平台提供 API 来对接设计院内部系统。平台会对设计师上传的施工说明进行抽取，得到施工说明内容及其编号，并与标准库中的文件名称和编号进行比对，高亮显示不匹配的内容，提示设计师进行人工复检。

单份图纸字数为 1 万左右，在自动化辅助系统上线前，纯人工阅读图纸的速度为 500字 / 分钟，此后与数据库比对审核还需要花费 3 小时。而 AI 完成审核只需要 3 分钟，复核时间仅为 0.5 小时，效率明显提升。

17.2.3　智慧建工标准图谱

没有规矩不成方圆，国家制定的建筑规范严谨地指导着建工行业发展。如何更有效、更规范地执行相关标准，即将标准化和信息化相融合，是需要大家考虑的难题。目前行业内技术发展如火如荼，尤其是标准的知识图谱，在提升生产效率和效益方面已有成功案例。

1. 建工标准手册版式分析

建工行业涉及范围广，不同类型的工程有相应的标准，难以统一管理。而行业标准大多以非结构化形式呈现，人工整理、协助审核费时费力。

如果有一个工具能对国家制定的多种标准进行版式分析，将其中的图、文、表拆分开来，然后对全文进行结构化处理，使文中所有标准形成图谱化的准则，那么将会为后续设计师的使用和审核提供极大的便利。

2. 基于知识图谱的施工标准系统

运用文档篇章结构分析技术，可以对设计规范中的图、表、标题和段落进行分割，并分别进行结构化存储。概括图片上下文作为图片标题，表格亦然。将图、表、标题和段落中的重要内容进行结构化解析，获得结构化数据，用于后续图谱制作。

3. 某知名设计院标准审核平台

国内某知名设计院运用知识图谱技术，将国家建工材料、制造、设计等标准通过版式解析工具进行拆分，进而高效生成知识图谱。如图 17-6 所示，运用版式解析工具对国家有关混凝土规范的文件进行拆分，将其中的图片、表格和有价值的文字分别保存，实现了不同数据源文件的结构化，方便后续高效地运用此类数据。

设计师绘制图纸的时候，可使用知识图谱实时对知识进行调用、查看和审核。

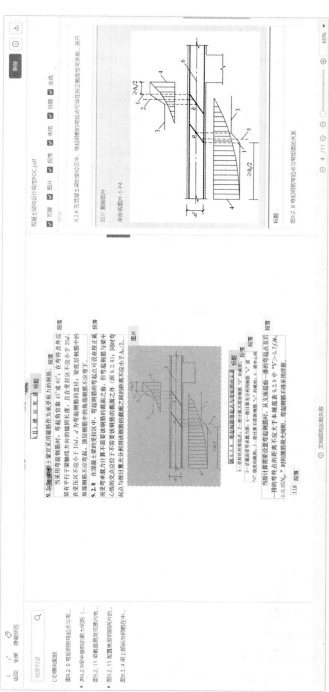

图 17-6 国家标准版式解析

17.2.4 智慧建工城市背调

城市研究是个很好的着力点。随着城市化不断推进和城市群不断形成，未来的工程建设业务将更加集中在城市内部和城市群中。这意味着城市研究将成为未来发展的必备条件。只有进行深入的城市研究，才能在具体工程上提高核心竞争力，从而在相关业务中获得更大的市场份额和商业机会。

在这种情况下，只有对城市的结构、规划、发展趋势、市场需求等方面有更深入的了解，才能在未来的市场竞争中立于不败之地。因此，工程建设业务必须致力于开展前沿的城市研究，提高业务水平，为未来的城市化进程和城市群的形成做出积极贡献。

在当前的城市研究中，我们可以借鉴发达国家城市和城市群的发展经验，同时结合我国的科技发展情况和社会文化因素，进行创新性和前瞻性的研究。

为了更好地深入具体的业务类型，我们需要系统地探索城市发展的多个方面，包括城市规划、土地利用、交通运输、环境保护等。我们也需要通过社会科学和自然科学的交叉融合来寻求更有效的解决方案，以应对城市化进程中出现的各种挑战。同时，我们还应该积极探索新技术（如人工智能、物联网、大数据等）在城市建设和管理中的应用，提高城市的智能化水平和运行效率。

最终，通过全方位的研究和创新，我们可以为城市的可持续发展和居民的福祉做出更加积极的贡献。正所谓"先人一步，棋高一着"，建工行业是传统行业，但是对于一个新的地段，预知情报也会大有可为。

1. 围绕招标信息构建城市画像

城市无疑是建工企业最需要了解和感知的对象。一座城市中是否有足够大的市场可以布局，是否在各大行业领域已经有龙头企业，是否还有可开拓的重点服务对象？针对以上问题，大多数设计院和建工企业可以从招投标的网站收集信息，通过分析得到答案。

然而，以下问题有待解决。

(1) 信息来源渠道多、乱、杂，人工收集相关文件，下载、保存、整理及分类的工作量巨大，易错易漏。公开招标信息内容杂乱分散、格式各异，关键字段难以收集整合，人工抽取结构化数据效率低下。

(2) 大量数据需要预处理和清洗，急需工具帮助人工在复杂的文本环境中找到关键字段内容并结构化，以便后续分析。

(3) 获取数据之后，需要分析工具赋能市场营销部，更好地发现隐藏问题，指引方向。

人工分析数据难以做到全面、多维且高效，仅凭人工难以挖掘数据与数据之间的内在联系。

因此，需要一种工具来快速、便捷、全面地批量获取数据。

2. 基于搜索的招标信息库构建与应用

建设公招市场经营信息平台，针对所关心的市场区域布局，对重点城市、重点客户的近年经营信息进行挖掘和分析。

对信息数据进行收集、整理和分析，明确区域项目风险、潜在竞争对手、市场现状等关键信息，为市场布局提供参考，实现降本增效。

从图 17-7 中的上海市住房和城乡建设管理委员会网站上，可以完成对应城市招投标信息的结构化，从中抽象出类似于图 17-8 所示的结构化数据，前后字段和相应的值一一对应。

图 17-7　上海市住房和城乡建设管理委员会通知公告

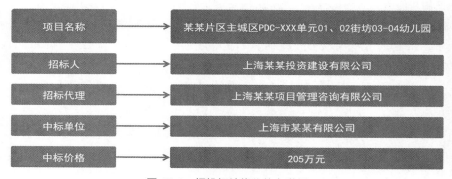

图 17-8　招投标结构化信息举例

利用结构化数据建立数据库，可基于搜索引擎对结构化数据进行多维度搜索，并据此建立多张可视化报表，有效呈现和分析数据，在数据趋势分析过程中发现隐藏在数据下的城市实际状态，构建画像。

3. 某知名设计院招投标信息管理平台

国内某知名设计院针对所关心的城市收集相关数据，并采用 RPA 协助的模式建立核心城市招投标信息库；对重点客户的近年经营信息进行挖掘和分析，了解业务归口、项目分布、竞争对手、利润空间等重要信息；通过构建市场和客户画像来帮助区域经营实现精准定位，同时锚定产品线的目标客户。

市场和客户画像是市场营销学中一种常见的分析方法，在市场定位和目标客户划分中广泛使用。构建市场和客户画像，需要通过大量的市场和客户调研来确定目标客户的个体特征、购买行为、兴趣和需求等信息，进而结合市场环境和竞争情况，制定符合目标客户需求的营销策略。

而区域经营的核心在于精准定位，通过构建市场和客户画像，可以深入了解目标客户的消费行为、购买动机、偏好和需求等因素，实现对目标客户的精准定位。同时，针对不同的客户群体，可以采取个性化的营销策略，提高客户的黏性和忠诚度，进而提高产品的销售额和市场占有率。

为设计院全体经营人员提供经营工具和信息手段，可以使他们更加快速、准确地获取市场和客户的相关信息，进而更好地制定经营策略和行动计划。这不仅可以提高设计院的经营效率，还可以优化以往的经营模式，提升整体经营水平，从而推动设计院健康、快速发展。

使用智能流程自动化机器人从相关网站上获取核心城市近几年的招投标相关数据文件；使用达观智能文档抽取平台，批量上传获取的《招标公告》《招标文件》《补遗文件》《开标记录》《中标公示》等文件并进行抽取；使用为建工行业定制的模型，支持 PDF、doc、txt、jpg、png、bmp 等格式的文件。

同时采用 OCR、计算机视觉和 NLP 深度融合技术，打磨出能够承载跨行业应用的技术架构，形成包含文字识别、动态模板、结构化识别和文字理解的完备的技术体系。对项目名称、中标公示日期、招标人、招标所属集团、招标代理、项目类型、工程总投资等字段进行抽取。抽取结果使用不同颜色高亮呈现。对于每个抽取结果，可以通过人工复核的方式进行编辑和修订。

利用抽取的结构化数据建立数据库，并在此基础上搭建搜索平台，以支持后续的数据分析。

第 18 章

互联网及传媒与智能文本处理

随着信息技术的发展和对人们生活的渗透，服务端也在积极寻求数字化转型，以满足用户需求，挖掘信息价值。互联网及传媒行业为人们提供各类资讯和服务，从数据处理到数据应用，都依托人工智能的发展来发挥其价值。达观数据为互联网及传媒行业提供了全方位的解决方案，充分挖掘各类型数据的价值，进行自动文本分类和打标签；构建知识图谱，深层关联数据信息；挖掘用户主动需求，提供智能搜索体验；构建用户画像，智能化展现千人千面的推荐内容。达观数据助力互联网及传媒行业丰富前端用户智能体验，同时为企业赋能，创造经济价值。

18.1　行业现状与背景

互联网及传媒是指以移动互联网为基础提供服务和传播各类资讯、知识等信息的平台。较知名的互联网及传媒企业有微博、今日头条等文娱平台；淘宝、京东等电商平台；各省市的广电机构、传媒公司等。

对互联网及传媒行业来说，为了更好地满足用户需求，数字化转型迫在眉睫，其关键在于提升文本信息处理能力。企业在实际经营过程中已积累了大量内外部数据，这些信息以结构化或非结构化数据的形式存在。企业数字化转型需加强文本信息处理能力，而大部分企业没有相应的技术基础和人才储备，也缺乏统一的数字化转型战略目标。

18.2　互联网及传媒行业数字化转型思路

达观智能文本处理技术助力互联网及传媒行业智能化转型，通过对底层数据的处理和分析，为用户带来智能化体验，为企业创造价值和收益。对互联网及传媒行业来说，尤其在二者融合的领域，引入人工智能技术进行智能文本处理，可以实现全渠道的智能化管理。本节将从数据挖掘、关系构建和智能展现 3 个方面阐述互联网及传媒行业的转型思路：充分挖掘数据信息，发挥数据价值；处理好的数据可构建出关系网络，进行深度关联；前端展现更加个性化、智能化，符合用户需求。

18.2.1　充分挖掘信息，发挥数据价值

在数字经济时代，数据已经渗透到人们的日常生活中，比如购物、休闲、娱乐等都可通过互联网和手机进行。而围绕人们生活开展的企业服务也基于数据。数据的丰富也意味着大量信息的冗余和重复。如何从数据中挖掘出有效信息，发挥数据价值是一个难点。

达观智能文本处理技术可以整合大量文字信息，从非结构化数据如 PDF、Excel 等文档中提取关键信息，对大量散乱、无序的数据进行整合和分析，形成结构化数据，并将其应用到具体的产品和服务中，更好地服务用户，提升用户体验，同时为企业增加收益。

18.2.2　构建关系网络，信息处理更智能

前文提到，达观智能文本处理技术可以有效整合和分析数据，更好地服务用户和企业。这其中还有一个关键环节，即在数据清洗后，数据彼此独立导致无法发挥其价值。知识图谱有助于打破信息间的孤立状态，构建不同实体之间的联系。知识图谱的意义在于把复杂的领域专业知识通过数据挖掘和信息处理，以网状图的形式将各个实体的属性和关系表达出来，通过点与线的关系描绘产品与产品间的关联关系。知识图谱能够切实整合数据为知识，从而赋能企业业务的发展。图 18-1 以公司管理架构为例，展示了各公司之间的关系网络，能让我们更好地了解公司间的从属关系和组织架构。

18.2.3　立足用户需求，展现个性化内容

对用户而言，如何快速找到自己感兴趣的内容是一件非常困难的事情，尤其是在没有明确意图的情况下。而对企业来说，数据资源十分丰富，部分无价值的数据曝光在用户面前，在有限的时间内没能迅速转化用户或采取运营措施，是一种对资源的浪费。

企业数字化转型需立足于用户需求。以图 18-2 为例，准确挖掘用户的隐性需求（体现为用户的点击、收藏和加购行为）和显性需求（体现为搜索关键词和搜索点击行为），为用户提供智能推荐或智能搜索等服务，可以有效提升用户体验。

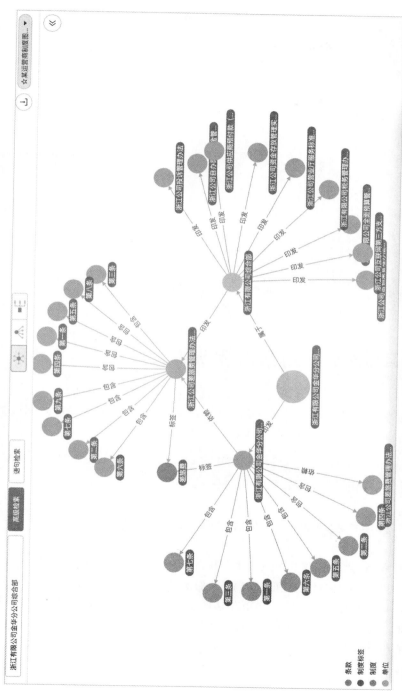

图 18-1 构建关系网络，信息处理更智能

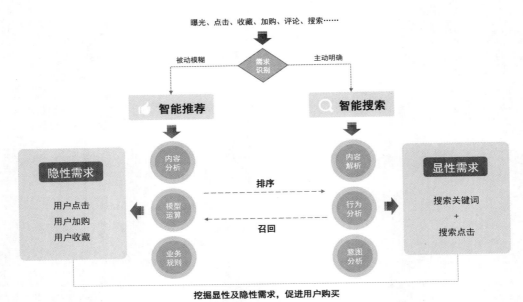

图 18-2   智能推荐和智能搜索，全方位挖掘用户需求

18.3　互联网及传媒行业应用场景

互联网及传媒领域范围非常广，尤其前几年"互联网＋"模式盛行，传统行业纷纷转型加入互联网阵营，其中，如传统的电视、纸媒等传媒行业也纷纷转型，全力建设自己的品牌和渠道。

本节将选取广电行业、社交行业、资讯行业和电商行业这 4 个重要的互联网及传媒行业进行介绍，分析它们数字化转型的思路和应用场景。

18.3.1　基于广电行业分析文本解析的应用价值

广电行业是指专业从事广电设备生产和服务的单位。目前广电行业正在急速发展，为广播电视网、移动传媒网络和互联网合并做准备。我国是广播电视数字化发展大国，据国家广播电视总局公布，截至 2020 年 7 月底，我国有线电视和直播卫星用户分别达 2.1 亿户和 1.3 亿户。各大广电集团都在探寻数字化转型之路，以期满足人们复杂多变的需求，提升用户体验。

1. 广电行业痛点：信息庞杂多样，难以处理

在新兴媒体的冲击下，互联网资讯和手机 App 导致传统媒体（如纸媒、电视、广播等）的市场份额被大大挤压，广电行业面临严峻挑战。

2020 年 12 月 7 日，国家广播电视总局印发了《广播电视技术迭代实施方案（2020-2022 年）》。文件指出，将利用未来 3 年时间实现广电全行业的技术化大转型，通过广播电视的技术迭代，加快塑造广电的媒体生态和传播形式。

广电行业数字化转型的难点在于对信息的整合和理解。

(1) 传统广电行业的相关信息多为纸媒、报告、电视信息等，无法进行数字化管理，需对这部分内容进行整合和数字化输出。

(2) 广电行业相关信息丰富、传媒形式多样，比如有电视新闻、资讯、报告、节目等。

2. 智能文本解析助力语义分析

面对不同类型、不同形式的媒体数据，广电行业需要适配一个智能化平台来对数据进行清洗和处理，实现智能分类和打标签，真正解放人力。这里着重介绍文本分类和标签提取。

文本分类是在给定的分类体系下自动确定文本类别的过程。信息爆炸导致的数据混杂、散乱使得用户和企业无法真正了解数据的价值，将信息分门别类地管理才能发挥数据的最大价值。

文本分类在广电行业有着丰富的应用场景，如下所述。

(1) 新闻网站内包含大量文章、科普、说明和报道，企业需要根据内容对题材进行自动分类，以便在前端分类展现、后端统一管理（例如自动划分成娱乐、民生、体育、财经、生活等版块）。

(2) 在广电行业各类附属和增值服务中，用户购买某产品后会对产品或服务进行评价，商家需要对用户评价进行筛选和提取关键信息，以甄别评价是正面的、负面的或者其他情况。

(3) 电子邮箱频繁收到广告和垃圾信息会对用户造成骚扰。通过引入文本分类功能，自动筛选骚扰邮件并过滤，可以提升用户的使用效率，进而提升用户对于企业本身的关注度。

(4) 各类媒体每日会收到大量投稿，需要保证文章的合规性和安全性。通过智能文本分类可以对文章进行自动审核，过滤其中的垃圾信息及暴力、反动、涉政、色情等违规内容。

标签提取指通过标记数据，对企业内的存储数据进行结构化输出，实现快速分类、获取和分析。标签体系管理是精细化运营的基础，能有效提高用户运营的精准度和效率，同时还可解析广电行业相关媒体资讯，快速定位所需数据并进行精准分析。

对广电行业而言，标签主要分为以下几类。

● **属性标签**

属性标签用于描述用户或产品的基本特征。例如根据用户的实名认证信息可以获取性别、手机号、所在城市、出生日期等特征，精准度较高，对于了解客户有一定的辅助作用。

● **行为标签**

通过业务渠道的埋点，可以捕捉用户在 App 内或其他渠道的行为数据，据此进行数据分析，并结合用户画像，便可以形成动态行为标签对用户进行描述。例如，用户点击和查看娱乐新闻较多，表示用户的兴趣偏好为娱乐新闻。

● **规则标签**

规则标签是指通过规则分析出来的标签，规则是基于广电行业媒体数据或从运营角度制定的。例如广电平台需要给近 3 天内活跃的会员一些优惠，涉及的标签包含两个维度：会员的标签和近 3 天活跃的规则判断。明确规则后，机器通过计算和分析，即可生成相应的标签并筛选满足条件的用户。

● **拟合标签**

拟合标签非常复杂，它的原理是通过各类标签的智能组合，给出产品和趋势的预测描述或定义，能够直接判断用户的需求，进行预测和营销。

3. 应用案例：某网络科技公司智能文本解析项目

● **项目背景**

达观为某网络科技公司搭建了一个智能文档解析系统，实现了对 Word、Excel、PDF、图片、纯文本、扫描件等文件的管理，并具备跨格式智能文档比对和智能文档解析功能。该系统能完成同一文件不同版本之间的比对，并将差异呈现给前端，减少审核人员的负担，提高工作效率。同时，通过标注训练，可对非结构化数据进行智能解析，提取出用户想要的关键信息，形成结构化数据，通过接口返回给前端，为自动化录入、智能审核等高级应用提供支撑。

- **项目实施**

(1) 文本解析：支持 Word、Excel、PDF、图片、纯文本、扫描件等各种文件类型，实现文本约定字段的结构化信息提取。

(2) 文本条款抽取：能够帮助用户将事先定义好的条款从文档中自动抽取出来，并将文档中的文本信息转化为结构化信息，方便用户快速浏览关键信息。

(3) 文本比对：支持 Word、Excel、PDF、图片、纯文本和扫描件间的跨格式比对及多版本比对。对于多种格式混排的情况，能够实现不同文档中文本、证件图片和印章（不含骑缝章）的比对。

- **项目价值**

(1) 提升效率。帮助网络科技公司对大量文本内容进行解析，尤其对非结构化数据实现了智能文本比对和解析，大幅提升效率。

(2) 构建数据基础。帮助网络科技公司梳理和清洗了大量数据，激活部分积淀已久的数据。通过文本解析快速构建文本特征，找出文本间的关联，为后续数字化应用构建数据基础。

(3) 文本解析更精准。相较于传统的解析方式或其他厂商的功能，达观智能文本解析准确率更高，能充分挖掘数据价值。

18.3.2 基于社交行业分析知识图谱的应用价值

社交行业主要是为拥有相同兴趣或其他共性的人创建联结。目前大多数社交平台（如社交软件 Soul、豆瓣、微博等）基于互联网，为用户提供各种联系和交流的途径。随着互联网的发展，社交功能成为各大互联网 App 的发展要素，可以有效提升用户的黏性和活跃度。社交的本质也不再局限于信息互换，而是更注重沟通与交流，形成类似于社区的交互，从而共享和传播更多信息。

1. 社交行业特点：连接多方个体创造价值

以社交行业为例，社交网络目前更加强调用户体验和沉浸感。社交网络是一种由互联网上各种关系或联系构成的社会性结构，用户正从简单的信息互换转向网上社会关系的构建与维护。这不但丰富了人与人之间的通信方式，也影响着社会群体的形成与发展方式。

社交有着迅捷性、蔓延性、平等性和自组织性四大特点，任何用户都能成为社交网络的一员。任何功能属性的 App 都可能增加社交属性，对人们的生活产生重要影响。因此，将知识图谱应用于社交行业成为打造社交网络的关键一环。它旨在利用可视化的图谱形式描述和构建社交网络中人与人、人与物之间的联系。

2. 知识图谱助力构建社交网络

将知识图谱应用于社交网站，一方面，社交网络的构建会提供维度更丰富且关联性更强的数据；另一方面，知识图谱也为社交网站提供了巨大的参考价值并提升了使用体验。通过对社交网站的海量数据进行文本分析，构建知识图谱，可进一步贴合用户需求，提升用户体验，从而增强用户黏性。构建关系维度的数据一般从以下几个方面考虑。

- ❑ 用户属性特征：年龄、收入、籍贯、地区、性别、受教育水平、职业等。
- ❑ 用户兴趣特征：兴趣偏好、品牌、渠道、浏览 / 收藏 / 评论过的产品。
- ❑ 用户社会特征：行为习惯、婚恋状况、家庭成分、社交圈。
- ❑ 用户消费特征：收入水平、阶级、购买偏好、购买频次。
- ❑ 用户动态特征：行为发生时间、行为动作、周围人群、相关事件。

3. 应用案例：某教学平台知识图谱项目

● **项目背景**

该项目是构建一个综合性教学平台，利用知识图谱、NLP 等先进的人工智能技术，助力教育行业大数据智能化和教学资源聚集，使得智慧教学更加高效。其核心功能为 GIS 地图、知识图谱、自动出题和对战答题。

● **项目实施**

图 18-3 展示了该知识图谱教学平台的功能界面，主要功能如下。

- ❑ 数字地球：负责展示航迹数据以及进行图谱数据标注。
- ❑ 图谱管理：核心数据库，存储三元组数据。
- ❑ 题库中心：负责出题和题目管理。
- ❑ 对战答题：应用层，负责学生对战答题。

● **项目价值**

(1) 支持以二维或三维的地图形式查看数据库中的坐标点，进行战术推演、局势分析等；利用地图测绘功能可对地形面积、距离、角度等进行测量；航迹展示功能以动画形式展现目标移动情况；支持接入 ADS-B 数据，展示航迹信息。

(2) 自动匹配在线对手，进行对战答题，增强学生学习的趣味性。

(3) 通过积分排名系统提升学生参与出题、答题和对战的积极性。

通过积分排名系统，提升学生参与与出题、答题、对战的积极性

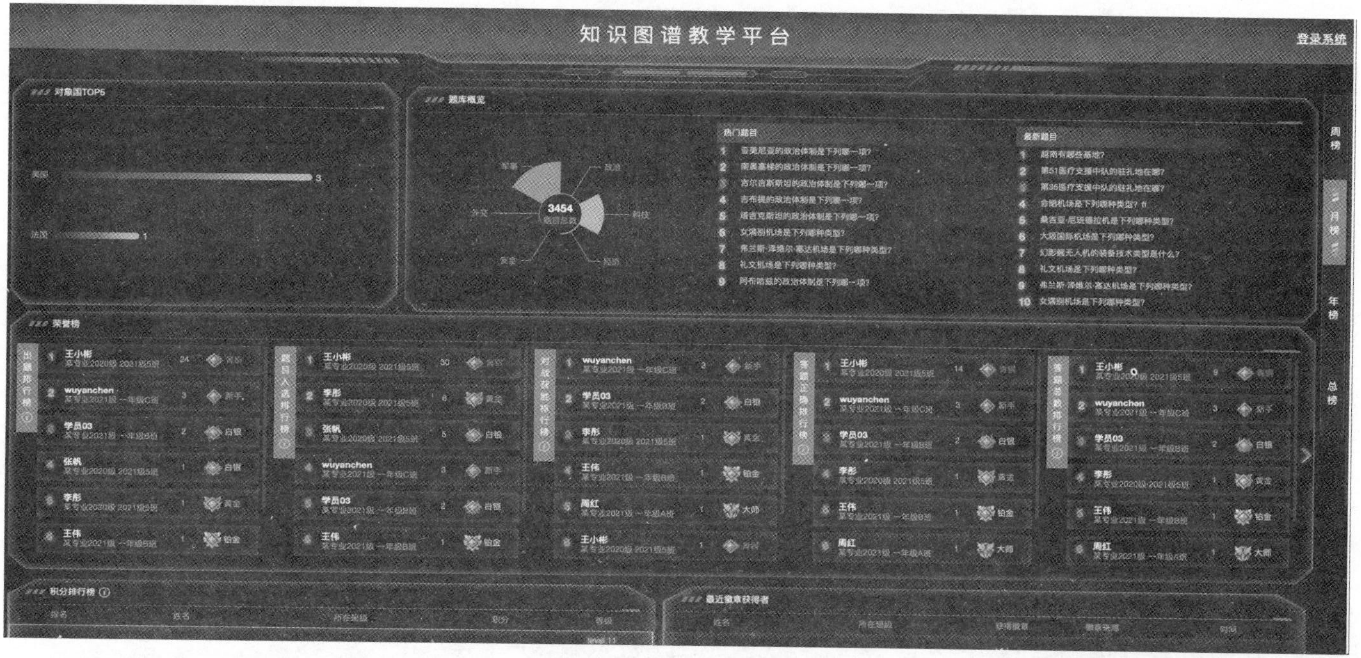

知识图谱教学平台

图 18-3 某知识图谱教学平台

(4) 学生自由发起对战或系统随机分配对战。通过积分奖牌进行激励，增强学生学习的积极性、趣味性。

(5) 支持知识图谱后台管理，对前端应用进行配置和人工运营干预。

18.3.3　基于资讯行业分析智能推荐的应用价值

资讯行业可以分为两类：新资讯平台和泛资讯平台，二者的区别主要体现在资讯内容的主体和附属关系上。新资讯平台以资讯内容为中心，通过用户自主订阅、运营规则或智能服务推送等手段实现个性化内容分发，比如今日头条。泛资讯平台则将资讯内容作为用户活跃和留存的附带功能，比如社交平台、浏览器新闻等产品。

1. 资讯行业痛点：信息过载，无法发挥真正价值

随着互联网的蓬勃发展，信息量急速上升，几乎每时每刻都在产生新的资讯。这导致两个问题：一方面，用户每天可以看到各种各样的资讯，而用户接收信息的能力有限，容易造成信息过载；另一方面，如此多的新闻数据，导致许多冷门新闻没有曝光的机会，出现资讯的"长尾问题"。

为用户筛选出真正有价值的信息和解决产品的长尾问题是资讯行业数字化转型的关键。个性化推荐是解决这两个问题的关键技术手段。简而言之，个性化推荐就是给用户推荐他可能感兴趣的资讯，依据的是用户的行为数据和属性标签，从而满足用户的信息诉求，改善使用体验。对企业而言，大量的新闻资讯得以曝光，能被有效利用，避免了资源浪费。

2. 智能推荐挖掘用户兴趣，个性化展现

一个好的推荐系统，在技术层面上需要满足很多技术指标。

(1) 预测准确度：也就是推荐用户真正想看的资讯内容。常用的离线指标有 AUC、NDCG、MAE、Recall 等。

(2) 用户满意度：用户点击资讯新闻不代表对其感到满意，可能是被"标题党"吸引。在这种情况下，应当考虑将用户的阅读时间作为满意度的参考。

(3) 覆盖率：覆盖体现在两方面。用户层面的覆盖，不仅关注面向活跃用户的推荐，还需要把握新用户或流失用户的需求，制定相关策略；产品层面的覆盖，少数热门物品获得大量曝光，大量长尾物品却只有很少的曝光。需要衡量和考虑此类因素进行产品推荐。

(4) 多样性：用户的兴趣通常是多方面的，长时间集中推荐某一类资讯会引起用户的审美疲劳，结合资讯多样性进行推荐可以增强用户黏性。

(5) 实时性：这在新闻推荐中尤为重要，对于一些重要新闻，需要实时同步和跟进，只有掌握时效性才能抓牢用户群体。

3. 应用案例：某资讯平台个性化智能推荐项目

● **项目背景**

该项目是开发一款基于智能化服务的内容推荐产品，用户可浏览新闻资讯、进行话题讨论等。用户在使用 App 的同时，可以赚取零钱收益，而平台可根据用户活跃度和参与率进行招商，为广告主提供广告营销服务。

● **项目难点**

该项目长期依赖人工编辑推荐内容，往往编辑认为不错的内容，实际用户并不买账。公司创立之初没有意识到推荐系统的用处。

由于行业的压力，客户想引入推荐功能来挖掘用户行为，优化用户体验，但是内部无精通推荐技术的人才。

● **项目价值**

智能推荐在该资讯平台的成功应用，有效提升了用户的前端体验，为用户提供"千人千面"的资讯，提升了平台活跃度。另外，该公司的运营人员可以准确了解用户感兴趣的资讯内容并进行持续优化。

在精准推荐的基础上引入达观个性化推荐引擎，将用户属性与资讯内容属性深度结合起来。达观数据的智能应用可针对该平台每个用户的偏好，进行"千人千面"的资讯推荐，保证每个用户看到的都是自己最感兴趣的内容。

根据用户的属性数据、行为特征和其他补充数据可构建用户画像，明确单个用户或群体用户的兴趣偏好，根据用户行为进行自动实时推荐，如果用户最近查看和点击财经类文章较多，则自动推送更多优质财经内容。

该平台与达观就产品与推荐位置进行了多轮讨论，沟通后确定 App 推荐功能接入位置，收益显著增加，用户体验大大改善。

18.3.4 基于电商行业分析智能搜索的应用价值

电商行业可以简单理解为在互联网上从事贸易相关活动，整个活动流程都可进行电子化的追溯。常见的电商平台有淘宝、拼多多、京东等第三方平台和品牌自己的官网、小程序、App 等，用户可以自行选购产品，所有信息都被记录和归档，可进行查询和分析。

1.电商行业痛点：商品种类繁多，寻找困难

电商行业涉及的 SKU 繁多，仅靠平台推送不能直接满足用户的主动需求。而通过搜索功能可以直接了解用户的主动需求，将符合条件的产品筛选出来呈现在用户眼前。在对信息进行组织和处理后，搜索引擎负责对产品进行召回和排序。

下面详细列举了电商平台需要智能搜索引擎的几点原因。

(1) 电商系统的商品数量庞大，搜索页的浏览次数多。某电商 2013 年有 7 亿线上商品，用户要在如此多的商品中找到真正所需十分困难。

(2) 电商搜索引擎需具备过滤功能，例如搜索"防晒霜"，所有相关品牌或者其他选择就会呈现在用户面前。

(3) 电商搜索引擎需支持各种维度的排序，筛选选项包括价格、发货地、品牌、偏好、材质等，且对数据的实时性要求比较高。

(4) 电商搜索引擎不仅要考虑买家的多样化需求，还要考虑卖家的利益，比如选择什么产品上架，方便卖家进行操作。

2.智能搜索准确找你所需

搜索一般分为两种方式：全局搜索和类目搜索。电商搜索引擎系统作为线上交易平台的一部分，更加注重用户感受（如展现产品的准确度），同时也非常关注效果指标（如用户的下单率、产品销量、产品热度等）。

搜索框的查询方式以文字为主，有的还支持语音搜索或图片搜索。整个搜索的智能化引导展现分为搜索前、中、后 3 部分，如图 18-4 所示。

(1) 搜索前：用户尚未明确自身的需求，该阶段的目标以推荐为主。典型的服务有搜索底纹、搜索发现、热门搜索、历史搜索等。用户可以直接查看或点击相关关键词查看，这样做能最大程度引导用户。

(2) 搜索中：用户的部分需求已知并尝试输入关键词进行查询。在查询过程中，为了辅助用户减少成本，更快探究用户需求，搜索可支持智能补全、拼音搜索、智能纠错等服务。

(3) 搜索后：用户已经完成了关键词的输入且获取了结果列表，但可能展示结果不是用户最想要的，该阶段的目标是辅助用户修正结果或重新查询。典型的服务有筛选功能、排序功能、搜索确认等。同时，还可引入相关搜索和搜索推荐来帮助用户更深入地定位自己想要的内容。

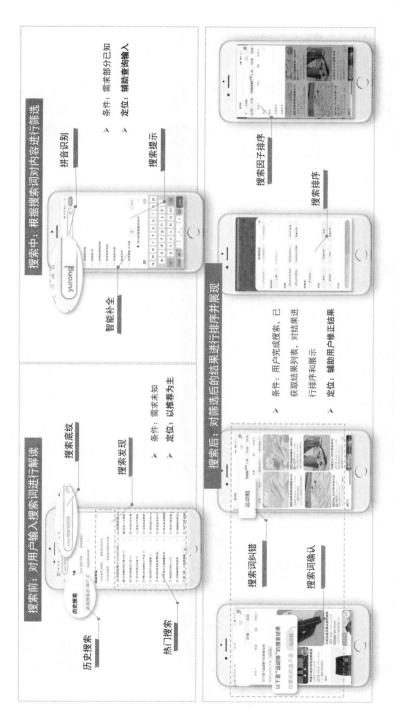

图 18-4 智能搜索全旅程，提升用户体验

3. 应用案例：某电商平台智能搜索项目

● **项目背景**

该平台是专业的商品导购网站，为百万级用户提供网购决策指导服务。该平台用户多，商品 SKU 丰富。用户有了明确需求后，进入平台 App 很难直接找到自己需要的产品；搜索关键词时，容易出现关键词不匹配、分类错误、搜索结果不全面等问题。平台已有的分类系统和搜索系统无法满足用户的个性化需求。

● **项目难点**

该项目实施过程中，由于电商平台的特性和项目数据的丰富性，因此有以下难点。

(1) 电商平台作为商品聚集地，商品 SKU 繁多，需对所有商品进行分析和展现，保证搜索结果的全面性。

(2) 该平台用户量大、活跃度高，需要智能搜索系统满足高并发请求，并迅速展现搜索结果。

(3) 对平台商品的分析准确度要求高，需满足全局搜索和类目搜索下的各类需求，并进行精准展现。

(4) 需支持人工运营规则，满足各种场景需求，比如固定展示、词语权重配置、意图识别配置等。

● **项目价值**

如图 18-5 所示，达观成功为该电商平台构建了智能搜索系统，不仅为前端用户提供了智能化体验（如搜索提示、拼音纠错等），还精准而全面地展现了搜索结果，提升了平台活跃度和转化率。另外，智能搜索后台管理支持日常搜索统计、查看搜索情况，为平台运营提供配套的运营规则配置。该项目实施过程中，相较于其他项目的价值和亮点如下。

(1) 当没有任何商品满足搜索条件时，会返回推荐结果作为补充。同时每周输出无结果词，分析无结果的原因，从而优化纠错和召回模块。

(2) 基于用户性别建立搜索召回结果候选池，如果不知道性别，就以返回男性商品为主。

(3) 基于商品本身维度（季节、销量、价格、品牌）和供货商维度（库存、评分、销量）对搜索结果进行排序。

(4) 基于用户帖子和行为建立类别和品牌标签，符合标签的商品优先展示。

(5) 80% 的流量来自 20% 的关键词，通过 A/B 测试优化"运动服""运动鞋""衣服""裤子"等常见搜索词，关注加购量 / 收藏量和转化率指标，月度安排人员体验搜索效果。

(6) 每年 6 月和 11 月大促期间，重点保障系统性能，提前扩容。

该电商平台为百万级用户提供网购决策指导服务。达观为其提供搜索服务，包含商品搜索、搜索提示、热门搜索等功能，同时为首页、社区等十余个场景提供个性化和相关推荐服务

图18-5 某电商平台单服智能搜索系统